魏刚才　主编

（第二版）

化学工业出版社
·北京·

内容简介

本书包括八章，分别是鸡的品种及选择技术、现代鸡种的繁育技术、鸡的营养与饲料配制技术、鸡场建设及环境控制技术、鸡的饲养管理技术、鸡场疾病诊断技术、鸡场疾病的防治技术、鸡场的经营管理。本书编写紧扣生产实际，关注养鸡发展动向，注重系统性、科学性、实用性和先进性，内容全面新颖，重点突出，配有大量图片以便读者更易掌握和应用，不仅适宜于鸡场饲养技术人员、管理人员和广大养鸡专业户阅读，也可作为大专院校和农村函授及培训班的辅助教材和参考书。

图书在版编目（CIP）数据

现代实用养鸡技术大全/魏刚才主编．—2版．—北京：化学工业出版社，2021.3

ISBN 978-7-122-38411-9

Ⅰ.①现…　Ⅱ.①魏…　Ⅲ.①鸡-饲养管理　Ⅳ.①S831.4

中国版本图书馆CIP数据核字（2021）第018951号

责任编辑：邵桂林　　文字编辑：药欣荣　陈小滔
责任校对：刘　颖　　装帧设计：张　辉

出版发行：化学工业出版社（北京市东城区青年湖南街13号　邮政编码100011）
印　　装：北京缤索印刷有限公司
850mm×1168mm　1/32　印张 $14\frac{3}{4}$　字数441千字
2021年9月北京第2版第1次印刷

购书咨询：010-64518888　　售后服务：010-64518899
网　　址：http://www.cip.com.cn
凡购买本书，如有缺损质量问题，本社销售中心负责调换。

定　　价：85.00元

编写人员名单

主　　编　魏刚才

副 主 编　毋会明　周　博　孙宗琦　吴世秀

编写人员　（按姓氏笔画排列）

毋会明（河南省焦作市畜产品质量安全监测中心）
吴世秀（河南科技学院）
刘兆北（河南省濮阳市动物卫生监督所）
孙宗琦（河南省洛阳市动物卫生监督所）
杜　瑜（河南省濮阳市动物卫生监督所）
张盼伟（河南省长垣市农业农村局）
周　博（河南省长垣市农业农村局）
姜正英（河南科技学院）
姜金庆（河南科技学院）
徐　萍（新乡学院生命科学与基础医学院）
郭华伟（河南省濮阳市华龙区农业农村局）
葛素霞（河南省濮阳市畜牧良种繁育中心）
魏刚才（河南科技学院）

前言

近年来，我国养鸡业的规模化、商品化程度不断提高，鸡的饲养数量和产品产量不断增加，生产者的竞争压力越来越大；养鸡业生产方式已经由小规模大群体向大规模、集约化转变，由数量发展型向数量和质量并重型转变。要实现这样的转变，提高养鸡业竞争能力，必须有更加先进的、配套的技术进行支撑并推广应用。基于此，我们对《现代实用养鸡技术大全》进行了全面系统的修订。

《现代实用养鸡技术大全》出版至今已有10年，虽然受到了广大读者的青睐，但书中很多内容已经不能适应行业形势和技术的发展，必须进行修订和完善。本次修订做了较多的内容调整和增删，融入了现代养鸡技术的应用，力求实现养鸡技术的系统性、先进性和配套性，同时更加强调实用性和可操作性，并配有大量图片，以便读者更易阅读、掌握和应用。

本书包含八章，分别是鸡的品种及选择技术、现代鸡种的繁育技术、鸡的营养与饲料配制技术、鸡场建设及环境控制技术、鸡的饲养管理技术、鸡场疾病诊断技术、鸡场疾病的防治技术、鸡场的经营管理。全书不仅适合鸡场饲养技术人员、管理人员和广大养鸡专业户阅读，也可作为大专院校和农村函授及培训班的辅助教材和参考书。

需要特别说明的是，本书所用药物及其剂量仅供读者参考，不可照搬。在生产实践中，所有药物学名、常用名与实际商品名称有差异，药物浓度也有所不同，建议读者在使用每一种药物之前，详细参阅厂家提供的产品说明以确认药物用量、用药方法、用药时间及禁忌等。购买兽药时，执业兽医有责任根据经验和对患病动物的了解决定用药量及选择最佳治疗方案。

值此书修订再版之际，谨向化学工业出版社和广大读者深表敬意和谢意！由于时间和作者水平等，书中疏漏之处在所难免，敬请读者批评指正，以便将来继续加以修订。

本书由河南省科技攻关项目（212102110180）和新乡市农业新技术示范与推广计划（YDNJ2002）资助。

编者

目录

第一章 鸡的品种及选择技术

品种是指通过育种形成的具有一定数量、相同外貌和生产性能基本一致的一个鸡群。不同品种有不同生产潜力、适应能力和抗病能力。优良品种是指适合一定地区、一定饲养环境条件和一定市场需求的能够获得高产的品种。

第一节　鸡的品种分类

鸡的品种分类方法多种多样，主要有标准品种分类法、现代养鸡业分类法。

一、标准品种分类

标准品种分类法将鸡分为类、型、品种和品变种。第一层次为类，即按鸡的原产地划分，可分为亚洲类、美洲类、地中海类和英国类等；第二层次为型，根据鸡的用途可分为蛋用型、肉用型、兼用型、观赏型和药用型；第三层次为品种，是指通过育种而形成的一个有一定数量的生物群体，它们具有特殊的外形和一般基本相同的生产性能，并且遗传性稳定，适应性也相似；第四层次为品变种，又称亚品种、变种或内种，是在一个品种内按羽毛颜色或羽毛斑纹或冠形进行分类。

二、现代养鸡业分类

现代养鸡业分类方法根据鸡的经济用途将其分为蛋用系和肉

用系。

1. 蛋用系

蛋用系鸡种主要用于产蛋，具有产蛋多、蛋重大等特点。根据蛋壳的颜色分为白壳蛋鸡、褐壳蛋鸡、粉壳蛋鸡和绿壳蛋鸡。

（1）白壳蛋鸡　白壳蛋鸡（图 1-1）体小而清秀，成年母鸡体重约 1.75 千克。全身羽毛白色，单冠，冠大鲜红，喙、胫、皮肤为黄色，耳叶为白色；成熟早，产蛋量高，饲料消耗少，一般 21 周龄开产，72 周龄产蛋量 290～300 枚。20～72 周龄料蛋比为（2.2～2.4）：1。蛋壳白色；适应性强，各种气候条件均可饲养。特别对高温适应能力较强，适合于集约化管理，饲养密度高；但蛋重较小，蛋壳薄，易破损。胆小，神经质，抗应激能力较差。啄癖多，特别是开产初期啄肛严重。

（2）褐壳蛋鸡　褐壳蛋鸡（图 1-2）体型中等，成年母鸡体重约 2.2 千克；羽毛有色。商品代雏出壳后可羽色自别雌雄，公雏全身羽毛米黄色，母雏羽毛多为褐色；23 周龄开产，76 周龄产蛋 300～310 枚，蛋重大，22～76 周龄料蛋比为（2.3～2.4）：1。蛋壳为褐色，质量好，便于保存和运输。啄癖少，死淘率低。淘汰体重大；性情温顺，易于管理。耐寒性好，冬季可以保持稳定产蛋率；但培育成本高，饲料消耗较多，占用面积大，蛋中血斑率和肉斑率高。耐热性差。

图 1-1　白壳蛋鸡

图 1-2　褐壳蛋鸡

（3）粉壳蛋鸡　粉壳蛋鸡（图 1-3）体型小，成年母鸡体重 1.5～1.6 千克；羽毛白色为背景，有黄、黑、灰等杂色羽斑。商品代雏鸡利用快慢进行羽速自别；72 周龄产蛋数 310～318 枚，产蛋总重 19.5～20.1 千克；产蛋期料蛋比（2.1～2.2）：1；培育期成活率为 99%，产蛋期成活率 96%，抗病性强；性情温顺，不抱窝，无啄肛、啄羽等不良习性；但淘汰体重小。

（4）绿壳蛋鸡　绿壳蛋鸡（图 1-4）是利用我国一些地方品种以及野鸡品种选育或杂交获得的。绿壳蛋鸡体型紧凑，体态清秀，羽毛紧贴身体。母鸡成年体重 1.1～1.5 千克，年产蛋 130～180 枚。蛋壳绿色，富含卵磷脂、脑磷脂、神经磷脂及碘、锌、硒，胆固醇低，营养丰富，外观也适合人们的消费心理。但目前产业化程度低，处于发展初始阶段。

图 1-3　粉壳蛋鸡　　　　图 1-4　绿壳蛋鸡

2. 肉用系

某些鸡的品变种或品系被育成肉用而不用于产蛋，使其后裔具有生长速度快、饲料转化率高等优点。根据其肉质和生长速度不同，分为快大型肉鸡和优质黄羽肉鸡。另外，我国还出现肉杂鸡。

（1）快大型肉鸡　快大型肉鸡（图 1-5）是利用选育的专门化父系和母系进行杂交生产出来的。其特点如下。①早期生长

图 1-5　快大型肉鸡

速度快，饲料利用率高。6 周龄末公母混群饲养的肉鸡平均体重为 2.35 千克，7 周龄末体重可达 2.5 千克左右，每增重 1 千克肉消耗饲料 1.8～2.0 千克，料肉比达（1.8～2.0）：1。②生活力强，适于大群饲养。现代肉鸡具有体质强健、适应力和抗病力强、成活率高的特点，适合高密度大规模饲养。③整齐一致，商品性强。现代肉鸡不仅生长快、耗料省、成活率高，而且体格发育均匀一致，出场时商品率高。④繁殖力强，总产肉量高。肉用种鸡 24 周龄开产，64 周龄时，一只母鸡一个生产周期大约生产种蛋 160 枚，种蛋受精率 95%，受精罩孵化率 95%，可生产商品雏鸡 155 只左右。肉质差。

（2）优质黄羽肉鸡　优质黄羽肉鸡（图 1-6）是利用国内地方优品种进行纯系选育或选育不同品系进行杂交或与外来品种杂交而成。其特点如下。①生长速度较快。优质肉鸡通过选育和配套杂交，生长速度比传统的品种有了极大提高。有的母鸡 60 天即上市，上市体重达 1.3～2 千克。饲料转化率也有较大提高。②肉质好。黄羽肉鸡肉质细嫩、味道鲜美，羽毛黄色，在市场上具有较强的竞争力和较高的价值。但生长速度较慢。

（3）肉杂鸡　肉杂鸡（图 1-7）是用肉鸡作父本（如爱拔益加、艾维茵等），中型高产蛋鸡作母本（如罗曼褐、海兰褐）杂

图 1-6　优质黄羽肉鸡

图 1-7　肉杂鸡

交生产。其特点如下。①生长速度较快，比普通蛋公鸡快，但比大型肉鸡慢。②饲养成本低，如鸡苗价格便宜，只有肉鸡苗价格的 1/3 左右。③适应能力强，各种饲养方式都能较好生长。④鸡肉口感好。但没有形成稳定品种。

第二节　鸡的主要品种

一、标准品种

1. 桃源鸡

桃源鸡（图 1-8）原产于湖南省桃源县，分布在沅江以北、延至上游的三阳港、佘家坪一带。它以体型高大而驰名，也称桃源大鸡。20 世纪 60 年代，该品种曾先后在北京和法国巴黎展览。桃源鸡生长较慢，尤其是早期生长发育缓慢，在良好饲养条件下，90 天公鸡体重 1.0935 千克，母鸡体重 0.8620 千克。雏鸡羽毛生长速度迟缓，出壳后绒毛较稀。主、副翼羽一般到 3 周龄才能全部长出。还常可见光背、裸腹、秃尾的育成鸡。成年公鸡平均体重 3.34 千克，成年母鸡平均体重 2.94 千克。母鸡 500 日龄产蛋 86～148 枚，平均蛋重 53.4 克，蛋壳浅褐色。为提高生产性能，在选育的基础上，可有计划地开展杂交利用，朝肉鸡商品化方向发展。

图 1-8　桃源鸡

2. 清远麻鸡

清远麻鸡（图 1-9）产于广东省清远县。它以体型小、皮下

图 1-9　清远麻鸡

及肌纤维间脂肪发达、皮薄、骨细、肉用品质优良而著名，为我国出口的小型土种肉仔鸡之一。体型特征可概括为“一楔”（指母鸡体型极像楔形，前躯紧凑，后躯圆大）、“二细”（指两脚较细）、“三麻身”（指鸡背部羽毛呈麻黄、麻棕、麻褐等三种不同颜色）。农家饲养以放牧为主，在天然饲料较丰富的条件下，其生长发育较快。120 日龄体重，公鸡 1.25 千克，母鸡 1 千克。母鸡饲养至 180 日龄左右时，可达到上市体重。成年公鸡平均体重 2.24 千克，成年母鸡平均体重 1.75 千克。开产日龄 180 天左右，年产蛋 70～80 枚，平均蛋重 46.6 克，蛋壳浅褐色，蛋形指数为 1.31。羽毛生长速度个体之间差异较大，一般 80 日龄羽毛可长丰满，公鸡则要延长至 95 日龄以上。

3. 惠阳胡须鸡

惠阳胡须鸡（三黄胡须鸡、龙岗鸡、龙门鸡、惠州鸡）（图 1-10）原产广东省惠阳区，是我国突出的优良地方肉用鸡种。初生雏平均体重为 31.6 克，12 周龄的公鸡平均重为 1.14 千克，母鸡平均重为 845 克，8 周龄前生长速度较慢，生长最快阶段是 8～15 周龄。成年公鸡体重 2～2.5 千克，成年母鸡体重 1.5～2 千克；12 周龄公鸡平均体重为 1.14 千克，母鸡平均体重为 0.845 千克。惠阳胡须母鸡 6 月龄左右开产，年产蛋量 45～55 枚，平均蛋重 46 克。惠阳胡须鸡属慢羽型品种，100 日龄羽毛才长丰满。

图 1-10　惠阳胡须鸡

【提示】惠阳胡须鸡以胸肌发达、早熟易肥、肉质鲜嫩、颌下具有胡须状髯羽和黄羽等特征而驰名中外，成为我国活鸡出口量大、经济价值高的传统商品肉鸡，在香港、澳门市场久负盛名。惠阳胡须鸡肥育性能良好，脂肪沉积能力强，可利用这一优良资源开展杂交配套利用，既保持三黄胡须的外貌特征，又较快地提高繁殖力和生长速度。

4. 仙居鸡

仙居鸡（梅林鸡）（图 1-11）主要分布在浙江仙居县及邻近的临海、天台、黄岩等县。体型较小，体型结构紧凑，体态匀称，骨骼致密。成年公鸡体重平均 1.40 千克，成年母鸡体重平均 1.15 千克。初生重，公鸡为 32.7 克，母鸡 31.6 克。180 日龄体重，公鸡为 1.256 千克，母鸡为 0.953 千克。开产日龄 180 天，年产蛋 160～180 枚，高者可达 200 枚以上，蛋重为 42 克左右，壳色以浅褐色为主，蛋形指数 1.36。仙居鸡的生长速度与肉的品质较好，3 月龄公鸡半净膛为 81.5%、全净膛为 70.0%；6 月龄公鸡半净膛为 82.7%、全净膛为 71%，母鸡半净膛为 82.96%、全净膛为 72.2%。配种能力强，性比 1：（16～20）进行组群。受精率可达到 94.3%，受精蛋的孵化率为 83.5%。

5. 固始鸡

固始鸡（图 1-12）原产于河南固始县，主要分布于淮河流域以南，大别山脉北麓的固始县、商城、新县、淮滨等 10 个县

图 1-11　仙居鸡

图 1-12　固始鸡

市，安徽省霍邱、金寨等县亦有分布，是我国优良的蛋肉兼用型鸡种。固始鸡的性成熟期较晚，平均开产日龄为 205 天，年产蛋量为 141 枚，平均蛋重 51.4g。蛋形指数为 1.32，与其他地方品种相比是最小的，蛋形偏圆。固始鸡具有就巢性，在舍饲条件下为 10% 左右。固始鸡的前期生长速度较慢，屠宰率也不算很高。150 日龄公鸡体重 0.8457 千克，母鸡 0.6516 千克，成年鸡公鸡半净膛为 81.7% 左右、全净膛为 73.9% 左右，母鸡半净膛为 80.2%、全净膛为 70.6%。公母比例 1：12，种蛋受精率 90.4%，受精蛋的孵化率为 83.9%。

6. 杏花鸡

杏花鸡（图 1-13）因为主产地在广东省封开县杏花乡而得名，当地也称“米仔鸡”。该品种的典型特征是三黄（黄羽、黄胫、黄喙）、三短（颈短、胫短、体躯短）、二细（头细、颈细）。牧养条件下，早期生长缓慢。在配合饲料喂养条件下，112 日龄公鸡的平均体重可以达 1.2561 千克，母鸡平均体重 1.0327 千克。成年平均体重，公鸡为 2.90 千克，母鸡 2.70 千克。杏花鸡皮肤多为浅黄色。因其皮薄且有皮下脂肪，故细腻光滑，加之肌肉间脂肪分布均匀，肉质优良，适宜于制作白切鸡。农村放养条件下，年产蛋 60～90 枚；在良好的人工饲养条件下，年平均产蛋 95 枚，蛋重 45 克左右，蛋壳褐色。杏花鸡肉质较佳，但存在产蛋少、繁殖力低、早期生长缓慢等缺点。

图 1-13　杏花鸡

【提示】杏花鸡具有早熟、易肥、皮下和肌间脂肪分布均匀、骨骼细、皮薄、肌纤维细嫩等特点。属小型土著鸡品种，亦为我国主要活鸡出口品种之一。

7. 霞烟鸡

霞烟鸡（下烟鸡）（图 1-14）原产于广西容县石寨乡的下烟村。广东、北京、上海等省、市都曾引种霞烟鸡进行饲养，供应市场。平均体重成年公鸡 2.18 千克，成年母鸡 1.92 千克。霞烟鸡在集约化饲养条件下，90 日龄公鸡体重 0.922 千克，母鸡体重 0.776 千克。开产日龄为 170～180 天，农家饲养条件下年产蛋 80 枚左右，选育后的鸡群年产蛋量可达 110 枚左右，平均蛋重 43.6 克，蛋壳浅褐色，蛋形指数为 1.33。不足之处仍为繁殖力低，羽毛着生慢。在保障优良肉质和风味的前提下，尚需提高其生产性能。

图 1-14　霞烟鸡

【提示】霞烟鸡体躯短而圆，腹部丰满，胸部宽、胸深与骨盆宽三者长度相近，外形呈方形。肉质好，肉味鲜，白切鸡块鲜嫩爽滑，深受国内外消费者欢迎。

8. 河田鸡

河田鸡（图 1-15）主产于长汀县、上杭县，以长汀县河田镇为中心产区，相邻近的武平县部分地区也有饲养。河田鸡颈部粗、体躯较短、胸部宽、背阔、腿胫骨中等长，体躯呈长方形。分大型与小型两种，体型外貌相同。生长慢，90 日龄公鸡体重 0.5886 千克，母鸡 0.4883 千克。平均体重成年公鸡 1.94 千克，成年母鸡 1.42 千克。开产日龄为 180 天左右，年产蛋 100 枚左右，蛋重平均 42.9 克，蛋壳以浅褐色为主，少数灰白色，蛋形指数为 1.38。

9. 北京油鸡

北京油鸡（图 1–16）主要分布于北京朝阳区的大屯和洼里，邻近的海淀、清河也有分布。个体中等，在外貌体征上不仅具有黄羽、黄喙和黄胫的“三黄”特征，而且具有罕见的毛冠、毛腿和毛髯的“三毛”特征。因此，人们将“三黄”和“三毛”性状作为北京油鸡的主要外貌特征。公、母鸡 12 周龄平均体重 0.9597 千克。20 周龄平均体重公鸡可达 1.5 千克，母鸡达 1.2 千克。开产日龄 150～160 天，体重约 1.6 千克。在农村放养的条件下，年产蛋 110 枚；选育鸡群年产蛋量可达 140～150 枚，蛋重 50～54 克。蛋壳颜色大多为浅褐色。

图 1–15　河田鸡　　图 1–16　北京油鸡

【提示】北京油鸡以肉味鲜美、蛋质优良著称。

10. 狼山鸡

狼山鸡（图 1–17）是我国古老的兼用型鸡种，原产地在长江三角洲北部的江苏如东县，通州市内也有分布。该鸡种在 1872 年首先传入英国，继而又传入其他国家。在国外，狼山鸡还与其他品种鸡杂交，培育出了诸如澳洲黑鸡、奥品顿等新品种。年产蛋量 135～170 枚，平均蛋重 58.7 克。成年鸡个体很大，500 日龄成年体重公鸡为 2.84 千克，成年母鸡为 2.283 千克。6.5 月龄屠宰测定：公鸡半净膛为 82.8% 左右，全净膛为 76% 左右；母鸡半净膛为 80%，全净膛为 69%。公母比例为 1：（15～20），在放牧条件下可以达到 1：（20～30）。种蛋受精率达到 90.6%，受精蛋孵化率 80.8%。

图 1-17　狼山鸡

11. 大骨鸡（庄河鸡）

大骨鸡（图 1-18）主产于辽宁省庄河市，在庄河市周边的东沟、风城、金县、新金、复县等地也有大量养殖。胸深且广，背宽而长，腿高且粗壮，腹部丰满，体型高大而有力。成年公鸡体重为 2.9 千克，成年母鸡约为 2.3 千克。早期生长速度较快，90 日龄公鸡体重可达 1.0395 千克，母鸡为 0.8810 千克。120 日龄公鸡体重为 1.478 千克，母鸡为 1.202 千克。150 日龄公鸡体重为 1.771 千克，母鸡为 1.415 千克。其产肉性能较好，屠

图 1-18　大骨鸡

宰率较高。开产日龄 213 天左右，年产蛋量 160～180 枚，蛋重 62～64 克。蛋大是其突出的优点，蛋壳深褐色，壳厚而坚实，破损率较低。种鸡群最适公母配比 1：（8～10）。

【提示】大骨鸡是由本地鸡与寿光鸡杂交，经长期选育而形成的兼用型鸡，是我国较为理想的蛋肉兼用型土鸡种。

12. 萧山鸡（越鸡）

萧山鸡（图 1–19）主产于浙江省的萧山、杭州、绍兴、上虞、余姚、慈溪等地。体型较大，外形近方而浑圆。成年公鸡体重平均 2.75 千克，成年母鸡体重平均 1.95 千克。早期生长速度较快，90 日龄公鸡体重可达 1.2479 千克，母鸡为 0.7938 千克。120 日龄公鸡体重为 1.6046 千克，母鸡为 0.9215 千克。150 日龄公鸡体重为 1.7858 千克，母鸡为 1.2060 千克。屠体皮肤黄色，皮下脂肪较多，肉质好而味美。开产日龄 164 天左右，年产蛋量 110～130 枚，蛋重 53 克左右。种鸡群最适公母配比 1：12。近年来浙江省农业科学院等单位对萧山鸡进行了选育和开发工作。

13. 鹿苑鸡

鹿苑鸡（图 1–20）主产区是鹿苑、塘桥、妙桥和乘航等地，属肉用型土著鸡品种。早在清代已作为“贡品”上贡皇室。体型高大，身躯结实，胸部较深，背部平直。成年公鸡体重为 3.1 千

图 1–19　萧山鸡

图 1–20　鹿苑鸡

克，成年母鸡约为 2.4 千克。早期生长速度较快，90 日龄公鸡体重可达 1.4752 千克，母鸡为 1.2017 千克。其产肉性能较好，屠宰率较高。开产日龄为 180 天左右，年产蛋量平均为 144.7 枚，平均蛋重 55 克。种鸡群最适公母配比 1：15。

【提示】“七五”期间，鹿苑鸡被列入国家科委攻关子课题之一，进行了系统选育和杂交试验，使相同体重上市日龄提前 30 天，现已在华东地区进行推广养殖。

14. 峨眉黑鸡

峨眉黑鸡（图 1-21）原产于四川峨眉山、乐山、峨边三地沿大渡河的丘陵山区，属蛋肉兼用型。由于上述地区交通不便，长期在山区放牧散养，形成了外形一致、遗传性能稳定的土鸡品种。90 日龄公鸡平均体重 0.9732 千克，母鸡约为 0.8164 千克。成年公鸡体重 3.0 千克，成年母鸡体重 2.2 千克。开产日龄 210 日龄左右，年产蛋 120 枚，平均蛋重 54 克，蛋壳褐色。

15. 寿光鸡

寿光鸡（图 1-22）主产于寿光市，淮县、昌乐、益都、广饶等邻近各县也有分布，属蛋肉兼用型，蛋重大。主要有大型和中型两种。寿光鸡为白色皮肤鸡种，胫、趾灰黑色，以黑羽、黑腿、黑嘴的“三黑”特点著称。产蛋日龄，大型鸡 240 天以上，中型鸡 145 天。大型鸡年产蛋 117.5 枚、中型鸡 122.5 枚。大型鸡蛋重 65～75 克，中型鸡为 60 克。蛋形指数大型鸡为 1.32，

图 1-21　峨眉黑鸡　　　　图 1-22　寿光鸡

中型鸡为1.31。蛋壳厚，大型鸡0.36毫米，中型鸡0.358毫米。壳褐色。初生重为42.4克，大型成年体重公鸡为3.609千克，母鸡为3.305千克，中型公鸡为2.875千克，母鸡为2.335千克。大型鸡的公母比例为1∶（8～12），中型鸡为1∶（10～12），种蛋的受精率为90%，受精蛋的孵化率为81%。供种单位为山东省寿光市慈伦种鸡场。

16. 汶上芦花鸡

汶上芦花鸡（图1-23）主产于山东省汶上县及附近地区。体表羽毛呈黑白相间的横斑羽，群众俗称“芦花鸡”。成年体重公鸡为1.4千克，母鸡1.26千克。开产日龄150～180天。年产蛋130～150枚，较好的饲养条件下产蛋180～200枚，高的可达250枚以上。平均蛋重为45克，蛋壳颜色多为粉红色，少数为白色。蛋形指数1.32。

17. 浦东鸡

浦东鸡（九斤黄）（图1-24）主产于黄浦江以东地区，在上海市南汇、奉贤、川沙等区县都有大量饲养。个体大，具有黄羽、黄喙、黄脚的特征。属肉用型土著鸡品种，体形硕大宽阔。90日龄公鸡体重1.6千克，母鸡体重1.25千克。180日龄公鸡体重3.346千克，母鸡体重2.213千克。成年公鸡体重3.6～4.0千克，成年母鸡2.8～3.1千克。屠体皮肤黄色，皮下脂肪较多，肉质优良。开产日龄为208天左右，年产蛋量为100～130枚，最高可达216枚，平均蛋重57.8克，蛋壳浅褐色。种鸡群最适

图1-23 汶上芦花鸡　　图1-24 浦东鸡

公母配比 1：10。

18. 卢氏鸡

图 1-25 卢氏鸡

卢氏鸡（图 1-25）产于卢氏县，属小型蛋肉兼用型鸡种。公鸡羽色以红黑色为主，其次是白色及黄色。母鸡以麻色为多，分为黄麻、黑麻和红麻，其次是白鸡和黑鸡。成年公鸡体重 1.7 千克，母鸡 1.11 千克。180 日龄屠宰率：半净膛 79.7%，全净膛 75.0%。开产日龄 170 天，年产蛋 110～150 枚，蛋重 47 克，蛋壳呈红褐色和青色，红褐色占 96.4%。

【提示】卢氏鸡肉质鲜嫩，味道可口，香味浓郁，是理想的天然绿色食品。卢氏鸡所产的蛋有青绿色和粉白色两种，蛋黄占全蛋的 35%，明显高于普通鸡，尤其是绿壳蛋具有“三高一低”的特性，即高硒、高锌、高碘和低胆固醇，因此被誉为“鸡蛋中的人参”。

19. 丝羽乌骨鸡

丝羽乌骨鸡（图 1-26）产于江西泰和县，在全国各地都有分布。由于独特的体型外貌、性情温顺、适应性强，在国际标准中被列为观赏型鸡，世界各地动物园纷纷引入作为观赏型禽类。同时，还具有极大的药用和保健价值。纯种乌骨鸡的外貌特征表现为“十全”，即桑葚冠、缨头、绿耳、胡须、丝羽、五爪、毛脚、乌骨、乌肉、乌皮。成年公鸡体重为 1.3～1.5 千克，成年母鸡为 1.0～1.25 千克；开产日龄 170～180 天，年产蛋量 100 枚左右，蛋重 40 克左右，蛋壳浅白色。在福建省经过选育的鸡群，

图 1-26 丝羽乌骨鸡

150 日龄公鸡体重为 1.46 千克，母鸡约为 1.37 千克。成年公鸡体重可达 1.81 千克，成年母鸡约为 1.66 千克。开产日龄 205 天，年产蛋量为 120～150 枚，平均蛋重 46.8 克。

【提示】乌鸡一般是指丝羽乌骨鸡，是我国的一个地方品种。有时也把一些黑羽、黑胫的鸡称为乌鸡。丝羽乌骨鸡除作为观赏和药用外，在我国已作为特种土鸡大力推广饲养。

20. 斗鸡

斗鸡（图 1-27）是中国古老的鸡种，已有两千多年的历史，是一种观赏性、肉用型鸡种。斗性强的公鸡通常具有“五短三粗”的特点，即胫短、颈短、身短、脸短、尾短，喙粗、颈粗、身粗，或“五长一厚”的特点，即喙长、颈长、身长、胫长、尾长和胸厚。我国有多个斗鸡品种。

图 1-27　斗鸡

21. 白色来航鸡

白色来航鸡（图 1-28）原产于意大利，是现代化养鸡业白壳蛋鸡配套系采用的原鸡种。体型短小清秀，全身羽毛白色而紧贴，冠大，公鸡的冠较厚而直立，母鸡冠较薄而倒向一侧；皮肤、喙和胫均为黄色。成年公鸡体重约 2 千克，母鸡 1.5 千克左右。性情活泼好动，善飞跃，富神经质，易受惊吓，无抱窝性，适应性强。性成熟早（160 天左右）；年产蛋量在 200 枚以上，优秀高产鸡群可达 280～300 枚。蛋重 54～60 克，蛋壳白色。

图 1-28　白色来航鸡

22. 洛岛红鸡

洛岛红鸡（图 1-29）原产于美国洛德岛州。属兼用型，有单冠和玫瑰冠 2 个品变种，由红色马来斗鸡、褐色来航鸡和鹧鸪色九斤黄鸡与当地土鸡杂交选育而成。1904 年被正式承认为标准品种。我国引入的为单冠洛岛红鸡。鸡的羽毛深红色，尾羽带有黑色，体躯近长方形，头中等大，单冠，喙褐黄色，胫黄色或带微红的黄色。耳叶红色，皮肤黄色。体质强健，适应性强，是现代养鸡培育褐壳蛋高产品系的主要素材，用于商品杂交配套系的父系。性成熟期约 180 天；年产蛋量约 180 枚，高产群可达 200 枚以上；蛋重 60 克，蛋壳褐色；成年公鸡体重为 3.7 千克，成年母鸡为 2.75 千克。

图 1-29　洛岛红鸡

23. 新汉夏鸡

新汉夏鸡（图 1-30）原产于美国新汉夏州。蛋肉兼用型鸡种，是由洛岛红鸡选育而成的较新的标准品种。1935 年正式被承认为标准品种。只有单冠，无品变种。体型外貌与洛岛红鸡相似，但背部较短，羽毛颜色略浅。体大，适应性强。成熟期约 180 天；雏鸡生长迅速；年产蛋量 200 枚左右，蛋重 58 克，蛋壳褐色；成年公鸡体重 3.6 千克，成年母鸡 2.7 千克。20 世纪 70 年代以来，江苏农学院和河南省农业科学院畜牧兽医研究所都曾选用新汉夏鸡为父本，分别与当地的扬州鸡和固始鸡进行杂交育种，1983 年分别育成了蛋肉兼用型的新扬州鸡和郑州红鸡。

图 1-30 新汉夏鸡

24. 洛克鸡

洛克鸡（图 1-31）原产于美国普利茅斯洛克州，属蛋肉兼用型。引入我国的是横斑洛克鸡、浅黄洛克鸡和白洛克鸡。横斑洛克鸡在我国常称为芦花（洛克）鸡。横斑洛克鸡全身羽毛是黑白相间的横斑纹，单冠，耳叶红色，喙、胫、皮肤均为黄色。公鸡标准体重 4.0 千克，母鸡 3.0 千克。年产蛋量 180 枚左右，高产品系在 250 枚以上，蛋重 58 克，蛋壳褐色。白洛克鸡年产蛋量 150～160 枚，蛋重 60 克左右，蛋壳浅褐色。在现代蛋鸡生产中，常利用芦花基因的伴性特性进行后代雏鸡的自别雌雄。白洛克鸡单冠，肉垂和耳叶均为红色。喙、胫和皮肤为黄色。全身羽毛白色。体躯各部发育匀称，生长迅速，肉用性能良好。成年公鸡体重 4.0～4.5 千克，成年母鸡 3.0～3.5 千克。白洛克鸡经选育，进一步提高了早期生长速度，胸肌和腿肌发达，被广泛用作生产肉用仔鸡的母系。

图 1-31　洛克鸡（左：白洛克鸡；右：横斑洛克鸡）

25. 白科尼什鸡

白科尼什鸡（图 1-32）原产于英国，1893 年美国利用英国科尼什鸡胸肉发达的特点，引入其他品种的白色显性基因，育成了现在的胸肌丰满和生长速度快的白科尼什鸡，其体型、外貌与生产性能均有别于以往的科尼什鸡。豆冠或单冠，耳垂红色，喙、脚、皮肤为黄色，羽毛短而密紧，呈白色。体重大，成年公鸡 4.6 千克，成年母鸡 3.6 千克。目前主要是用它作父本与母本白洛克品系配套生产肉用仔鸡。肉用性能好，产蛋量 120 枚左右，蛋重 56 克，蛋壳浅褐色。

图 1-32　白科尼什鸡

【提示】目前的白羽块大型肉鸡主要是用白科尼什鸡作父系与白洛克鸡杂交生产的。

二、优良蛋鸡品种

1. 海兰 W-36 白壳蛋鸡

海兰 W-36 白壳蛋鸡（图 1-33）是由美国海兰国际公司培育的白壳蛋鸡。可快慢羽自别雌雄，母雏为快羽，公雏为慢羽。育雏育成期成活率 97%～98%，0～18 周龄耗料量 5.66 千克，

18 周龄体重 1.28 千克；50% 产蛋率日龄 155 天，高峰产蛋率 93%～94%，72 周龄入舍母鸡产蛋量 285～310 枚，平均蛋重 62 克，产蛋期成活率 96%，72 周龄体重 1.76 千克，每千克蛋耗料 1.99 千克。

2. 伊莎巴布考克 B-300 白壳蛋鸡

伊莎巴布考克 B-300 白壳蛋鸡（图 1-34）是由法国伊莎公司培育的轻型蛋鸡品种之一，是目前世界上著名的蛋鸡鸡种，以其优良的生产性能、低死亡率和高饲料转化率深受养鸡者的青睐。20 周龄成活率 97%，18 周龄体重 1.29 千克，1～18 周龄耗料 6.02 千克，高峰期产蛋率 93%，72 周龄入舍母鸡产蛋量 285 枚，平均蛋重 62 克。产蛋期成活率 94%。

图 1-33　海兰 W-36 白壳蛋鸡

图 1-34　伊莎巴布考克 B-300 白壳蛋鸡

3. 海赛克斯白壳蛋鸡

海赛克斯白壳蛋鸡（图 1-35）是荷兰优利布里德公司育成的四系配套杂交鸡。以产蛋强度高、蛋重大而著称，被认为是当代最高产的白壳蛋鸡之一。0～18 周龄成活率 95%～96%，18 周龄体重 1.16 千克，耗料 5.8 千克；50% 开产时间 23 周，72 周龄产蛋数 300 枚，平均蛋重 60.7 克。

4. 罗曼白壳蛋鸡

罗曼白壳蛋鸡（图 1-36）由原联邦德国罗曼公司培育的四系配套蛋用鸡种。0～20 周龄成活率 96%～98%，20 周龄体重 1.3～1.35 千克，1～18 周龄耗料 6.0～6.4 千克；50% 产蛋日龄 150～155 日龄，72 周龄产蛋数 290～300 枚，平均蛋重 62～63 克，每千克蛋耗料 2.3 千克，产蛋期存活率 94%～96%。产蛋期末体重 1.75～1.85 千克。

图 1-35　海赛克斯白壳蛋鸡

图 1-36　罗曼白壳蛋鸡

5. 罗曼褐壳蛋鸡

罗曼褐壳蛋鸡（图 1-37）是由原联邦德国罗曼公司培育的四系配套蛋用鸡种。0～20 周龄成活率 97%～98%，20 周龄体重 1.5～1.6 千克，0～20 周龄耗料 7.4～7.8 千克；50% 产蛋日龄 152～158 日龄，72 周龄入舍母鸡产蛋量 285～295 枚，平均蛋重 63.5～64.5 克，每千克蛋耗料 2.3～2.4 千克，产蛋期存活率 94%～96%。淘汰体重 2.2～2.4 千克。

6. 海兰褐壳蛋鸡

海兰褐壳蛋鸡（图 1-38）是由美国海兰公司培育的四系配

图 1-37　罗曼褐壳蛋鸡

图 1-38　海兰褐壳蛋鸡

套杂交鸡，具有抗马立克氏病和白血病的基因。0～20周龄成活率96%～98%，20周龄体重1.54千克；50%产蛋日龄156日龄，72周龄入舍鸡产蛋量298枚，平均蛋重63～64克，每千克蛋耗料2.4～2.5千克，产蛋期存活率91%～95%。

7. 迪卡－沃伦褐壳蛋鸡

迪卡－沃伦褐壳蛋鸡（图1-39）是由美国迪卡家禽研究公司培育的优良蛋用鸡种，该品种饲养效益高，生产性能稳定可靠。0～20周龄成活率97%，20周龄体重1.7千克,20周龄耗料7.7千克；50%产蛋日龄161日龄，72周龄入舍母鸡产蛋量290枚，平均蛋重63～64克，每千克蛋耗料2.2～2.4千克，产蛋期存活率91%～95%。

8. 伊莎褐壳蛋鸡

伊莎褐壳蛋鸡（图1-40）是由法国伊莎公司培育的四系配套杂交鸡。0～18周龄成活率97%，18周龄体重1.54～1.60千克；50%产蛋日龄161日龄，76周龄产蛋量320～330枚，全期平均蛋重62.8克，每千克蛋耗料2.06～2.16千克。

图1-39　迪卡－沃伦褐壳蛋鸡

图1-40　伊莎褐壳蛋鸡

9. 海赛克斯褐壳蛋鸡

海赛克斯褐壳蛋鸡（图1-41）系荷兰优利布里德公司育成的四系配套杂交鸡。0～18周龄成活率97%，18周龄体重1.4

千克，耗料 5.8 千克；50% 产蛋日龄 158 日龄，72 周龄产蛋数 300 枚，平均蛋重 60.7 克。

10. 伊莎新红褐蛋鸡

伊莎新红褐蛋鸡（图 1-42）是法国伊莎公司培育的四系配套杂交鸡。18 周龄成活率 98.5%，18 周龄体重 1.75 千克，开产日龄 19～20 周，高峰期 95% 以上产蛋时间 17 周，72 周龄产蛋数 315～325 枚，全期平均蛋重 65 克，每千克蛋耗料 2.07～2.13 千克。

图 1-41　海赛克斯褐壳蛋鸡

图 1-42　伊莎新红褐蛋鸡

11. 新罗曼褐壳蛋鸡

新罗曼褐壳蛋鸡（图 1-43）是德国罗曼公司培育的四系配套蛋用鸡种。20 周龄成活率 97%～98%，耗料 7.4～7.8 千克，体重 1.5～1.6 千克；1～72 周龄存活率 94%～96%，开产日龄 150～160 日龄，72 周龄产蛋数 290～300 枚，平均蛋重 64 克；每千克蛋耗料 2.1～2.3 千克；72 周龄体重 1.9～2.2 千克。

12. 巴布考克 B-380 褐壳蛋鸡

巴布考克 B-380 褐壳蛋鸡（图 1-44）是法国伊莎公司培育的高产品种，河南省畜牧局家禽育种中心从法国伊莎公司引进祖代鸡。商品蛋鸡中有 35%～45% 的鸡只体表附有黑色羽毛，可以清晰地与其他品种辨别。商品代生产性能：0～18 周龄成活率

97%～98%，18 周龄体重 1.64 千克，耗料 6.85 千克；50% 产蛋日龄 140～147 日龄，76 周龄入舍母鸡产蛋数 337 枚，高峰产蛋率 95%，每千克蛋耗料 2.05 千克，平均蛋重 62.5 克。

图 1-43　新罗曼褐壳蛋鸡

图 1-44　巴布考克 B-380 褐壳蛋鸡

13. 京红 1 号蛋鸡

京红 1 号蛋鸡（图 1-45）是由北京市华都峪口禽业有限责任公司成功培育的优良蛋鸡品种。商品代生产性能：0～18 周龄成活率 96%～98%，产蛋期成活率 92%～95%，高峰产蛋率 93%～96%，每千克蛋耗料 2.1～2.2 千克。

14. 农大 3 号褐壳蛋鸡

农大 3 号褐壳蛋鸡（图 1-46）是中国农业大学用纯合矮小型公鸡与慢羽普通型母鸡杂交培育的配套系鸡种，商品代生产性

图 1-45　京红 1 号蛋鸡

图 1-46　农大 3 号褐壳蛋鸡

能高，可根据羽速自别雌雄，快羽类型的雏鸡都是母鸡，而所有慢羽雏鸡都是公鸡。商品代生产性能：1～120日龄成活率96%以上，120日龄体重1.25千克，育雏育成期耗料5.7千克，产蛋期成活率95%以上，平均日耗料90克，开产日龄146～156日龄，72周龄入舍母鸡产蛋数281枚，平均蛋重53～58克，总蛋重15.7～16.4千克。每千克蛋耗料2.0～2.1千克。

15. 京粉2号蛋鸡

京粉2号蛋鸡（图1-47）是北京市华都峪口禽业有限责任公司选育，于2013年1月24日通过国家畜禽遗传资源委员会审定。具有品种纯正（体型紧凑，羽毛均为白色，蛋壳浅褐色）、繁殖率高、耐高温、无啄癖和成活率高等特点。育雏育成期成活率99%，产蛋期成活率96%以上，产蛋率50%日龄146～156天，72周龄入舍母鸡产蛋数310～318枚，平均蛋重53～58克，总蛋重19.5～20.1千克。每千克蛋耗料2.1～2.2千克。

16. 农大3号粉壳蛋鸡

农大3号粉壳蛋鸡（图1-48）是由中国农业大学培育的。父本是矮小型褐壳蛋鸡配套系，母本是白壳蛋鸡配套系。商品代雏鸡能够羽速自别雌雄，成年鸡羽毛以白色为主，有少量红羽。成年体重1.55千克，产蛋率50%日龄150天，72周龄入舍母鸡产蛋数280枚，平均蛋重53～58克。每千克蛋耗料2.1千克。

图1-47　京粉2号蛋鸡

图1-48　农大3号粉壳蛋鸡

17. 东乡黑羽绿壳蛋鸡

图 1-49　东乡黑羽绿壳蛋鸡

东乡黑羽绿壳蛋鸡（图 1-49）由江西省农科院畜牧所培育而成。体型较小，产蛋性能较高，适应性强，羽毛全黑、乌皮、乌骨、乌肉、乌内脏，喙、趾均为黑色。母鸡羽毛紧凑，单冠直立，冠齿 5～6 个，眼大有神，大部分耳叶呈浅绿色，肉垂深而薄，羽毛片状，胫细而短，成年体重 1.1～1.4 千克。公鸡雄健，鸣叫有力，单冠直立，暗紫色，冠齿 7～8 个，耳叶紫红色，颈羽、尾羽泛绿光且上翘，体重 1.4～1.6 千克，体型呈“V”形。开产日龄 152 日龄，500 日龄产蛋量 160～170 枚，平均蛋重 50 克，蛋壳颜色浅绿色。现新培育的绿壳蛋鸡品种多含其基因。

三、优良肉鸡品种

1. 艾维因肉鸡

艾维因肉鸡（图 1-50）是美国艾维因国际有限公司培育的杂交配套显性白羽肉鸡品种。体型饱满，胸宽、腿短、黄皮肤，具有增重快、成活率和饲料报酬高等特点。艾维因肉鸡可在我国绝大部分地区饲养，适宜各种类型的养殖场饲养。父母代生产性能：入舍母鸡产蛋 5% 时成活率不低于 95%，产蛋期死淘率 8%～10%；高峰期产蛋率 86.9%，41 周龄可产蛋 187 枚，产种蛋数 177 枚，入舍母鸡生产健雏数 154 只，入孵种蛋最高孵化率 91% 以上。商品代生产性能：公母混养 49 日龄体重 2.6 千克，料肉比 1.89：1，成活率 97% 以上。

2. 爱拔益加（AA）肉鸡

爱拔益加（AA）肉鸡（图 1-51）是美国爱拔益加育种公司

培育的四系配套白羽肉鸡品种，四系均为白洛克型。其羽毛均为白色，单冠，具有生产性能稳定、增重快、胸部产肉率高、成活率高、饲料报酬高、抗逆性强的优良特点。父母代种鸡全群平均成活率 90%，66 周龄入舍母鸡产蛋数 193 枚，入舍母鸡产健雏数 159 只，36 周龄蛋重 63 克。商品代肉鸡公母混养 42 日龄体重 2.36 千克，42 日龄料肉比 1.73 : 1；49 日龄体重 2.94 千克，料肉比 1.901 : 1，成活率 95.8%。

图1-50 艾维因肉鸡

图1-51 爱拔益加（AA）肉鸡

3. 罗斯 308 肉鸡

罗斯 308 肉鸡（图 1-52）由英国罗斯育种公司培育。66 周龄种鸡入舍母鸡总产蛋数为 186 枚，合格种蛋 177 枚，生产健雏数 149 只。雏鸡可以羽速自别雌雄。增重快，7 周末平均体重可达 3.05 千克，可以提早出栏，大大降低了饲养后期的风险。商品肉鸡饲料转化率高，42 日龄料肉比 1.7 : 1，49 日龄料肉比 1.82 : 1。

图 1-52 罗斯 308 肉鸡

4. 哈巴德肉鸡

哈巴德肉鸡（图 1-53）是法国伊萨哈巴德公司育成的白羽配套系肉鸡品种，具有生长速度快、抗病能力强、胴体屠宰高、肉质好、饲料报酬高、饲养周期短、商品代鸡可羽速自别雌雄以及有利于分群饲养等特点。父母代种鸡开产日龄 175 日龄，产蛋总数 180 枚，合格种蛋数 173 枚，平均孵化率 86%~88%，平均出雏数 135~140 只。商品代生产性能: 28 日龄体重 1.25 千克，料肉比 1.54 : 1; 35 日龄体重 1.75 千克，料肉比 1.68 : 1; 42 日龄体重 2.24 千克，料肉比 1.82 : 1; 49 日龄体重 2.71 千克，料肉比 1.96 : 1。

5. 康达尔黄鸡

康达尔黄鸡（图 1-54）由深圳康达尔公司育种中心培育。利用 A、B、D、R、S 5 个基础品系，组成康达尔黄鸡 128 和康达尔黄鸡 132 两个配套系。康达尔黄鸡 128 属于快大型黄鸡配套八系，由于父母代母本使用了黄鸡与隐性白鸡的杂交后代，使产蛋率、均匀度、生长速度和蛋形等都有了较大的改善。同时，利用品系配套技术，使各品系的优点在杂交后代得到了充分的体现。康达尔黄鸡 132 是用矮脚基因，根据不同的市场需求生产的系列配套品种。用矮脚鸡作母本来生产快大型鸡，可使父母代种鸡较正常型节省 25%~30% 的生产成本；用来生产仿土鸡，可极大地提高种鸡的繁殖性能，降低生产成本。

图 1-53　哈巴德肉鸡

图 1-54　康达尔黄鸡

6. 苏禽黄鸡

苏禽黄鸡（图 1-55）由江苏省家禽科学研究所培育。苏禽黄鸡系列包括快大型、优质型、青脚型 3 个配套系。快大型羽毛黄色，颈、翅、尾间有黑羽，羽毛生长速度快。父母代产蛋较多，入舍母鸡 68 周龄所产种蛋可孵出雏鸡 142 只。商品代 60 日龄体重，公鸡 1.7 千克、母鸡 1.4 千克，饲料转化比为 2.5：1。优质型商品鸡生长速度快，羽毛麻色，似土种鸡，肉质优，适合于要求 40 多天上市、体重在 1 千克左右的饲养户生产。青脚型以我国地方鸡种为主要血缘，分别选育、配套而成。其羽毛黄麻、黄色，脚青色，生长速度中等，肉质风味特优，是典型的仿土种鸡品系。

7. 岭南黄鸡

岭南黄鸡（图 1-56）由广东省农业科学院畜牧研究所培育，主要配套系为 1 号中速型、2 号快大型、3 号优质型。1 号商品代初生雏自辨雌雄准确率达到 99% 以上。2 号的生长速度和饲料转化率极佳，达到国内领先水平。2 号快大型 6 周龄公鸡体重 1.431 千克，料肉比 1.65：1；母鸡 1.174 千克，料肉比 2.01：1。3 号优质型，10 周龄公鸡体重 1.5 千克，料肉比 2.8：1；母鸡 1.25 千克，料肉比 3.10：1。

图 1-55　苏禽黄鸡

图 1-56　岭南黄鸡

8. 新浦东鸡

新浦东鸡（图 1-57）由上海畜牧兽医研究所育成，是利用原浦东鸡作为母本，分别与白洛克鸡、红科尼什鸡进行杂交育种而成的。羽毛颜色为棕黄或深黄，皮肤微黄，胫黄色。产蛋率

5% 的日龄为 26 周龄，500 日龄的产蛋量 140～152 枚，受精蛋孵化率 80%。受精率 90%。仔鸡 70 日龄体重 1.5～1.7 千克，料肉比（2.6～3.0）：1，成活率 95%。

【提示】新浦东鸡保留了浦东鸡的体型大和肉质鲜美的特点，克服了早期发育和羽毛生长缓慢的缺点，是用作肉鸡生产和活鸡出口较为理想的品种。

9. 江村黄鸡 JH-1 号土鸡型

江村黄鸡 JH-1 号土鸡型（图 1-58）是由广州市江丰实业有限公司培育的优良品种，特点是鸡冠鲜红、直立，嘴黄而短，全身羽毛金黄，被毛紧贴，体形短而宽，肌肉丰满，肉质细嫩，鸡味鲜美，皮下脂肪适中，抗逆性好，饲料转化率高。既适合于大规模集约化饲养，也适合于小群放养。种鸡 68 周龄产蛋量达 155 枚，商品代 100 日龄母鸡体重 1.4 千克、料肉比 3.2：1。

图 1-57　新浦东鸡

图 1-58　江村黄鸡 JH-1 号土鸡型

第三节　鸡种的选择和引进

一、品种选择依据

品种选择依据见图 1-59。

图 1-59　品种选择依据

二、品种引进方法

品种引进注意事项见图 1-60。

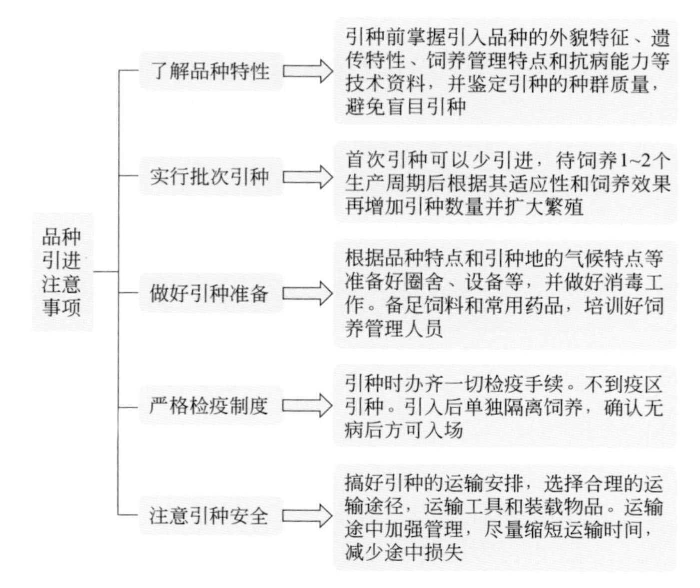

图 1-60　品种引进注意事项

第二章 现代鸡种的繁育技术

第一节 现代鸡种的特点

现代的鸡种，主要是在标准品种或地方良种的基础上，采用品系育种和品系杂交的方法，开展品种间、品系间、多品系间的杂交选育出许多具有不同特点的高产群体，然后进行杂交组合和配合力测定，筛选出杂交优势强、生产性能高、稳定整齐的最佳杂交组合，生产出的杂交鸡，具有如下特点。

1. 品种的商品化

现代鸡种的品种多以公司名称或编号命名，在市场推销。如美国海兰公司培育的海兰褐、海兰 W-36（海兰白），英国罗斯公司培育的罗斯鸡，加拿大公司培育的星杂 288、星杂 444、星杂 566、星杂 579 等。

2. 品种的杂交化

由于杂交能显著提高生产性能，所以现代鸡种广泛应用品种间或同一品种间的不同品系进行杂交，生产配套的商品杂交鸡。由于品系间或品种间杂交鸡的遗传性不稳定，所以现代商品杂交鸡本身不能复制。

3. 品种的生产性能优异

现代蛋用鸡种都具有体重小、产蛋多、蛋大、发育整齐、死亡率低、饲料利用率高等全面优异性能。现代肉用鸡种具有早期生长快、肉嫩、体型大、生长发育整齐、适应性强、饲料转化率高等特点。有些鸡种可以自别雌雄。

4. 品种的遗传基础窄

现代鸡种主要是由少数品种选育出不同的品系杂交而成的，所以遗传基础较窄。如现代的白壳蛋鸡品种主要来源于白来航鸡，而褐壳蛋鸡品种主要来源于洛岛红鸡、新汉夏鸡、芦花鸡、澳洲黑鸡等；肉鸡鸡种主要来源于科尼什鸡、白洛克鸡等。

第二节　鸡的选择和淘汰

选择是育种的中心问题。选择是指生物在野生或家养条件下哪些个体参与繁殖后代，或指一个生物群体中不同基因型的个体在繁殖过程中产生数量不等的后代所带来的影响，它使群体的结构发生变化。选择的作用会淘汰那些突变的不适合环境的或有害的基因。选择包括自然选择（遵循的是适者生存的原则）和人工选择。人工选择可以通过诱导创造出新的基因，并把自然条件下或人工诱导产生的有利突变保留下来。有利于变异基因获得优先发展扩散成群体的主要类型，通过培育形成新的品种。

一、根据外貌与生理特征的选择与淘汰

这种选择和淘汰方法是最早使用的也是最简单的选择方法。在外貌选择上，首先必须符合品种特征要求，其次结合生产性能进行。

1. 种用雏鸡的选择与淘汰

（1）肉鸡　成年肉鸡的体重和生长速度与 6～8 周龄雏鸡的体重和生长速度有较强的正相关，所以可对体重进行早期选择。在 6～8 周龄时选留生长速度快、体重大、健壮、没有生理缺陷的雏鸡，淘汰生长缓慢、体重轻、绒毛枯干或畸形的弱雏。

（2）蛋鸡　在 6～8 周龄，选留羽毛生长迅速、体重不过大、发育良好、身体匀称、健壮的雏鸡，淘汰生长缓慢、外貌和生理有缺陷的雏鸡。种用雏鸡 8 周龄体重见表 2-1。

表 2-1　种用雏鸡 8 周龄体重　　单位：克

类型	公鸡	母鸡
白壳蛋系	730	580
褐壳蛋系	1050	780
肉鸡系	1480	1250

2. 种用育成鸡的选择与淘汰

育成鸡的选择要在 20～22 周龄进行。选留外貌特征符合品种、生长发育良好、健康的鸡，淘汰发育不良、生长缓慢的个体。

3. 成年种鸡产蛋力的选择

鸡的外貌与生理特征与产蛋力之间具有一定的相关性，经过长期育种实践，人们积累了丰富的选择经验。对蛋鸡的选择一般应取春或秋季进行，早春选择可以合理组织春季繁殖的分群配种，秋季可以根据已完成一个产蛋年的成年鸡进行产蛋性能鉴定和确定去留。高产鸡和低产鸡的外貌选择见图 2-2。

表 2-2　高产鸡和低产鸡的外貌选择

<table>
<tr><th colspan="2">选择项目</th><th>高产鸡</th><th>低产鸡</th></tr>
<tr><td rowspan="7">身体结构与外貌特征</td><td>体形</td><td>身体匀称，发育正常</td><td>虽健康，但体形过肥或过瘦</td></tr>
<tr><td>神态</td><td>活泼，性情温顺，食性强</td><td>精神迟钝，觅食性差</td></tr>
<tr><td>头部</td><td>冠和肉垂发达，颜色鲜红，额骨宽，头顶近似正方形</td><td>冠、肉垂、耳小而色淡、干燥；头过大或过小，头顶呈长方形</td></tr>
<tr><td>喙、眼</td><td>喙短、宽而弯曲，眼大、圆而有神，眼睛明亮</td><td>喙长、窄而直，眼椭圆，眼神迟钝</td></tr>
<tr><td>体躯</td><td>胸宽而深，向前突出，体躯长、宽且深</td><td>胸部和体躯窄而浅</td></tr>
<tr><td>肛门</td><td>外侧丰满，内侧湿润，大而呈椭圆形</td><td>干燥、小而圆</td></tr>
<tr><td>胫</td><td>两胫长短适中，鳞片紧贴呈三棱形</td><td>过长或过短，圆柱形</td></tr>
</table>

续表

选择项目		高产鸡	低产鸡
触摸品质	冠、肉垂皮肤	高产蛋鸡代谢旺盛，血液循环迅速，所以手触摸感觉温暖而柔软	皮肤、冠和肉垂触摸感觉粗糙、发硬并有皱褶，没有柔软温暖的感觉
	耻骨	末端柔薄而有弹性，开张大	耻骨末端坚硬，开张小
	腹部容积	性腺活动强烈，生殖和消化器官发达，腹部容积大	腹部容积小
换羽		换羽迟，常在秋末和冬初，换羽迅速	换羽早，常在夏末冬初，换羽缓慢
色素变换		黄色皮肤的品种，肛门、喙、眼睑、耳叶、胫部、脚、趾等处表现黄色，这主要由饲料中的色素沉积所致。开产后，饲料中的黄色素主要沉积于蛋黄，使得皮肤黄色变浅，产蛋越多皮肤褪色越明显。各部位褪色的顺序为：首先是肛门、眼睑、耳叶等部位，其次是喙和腿，最后是脚底和胫部。停止产蛋后色素迅速按上述顺序恢复	

二、根据生产成绩的选择与淘汰

根据外貌与生理特征的选择与淘汰方法，在生产性能差异不大时，选择容易出误差。要想选出真正具有优秀基因组合、并能将其高产性能遗传给后代的个体，选择的主要依据应是生产成绩。种用育种场要做好准确系统的生产记录，统计好生产性能资料，作为选择和淘汰的依据。需要记录的性状见表 2-3。

表 2-3　育种场记录的主要性状

类型	记录性状
蛋鸡及种鸡	产蛋量、产蛋率、蛋重、总蛋重、蛋壳厚度和强度、蛋壳结构（砂壳、裂纹或皱纹等）、蛋壳颜色、血斑与肉斑，性成熟期、受精率、孵化率，雏鸡生活力、初生雏鸡体重、耗料比、抗病力等
肉鸡	7 周龄体重、成年体重、耗料量、屠宰率、屠体品质，胸角度、身体结构、冠形、绒羽颜色、羽毛速度，性成熟期、受精率、孵化率，蛋重、蛋壳品质、双黄蛋，死亡率、抗病力、自别雌雄等

根据生产记录的选择主要有四种方法。

1. 根据个体本身成绩的选择与淘汰

把群体中的个体按生产记录值的高低顺序排列，根据留种数量顺序选取名次在前的个体，适宜于遗传力高的性状的选择，如周龄体重、蛋重和蛋的品质等，上下代的相关程度比较高，选择高产或优良的个体可望得到高产或优良的后代。

2. 根据家系成绩的选择与淘汰

对于育成鸡、雏鸡以及公鸡，由于本身没有生产记录，根据它们的系谱资料进行选择具有特别重要的意义。由于它们与祖先具有一定的遗传相关，比较祖先的生产性能就可以推断它们可能具有什么样的性能。对于种鸡的选择，遗传力低的性状，宜采用家系选择的方法，就是根据家系内各个体的记录均值，选择均值高的家系留作种用。因为遗传力低的性状，每个个体的表型值受环境的影响大，而利用家系内每个个体的平均值进行选择，可消除环境效应的影响。在运用系谱资料时，血缘越近的影响越大，因此，一般运用父代和祖代即可。

3. 根据全同胞或半同胞生产成绩的选择与淘汰

父母都相同的兄弟姐妹称为全同胞，只同母或只同父的兄弟姐妹称为半同胞，对于没有生产记录的雏鸡、育成鸡和种公鸡，根据其同胞或半同胞的平均产蛋成绩来鉴定，是一种重要而又有用的方法。全同胞或半同胞在遗传上具有一定的相似性，故其生产性能应接近。因此，鉴定全同胞或半同胞平均成绩的优劣，即可对选择个体的生产性能做出初步判断，决定去留。

4. 根据后裔成绩的选择与淘汰

对于种鸡来说，通过以上三种方法选择出来的种鸡是否真能把其优良的生产性能遗传给后代，这只能通过测定其后代的生产成绩来判断。所以，根据后裔成绩的选择是表型选择方法的最高层，利用这种方法可以确实表明所选择的种鸡是优秀的，能够把遗传品质真实、稳定地遗传给后代。然而根据后裔成绩鉴定种鸡，此时种鸡的年龄已至少在两岁半以上，可利用的时间已不多，但可据此建立优秀家系。

三、根据血型标记的选择与淘汰

用作标记的各种血液成分，如酶、蛋白、激素、脂类等均具有特异抗原性质，故被称为抗原因子或血型因子。现已鉴别出鸡的 14 种血型系统: A，B，C，D，E，H，I，J，K，L，N，P，R 和 TR 系统。

四、多性状选择

上述选择方法是针对一个性状而言，但在育种工作中，经常要同时选择几个优良性状。多性状选择的一般方法如图 2-1。

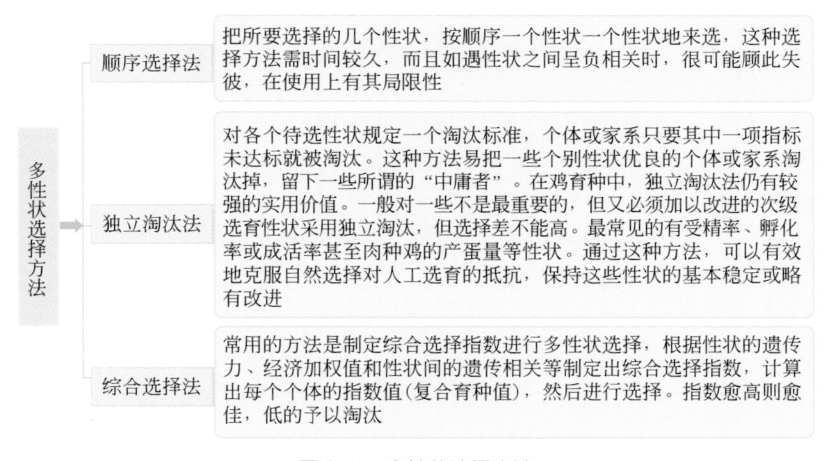

图 2-1　多性状选择方法

第三节　鸡繁育的基本方法

现代用于商品生产的鸡都是充分利用了品种或品系间杂交产生杂种优势的杂交鸡。杂种的基因杂合性越高，产生的杂种优势越大，这就需要杂交的双方不仅具有优良的生产性能，还要具有很高的基因纯合性，以期产生杂合性更高的后代。商品杂交鸡生产性能的优劣主要取决于其作为亲本的纯系是否优秀和其配合力的大小。于是培育纯系就成为现代鸡育种最重要也是最关键的一个环节。

一、纯系培育

近交系数达到 99.9% 以上，理论上基因型已近于完全纯合的品系，称为纯系（实际应用上，对一个品系长期进行保纯不与外血相混，也称为纯系）。但是高度的近交会造成严重衰退，所以在纯系培育过程中，要不断淘汰生活力弱、畸形等严重退化的个体。

1. 近交选育

一般先连续三四代进行全同胞交配，近交系数 50% 左右后转入轻度的近交，育成近交系。由于近交会造成基因迅速纯合，效果显著，同时也会使隐性不良基因纯合，使得近交后代出现生活力下降、死亡率增加、畸形等现象，需大量淘汰。有时还需要淘汰严重退化的近交系；花费很大，尽管近交系本身的生产性能并不高，但由于具有较高的基因纯合度，杂交可产生显著的杂种优势，产蛋量可大为提高。

2. 闭锁群家系选育

利用这种方法可以得到具有一定性能特征，而血缘又不至于过近的品系。其方法是利用 20 个配种间，使用 2000～3000 只母鸡，每间 10～15 只母鸡配一只公鸡。采用 40 或 60 只公鸡，20 个配种间轮配 2 次或 3 次，后代就得到 40～60 只公鸡家系和 200～300 只母鸡家系。此代的种公母鸡称为第一代种公母鸡。根据各家系后代的生长发育，产蛋量、蛋重等的平均值初步鉴定第一代种公母鸡的优劣。在初鉴优秀的家系后代中选择平均值以上的育成母鸡 1000 只，选留公鸡 200 只，继续饲养观察其生产性能及其他相关性状。第二年从中选择 200～300 只优秀母鸡，选择生长发育优秀、同胞姐妹生产性能优秀的公鸡 40～60 只，称为第二代种公母鸡。仿第一代进行轮配，但要避免全同胞或半同胞交配。完成一个产蛋年后，根据其个体成绩，参照家系、全同胞、半同胞的成绩和死亡率，选留优秀种公母鸡，称为鉴定合格种公母鸡。由鉴定种公母鸡的后代组成的配种组及其后代，称为育种核心群，其余称为普通育种群。照此第三代、第四代、第五代等配种、鉴定，即可育出高产品系。此种方法减少了因近交衰退而造成的大量淘汰，但是需要维持多个家系和大量的育种群体。

3. 正反反复选择法

先从基础群中根据生产性能不同分成甲、乙两个群体，然后进行正反交，根据正反交后代的生产性能选出优秀的杂交组合，把好的杂交组合中的甲、乙两个群体的鸡分别进行两系纯繁。再将两系纯繁的后代进行正反交，选出好的杂交组合，再次进行两系纯繁。如此正反反复选择，到一定时间后即可形成具有很好配合力的两个品系。

采用正反反复选择法可在选育纯系的过程中同时进行配合力测定，并避免了近交，而且杂交后代也可用于商品生产，可谓一举数得。选育时纯繁和正反交可同时进行，以节省时间。

4. 合成系选育

这种选育方法，是希望育成的纯系能够综合种优秀的基因。其方法是在基础群中选出两个或多个品种或品系，每个品种或品系在某一性状上表现优秀，用选出的群体进行杂交。以 A、B、C 三个群体为例：第一年进行 3 个品系的正反交，合成含有两个品系基因的后代；第二年利用第一年的正反交后代再进行一次杂交，可得到具有三个群体基因的后代，如表 2-4。

表 2-4　合成系选育的程序

	♀	**A**♂	**B**♂	**C**♂
第一年	A	—	AB	AC
	B	BA	—	BC
	C	CA	CB	—

续表

	♀	AB♂	AC♂	BC♂
第二年	BA	—	BAAC	BABC
	CA	CAAB	—	CABC
	CB	CBAB	CBAC	—

第二代中选择同时具有三个品系优良性状的个体，然后进行封闭繁育，形成新的品系。

二、配合力测定和品系配套

纯系选育是现代家禽育种的手段，现代育种的最终目的是将已有的纯系通过系间的配合力测定，筛选出优秀的杂交组合，生产具有强大杂种优势的高性能商品杂交鸡。

配合力是指不同种群或品系通过杂交能够获得杂种优势的程度，也就是杂交效果的好坏和大小。配合力可分为一般配合力和特殊配合力。一般配合力是由加性遗传方差决定的，其值愈高，表明杂交后代受该亲本的影响愈大，一般配合力也体现了品系和育种的效果；特殊配合力是由非加性效应（通常是显性和上位效应）决定的。作为杂交的亲本，主要追求的是特殊配合力，具有特殊配合力的组合，其品系间的杂种优势最强。

例如，有 6 个白洛克纯系、5 个科尼什纯系的育种场，欲做 4 系杂交配套。那么按照双列杂交法进行 6 个白洛克系的二元杂交，配 30 个组合 [公式：$n(n-1)$]，从中选出三个优良组合与 5 个系的科尼什鸡进行三元杂交，配 15 个组合，从中选出 4 个好的组合，再配 2 个四元杂交组合。最后选出一个四系配套的杂交组合，这个组合的性能是最优秀的，可供商品生产。即一个一般规模的纯系鸡场，从 11 个品系开始育种，就需要进行二元、三元和四元杂交的 47 个组合的配合力测定，记录、统计和分析各组合的均值和杂种优势率。

三、品系扩繁和杂交制种

经大量配合力测定最后选出的最优组合即进行品系配套，扩繁，进而转入杂交制种生产商品杂交鸡。商品杂交鸡可以是四系配套（四元杂交）、三系配套（三元杂交）或二系配套（二元杂交）。

1. 二系配套

这是最简单的杂交模式，从纯系育种群到商品群的距离短，因而遗传进展传递快。不足之处是不能在父母代中利用杂交优势来提高繁殖性能，而且扩繁层次少，供种量有限，目前很少使用。二系配套模式图如图 2-2。

图 2-2　二系配套模式图

2. 三系配套

三系配套时父母代母本是二元杂种，所以其繁殖性能可以获得一定杂交优势，再与父系杂交，可在商品代中获得杂种优势。扩繁层次增加，供种数量大幅提高。三系配套模式图如图 2-3。

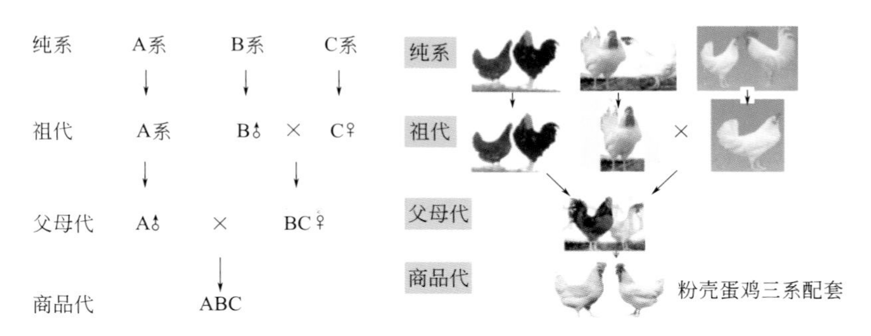

图 2-3　三系配套模式图

3. 四系配套

四系配套是仿照玉米自交系双杂交模式建立的。从鸡育种中积累的资料看，四系杂种的生产性能没有明显超过二系杂种和三系杂种的。但从育种公司的商业角度看，四系配套有利于控制种源、保证供种的连续性。四系配套模式图如图 2-4。

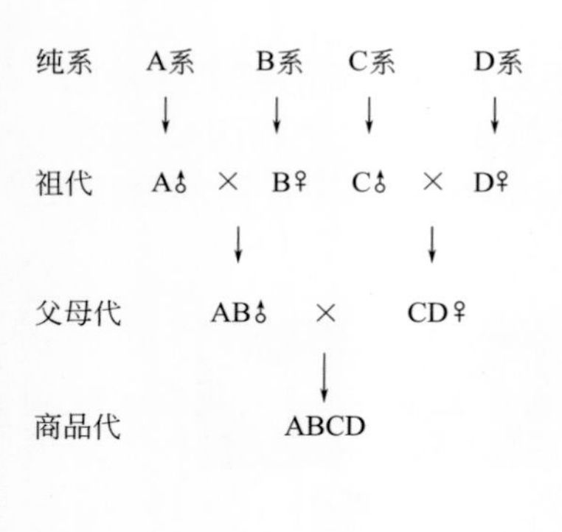

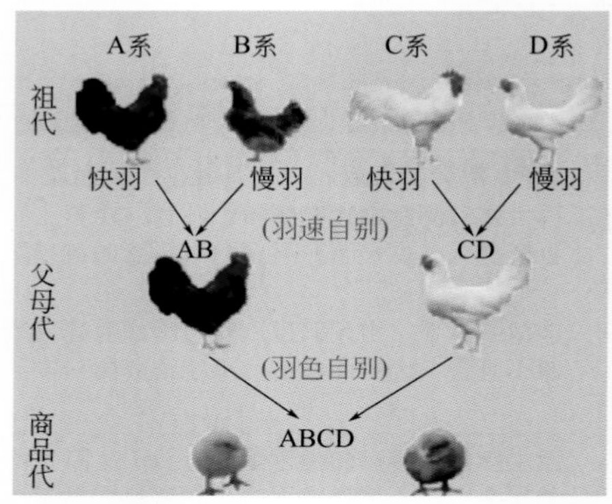

图 2-4　四系配套模式图

第四节　良种繁育体系

一、良种繁育体系作用

只有按照良种繁育体系，才能使各级种鸡场合理布局，才能使良种迅速推广，才能使良种生产过程中的各个环节不出问题而保证良种质量。按照良种繁育体系要求设置和布局各级种鸡场，既可以避免种鸡的盲目生产，又可以保证广大的商品鸡场和专业户获得最优良的商品鸡。全国只需要建立少数的育种场，集中投资，可又快又好地育成和改良配套品系，生产出优质的高产杂交配套品种，降低育种成本。只有建立健全良种繁育体系，才能从源头抓起，控制病原的传播，特别是一些特定病原的传播。即原种场培育无特定病原的洁净鸡群，祖代场和父母代场的种鸡群进行严格净化和加强孵化场防疫卫生，就可以有效控制病原的传播。如净化后的 100 只曾祖代母本母系鸡（每只母鸡生产 50 只母雏鸡）可以生产 5000 套祖代鸡（每只母鸡生产 60 只母雏鸡），可以生产 30 万套父母代鸡（每只母鸡生产 85 只母雏鸡），可以生产出 2550 万只未被特定病原感染的商品鸡。

二、良种繁育体系

良种繁育体系是把高产配套鸡的育种和制种工作的各个环节有机地结合起来，形成一个分工明确、联系密切、管理严格的体系（图 2-5）。

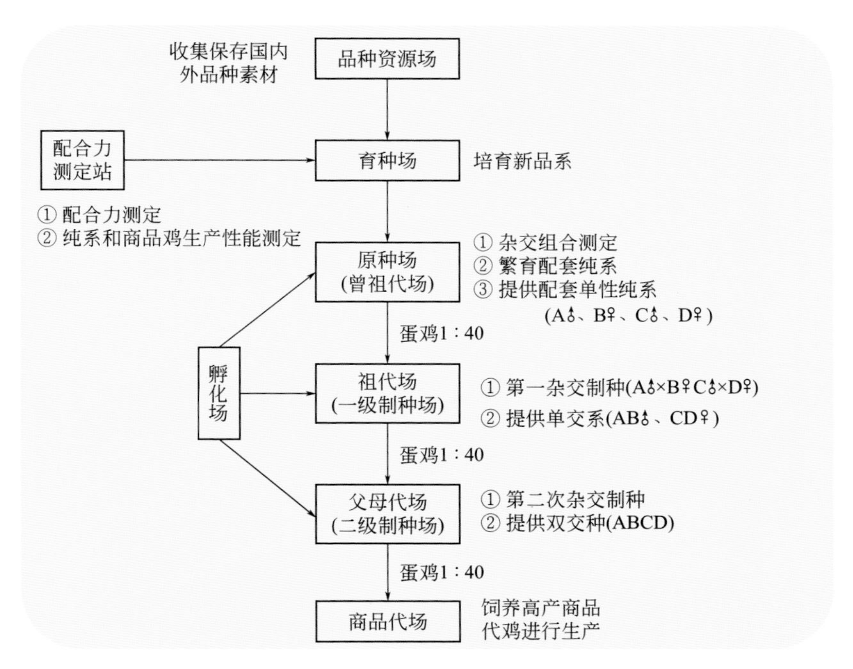

图 2-5　良种繁育体系结构

第五节　鸡的生产性能测定和计算

一、产蛋性能指标

1. 开产日龄

开产日龄是指鸡群产蛋率达 50% 时的日龄。一般情况下，白壳蛋鸡在 154 天左右，褐壳蛋鸡在 160 天左右。

2. 产蛋率

产蛋率有以下两种表示方法。

（1）入舍母鸡产蛋率　入舍母鸡产蛋率 (%) = 统计期内产蛋数 ÷（入舍母鸡数 × 统计天数）× 100%。

（2）存活母鸡产蛋率　存活母鸡产蛋率 (%) = 统计期内产蛋数 ÷ 累计存活母鸡数 × 100%。

母鸡只日产蛋率是反映存活母鸡产蛋量高低的一个良好指标，但它忽略了死亡率这一生产指标。入舍母鸡产蛋率兼顾了产蛋量和累计的死亡数，从产蛋成本看，它反映了鸡群过去和现在的实际情况。

3. 产蛋量

（1）入舍母鸡产蛋量　入舍母鸡产蛋量（枚）= 统计期内总产蛋数 ÷ 入舍母鸡数。

（2）只日母鸡产蛋量　只日母鸡产蛋量（枚）= 统计期内产蛋数 ÷（累计存活母鸡数 ÷ 统计期天数）。

4. 蛋重

蛋重分为平均蛋重和总蛋重。不同鸡种，蛋重标准不同，同一鸡种不同产蛋阶段，蛋重标准也不相同，蛋重随日龄增长而增加。

（1）平均蛋重　鸡群的平均蛋重，可用 300～304 日龄连续 5 天测定蛋重的平均值来代表，平均蛋重单位用克表示。

（2）总蛋重　总蛋重（千克）= 平均蛋重 × 产蛋数 ÷1000。

5. 死淘率

产蛋鸡群中，并非所有的鸡都健康高产，有一定数量的鸡死亡或被淘汰。统计死淘率时，一般常用月死淘率，正常的月死淘率为 0.6%～0.8%。如果超过 1%，就是不正常的。

二、产肉性能指标

1. 增重

（1）日增重　日增重（克 / 日）=（末重 - 始重）/ 饲养天数。

（2）全期增重　全期增重（千克）=（末重 - 始重）。

2. 屠宰率

屠宰率（%）= 胴体重 / 宰前活重 ×100%。

三、饲料转化指标

1. 料肉比

料肉比 = 饲料消耗量 / 活体增重。

2. 料蛋比

料蛋比 = 饲料消耗量 / 总蛋重。

四、蛋品质量指标

鸡蛋的品质是现代养禽业很重视的一个性状，是衡量蛋的质量指标。它包括蛋壳品质，如蛋形、蛋壳强度、蛋壳厚度、蛋的比重和蛋壳色泽等；内部品质，如蛋白品质、蛋黄色泽、血斑率与肉斑率等。测定蛋的品质时，蛋数应不少于 50 枚，在蛋产出后 24 小时内进行。

1. 蛋形指数

蛋形指数是鸡蛋的纵轴与横轴之比，也有用蛋的横径与纵径之比，以百分率表示，纵轴和横轴的测定见图 2-6。正常蛋为椭圆形，蛋形指数为 1.3～1.35 或 72%～76%，偏离此值的均为不合格产品。

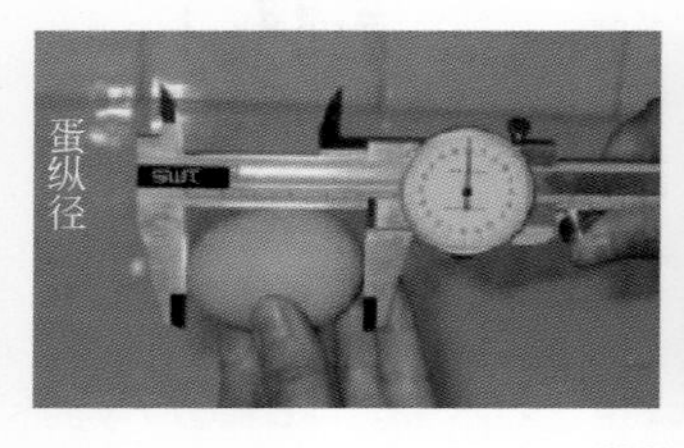

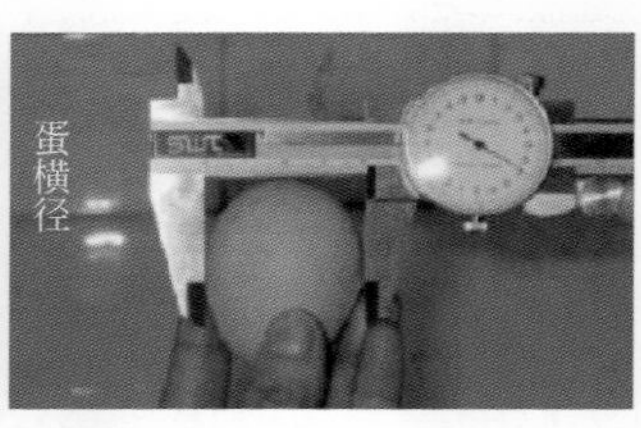

图 2-6　纵轴和横轴的测定

蛋形并不影响食用价值，但与种用价值、种蛋孵化率有关，对包装和运输十分重要，适合的蛋形指数破蛋和裂纹蛋偏低，蛋形指数如高于 80% 或低于 70% 时，蛋壳破损率显著增加。

2. 蛋的比重

蛋的比重反映蛋壳厚度和蛋的新鲜度。用盐水漂浮法（盐水浓度为 1.06～1.1 克 / 立方厘米）进行测定。蛋的比重是区分鸡蛋新鲜程度的重要标准，也是一种间接测定蛋壳厚度的方法。

蛋的比重用盐水漂浮法来测定，以氯化钠溶液对蛋的浮力来表示，分为九级标准，注意适宜的温度为 34.5℃。蛋比重大于 1.080 的为新鲜蛋，比重大于 1.060 的为次鲜蛋，比重大于 1.050 的为陈次蛋，比重小于 1.050 的为腐败变质蛋。

3. 蛋壳强度

蛋壳强度指蛋壳耐压力的大小。耐压力大，蛋壳结构致密，不易破碎。测定蛋壳强度用蛋壳强度测定仪（单位：千克 / 平方厘米），见图 2-7。中等厚度蛋壳的耐受力为 2.5～4.5 千克 / 平方厘米。鸡蛋纵轴耐压力大于横轴。因此，装运蛋时以竖放为好。

4. 蛋壳厚度

蛋壳厚度是构成蛋壳耐压强度的主要因素，是蛋品重要的质量和经济指标。蛋壳厚度用蛋壳厚度测量仪或千分尺（单位：毫米）测定，测定方法是分别取蛋的钝端、中间和锐端的蛋壳碎片测量，用清水冲洗干净，用滤纸吸干，剔除蛋壳膜，取其平均厚度值，精确至 0.01 毫米，见图 2-8。

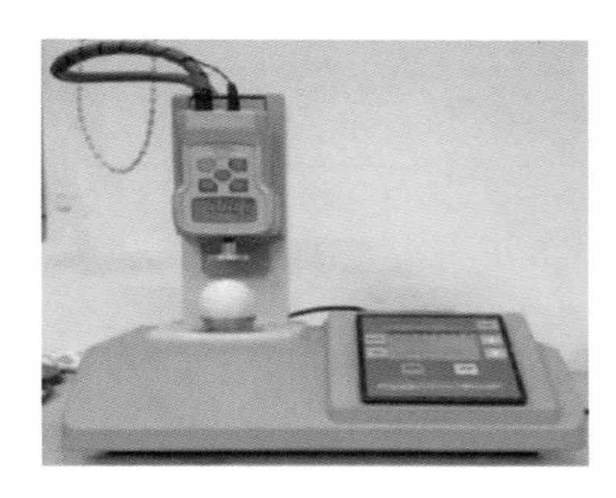

图 2-7　蛋壳强度测定仪

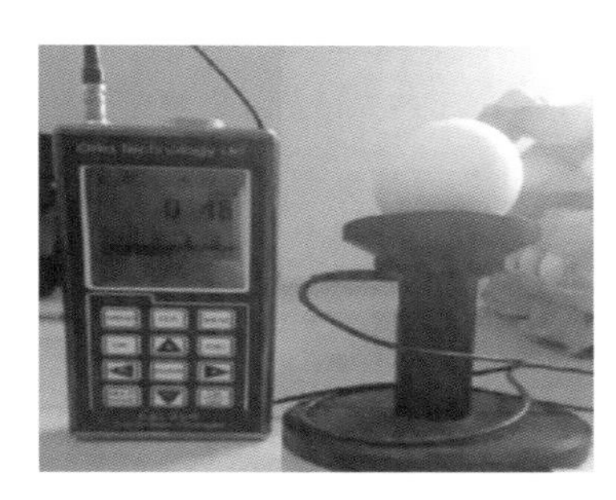

图 2-8　蛋壳厚度测量仪

蛋壳厚度对破损率有很大影响，壳厚 0.38～0.40 毫米破损率为 2%～3%，壳厚 0.27～0.30 毫米破损率可能高达 10%，壳厚小于 0.25 毫米时破损率会高达 85%。蛋壳的厚度一般应保持在 0.35 毫米以上，耐压性好，可长途运输，便于储存。

5. 蛋壳色泽

蛋壳色泽是品种特征，与蛋壳强度也存在着一定的关系，一般说来，色素越多蛋壳越厚，耐压强度也就越高。影响蛋壳颜色的因素包括品种、营养、日龄、环境、疾病、药物和应激等。同比蛋壳颜色较深的鸡蛋经济价值较高。目前蛋壳颜色依靠比色来判断，见图 2-9。

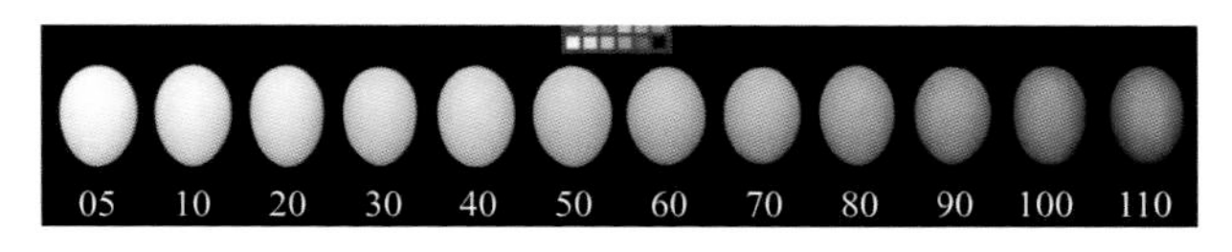

图 2-9　蛋壳颜色级别划分

6. 哈夫单位

哈夫单位是美国农业部蛋品标准规定的检验和表示蛋品新鲜度的指标，也是目前国际上对鸡蛋品质检测的重要指标，是根据鸡蛋新鲜度和鸡蛋蛋白高度与鸡蛋重量的回归关系得到的。哈夫单位采用高光谱（900～1700 纳米光谱无损检测）成像技术结合化学统计学算法，对鸡蛋哈氏单位进行无损检测。哈夫值和鸡蛋的等级如表 2-5。

表 2-5 哈夫值和鸡蛋的等级

新鲜度	哈夫单位	蛋白稳固值
AA 级或更高	≥ 72	高度新鲜、高营养价值、适宜消费者食用
A 级	60 ～ 72	消费者可食用
B 级	30 ～ 60	不适合消费者食用
C 级或更低	≤ 30	不能食用

7. 蛋黄色泽

图 2-10 罗氏比色扇

蛋黄色泽是衡量鸡蛋品质的一项重要指标，市场上蛋黄颜色浅的鸡蛋价格要低于深色蛋黄的鸡蛋。蛋黄颜色通过罗氏比色扇（图 2-10）检测，共分为 0～15 级别，出口鲜蛋的蛋黄色泽要达到 8 级以上。

8. 血斑蛋和肉斑蛋

血斑和肉斑会影响鸡蛋品质，而且还会影响孵化率，血斑和肉斑的遗传力在 0.15～0.25。监测方法是血斑蛋光谱在线监测技术。

血斑是鸡蛋内部一种常见的缺陷，多为红色斑点或条纹，血斑多见于蛋黄中，是排卵时卵巢破裂，血块随卵子下降被蛋白包围所致。血斑蛋产生的主要原因是赭曲霉毒素污染、日粮中胆碱不足、维生素 K 不足或过量。我国鲜蛋卫生标准 GB 2748—2003 中规定，鲜蛋中不得有血块及其他鸡组织等异物存在。

大多数肉斑是母鸡身体器官上的组织，但有些可能是部分分化的血斑。肉斑常呈褐色，主要出现在浓厚蛋白、系带或蛋黄里，直径在 0.5～3 毫米。肉斑蛋与品种、日龄、维生素 A 和维生素 K 的不足、霉菌感染、光照程序不适宜和惊吓等有关，随着周龄的增长而增多，在褐壳蛋中发生率可能更高。

第六节　鸡的配种

鸡的配种方法有自然交配和人工授精。

一、鸡的自然交配

1. 大群配种

在较大母鸡群（40 只以上）中放入一定比例的公鸡，使每一只公鸡随机与母鸡交配。多用于大群父母代种鸡群，其优点是受精率较高。

2. 小群配种

在一小批群母鸡中（10 只左右）放入一只公鸡，采用单间或隔网。此法适用于育种，目前生产已不使用。

二、鸡的人工授精

1. 人工授精器具的准备和清洗消毒

（1）人工授精器具的准备　准备好采精杯、储精器和输精器等器具（图 2-11）。

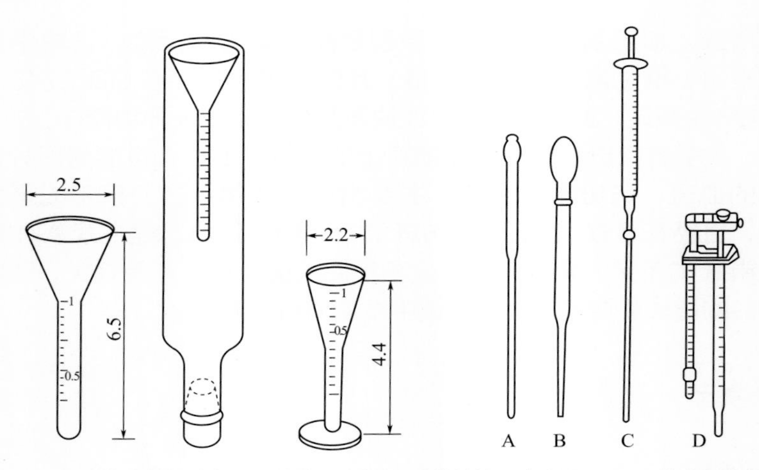

图 2-11 鸡的集精杯（左图。单位：厘米）；鸡的输精器（右图。A、B 为有刻度的玻璃滴管，C 为前端连接无毒素塑料管的 1 毫升玻璃注射器，D 为可调注射器）

（2）清洗消毒 新购和每次使用后的器具都要进行清洗消毒，见图 2-12。

【注意】每次使用后，将器具浸在清水中，用毛刷把上面的污物刷洗干净，然后放在锅内篦子上蒸汽消毒 30 分钟，取出干燥待用。

(a) 新购用具用肥皂水浸泡、洗刷，再用自来水洗干净

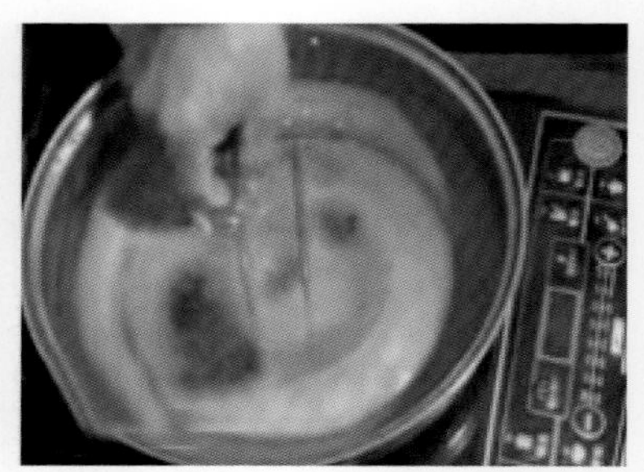

(b) 煮沸30分钟消毒或在1%～2%盐酸水溶液中浸泡4小时后再用自来水冲洗，蒸馏水洗2～3次，放在100～130℃烘箱中烘干消毒备用

(c) 输精用胶头不能蒸煮或烘烤，用75%的酒精浸泡消毒

图 2-12 授精器具的清洗消毒

2. 公鸡选留和训练

（1）选留 人工授精时，公母配种比例比自然比例扩大 3～4 倍，选择生产性能高、本身生长发育良好的种公鸡。35 日龄左右选留健康活泼发育良好、冠大色红的小公鸡（生长期的公鸡冠发育与将来精液品质有正相关，鸡冠发育与睾丸大小呈相关性，凡 35 日龄冠发育小的淘汰）；16 周龄选择生长发育好，毛色光亮，腹部柔软，按摩背部和尾根部尾巴上翘的小公鸡。每 15～20 只母鸡选留一只公鸡；28 周龄左右通过采精训练，选择射精量大、精液品质良好的公鸡，每 40～60 只母鸡留一个公鸡，并增留 15% 后备公鸡。

（2）训练

① 剪毛。训练先剪去公鸡泄殖腔周围的羽毛，然后用 75% 酒精棉球将肛门周围擦拭干净（图 2-13）。

② 按摩训练。按摩训练首先要保定公鸡。公鸡保定方法有两种。一种是助手坐在凳子上，接过公鸡，一手抓住鸡的两翅，一手抓紧鸡的两腿，把公鸡两腿夹持在自己交叉的大腿间，这样公鸡的胸部自然就会伏在术者的左腿上。一定不能让公鸡有挣扎的余地，以达到保定鸡的目的（图 2-14）。二是助手将公鸡从笼中取出，右手抓住鸡的两腿，将鸡头朝下，鸡尾朝上，夹在右背下，将公鸡固定（图 2-15）。术者右手大拇指和其余四指自然分

开微弯曲，以掌面从公鸡背部靠翼基处向背腰部至尾根处，由轻至重来回按摩。每天一次或隔天一次，一般经 3～4 次训练，可建立并产生条件反射，采到精液，淘汰不能建立条件反射的公鸡。

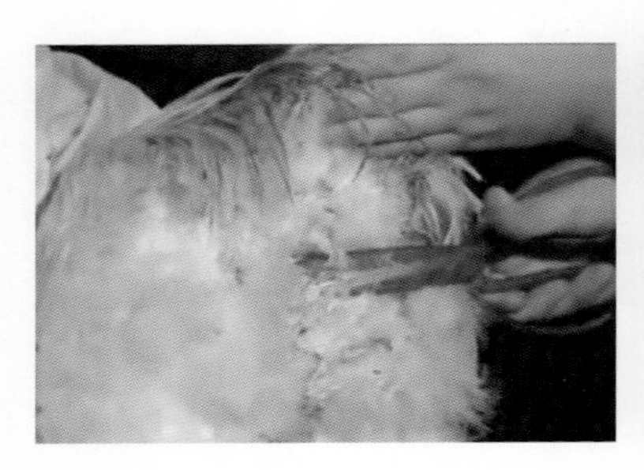
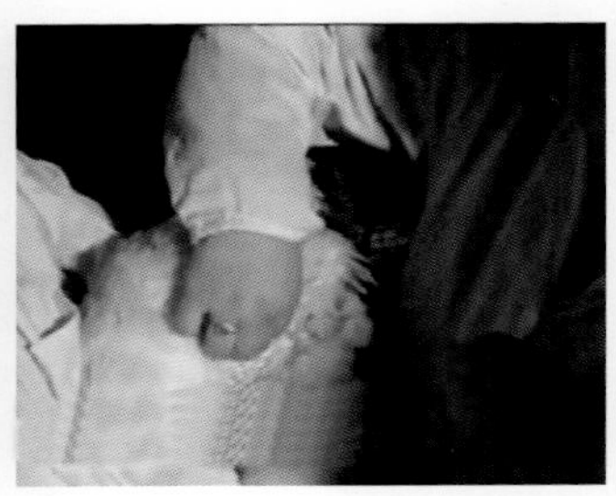

图 2-13　剪毛和擦拭

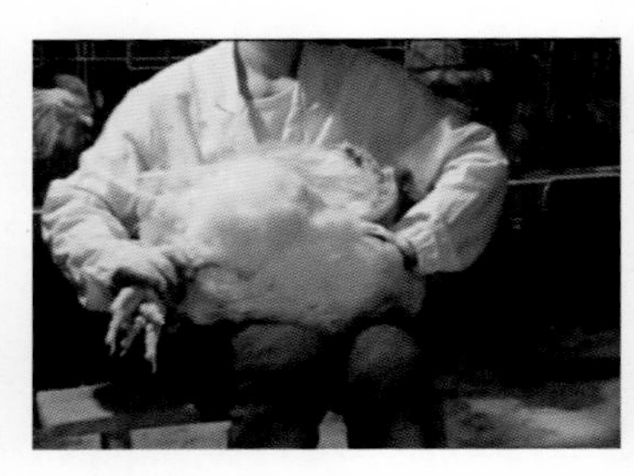

图 2-14　保定方法一

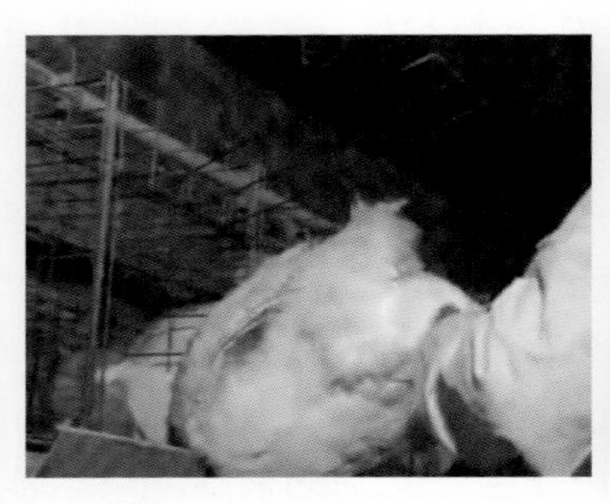
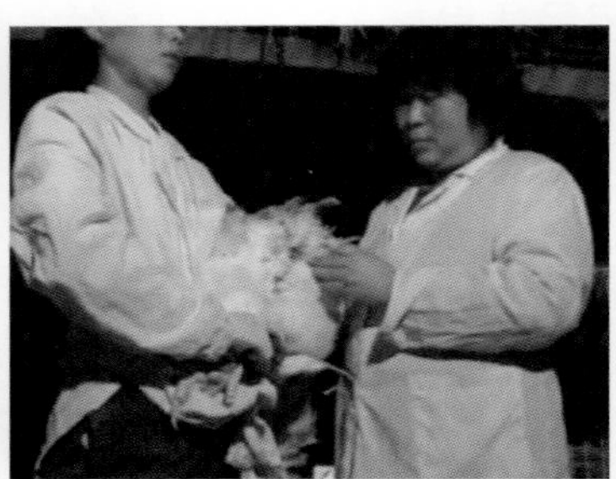

图 2-15　保定方法二

3. 采精技术

（1）采精操作　公鸡保定以后，术者用左手的食指与中指或者中指与无名指将采精杯夹住，采精杯口朝向手背。夹好采精杯后，术者即可进行按摩采精操作。右手由轻至重来回按摩的同时，持采精杯的左手大拇指与其余四指分开由腹部向泄殖腔部轻轻按摩，左右手配合默契，公鸡很快出现性反射动作，尾部向上翘起，肛门也向外翻出时，可见到勃起的生殖器，右手迅速将其尾羽拨向背侧，左手拇指和食指迅速跨在泄殖腔上两侧柔软部位，并向勃起的交配器轻轻挤压，乳白色的精液从精沟中流出，左手离开鸡体，将夹持的采精杯口朝上贴向外翻的肛门，接收外流的精液。在种公鸡排精时，采精人员一定要用右手捏紧肛门两侧，不能放松，否则，精液排出不完全，会影响排精量（图 2-16）。

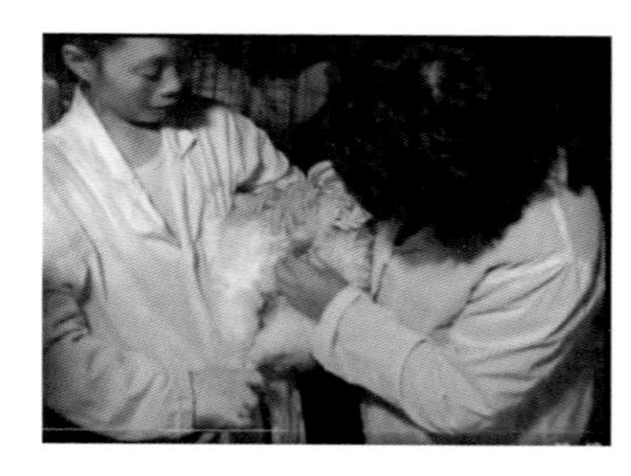
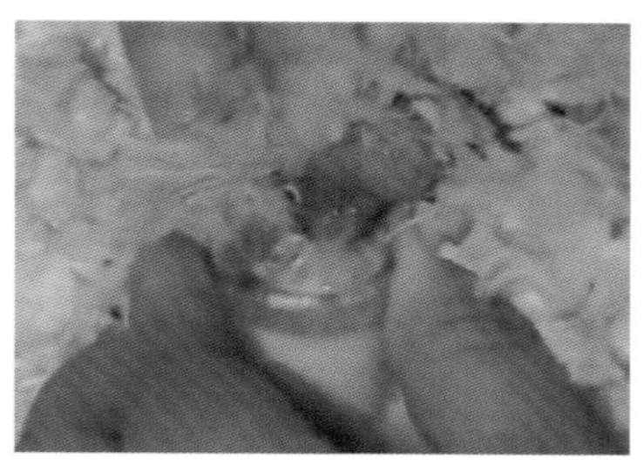

图 2-16　公鸡两人采精示意图

采精亦可一人操作，即采精员用两腿保定公鸡，使头向后靠左侧，再按摩采精。有的训练较好的或性反射强的公鸡，不需保定或只需按摩背部，即可迅速采得精液（图 2-17）。

（2）采精注意事项

① 种公鸡从笼中取出后要立即采精，否则，时间越长越容易出现采精量少或采不出精液的情况。在采精前 3～4 小时要停止摄食，以防止吃食过多时排粪而影响精液品质，肉用种公鸡一般下午 2 时后采精排粪现象不多。

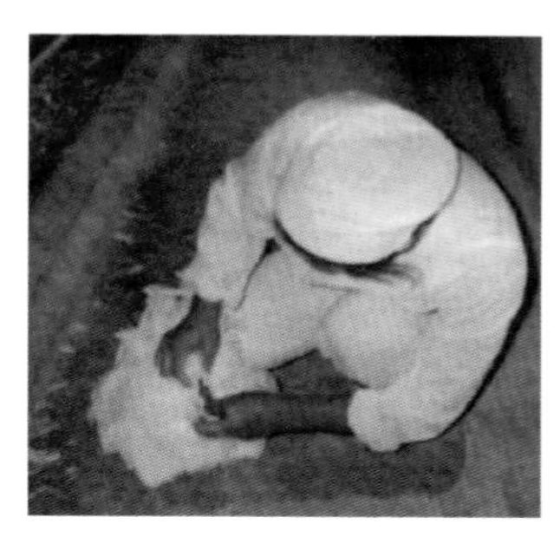

图 2-17　公鸡单人采精示意图

② 采精人员要相对固定，不同采精人员的采精手势和用力轻重不同，对

公鸡的刺激和兴奋程度也不一样，另外引起公鸡性反应时间也不一样。

③ 动作要迅速，采精人员按摩刺激后公鸡已经产生性欲，交配器外翻时要及时在交配器两侧挤压，以免错过良机，性反射消失，结果采不到精或采精量过少。

④ 采精手势要正确，挤压露出的交配器上两侧时用力要轻。力大易出血。

⑤ 公鸡使用一只采精杯，然后用吸管将精液吸到贮精杯中混合待用。

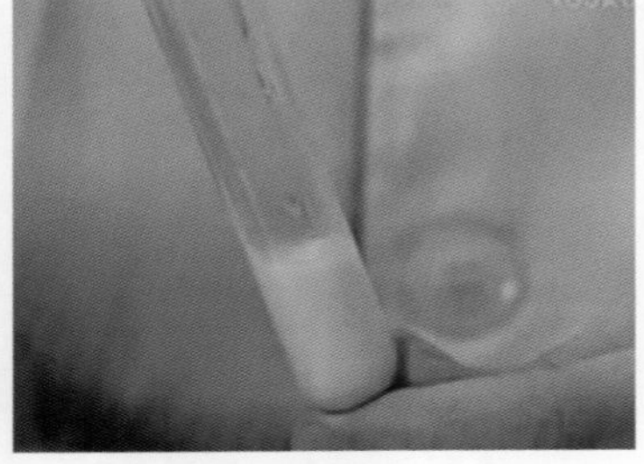

图 2-18 精液的颜色为乳白色，质地如奶油状

⑥ 公鸡一般可以连续采精4～5天，休息1天。冬季采精时要将采精杯放入35～40℃的温水中做预热处理，以避免公鸡产生冷应激影响采精量。

4. 精液品质检查

（1）精液颜色 见图2-18。

【注意】如果颜色不一致，混有血、粪、尿等，或者透明，都是不正常的精液。这种精液不会有好的受精率。不正常的精液不能与正常的精液混合输精，宁少毋滥。

（2）采精量和精子密度 见表2-6。

表2-6 不同类型公鸡的采精量和精子密度

项目	轻型蛋鸡	中型蛋鸡	肉用鸡
平均采精量/毫升	0.3	0.5	0.55
采精量范围/毫升	0.05～0.8	0.2～1.1	0.2～1.5
精子密度/（亿/毫升）	40	30	35
密度范围/（亿/毫升）	17～60	15～60	9～50

【提示】采精量与品种、季节、营养条件、采精操作的熟练程度有关。

在显微镜下观察，依据精子的密度不同，将其粗略地分为“稠密”“中等”“稀薄”三级（图 2-19）的方法，称估测法。估测法简单易行，精子密度的估测常与精子活力检查同时进行。

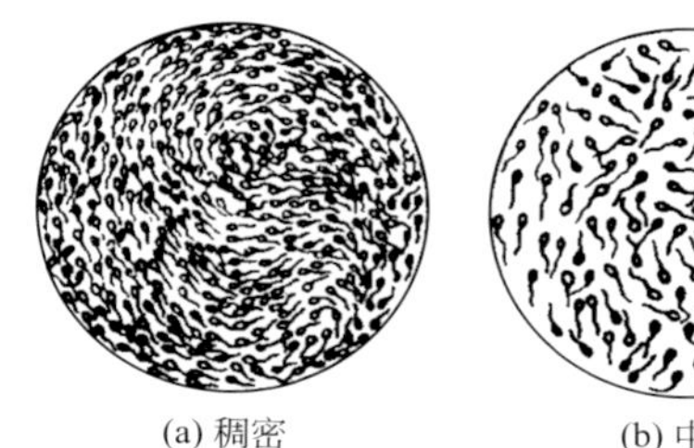
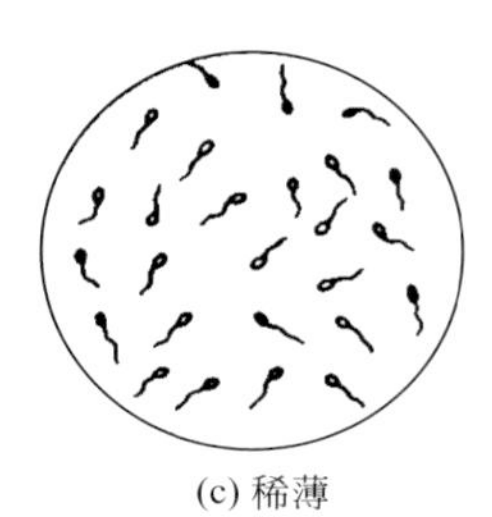

(a) 稠密　　(b) 中等　　(c) 稀薄

图 2-19　精子密度

（3）精子活力 采用五级评分法。

五分：在视野中 80% 以上的精子都呈直线运动，非常活跃，形成旋涡状精子流运动，根本无法看清单个精子的形态（图 2-20）。这样的精液评为五分，记录用“5”表示。

图 2-20　精子形成旋涡状精子流

四分：视野中 60%～80% 的精子呈活泼的直线运动，出现有旋涡状的精子流运动。评为四分，记录时用“4”表示。

三分：视野中有 40%～60% 的精子呈活泼的直线运动，出现不显著的旋涡状精子流运动。可评为三分，记录时以“3”表示。

二分：视野中有 20%～40% 的精子呈直线前进运动，评为二分，记录时以“2”表示。

一分：视野中有呈直线运动的精子，其数量一般在 20% 以下，评为一分，记录时以“1”表示。

在视野中无直线运动的精子，则不在级别，可用“0”来表示。

（4）精液的酸碱度　精液中氢离子浓度平均 180 摩尔 / 升（pH 6.75)，其范围为（39.81～631）摩尔 / 升（pH 6.2～7.4）。精液中有大量的弱酸盐，如碳酸盐、柠檬酸盐，起缓冲剂的作用，可以中和代谢过程中和精子死亡后产生的大量碱性化合物。抓公鸡，按摩采精过程中，精液中落入酸性或碱性物质和公鸡泄殖腔腺的分泌物，是精液酸碱度变化的原因。精子保存过程中因微生物繁殖，可能向偏酸性变化。

5. 输精技术

（1）输精操作　输精时，一般是由两人操作，助手用左手握住母鸡的双翅提起，令母鸡头朝上，肛门朝下；右手掌置于母鸡耻骨下，在腹部柔软处施以一定压力，泄殖腔内的输卵管口便会翻出。输精人员可将输精器轻轻插入输卵管口 1～2 厘米进行输精，当输精器插入的一瞬间，助手应立刻解除对母鸡腹部的压力，输精员方可将精液全部输入而不外溢。

笼养种鸡人工授精时，不必从鸡笼中取出母鸡，只需助手以左手握种鸡的双腿，稍稍提起，将种鸡胸部靠在笼门口处，右手在腹部施以轻压，输卵管开口即可外露，输精员便可注入精液。注意：抓鸡腿的手，一定要把双腿并拢抓直抓紧，否则翻肛的手再使劲也难于使肛门外翻。当母鸡的肛门向外翻出，看到粉红色的阴道口时，用力使外翻的阴道位置固定不变。这时，输精人员将吸有定量精液的吸管插入阴道子宫口，插入的深度以看不见所吸精液为度（约 1.5 厘米），随即把精液轻轻输入。与此同时，翻肛者的手离开肛门，阴道与肛门即向内收缩，输精者把吸管抽出，精液就留在母鸡阴道内，然后放母鸡回笼（图 2-21）。

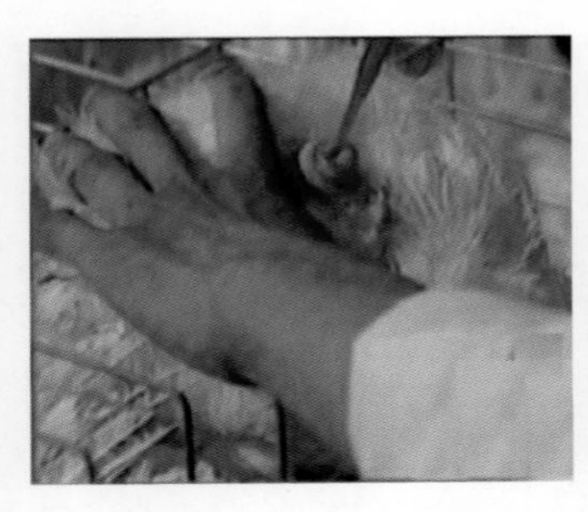
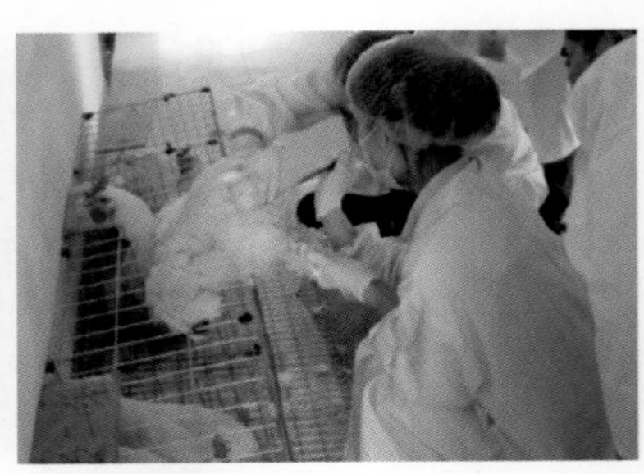

图 2-21　笼养种鸡人工授精

（2）输精操作要点

① 翻肛时，不要大力挤压腹部，以防排出粪尿，污染肛门或溅射到输精人员身上。如果轻压发现有排粪迹象，重复几次翻肛动作，使粪便排出，然后再输精。实践证明，产蛋的母鸡，翻肛是十分容易的。只要操作熟练，掌握要领，手指轻压下腹部，母鸡也会自然翻肛。捉鸡时，凡乱叫乱撞而显得不安的母鸡，十有八九是停产的母鸡，这种母鸡很难翻肛，没有输精的必要。每输完一只母鸡，输精吸管要用消毒药棉擦拭一下管尖，以防污染。

② 输精要及时，精液要新鲜，采集的精液要在 0.5～1 小时内输完，边采边输，缩短暴露在外界的时间。

③ 每次授精一般安排在每天下午的 2 点进行，太早输卵管内有蛋的母鸡多，会影响受精效果。

④ 保持足够输精量。排卵是有一定规律的，一般是在蛋产出后 20 分钟左右才发生。卵子受精时只有一个精子进入，但在输卵管中要有足够的精子数，并在漏斗部保证有健壮的精子能及时与卵子相遇，就显得十分重要。现在已经证明，获得高受精率所需最起码的精子数量为 4000 万～7000 万个。为保险起见，一般要输入 8000 万～1 亿个精子，大约相当于 0.025 毫升的精液量。如果用 1∶1 的稀释精液输精，则每次输精量为 0.05 毫升。轻型品种公鸡射精量较少，但精子浓度大；中型品种精液量大，但精子浓度较低。因此，在掌握输精量的同时要考虑品种的特点。随鸡龄的增加、温度的变化，要适当增加输精量，以获得稳定的高受精率。公鸡年龄增大，精子浓度降低，活力也下降。热天代谢加快，死精多。如不适当增加输精量，就不能保证足够的有授精能力的精子数。

⑤ 授精的间隔时间。饲养种鸡，要想保持整个供种期间有较高的受精率，就必须力求使输精后受精率的曲线高峰平稳地连成一条直线，避免曲线降落。对此，必须掌握产受精蛋的时间变化，把每次输精的时间提前在受精率曲线下降之前两天，也就是说掌握好适当的输精间隔时间，这样使曲线变成一波未落一波又起，造成后浪推前浪的局面，曲线的高峰始终保持在高的水平线上。提前输精只有好处而没有坏处，推迟输精对受精率就有明显

的影响。过量输精和缩短输精间隔往往会降低受精率，原因是血清中精子的抗体滴度增加。夏季每 4～5 天一次，其他季节 6～7 天一次比较合适。

⑥ 输精的深度。公母鸡自由交配时，公鸡阴茎突起很短，是不可能插入子宫部的，母鸡在公鸡交配动作刺激下，肛门外翻至多是阴道外露接受射进的精液。在阴道子宫部进行浅部输精，基本上与公鸡自由交配时的情况相仿。在生产实际中，是将母鸡阴道翻出，看到阴道口与排粪口时，将输精管插入 1.5 厘米左右输精即可，也就是阴道与子宫的连接部位。这样保证不会有碰伤输卵管而影响受精率的现象发生。

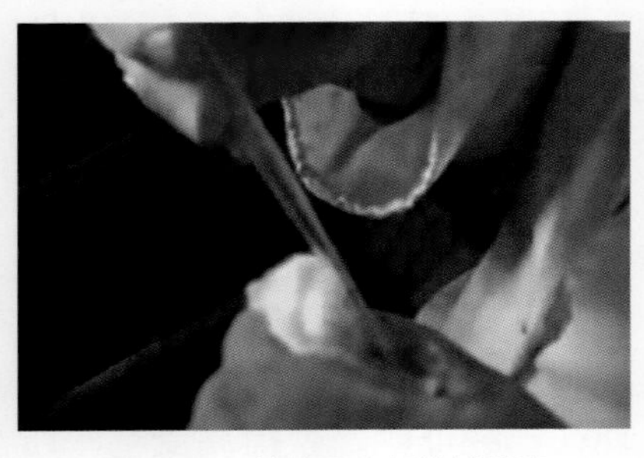

图 2-22　输精器头部擦拭消毒

⑦ 注意输精器卫生。最好每只鸡一个输精器，如果不能保证时，应对输精器进行必要的消毒，如使用 40% 的酒精溶液浸泡的棉球擦拭输精器的头部（图 2-22）。

⑧ 母鸡第一次授精后 48 小时可以开始收集种蛋。

【提示】提高种蛋受精率：一是挑选精液品质好的公鸡，随时淘汰精液品质差或采不出精液的公鸡；二是采精时注意精液的清洁；三是保证有足够精子的适宜输精量、输精的最佳时间、适当的输精间隔时间、输精的深度、采到的精液输精时间长短（要在半小时以内输完）、翻肛与输精技术的熟练程度和准确性等等；四是 60 周龄以后的母鸡，输精量要适当增加，输精间隔要适当缩短；五是维持种鸡舍适宜的环境条件，避免温度过高；六是日粮质量优良，尤其是维生素 A 和维生素 E 等维生素的充足供给，并保证充足的供水。

第七节　鸡的孵化

一、胚胎发育特征

鸡的胚胎发育分为两个阶段，第一阶段在母体内进行，精子移动到喇叭口与卵子结合，在鸡体内较高的温度条件下开始发育，当受精蛋产出体外后，胚胎就处于相对静止的状态；第二阶段在母体外进行。若将受精蛋置于适宜的环境里孵化，胚胎就继续发育，经过 21 天（鸡的孵化期为 21 天），发育出壳成为雏鸡。孵化期内，胚胎每天都在变化，并且有一定的规律性。采取照蛋的办法可以检验胚胎的发育情况，见表 2-7。

表 2-7　鸡胚胎发育特征、照蛋特征和解剖特征

胚龄 / 天	鸡胚胎发育特征	照蛋特征	解剖特征
1	胚盘直径 0.7 厘米，胚重 0.2 毫克。在胚盘明区形成原条，其前方为原结，原结前端为头突，头突发育形成脊索、神经管。中胚层的细胞沿着神经管的两侧，形成左右对称的呈正方形薄片的体节 4 ～ 5 对。蛋黄表面有一颗颜色稍深、四周稍亮的圆点，俗称“鱼眼珠”	 1	
2	胚盘直径 1.0 厘米，胚重 3 毫克。卵黄囊、羊膜、绒毛膜开始形成。胚胎头部开始从胚盘分离出来。血岛合并形成血管。入孵 25 小时，心脏开始形成；30 ～ 42 小时，心脏开始跳动，可见到 26 ～ 27 对体节。照蛋时，可见卵黄囊血管区，形似樱桃，俗称“樱桃珠”	 2	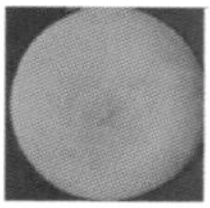
3	胚长 0.55 厘米，胚重 20 毫克。尿囊开始长出。胚的位置与蛋的长轴垂直。开始形成前后肢芽。出现 5 个脑胞的原基，眼的色素开始沉着。有 35 对体节。照蛋时，可见胚和伸展的卵黄囊血管形似蚊子，俗称“蚊虫珠”	 3	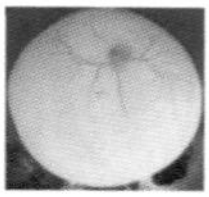
4	胚长 0.77 厘米，胚重 50 毫克。卵黄囊血管包围蛋黄达 1/3，肉眼可明显看到尿囊。羊膜腔形成。胚和蛋黄分离，由于中脑迅速生长，胚胎头部明显增大。舌开始形成。照蛋时，蛋黄不容易转动，胚与卵黄囊血管形似蜘蛛，俗称“小蜘蛛”。卵黄不随着蛋转动而转动，俗称“钉壳”	 4	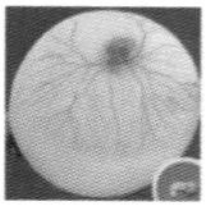

续表

胚龄 / 天	鸡胚胎发育特征	照蛋特征	解剖特征
5	胚长 1.0 厘米，胚重 0.13 克。生殖腺已性分化，组织学上可确定胚的公母。胚极度弯曲，整个胚体呈“C”形。可见指（趾）原基。眼的黑色素大量沉着。照蛋时，可明显看到黑色的眼点，俗称“单珠”或“起眼”	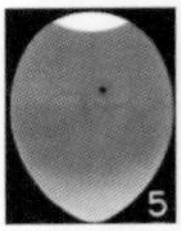	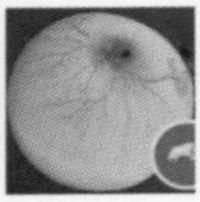
6	胚长 1.38 厘米，胚重 0.298 克。尿囊到达蛋壳膜内表面，卵黄囊分布在蛋黄表面的 1/2 以上。由于羊膜壁上平滑肌的收缩，胚胎有规律运动。蛋黄由于蛋白水分的渗入而达到最大的重量，由约占蛋重的 30.01% 增至 65.48%。喙原基出现，躯干部增长，翅、脚已可区分。照蛋时，可见头部和增大的躯干部两个小圆团，形似“电话筒”，俗称“双珠”	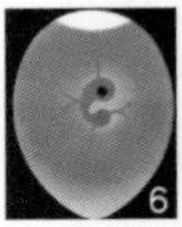	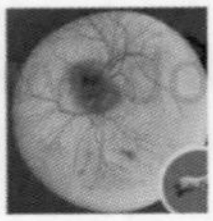
7	胚长 1.42 厘米，胚重 0.57 克。尿囊液急剧增加，上喙前端出现小白点形的破壳器——卵齿，口腔、鼻孔、肌胃形成。胚胎已显示鸟类特征。羊水增多，胚胎活动尚不强，似沉在羊水中，俗称“沉”。正面已布满扩大的卵黄和血管	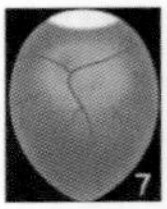	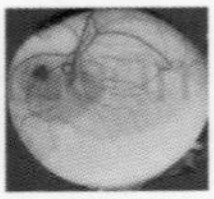
8	胚长 1.5 厘米，胚重 1.15 克。肋骨、肺、胃明显可辨，颈、背、四肢出现羽毛乳头突起，右侧卵巢开始退化。照蛋时，胚在羊水中浮游，俗称“浮”；背面两边蛋黄不易晃动，俗称“边口发硬”	 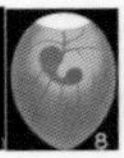	
9	胚长 2 厘米，胚重 1.53 克。喙开始角质化，软骨开始骨化，眼睑已达虹膜。解剖时，心、肝、胃、肾、肠已发育良好。尿囊几乎包围整个胚胎。照蛋时，可见卵黄两边易晃动，俗称“晃得动”。背面尿囊血管迅速伸展，越出卵黄，俗称“发边”	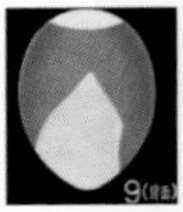	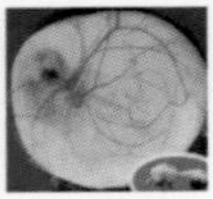
10	胚长 2.1 厘米，胚重 2.26 克。尿囊血管到达蛋的小头，整个背、颈、大腿部都覆盖有羽毛乳头突起。龙骨突形成。照蛋时，可见尿囊血管在蛋的小头合拢，除气室外，整个蛋布满血管，俗称“合拢”“长足”		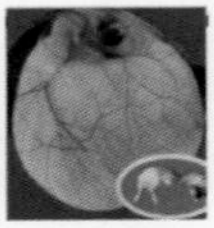
11	胚长 2.54 厘米，胚重 3.68 克。背部出现绒毛，腺胃明显可辨，冠锯齿状。尿囊液达最大量。照蛋时，血管加粗，颜色加深	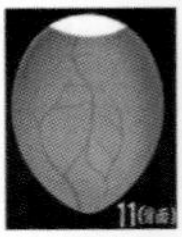	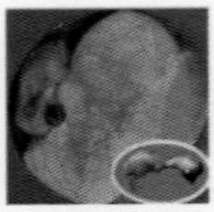

续表

胚龄 / 天	鸡胚胎发育特征	照蛋特征	解剖特征
12	胚长 3.57 厘米，胚重 5.07 克。身躯覆盖绒毛，肾、肠开始有功能，开始用喙吞食蛋白	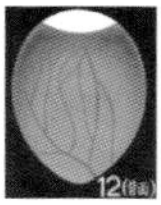	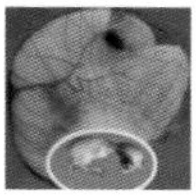
13	胚长 4.34 厘米，胚重 7.37 克。头部和身体大部分覆盖绒毛，胫、趾出现角质鳞片原基，蛋白通过浆羊膜道迅速进入羊膜腔。眼睑达瞳孔。照蛋时，蛋小头发亮部分随胚龄增加而逐渐减少	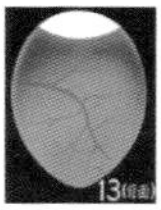	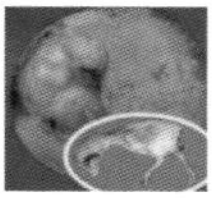
14	胚长 4.7 厘米，胚重 9.74 克。胚胎全身覆盖绒毛，头向气室，胚胎开始改变为横着的位置，逐渐与蛋长轴平行	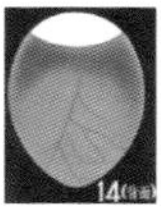	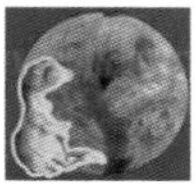
15	胚长 5.83 厘米，胚重 12 克。翅已完全成型，胫、趾的鳞片开始形成，眼睑闭合，体内外器官大体都已形成	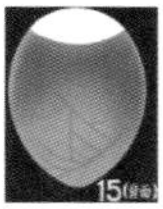	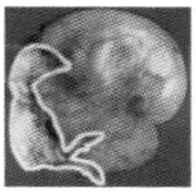
16	胚长 6.2 厘米，胚重 15.8 克。冠和肉髯明显，绝大部分蛋白已进入羊膜腔		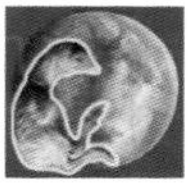
17	胚长 6.5 厘米，胚重 18.59 克。羊水、尿囊液开始减少。躯干开始增大，脚、翅、颈变大，两腿紧抱头部。喙向气室。蛋白全部输入羊膜腔。照蛋时，蛋的小头看不到发亮的部分，俗称“封门”		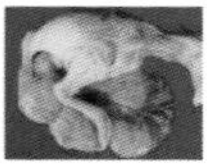
18	胚长 7 厘米，胚重 21.83 克。羊水、尿囊液明显减少，头弯曲在右翼下，眼开始睁开，肺血管完全形成`，但未开始呼吸。胚胎转身，喙朝气室。照蛋时可见气室倾斜，俗称“斜口”	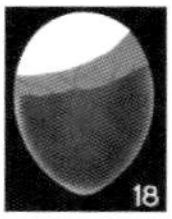	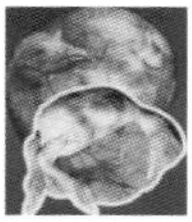
19	胚长 7.3 厘米，胚重 25.62 克。尿囊动、静脉开始萎缩，卵黄囊开始收缩，与大部分蛋白进入腹腔。喙进入气室，开始呼吸。颈、翅突入气室，头埋右翼下，雏鸡开始啄壳，可听见叫声。照蛋时可见气室有翅膀、喙、颈部的黑影闪动，俗称“闪毛”	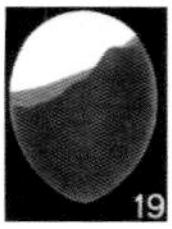	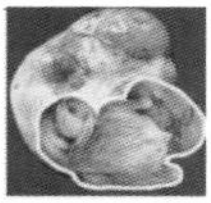

续表

胚龄 / 天	鸡胚胎发育特征	照蛋特征	解剖特征
20	胚长 8 厘米，胚重 30.21 克，尿囊完全枯萎，血循环停止，蛋黄与卵黄囊完全进入腹腔。前半天，大批啄壳。鸡啄壳时，首先用“破壳器”在近气室处敲一个圆的裂空，然后沿蛋的横径逆时针方向敲打至占周长的 2/3 时，雏用头顶，主要用脚蹬，挣扎破壳。开始啄壳，俗称“啄壳”“见嘌”		
21	出壳完毕		

二、孵化条件

1. 温度

（1）温度对孵化的影响　温度是鸡蛋孵化的首要条件。在胚胎发育的整个过程中，各种物质代谢都是在一定的温度条件下进行的。适宜的温度是孵化成败的关键，孵化温度过高过低都会影响胚胎的发育。温度与受精蛋孵化率的关系见图 2-23。

【提示】高温下胚胎发育迅速，孵化期缩短，胚胎死亡率增加，雏鸡质量下降。死亡率的高低，随温度增加的幅度及持续时间的长短而异。孵化温度超过 42℃，胚胎 2～3 小时死亡；低温下胚胎发育迟缓，孵化期延长，死亡率增加。孵化温度为 35.6℃时，胚胎大多数死于壳内。较小偏离最适温度的高低限，对孵化 10 天后的胚胎发育的抑制作用要小些，因为此时胚蛋自温可起适当调节作用。

（2）孵化的适宜温度

① 恒温孵化。恒温孵化的施温标准是 1～18 天孵化机内的温度 37.8℃（孵化温度），孵化室内温度 23.9～29.4℃（室温）；18 天以后孵化机内的温度 37.5℃，孵化室内温度 29.4℃以上。

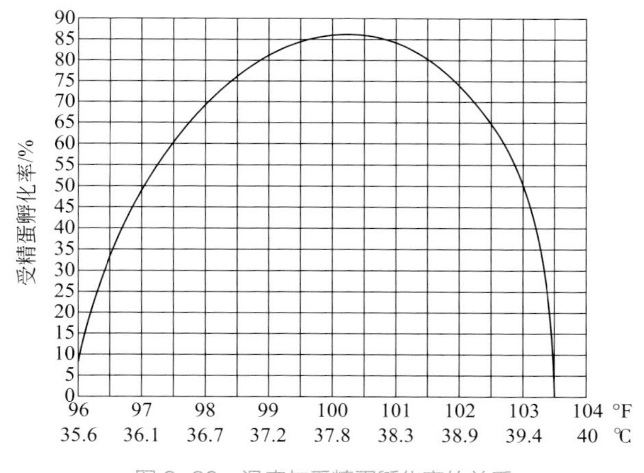

图 2-23　温度与受精蛋孵化率的关系

② 变温孵化。鸡蛋变温孵化的施温标准见表 2-8。

表 2-8　鸡蛋变温孵化的施温标准

室温 /℃	孵化温度 /℃				适孵季节
	1～6 天	7～14 天	15～18 天	19～21 天	
22 ～ 25	38.5	38	37.8	37.5	冬季和早春
25 以上	38.5	38	37.5	37.2	春季
	38.2	37.5	37.5	36.9	夏季

2. 湿度

湿度与蛋内水分蒸发和胚胎物质代谢有密切关系，对胚胎的发育有较大影响。湿度偏高，蛋内水分不易蒸发，影响胚胎发育；湿度偏低，蛋内水分蒸发快，容易造成绒毛与蛋壳膜粘连现象。不同阶段相对湿度见图 2-24。

【注意】孵化室相对湿度为 50% ~ 60%。

3. 空气（通风换气）

鸡胚胎在发育的过程中，不断吸入氧气，排出二氧化碳，进

行气体交换。胚胎在发育过程中都必须不断地与外界进行气体交换，而且随着胚龄增加而加强。孵化期间的气体交换见表 2-9。

相对湿度70%～65%　　相对湿度60%～55%　　相对湿度70%～75%

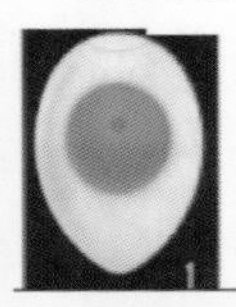

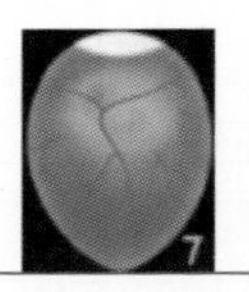

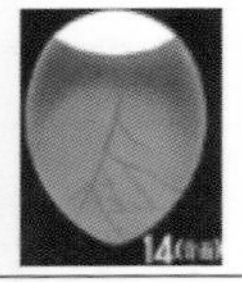

1-7天，胎要形成大量羊水和尿囊液，机内温度又较高，需要较大湿度

中间7天，为了排除羊水和尿囊液，相对湿度要降低

孵至后7天，提高相对湿度可防止绒毛粘连，有利于雏鸡啄壳出壳

图 2-24　不同阶段的相对湿度

表 2-9　孵化期间的气体交换

孵化天数 / 天	氧气吸入量 / 立方米	二氧化碳排出量 / 立方米
1	0.14	0.08
5	0.33	0.16
10	1.06	0.53
15	6.36	3.22
18	8.40	4.31
21	12.71	6.64

胚胎发育需要的空气环境应是氧气含量不低于 20%，二氧化碳的含量在 0.3%～0.5%，最高允许量为 1.5%。如果孵化机内二氧化碳含量超过 1.5% 时，胚胎发育迟缓，死亡率增高，出现胎位不正和畸形等现象，降低孵化率和雏鸡质量。

【提示】孵化初期，胚胎的物质代谢能力较低，需要氧气较少。孵至最后两天，胚胎开始用肺呼吸，吸入的氧气和呼出的二氧化碳比孵化初期增加 100 多倍。为保护胚胎的正常发育，孵化机必须有良好的通风条件，保证提供足够的新鲜空气。特别是孵化后期，通风量逐渐增大，尤其是出雏期间。如果通风换气不足，导致出雏前死胚增多。现在设计的孵化器，都十分注意通风装置，开设了进气孔和出气孔。孵化过程中注意保持孵化室内空气新鲜。

4. 转蛋

转蛋的作用是使胚胎各部受热均匀，避免与蛋壳粘连，使蛋的不同部位受热相似，并促进气体代谢，有利于营养吸收，提高孵化率。转蛋的角度见图 2-25。

图 2-25　转蛋的角度（前俯后仰 45°）

【提示】一般每昼夜可转蛋 4～12 次。孵化期内，前期翻蛋次数多些，后期的翻蛋次数可少些，开始第一周特别重要，应适当增加翻蛋次数，落盘后可停止翻蛋。

5. 凉蛋

凉蛋就是在短时间内使胚蛋温度降低，目的是帮助胚胎散发热量，促进气体代谢，改善血液循环，增强胚胎调节体温的能力，从而提高孵化率和雏鸡的品质。自然孵化时，母鸡每天离巢饮水、采食、排粪，这也是凉蛋活动；机器孵化时，照蛋、喷水也是凉蛋，但经常性的凉蛋要每天进行。孵化前期，凉蛋时间短些，孵至第十五天后，逐渐增加凉蛋的时间，每天打开机门两次，关闭热源，只开动风扇，并把蛋盘从蛋盘架上抽出 1/3，再将温水喷洒在蛋上。随着胚龄增加，延长凉蛋时间，每天可喷水 2～3 次，每天凉蛋的程度，以眼皮接触蛋壳感觉比较温和即可。

凉蛋结束，将蛋盘推回机内，关闭机门，接通热源。凉蛋的时间因季节、室温、胚龄而异，通常为20～30分钟。摊床孵化时，凉蛋与翻蛋结合进行。

【提示】机械孵化时凉蛋不是一个必需的程序，孵化器密封好，通风系统设计合理，器内温度均匀时可以不凉蛋。

6. 孵化卫生

（1）孵化场的场址选择和工艺流程　孵化场场址选择在隔离条件好，水、电、交通等便利的地方。工艺流程为单向流程：种蛋→种蛋消毒→种蛋贮存→分级码盘→孵化→移盘→出雏→鉴别→分级→免疫→雏禽存放→外运。孵化场工艺流程和布局见图2-26。

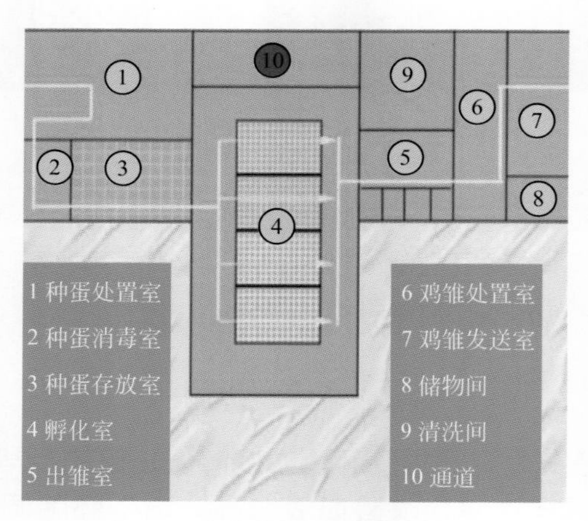

图2-26　孵化场工艺流程和布局

（2）工作人员的卫生　孵化场工作人员进场前必须淋浴换衣和消毒。见图2-27。

（3）两批出雏间隔时间的消毒　两批出雏间隔出现蛋壳、绒毛、死胚等，严重污染孵化车间环境，先清理清扫，然后进行彻底的清洁和消毒。

① 孵化器及孵化室的清洁消毒。取出孵化盘及增湿水盘，先

用水冲洗，再用新洁尔灭擦洗孵化器内外表面（注意孵化器顶部的清洁），用高压水冲刷孵化室地面，用熏蒸法消毒孵化器，每立方米用福尔马林 42 毫升、高锰酸钾 21 克，在温度 24℃、湿度 75% 以上的条件下，密闭熏蒸 1 小时，然后开机门和进出气孔通风 1 小时左右，驱除甲醛蒸气。孵化室用福尔马林 14 毫升、高锰酸钾 7 克，密封熏蒸 1 小时，或两者用量增加 1 倍熏蒸 30 分钟。

图 2-27　孵化场工作人员的淋浴室，换衣和消毒

② 出雏器及出雏室的清洁消毒。取出出雏盘，将死胚蛋（毛蛋）、死弱雏及蛋壳装入塑料袋中，将出雏盘送洗涤室，浸泡在消毒液中或送至出雏盘清洗机中冲洗消毒。清除出雏室地面、墙壁、天花板上的废物，冲刷出雏器内外表面后，用新洁尔灭水擦洗，然后每立方米用 42 毫升福尔马林和 21 克高锰酸钾熏蒸消毒出雏器和出雏盘。用浓度为 0.3% 的过氧乙酸（每立方米用量 30 毫升）喷洒出雏室的地面、墙壁和天花板。

③ 洗涤室和雏鸡存放室的清洁消毒。洗涤室是最大的污染源，应特别注意清洗消毒。将废弃物（绒毛、蛋壳等）装入塑料袋；冲刷地面、墙壁和天花板；洗涤室每立方米用 42 毫升福尔马林和 21 克高锰酸钾熏蒸消毒 30 分钟。雏鸡存放室也经冲洗后用过氧乙酸喷洒消毒（或甲醛熏蒸消毒）。

孵化场的上述各室，也可以用次氯酸钠溶液喷洒消毒。

【提示】注意消毒不能代替冲洗，只有彻底冲洗后，消毒才有效。用高压水冲刷孵化室地面，用抹布擦抹孵化器的内壁，然后用熏蒸法消毒。

（4）废弃物处理　见图 2-28。

图 2-28　死雏、绒毛、蛋壳、雏鸡粪便等废弃物装入塑料袋内封闭

【提示】封闭的塑料袋送到远离孵化场的地方进行处理。

（5）污水处理　污水经消毒处理符合排放要求后排放。

三、种蛋管理

1. 种蛋的来源

种蛋必须来源于饲养环境良好、饲养管理严格、有种蛋种禽经营许可证的种鸡场。种鸡日粮的营养物质全面、鸡群生产性能优良、健康无病。无蛋传疾病。

【提示】种鸡群要对沙门氏菌、霉形体和淋巴细胞白血病病毒进行净化，以保证鸡群和种蛋洁净。

2. 种蛋的管理

（1）种蛋选择　种蛋选择要注意种蛋的清洁度、大小、蛋形、蛋壳厚度、蛋色以及内部质量等。

蛋壳表面要洁净，被粪便污染，则妨碍气体交换，微生物极易侵入蛋内，引起种蛋腐败变质，污染孵化器，使死胎增加，孵化率降低。已经污染的种蛋，必须经过擦洗消毒后方能入孵，见图 2-29。

种蛋大小和形状要符合不同品种的要求，蛋重一般在平均数 ±15% 范围内，蛋形以椭圆形为宜（蛋形指数为 1.33～1.35）。

过大或过小、过长或过圆、腰鼓等畸形蛋，应予剔除，见图2-30。

图 2-29　洁净蛋和污浊蛋（左：洁净蛋；中：污浊蛋；右：污染蛋擦洗消毒）

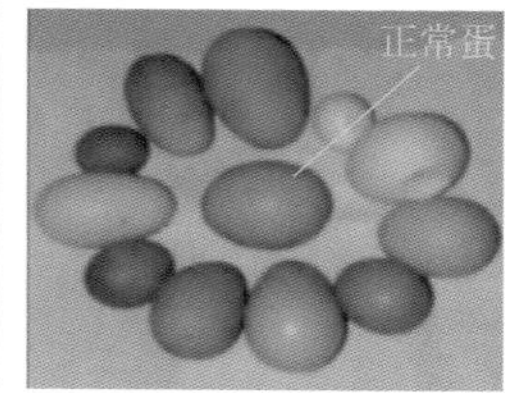

图 2-30　种蛋的大小和形状

蛋壳应致密均匀，厚薄适当，表面平整，无裂纹，敲击响声正常。蛋壳特别细密厚实，敲击时发出似金属的响声，俗称“钢皮蛋”，必须剔除，因为这种蛋孵化时受热缓慢，气体不易交换，水分蒸发也慢，雏鸡难以啄壳，孵化率极低。“沙壳蛋”的蛋壳表面钙沉积不均匀，壳薄而粗糙，水分蒸发快，容易破碎。软壳蛋、无壳蛋孵化率很低。蛋壳颜色符合品种要求，见图 2-31。

图 2-31　种蛋的蛋壳质量

对种蛋质量不了解，可使用照蛋器或验蛋台，通过光线观察

蛋壳、气室、蛋黄等情况，看有无散黄、血丝、裂纹、霉点及气室不正或过大等，如有应予剔除。

（2）种蛋的消毒　种蛋表面污浊且存在大量微生物，需要进行清洁消毒。种蛋一般进行二次消毒，第一次是在种蛋收集后立即进行，第二次是在种蛋入孵前进行。常用的消毒方法有熏蒸法和溶液法。

① 熏蒸法。选用福尔马林和过氧乙酸进行熏蒸消毒，适用于种蛋收集后和孵化前。种蛋储存室设置消毒柜对收集后的种蛋进行消毒。孵化前将种蛋放入孵化器内，在孵化器底部放置消毒药物进行消毒，如图 2-32。

图 2-32　种蛋消毒柜（左）和孵化器熏蒸消毒（右）

【操作方法】将蛋置于可以密封的容器内，福尔马林 30 毫升 / 立方米、高锰酸钾 15 克 / 立方米，或 16% 的过氧乙酸溶液 40～60 毫升 / 立方米、高锰酸钾 4～6 克 / 立方米，密闭熏蒸。

【注意】熏蒸时，先放入高锰酸钾，再倒入福尔马林或过氧乙酸溶液，熏蒸 15 分钟。熏蒸时，室温最好控制在 24～27℃，相对湿度 75%～80%，消毒效果更理想。使用时应注意过氧乙酸遇热不稳定，如 40% 以上浓度加热至 50℃易引起爆炸，应在低温下保存。消毒时应使用陶瓷或瓦制的容器，药物现用现配。

② 溶液法。使用新洁尔灭、碘溶液、有效氯等消毒药物对种蛋进行浸泡、喷洒、喷雾等消毒处理。种蛋入孵时和孵化过程中

可使用，保存前不能使用。

将原液 5% 的新洁尔灭加水 50 倍稀释，配成 1:1000 的水溶液，水温 35～45℃，浸泡种蛋 3 分钟取出沥干或直接将溶液喷洒到种蛋表面。将蛋置于 0.1% 的碘溶液中（10 克碘片或 10 克碘化钾，加水 10 千克）浸泡 0.5～1 分钟，水温 40℃左右，取出沥干；将种蛋置于含有 1.5% 有效氯的漂白粉溶液中浸泡 3 分钟取出沥干即可，见图 2-33。

（3）种蛋的保存

① 种蛋保存条件。种蛋库（图 2-34）要安装控温设备，清洁卫生，定期消毒。种蛋保存最适温度为 10～15℃，最适湿度 70%～75%。保存 1 周时间可以不翻蛋，超过 1 周应每天翻蛋一次。

图 2-33　浸泡后码入蛋盘中的种蛋

图 2-34　种蛋库

② 种蛋保存时间。种蛋贮存时间对孵化率的影响见表 2-10。

表 2-10　种蛋贮存时间对孵化率的影响

贮存天数 / 天	1	4	7	10	13	16	19	22	29
受精蛋孵化率 /%	88	87	79	68	56	44	30	26	0

【注意】种蛋保存期越长，孵化率越低。春季保存时间不超过 7 天，夏季不超过 5 天，冬季不超过 10 天。如有特殊需要必须较长期保存时，可采用充氮法保存。将种蛋置于塑料袋或其他容器中，填充氮气，然后密封，使种蛋处于与外界隔绝的环境里，减少蛋内的水分蒸发，抑制细菌繁殖，保存期可以适当延长。

③ 种蛋保存方法。见图 2-35。

图 2-35　种蛋保存方法（左：1 周左右种蛋，蛋托叠放，盖上一层塑料膜；右：保存时间较长者，锐端向上或将种蛋箱轮流垫高）

（4）种蛋的包装、运输　启运前，必须将种蛋包装妥善，盛器要坚实，能承受较大的压力而不变形，并且还要有通气孔，一般都用纸箱或塑料制的蛋箱盛放（图 2-36）。装蛋时，每个蛋之间上下左右都要隔开，不留空隙，以免松动时碰破。装蛋时，蛋要竖放，钝端在上，每箱（筐）都要装满。然后整齐地排放在车（船）上，盖好防雨设备，冬季还要防风保温，运行时不可剧烈颠簸，以免引起蛋壳或蛋黄膜破裂，损坏种蛋。经过长途运输的种蛋，到达目的地后，要及时开箱，取出种蛋，剔除破蛋。尽快消毒装盘入孵，千万不可贮放。

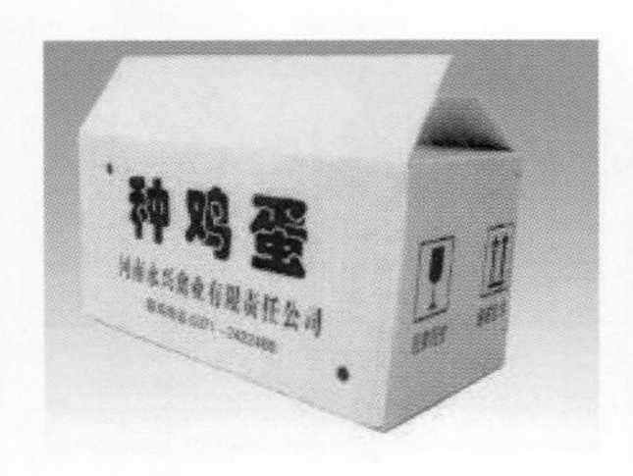

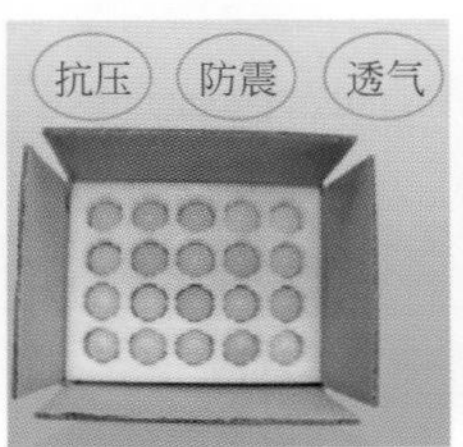

图 2-36　种蛋包装箱

【注意】运输要选择快速、平稳的运输工具，且要事先消毒。夏天运输时要注意避免阳光暴晒、防止雨淋；冬天运输时要注意保温，防止冻裂。

四、孵化操作技术

1. 传统孵化法的操作

种蛋的传统孵化法有温室孵化、水孵化、火炕孵化、缸孵化、煤油灯孵化等传统方法。

2. 机器孵化操作

（1）孵化设备和用具　机器孵化设备有孵化器和出雏器、蛋架车、孵化盘、出雏盘、照蛋器、清洗机等。目前鸡产业化生产均采用全自动孵化器和出雏器。孵化厅要备用专门化的发电机组，以防突然停电引起的经济损失。孵化器类型和内部结构见图2-37～图2-39。

图 2-37　孵化器类型（左：单体孵化器；右：巷道式孵化器）

图 2-38　孵化器和出雏器内部结构（左：孵化器；右：出雏器）

（2）机械孵化操作

① 入孵前的准备。孵化前要全面检修孵化机的翻蛋、控温、控湿、通风、报警等系统以及孵化机的密封性能和机内上下、左

右、前后的温差和湿度差。孵化机内各部温差不超过 0.2℃，湿度差不超过 3%。将孵化室和孵化机具彻底消毒。

图 2-39　孵化器内的蛋架车和孵化盘

② 码盘和预热。码盘是将种蛋大头向上码在孵化盘上。入孵前种蛋要预热，如果凉蛋直接放入孵化机内，由于温差悬殊对胚胎发育不利，还会使种蛋表面凝结水汽。预热对存放时间长的种蛋和孵化率低的种蛋更为有利。将码好的蛋盘放入蛋架车上，然后在 18～22℃的孵化室内预热 6～18 小时（图 2-40）。

图 2-40　码盘（左）和放入蛋架车上（右）进行预热

③ 入孵及消毒。入孵时间安排在下午 4～5 时，这样白天大量出雏，方便进行雏鸡的分级、性别鉴定、疫苗接种和装箱等工作。分批入孵时“新蛋”与“老蛋”交错放置，彼此调节温度。入孵后对种蛋进行消毒，见图 2-41。

【注意】当机内温度升高到 27℃、湿度达到 65% 时，进行入孵消毒。方法为甲醛熏蒸法，孵化器每立方米空间用福尔马林 30 毫升、高锰酸钾 15 克，熏蒸时间 20 分钟。然后打开排风扇，排除甲醛气体。

图 2-41　入孵

④ 温度、湿度调节。入孵前要根据不同季节及前几次的孵化经验设定合理的孵化温度、湿度，设定好以后，旋钮不能随意扭动。刚入孵时，开门上蛋会引起热量散失，同时种蛋和孵化盘也要吸收热量，这样会造成孵化器温度暂时降低，经 3～6 小时即可恢复正常。孵化开始后，要对机显温度和湿度、门表温度和湿度进行观察记录。一般要求每隔半小时观察 1 次，每隔 2 小时记录 1 次，以便及时发现问题，并尽快处理。有经验的孵化人员，要经常用手触摸胚蛋或将胚蛋放在眼皮上感温，实行“看胚施温”。正常温度情况下，眼皮感温要求微温，温而不凉。

⑤ 通风换气。在不影响温度、湿度的情况下，通风换气越畅通越好。在恒温孵化时，孵化机的通气孔要打开一半以上，落盘后全部打开。变温孵化时，随胚胎日龄的增加，需要的氧气量逐渐增多，所以要逐渐开大排气孔，尤其是孵化至第 14 天以后，更要注意换气、散热。

⑥ 翻蛋（转蛋）。入孵后 12 小时开始翻蛋，每 2 小时翻蛋 1 次，1 昼夜翻蛋 12 次。在出雏前 3 天移入出雏盘后停止翻蛋。

【提示】孵化初期适当增加翻蛋次数，有利于种蛋受热均匀和胚胎正常发育。

⑦ 照蛋。机器孵化一般照蛋 2 次。利用照蛋器或照蛋架进行照蛋（图 2-42），查明胚胎发育情况、孵化条件是否合适并剔出无精蛋、死胚蛋，以免污染孵化器，影响其他蛋的正常发育。发育正常和异常的胚蛋特征如图 2-43～图 2-45。

图 2-42　简易照蛋器（左）和整盘照蛋用的照蛋架（右）

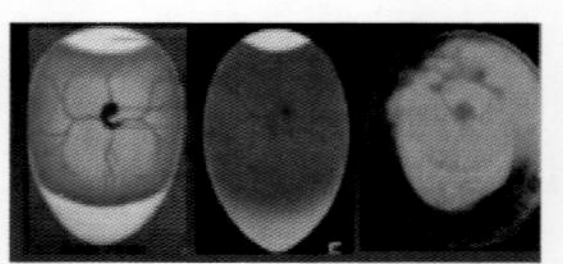

正常胚蛋：血管网鲜红，扩散较宽，黑眼明显。

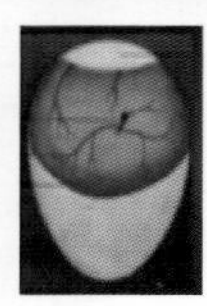

弱胚蛋：血管网色淡纤细，扩散面小，黑眼色浅。

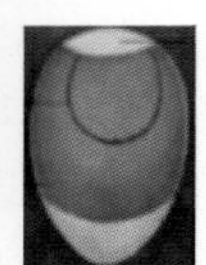

死胚蛋：无血管网，有血线或溶血。

无精蛋：蛋内透明，转动可见卵黄阴影。

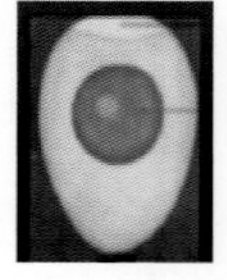

图 2-43　孵化 5 天进行头照时正常和异常胚蛋特征图

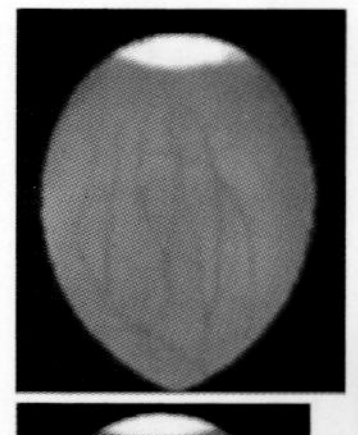

正常胚蛋：尿囊已在锐端合拢，并包围所有蛋内容物。可见锐端血管分布。

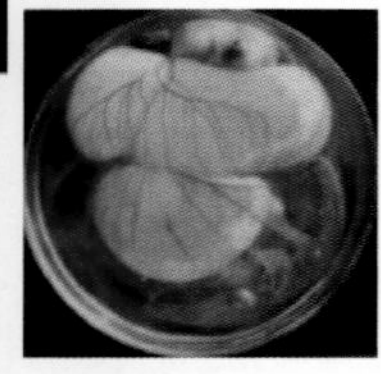

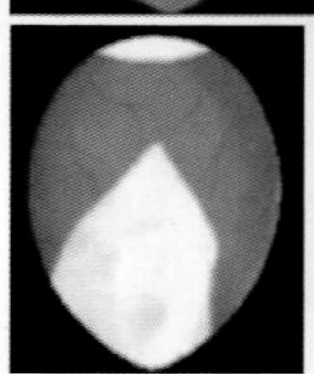

死胚蛋：很小的胚胎与蛋黄分离，小头发亮。

弱胚蛋：尿囊未合拢，锐端淡白。

图 2-44　孵化 10 天抽检时正常和异常胚蛋特征图

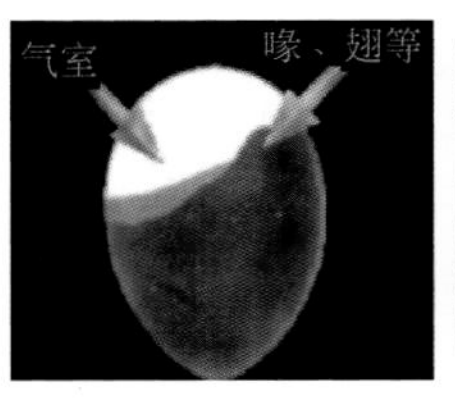

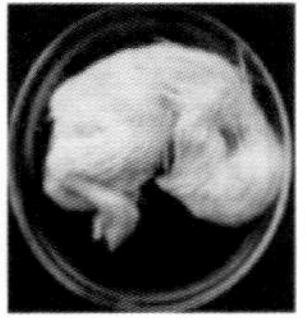

正常胚：胚胎占满除气室外的全部空间，气室边缘弯曲，有时可见胚胎在蛋内闪动。

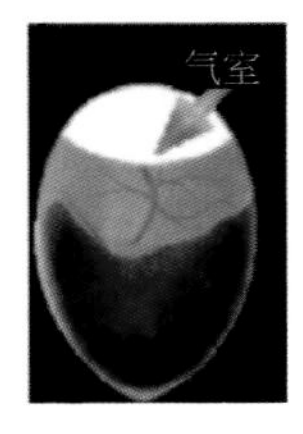

弱胚：气室较小，边界平齐。

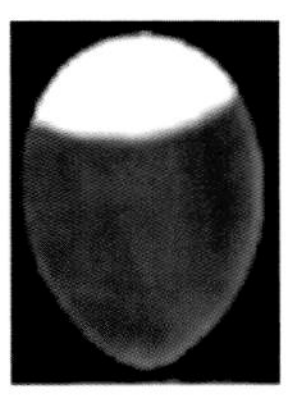

死胚：气室周围无血管，或锐端色淡。

图 2-45　孵化 18 天二照时正常和异常胚蛋特征图

⑧ 落盘（移盘）。孵化到第 18～19 天时，将孵化盘的蛋移至出雏盘，这个过程称落盘(图 2-46)。

图 2-46　移至出雏盘内的胚蛋

【注意】不能在孵化蛋盘上出雏，以免被风扇打死或落入水盘溺死。

⑨ 拣雏和人工助产。出雏孵化到 20.5 天时，开始出雏。这时要保持机内温度、湿度的相对稳定，并要及时拣雏。有 30% 的雏鸡出壳后可进行第一次拣雏；70% 的雏鸡出壳后进行第二次拣雏，剩余的在最后一次拣雏。将绒毛已干燥的雏鸡和空蛋壳拣出，以利继续出雏。每次拣雏一定将蛋壳拣出，第二次拣雏后

将剩余的胚蛋集中放在温度稍高的地方，出雏期间保持出雏箱内黑暗。第二次和第三次拣雏时要注意帮助那些自行出壳困难的胚蛋（人工助产）。注意观察，若胚蛋已经啄破，壳下膜变成橘黄色时，说明尿囊膜血管已萎缩，出壳困难，可以人工助产。若壳下膜仍为白色，则尿囊血管未萎缩，这时人工破壳会造成出血死亡。人工破壳是从啄壳孔处剥离蛋壳 1 厘米左右，把雏鸡的头颈拉出并放回出雏箱中继续孵化至出雏（图 2-47）。

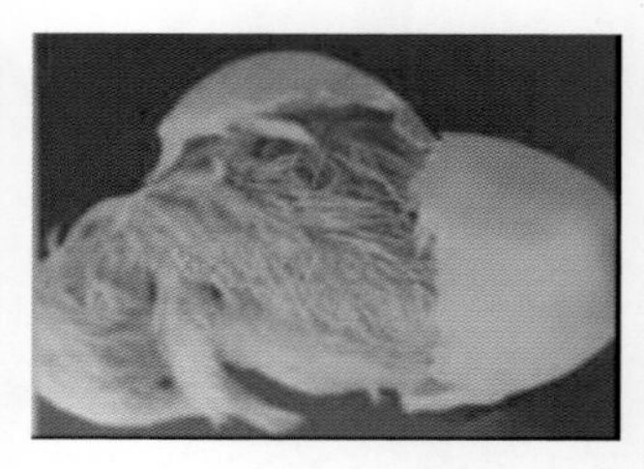

图 2-47　开始出壳的胚蛋（左）；第一次拣雏时间（中）；出雏后期的人工助产（右）

【注意】出雏期间不要经常打开机门，以免降低机内温度和湿度，影响出雏。出雏开始后应关闭机内照明灯，可避免雏鸡的骚动。助产只能在尿囊血管枯萎时进行，否则容易引起大量出血，造成雏鸡死亡。

⑩ 清扫与消毒。为保持孵化器的清洁卫生，必须在每次出雏结束后，对孵化器进行彻底清扫和消毒。在消毒前，先将孵化用具用水浸润，用刷子除掉脏物，再用消毒液消毒，最后用清水洗干净，沥干后备用。孵化器的消毒，可用 3% 来苏尔喷洒或用福尔马林熏蒸法（同种蛋）消毒。

【注意】加强停电时的孵化管理，重点是保温，但也要注意通风。措施：一是断电源，提高室温至 27～30℃；二是如有 10 天内的种蛋，应关闭进出气孔，以利保温；三是孵化后期的胚蛋，停电后每隔 15～20 分钟应翻蛋一次，每隔 1 小时打开半扇门拨风扇 2～3 分钟，驱除机内积热；四是如有 17 天的胚蛋，应提前落盘；五是密切观察胚蛋的温度变化。

3. 注射马立克氏病疫苗

雏鸡从出雏机内拣出后，应立即进行雌雄鉴别，注射马立克氏病疫苗免疫；有的种用雏鸡需要剪冠，见图 2-48。

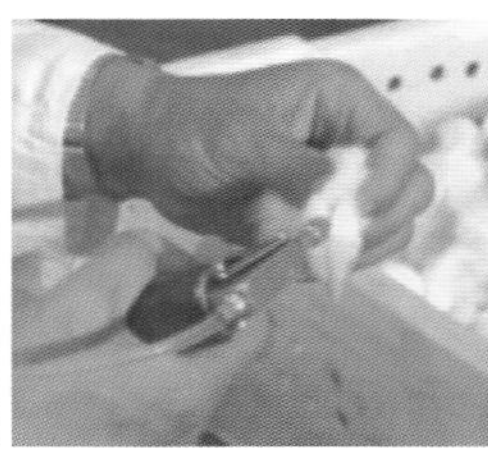
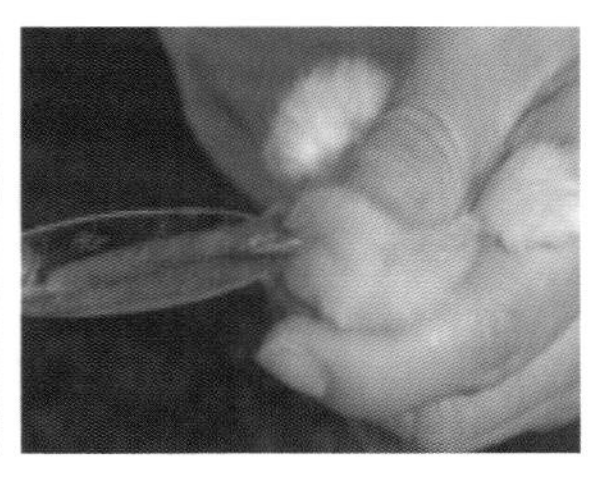

图 2-48　注射马立克氏病疫苗（左、中）和剪冠（右）

4. 孵化记录

（1）孵化室日程表　目的是合理安排孵化室的工作日程。各批次之间，尽量把入孵、照蛋、移盘、出雏工作错开，一般每周入孵两批，工作效率较高。孵化室日程表见表 2-11。

表 2-11　孵化室日程表

批次	孵化机号	入孵		头照		二照		移盘		出雏	
		月	日	月	日	月	日	月	日	月	日

（2）孵化条件记录表　在孵化的过程中，值班人员每 1~2 小时观察记录温度、湿度 1 次；对孵化室的温度、湿度也要做记录。孵化条件记录表见表 2-12。

表 2-12　孵化条件记录表

时间 / 时	孵化室		孵化器				值班人员	备注
	温度 /℃	湿度 /℃	温度 /℃	湿度 /℃	翻蛋	凉蛋		
0								
2								

续表

时间/时	孵化室		孵化器				值班人员	备注
	温度/℃	湿度/℃	温度/℃	湿度/℃	翻蛋	凉蛋		
4								
6								
8								
10								
12								
14								
16								
18								
20								
22								

（3）孵化成绩统计表　每批孵化结束后，要对本批孵化情况进行统计和分析。孵化成绩统计表见表2-13。

表2-13　孵化成绩统计表

批次	品种	种蛋来源	入孵日期	入孵蛋数	照蛋			出雏情况				受精蛋数	受精率	孵化率		健雏率	备注
					无精蛋	死精蛋	破蛋	移盘数	健雏数	弱雏数	死胚蛋			受精蛋	入孵蛋		

五、孵化效果检查与分析

1. 衡量孵化成绩的指标

（1）受精率　受精率（%）=（受精蛋数/入孵蛋数）×100%。

受精蛋包括活胚蛋、死胚蛋和散黄蛋。种蛋受精率要求在90%以上。

（2）早期死胚率　早期死胚率（%）=（1～5胚龄死胚数/受精蛋数）×100%。

早期死胚是入孵后前5天内的死胚，正常情况下，早期死胚率在1%～2.5%。

（3）孵化率　受精蛋孵化率（%）=（出雏总数/受精蛋数）×100%。

受精蛋孵化率是衡量孵化效果的主要指标，一般应在90%以上，高水平可达93%以上。

入孵蛋孵化率（%）=（出雏总数/入孵蛋数）×100%。

入孵蛋孵化率反映种鸡场及孵化场的综合水平，应达到85%以上。

（4）健雏率　健雏率（%）=（健雏数/出雏总数）×100%。

健雏是指能够出售、用户认可的雏鸡。健雏率是反映种鸡质量、种蛋质量和孵化效果的一个综合指标。健雏率应达到97%以上。

2. 孵化效果检查分析

（1）照蛋检查和异常情况分析　照蛋操作方便简单，是进行孵化效果检查最常用的方法。详见机械孵化操作的照蛋内容。异常情况及原因分析见表2-14。

（2）出雏检查与效果分析

① 出雏检查。正常出雏，白壳蛋鸡胚在20.5～21.5天全部出齐，受精蛋孵化率达85%以上，健雏率95%以上。鸡胚从啄壳到顶壳出雏，一般在4～10小时内完成。残弱雏鸡3%～4%，死胎数占6%左右。发育正常的雏鸡体格健壮，精神活泼，体重适宜，蛋黄吸收良好，脐部收缩平整，绒毛整洁，长短适当，无弯喙和脚趾伸展不开等畸形现象。

当出雏时间拖延3天以上，该批孵化率及健雏率也肯定不理想。出壳后的雏鸡有毛长、大肚、钉脐、胶毛现象。鸡胚啄壳难

表 2-14　异常情况及原因分析

<table>
<tr><th>照蛋时间</th><th colspan="2">异常情况</th><th>原因分析</th></tr>
<tr><td rowspan="4">5 胚龄</td><td colspan="2">死精蛋不多，无精蛋多，或气室大，散黄多</td><td>可能是种蛋存放时间过长、受冻、运输中受震动，或种鸡群公母比例不协调，公鸡过多、过少等原因</td></tr>
<tr><td colspan="2">胚胎发育慢，但死精蛋没有超过规定标准</td><td>说明入孵后温度偏低</td></tr>
<tr><td colspan="2">胚胎发育正常，死精蛋过多</td><td>可能是种鸡群营养不良、鸡群内血缘有近亲现象，或者孵化机性能不好、局部孵蛋受热、靠近热源散热不匀、停电时间过多等原因</td></tr>
<tr><td colspan="2">胚胎发育过快，死精蛋多，血管末端有破裂现象</td><td>表明温度偏高</td></tr>
<tr><td rowspan="4">10 胚龄</td><td colspan="2">大部分没有“合拢”，但死胎不多</td><td>说明孵化温度偏低，从观察未合拢的部位大小可推测孵化温度偏低的幅度</td></tr>
<tr><td colspan="2">尿囊血管绝大多数早已合拢，大头端出现黑影，死胎多，少数不合拢的尿囊血管末端有不同程度充血</td><td>说明孵化温度偏高</td></tr>
<tr><td colspan="2">孵化箱内同一批不同位置胚蛋发育不整齐，差异大，死胎正常或稍偏多，部分胚胎出现血管充血</td><td>说明孵化机温差大，翻蛋次数和角度不够，或停电频繁，造成局部超温</td></tr>
<tr><td colspan="2">胚胎发育快慢不一，血管微细</td><td>表明陈蛋多</td></tr>
<tr><td rowspan="5">18 胚龄</td><td colspan="2">气室偏小，边缘整齐，无黑影闪毛现象</td><td>说明孵化温度偏低，湿度偏大</td></tr>
<tr><td colspan="2">啄壳早（如 19 天），死胎多</td><td>说明后期较长时间孵化温度偏高</td></tr>
<tr><td rowspan="3">胚胎发育正常，死胎蛋多</td><td>剖检发现心有充血、淤血、肝脏变形</td><td>多数是因局部受高温的影响</td></tr>
<tr><td>剖检软骨营养不良症，肢短而弯曲，嘴短似鹦鹉喙，羽毛曲，颈、背、腰部和侧脸的皮下结缔组织多半水肿，肝呈黄色且发脆，肾肿大</td><td>如果残留有不少蛋白质，可能是种鸡饲喂不良、缺乏维生素 B_2 和全价蛋白质、氨基酸不平衡所致</td></tr>
<tr><td>蛋白质被完全吸收，心脏肥大并有出血点，肝大、变性，胆囊大，胚胎多死于 14 天后</td><td>可能因饲喂未经去毒的棉籽饼、菜籽饼，受饲料残毒的影响</td></tr>
</table>

以出壳，或在啄口出现血液、蛋清、蛋黄等渗出现象，分别称血嘌、吐清、吐黄等不正常现象。死胎蛋可达 15% 以上。

② 出雏质量与死胎蛋原因分析。一是啄壳后长时间不破壳或提前出雏，体质轻瘦，有脱毛现象，绒毛短，死胎蛋超过 15%，这些属于二照后温度过高所造成。若是晚出雏，弱雏较多，体软肚大，为温度过低所造成，或入孵前种蛋受过低温影响及存放时间过长所致。

二是出现畸形雏的原因，多数属于遗传因素。如鹦鹉喙、交叉喙、独眼和四条腿雏等畸形体。出现钩状爪的残废雏和特别大的畸形眼（龙眼）是由于在孵化中大范围温度高的影响，以及翻蛋角度和次数不足，致使残废率增多，见图 2-49。

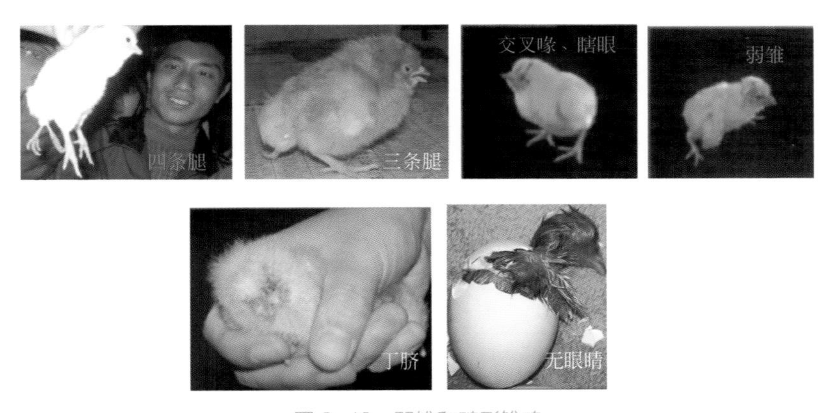

图 2-49　弱雏和畸形雏鸡

三是啄壳后或未啄壳即死亡，死亡率达 20% 左右。解剖观察，胚胎发育和吸收均属正常，这种情况多发生在出壳前 1 天，主要是温度升高、通风不良、氧气不足、对胚产生的余热扩散不出去等而使活胚死亡。另外，可能是出雏胚蛋较长时间受凉（低于 30℃），造成雏无力蹬壳，蜷窝在蛋壳内。

四是死于壳内的原因。一是尿囊血管未合拢，蛋的小头发白，蛋白胶化或僵硬，这是二照前温度偏高所造成的蛋白胶质化，不能吸收，并与蛋内壳膜粘连在一起，致使尿囊血管无法通过，形成废营养蛋白区。这个废区面的大小影响孵化成绩。如果面积小，还可孵出雏鸡，但体质消瘦，出现胶毛；如果面积大，最后鸡胚死于壳内。二是尿囊血管合拢后，小头发红，不是漆黑的胚蛋。这是二照后 18 天前蛋白质尚未吸收完而出现温度偏高，造成蛋白胶黏化，致使胚胎发育不能吸收，红润的小头一直保持下来。

五是其他死胎现象。出雏前 3~4 天孵化温度偏高，出现的其他死胎现象及原因分析如表 2-15。

表 2-15 其他死胎现象及原因分析

现象	原因分析
血嘌	胚胎受热过高，提前啄壳，尿囊血管尚未枯萎而被啄破，血液淤积在啄口周围
钉脐	温度偏高，出壳过早，尿囊血管尚未自然枯萎，血淤滞在肚脐上。如人工助产的雏鸡常见
穿嘌	雏鸡啄口后喙露在壳外，呼吸加剧，但又不能扩大啄口，或活力不足停留在原处，最终死于壳内。通常是胎位不正，头压在左翅下不能摆动，或先天营养不良，或啄口后受凉所造成
拖黄	当卵黄囊还没有完全吸入腹腔内时，雏禽已破壳，结果在脐部拖着大块蛋黄
吐清	鸡胚受热发闷后将已经吞食在胃和食道内的羊水蛋白反胃外吐，然后粘连在啄壳口的周围，严重时把整个啄口堵塞住
吐黄	雏禽在卵黄尚未吸入腹腔内时提前啄壳，在受热挣扎时踢破卵黄，卵黄顺着啄破的部位往外淌，而发生吐黄

六、影响孵化成绩的因素及提高措施

1. 影响孵化成绩的因素

（1）种鸡因素　纯品系或近交系的鸡种孵化死胎蛋多，由于致死隐性基因的遗传影响，胚胎生活力弱，中间死胎蛋多。不同年龄种鸡的孵化率不同，如 1 岁龄母鸡种蛋孵化率高于老年母鸡，而当年母鸡种蛋又以 28~50 周龄的孵化率最高。1 岁龄种蛋孵化率比 3 岁龄高 16% 左右，大龄母鸡种蛋孵化时，表现在胚胎早期死亡率高。种鸡营养不良，使种蛋内养分偏低或不足，鸡胚胎在孵化期间营养供给不足引起死亡。种鸡发生疾病，特别是一些传染病。

（2）种蛋因素　良种鸡种蛋大于 65 克或小于 48 克，蛋壳厚度低于 0.22 毫米或高于 0.34 毫米都会影响孵化率。种蛋贮存不当，如贮存温度超过 15℃或低于 5℃，存放时间超过 2 周以及湿度、通风、光照、异味等不符合贮存种蛋要求等都会降低种蛋孵化率。种蛋受到病原体污染，如传染性支气管炎、鸡白痢、鸡新城疫、马立克氏病、白血病等，以内源性途径潜入蛋内；有些病原则以蛋壳外源性的途径侵入蛋内，如葡萄球菌、大肠杆菌、绿脓杆菌、副伤寒杆菌和曲霉菌等，都可降低种蛋的孵化率（原因是这些致病菌很快降低非全价蛋的蛋白质溶菌酶指标，使鸡胚容易受感染死亡）。

（3）孵化因素　孵化条件不良，如孵化时的温度、湿度不适宜和通风不良都能影响孵化效果。短期内的急剧升温，机温超过 42℃以上会造成胚胎血管破裂，导致胚胎被烧死，肝、脑出现点状出血。而持续长时间的偏离，会促使胚胎发育加快，代谢过旺，提早啄壳，弱雏率增加。通风不好，会引起二氧化碳过高和缺氧，导致胚胎窒息死亡。孵化场的卫生不好，污染严重，也可影响孵化成绩。

2. 提高孵化成绩的措施

（1）加强种鸡管理

① 提高种鸡群质量，防止近亲繁殖。

② 种鸡优质日粮全价。种鸡日粮中的蛋白质和亚油酸含量一定要满足需要，氨基酸保持平衡，微量元素和维生素充足。如果饲料中缺乏维生素 A、维生素 E、维生素 K、生物素、硒以及饲料中的脂肪酸败，饲料霉变，会使胚胎发育中止，降低雏鸡质量。配合种鸡日粮选用优质的玉米和大豆粕，避免使用鱼粉、肉骨粉、骨粉等含有动物肌体成分的动物性饲料，减少细菌污染。

③ 做好种鸡群的净化工作。

④ 种鸡舍环境条件适宜。保持适宜的饲养密度，防止鸡群拥挤。保持适宜的光照强度（15～20 勒克司 / 平方米）和稳定的光

照时数（16～17 时 / 天）。做好夏季防暑降温和冬季防寒保暖工作，保持舍内适宜温度和湿度。舍内通风换气良好，防止有害气体超标。

⑤ 保持鸡群健康。种鸡场的隔离、卫生、消毒更加重要，要落到实处。根据抗体水平，定期做好免疫，制订符合当地实际情况的免疫程序，使种鸡避免感染传染病等。

⑥ 注意种蛋的采集。种鸡群在 25～26 周就可以开始收集种蛋，每天至少收集 4 次。收集后认真剔除破蛋、脏蛋、畸形蛋及过大过小蛋，立即放入消毒柜内福尔马林熏蒸消毒。

（2）加强种蛋管理

① 按鸡的周龄确定种蛋的贮存条件。鸡 26～35 周龄产的种蛋，温度 18.3～20℃，相对湿度 50%～60%，贮存 7～14 天，孵化率最高；36～55 周龄产的种蛋，温度 17～18℃，相对湿度 75%，贮存 4～5 天，孵化率最高；56～66 周龄产的种蛋，温度 18℃，相对湿度 75%，贮存不宜超过 2～3 天，孵化率最高。如果不同种蛋不采取相应的贮存时间和条件，就会使孵化率降低，弱雏率增加。

② 蛋库要清洁卫生，种蛋要消毒。种蛋入库前 2.5X（注：X 表示 1 立方米空间用 14 毫升福尔马林、7 克高锰酸钾）熏蒸消毒，入孵前 2X 消毒。

（3）加强孵化场管理

① 孵化场卫生。孵化场要相对独立，与其他建筑物保持一定距离，规划、布局科学，隔离条件要好。孵化厅内时刻保持正确的气流分布，净区、脏区分开。孵化间的蛋库、孵化室应保持正压；选蛋室、出雏室、洗涤室等应保持负压，特别是出雏室内吸毛管道一定要密封，全部吸入绒毛箱内，出雏完毕及时冲刷。搞好孵化场的消毒工作，制定消毒程序和消毒制度，定期进行微生物检查，了解掌握消毒效果。特别要加强对进入的用具、物品、人员和种蛋的消毒，加强孵化过程各环节的清洁消毒，减少病原微生物的侵入，控制病原微生物繁殖和传播。孵化厅内每周用消毒药喷雾 2～3 次，每周大扫除一次，每次出雏后都用高压水枪彻底冲洗消毒。出雏盘、蛋车、蛋盘都要彻底清洁消毒，屋顶通

风设备每周清扫一次。进车间人员必须更衣。

② 提供适宜的孵化条件。孵化条件直接影响孵化率和雏鸡质量。温度是孵化的首要条件。温度高易引起心血管系统、神经系统、肾脏和胚胎膜畸形、粘壳、羽毛异常、脐部愈合不良、体弱等，温度低可引起心血管系统紊乱、胎膜生长减缓、营养吸收不良、肝脏功能障碍、出雏推迟、雏鸡绒毛暗淡等情况。孵化温度高低受到孵化季节、孵化器类型、品种、鸡的周龄、孵化室温度等因素影响，要掌握“看胎施温”技术，根据胚胎发育情况适当调整孵化温度，提供胚胎发育的最适温度。换气能使孵化室和孵化器内空气新鲜，减少二氧化碳含量，补充氧气，调节温湿度，有利于胚胎的正常发育。换气方法是：1～2 天关闭风门，3～12 天开 1/3 风门，13～17 天开 2/3 风门，18 天以后开至最大。孵化后期胚蛋的换气等更为重要，同时要注意对孵化室的换气。胚蛋易受到病菌污染，严重影响雏鸡出壳和雏鸡质量，所以要做好孵化前、孵化中和出壳期间的种蛋消毒工作，减少胚蛋污染。

③ 雏鸡出壳后的管理。适时检雏。有 30%～40% 胚蛋出雏后第一次检雏，60%～70% 胚蛋出雏后第二次检雏。第二次检雏后将啄壳的胚蛋并盘，集中放在出雏器的上层以促进胚胎发育。检雏时动作要轻、快，检出的雏鸡放入雏鸡存放盘内，并尽快移入雏鸡处理室。雏鸡出壳后经过分级、鉴别、免疫接种、装箱等一系列操作程序，处理不当会严重影响雏鸡质量。雏鸡处理要选择有经验的或经过专门培训的人员，处理人员要保持清洁卫生；处理时动作要轻，轻拿轻放，避免损伤，动作要快，缩短处理时间；免疫接种要确切，防止漏防、剂量不足或疫苗失效，影响免疫效果。雏鸡处理室的温度和湿度适宜，存放温度 24～26℃，相对湿度 70%～75%。雏鸡要及时进入育雏舍，时间不长于 48 小时。雏鸡长途运输最好用空调车，保证适宜的温湿度，在最短的时间内运至育雏舍。

（4）其他措施

① 用浓度 3% 的复合维生素 B 浸泡孵化第 6 天的种蛋 1～2 分钟可以减少弱雏，提高健雏率。

② 当有 1/3 胚蛋啄壳时再落盘能提高孵化成绩。

③ 激光垂直照射种蛋20分钟，胚蛋发育良好，孵化率高。对孵化18～24小时的胚蛋，用30瓦的紫外线灯照射10～20分钟，可提高孵化率6%～10%，使雏鸡体质健壮。

【注意】雏鸡处理后不用福尔马林熏蒸，否则易引起雏鸡黏膜损伤，质量下降。

七、初生雏鸡雌雄鉴别

初生雏鸡雌雄鉴别具有重要的意义：一是节省饲料，淘汰公雏可减少饲料消耗；二是节省设施、设备和鸡舍面积，降低生产费用；三是提高母鸡的成活率和育成新母鸡的质量。

雌雄鉴别的方法有外形鉴别法、仪器鉴别法、翻肛鉴别法和伴性遗传自别雌雄法。外形鉴别法鉴别率低，仪器鉴别法对雏鸡损伤大，交叉感染严重，目前已淘汰。生产中常用的是翻肛鉴别法和伴性遗传自别雌雄法。规模化孵化场专门设置雌雄鉴别车间，见图2-50。

【注意】鉴别车间（或鉴别室）要求易消毒，通风保温好，光线不强，室温26～30℃。翻肛鉴别法配备鉴别台，并配有3个筐，中间放混合雏，左右两边分别放雌雏和雄雏，另设1个台灯和接胎粪小盆。

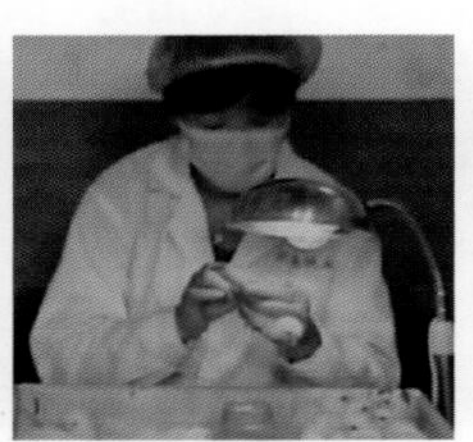

图2-50　雌雄鉴别车间和翻肛鉴别台及盛雏筐

1. 翻肛鉴别法

翻肛鉴别法鉴别率高，但技术难度大。

（1）原理　鸡的泄殖腔内口下部的中央有微粒状的突起（生

殖突起），其两侧斜向内有八字皱襞。孵化初期，公母都有生殖突起，但母雏在发育后期开始退化，在出壳前消失，少数有残留，形态上与公雏有差异。

公母雏鸡生殖突起和八字皱襞的形态如表 2-16。

表 2-16　公母雏鸡生殖突起和八字皱襞的形态

<table>
<tr><th>类型</th><th>初生雄雏</th><th>类型</th><th>初生雌雏</th></tr>
<tr><td>正常型</td><td>生殖突起发达，长径约 0.5 毫米，为饱满的圆珠透明形状，轮廓鲜明，位于肛门正中线处，八字状皱襞发达</td><td>正常型</td><td>无生殖突起，仅有皱襞会合的浅凹陷沟</td></tr>
<tr><td>小突起型</td><td>生殖突起特别小，难以看清，长径小于 0.5 毫米，形态不规则</td><td>小突起型</td><td>皱襞中央有 1 个不饱满的小突起，长径小于 0.5 毫米</td></tr>
<tr><td>扁平型</td><td>突起较发达，呈扁平横卧状，形态似舌尖状伸前或者伸内，不规则</td><td rowspan="4">大突起型</td><td rowspan="4">突起发达，长径在 0.5 毫米以上，与雄雏正常型生殖突起相似</td></tr>
<tr><td>肥厚型</td><td>八字皱襞很发达，与生殖突起联结成一体，观察时可见到臃肿突起皱襞</td></tr>
<tr><td>纵型</td><td>生殖突起呈纵长纺锤形，皱襞不发达而且无规则</td></tr>
<tr><td>分裂型</td><td>生殖突起中间有纵沟，将突起分为两半</td></tr>
</table>

（2）鉴别时间　雏鸡肛门鉴别应在出壳后 2～12 小时内进行，泄殖腔饱满尚未萎缩，可提高鉴别的准确性。

（3）手势

① 抓雏与握雏。一手可抓 2 只雏，一只进行翻肛鉴别，另一只轻握手心待鉴。握雏有夹握和团握 2 种手势（图 2-51）。雏鸡背贴掌 3 指轻握雏鸡体躯，头朝小指方向。

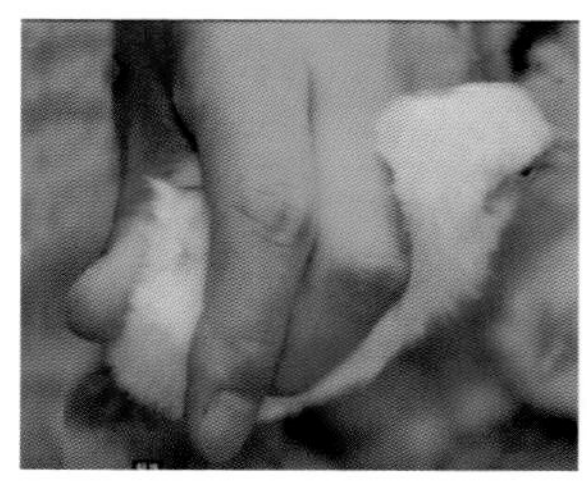
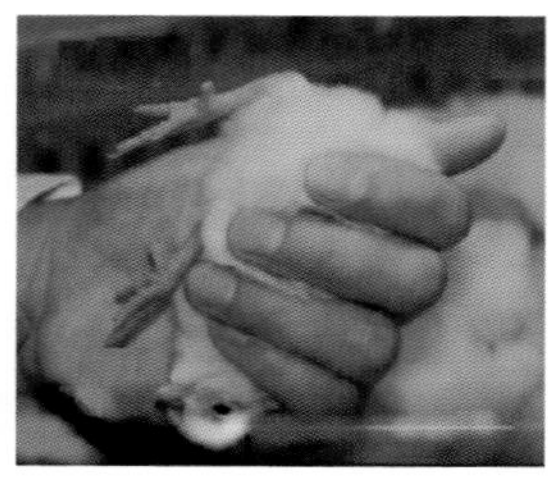

图 2-51　夹握法（左）和团握法（右）

② 排粪和翻肛。翻肛前用拇指轻压腹部，借助雏鸡呼吸将胎粪挤入接粪盆中（图 2-52），然后将雏鸡肛门翻开，见图 2-53。

图 2-52 排粪（左：左拇指轻压雏鸡腹部左侧；右：将粪便排入粪缸内）

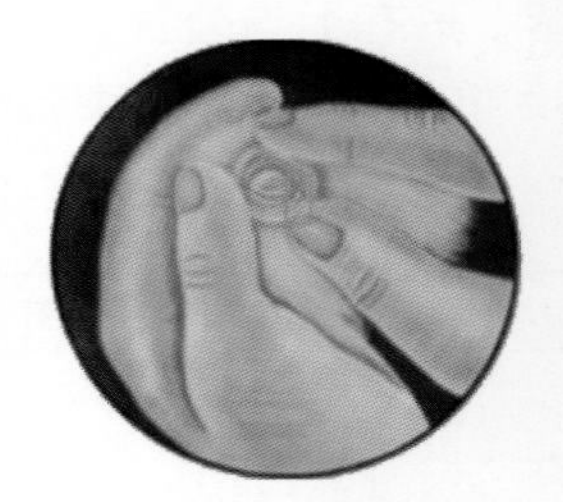

图 2-53 翻肛手势

【提示】翻肛手法类型有多种，能自如、熟练、准确鉴别即可。左手握雏，左拇指置于肛门左侧，左食指自然伸开，右中指放肛门右侧，利用右食指和中指轻轻顶推肛门一侧，左拇指协助外翻肛门，3 指向肛门凑拢，肛门即被翻开。

③ 鉴别和放雏。肛门翻开后，放在乳白亮光台灯下观察，根据生殖突起的有无和形态上的差别，便可判断雌雄。如有粪便，可用右手指轻轻抹去。当难以看清形态特征时，可用指端触摸，观察突起点的饱满或充血程度加以鉴别。

（4）注意事项　一是鉴别者的手要消毒；二是鉴别动作要轻；三是盛放雏鸡的盒子要固定，光线适中；四是掌握好非正常型的组织形态特征（雌雏的生殖突起小而不充实，轮廓不明显；雄雏生殖突起柔软而透明，饱满而有光泽；雄雏的生殖突起，无论形态大小，泄殖腔周围组织陪衬有力；雌雏若有突起，也显得周边组织退化；触摸突起时，雌雏缺乏弹性，周围血管不易充血；雄雏富有一定弹性，形态不易变形，突起点易充血）。

2. 雏鸡伴性遗传自别雌雄法

（1）原理　家禽的某些性状基因存在于性染色体上，鸡的雌雄体细胞有 1 对性染色体，母鸡为 ZW，公鸡为 ZZ，而染色体“Z”带有伴性基因，“W”不含有伴性基因。当公母鸡交配组合后，如果母鸡的某性状基因对公鸡的同类性状呈显性时，则后代的所有雄雏都具有母鸡的性状，而雌雏则全部表现公鸡的性状特征，后代对父母某性状出现交叉遗传，这种现象称伴性遗传。这样就可以快速根据某性状自别雏鸡雌雄。如芦花羽毛鸡对非芦花羽毛鸡，羽毛生长缓慢母鸡对羽毛生长快速公鸡，银白羽毛母鸡对金红色羽毛公鸡，浅色胫母鸡对黑色胫公鸡等伴性遗传配对。

（2）方法

① 羽色自别雌雄。银色和金色基因都位于性染色体上，银色基因（S）对金色基因（s）为显性，所以银色羽母鸡与金色羽公鸡呈交叉遗传，金色羽毛公鸡与银色羽毛母鸡杂交，出壳的公雏鸡表现为银色羽，而母雏鸡表现为金色羽。模式如图 2-54。

② 羽速自别雌雄。决定于初生雏鸡翼羽生长快慢的慢生羽基因（K）和速生羽基因（k）都位于染色体上，而且慢生羽基因对速生羽基因为显性，具有伴性遗传现象，可以使雏鸡自别雌雄。模式如图 2-55。

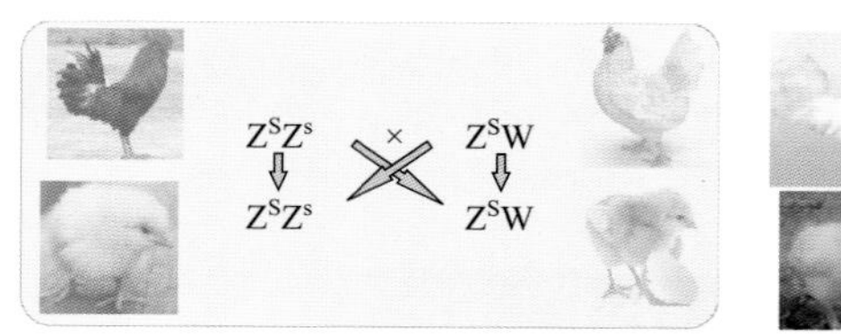

图 2-54　羽色自别雌雄模式

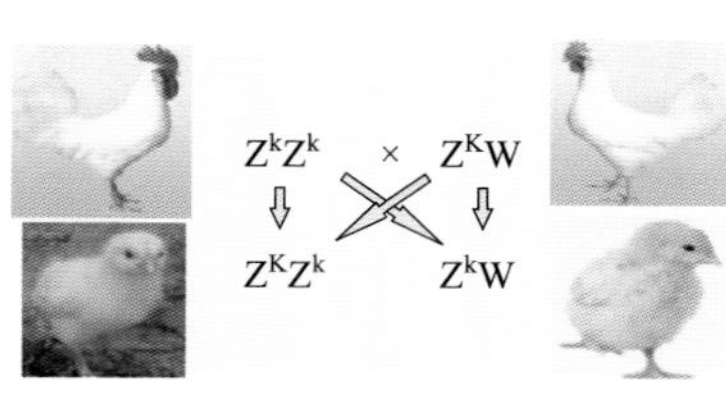

图 2-55　羽速自别雌雄模式

八、雏鸡的分级和存放

1. 雏鸡的分级

每次孵化，总有一些弱雏和畸形雏，孵化成绩越差，其弱雏和畸形雏的数量就越多。雏鸡进行雌雄鉴别时，应同时将头部、颈部、爪部弯曲和关节肿大、瞎眼、大肚、残肢、残翅的雏鸡挑出淘汰。雌雄鉴别后，应将雏鸡按体质强弱进行分级，分别进行饲养。这样雏鸡发育均匀，减少疾病感染机会，提高雏鸡成活

率。健雏与弱雏的区别见表 2–17。

表 2–17 健雏与弱雏的区别

项目	健雏	弱雏
绒毛	整洁，长短适中，色泽光亮	污秽蓬乱，缺乏光泽，有时短缺
体重	大小均匀，体态匀称	大小不一，过重或过轻
脐部	愈合良好，干燥，覆盖有绒毛	愈合不良，有黏液或卵黄囊外露，触摸有硬块
腹部	大小适中，柔软	特别大
精神	活泼好动，反应灵敏	站立不稳，闭目，反应迟钝
叫声	响亮而清脆	嘶哑或鸣叫不休

2. 雏鸡的存放

雏鸡经雌雄鉴别，分级装箱后（雏鸡箱一般用瓦楞纸制成，长 60 厘米，宽 45 厘米，高 18 厘米，四周均有通气孔，内部分为 4 格，底垫锯末或麦秸，每格可容雏鸡 25 只，每箱 100 只；路途较近时可选用可以多次使用的塑料运输盒），存放在雏鸡贮存室内，见图 2–56。

图 2–56 雏鸡的存放

第三章 鸡的营养与饲料配制技术

第一节 鸡的营养需要和营养标准

一、鸡的营养需要

鸡需要的营养物质达几十种，主要有能量、蛋白质、维生素、矿物质和水。每一种营养物质都有其特定的生理功能，各种营养物质相互联系、相互作用，对鸡体产生影响。

1. 能量

鸡的生存、生长和生产等一切生命活动都离不开能量。能量不足或过多，都会影响鸡的生产性能和健康状况。饲料中的有机物——蛋白质、脂肪和碳水化合物都含有能量，但主要来源于饲料中的碳水化合物、脂肪。饲料中各种营养物质的热能总值称为饲料总能。

【提示】在一般情况下，由于鸡的粪尿排出时混在一起，因而生产中只能去测定饲料的代谢能而不能直接测定其消化能，故鸡饲料中的能量都以代谢能（ME）来表示，其表示方法是兆焦 / 千克或千焦 / 千克。

（1）碳水化合物　碳水化合物是植物性饲料中的主要成分，主要包括淀粉、纤维素、半纤维素、木质素及一些可溶性糖类。它在鸡体内分解后（主要是淀粉和糖）产生热量，用以维持体温和供给体内各器官活动时所需要的能量。日粮中碳水化合物不足时，会影响蛋鸡的生长和生产；过多时，会影响其他营养物质的含量和造成鸡体过肥而影响产蛋和死淘。

（2）脂肪　脂肪在鸡体内分解后产生热量，用以维持体温和供给体内各器官活动时所需要的能量，其热能是碳水化合物或蛋白质的 2.25 倍。脂肪是体细胞的组成成分，是合成某些激素的原料，尤其是生殖激素大多需要胆固醇作原料；也是脂溶性维生素 A、维生素 D、维生素 E、维生素 K 在体内运输的溶剂，若日粮中缺乏时，容易影响脂溶性维生素的吸收和利用，导致鸡患脂溶性维生素缺乏症。

亚油酸在体内不能合成，必须从饲料中摄取，称必需脂肪酸。必需脂肪酸缺乏，影响磷脂代谢，造成膜结构异常，通透性改变，皮肤和毛细血管受损。以玉米为主要成分的日粮中含有足够的亚油酸，而以稻谷、高粱和麦类为主要成分的饲料中可能出现亚油酸的不足。

（3）蛋白质　当体内碳水化合物和脂肪不足时，多余的蛋白质可在体内分解、氧化供能，以补充热量的不足。过度饥饿时体蛋白也可能供能。鸡体内多余的蛋白质可经脱氨基作用，将不含氮部分转化为脂肪或糖原，储备起来，以备营养不足时供能。

【提示】蛋白质供能不仅不经济，而且容易加重机体的代谢负担。

2. 蛋白质

蛋白质是构成鸡体的基本物质，是最重要的营养物质。日粮中如果缺少蛋白质，会影响鸡的生长、生产和健康，甚至引起死亡。相反，日粮中蛋白质过多也是不利的，不仅造成浪费，而且会引起鸡体代谢紊乱，出现中毒等。饲料中蛋白质进入鸡的消化道，经过消化和各种酶的作用，将其分解成氨基酸之后被吸收，成为构成鸡体蛋白质的基础物质，所以蛋白质的营养实质上是氨基酸的营养。

① 氨基酸的平衡性。即构成蛋白质的氨基酸之间保持一定的比例关系。氨基酸不平衡，会影响蛋白质的合成。各种氨基酸的

比例适宜，这样才能既满足鸡的营养需要，又减少蛋白质饲料的消耗。

② 氨基酸的互补性。不同饲料中的必需氨基酸，其含量有很大差异。如谷类含赖氨酸较少、色氨酸较多，某些豆类含赖氨酸较多、色氨酸又较少。如果在配合饲料时，把这两种饲料混合应用，即可取长补短，提高其营养价值，这种作用就叫作氨基酸的互补作用。

【提示】根据氨基酸在饲粮中存在的互补作用，可在生产中有目的地选择多种饲料原料，进行合理搭配，使饲料中的氨基酸相互补充，改善蛋白质的营养价值，提高利用率。

3. 矿物质

矿物质是构成骨骼、蛋壳、羽毛、血液等组织不可缺少的成分，对鸡的生长发育、生理功能及繁殖系统具有重要作用。鸡需要的矿物质元素有钙、磷、钠、钾、氯、镁、硫、铁、铜、钴、碘、锰、锌、硒等，其中前 7 种是常量元素（占体重 0.01% 以上），后 7 种是微量元素。饲料中矿物质元素含量过多或缺乏都可能产生不良的后果。主要矿物质元素的种类及作用见表 3-1。

表 3-1　主要矿物质元素的种类及作用

元素种类	主要功能	缺乏症状	备注
钙	形成骨骼和蛋壳，促进血液凝固，维持神经、肌肉正常机能和细胞渗透压	雏鸡易患佝偻病，成鸡蛋壳薄、产软壳蛋	谷物、糠麸中含量很少，贝粉、石粉、骨粉等饲料中含量丰富。日粮的钙和磷比例：生长鸡为（1～1.5）：1，产蛋鸡、种鸡为（5～6）：1
磷	骨骼和卵黄卵磷脂组成部分，参与许多辅酶的合成，是血液缓冲物质	鸡食欲减退、消瘦，雏鸡易患佝偻病，成年鸡骨质疏松、瘫痪	来源于矿物质饲料、糠麸、饼粕类和鱼粉。鸡对植酸磷利用能力低，约为 30% ～ 50%，对无机磷利用能力为 100%

续表

元素种类	主要功能	缺乏症状	备注
钠、钾、氯	三者对维持鸡体内酸碱平衡、细胞渗透压和调节体温起重要作用，还能改善饲料的适口性	缺乏钠、氯，可导致消化不良、食欲减退、啄肛啄羽等。缺钾时，肌肉弹性和收缩力降低，肠道膨胀。热应激时，易发生低血钾症	食盐摄入量过多，轻者饮水量增加、便稀，重者会导致鸡食盐中毒甚至死亡。动物饲料中钠含量丰富，植物饲料中钾含量较多
镁	镁是构成骨质必需的元素，它与钙、磷和碳水化合物的代谢有密切关系	镁缺乏时，鸡神经过敏，易惊厥，出现神经性震颤，呼吸困难。雏鸡生长发育不良。产蛋鸡产蛋率下降	青饲料、糠麸和油饼粕类中含量丰富；过多会扰乱钙磷平衡，导致下痢
硫	硫主要存在于鸡体蛋白、羽毛及蛋内	缺乏时，表现为食欲降低，体弱脱羽，多泪，生长缓慢，产蛋减少	羽毛中含硫2%
铁、铜、钴	铁是血红素、肌红素的组成成分，铜能催化血红蛋白形成，钴是维生素B_{12}的成分之一	三者参与血红蛋白形成和体内代谢，并在体内起协同作用，缺一不可，否则就会产生营养性贫血	来源于硫酸亚铁、硫酸铜和钴胺素、氯化钴
锰	锰影响鸡的生长和繁殖	雏鸡骨骼发育不良，骨短粗，运动失调，生长受阻。蛋鸡性成熟推迟，产蛋率和孵化率下降	摄入量过多，会影响钙、磷的利用率，引起贫血。氧化锰、硫酸锰，青饲料、糠麸中含量丰富
碘	碘是构成甲状腺必需的元素，对营养物质代谢起调节作用	缺乏时，会导致鸡甲状腺肿大，代谢机能降低	植物饲料中的碘含量较少，鱼粉、骨粉中含量较高。主要来源是碘化钾、碘化钠及碘酸钙
锌	锌是鸡生长发育必需的元素之一，有促进生长、预防皮肤病的作用	缺乏时，肉鸡食欲不振，生长迟缓，腿软无力	常用饲料中含有较多的锌，可用氧化锌、碳酸锌补充
硒	硒与维生素E相互协调，可减少维生素E的用量，是蛋氨酸转化为胱氨酸所必需的元素。能保护细胞膜的完整，保护心肌作用	缺乏时，雏鸡皮下出现大块水肿，积聚血样液体，心包积水及患脑软化症	一般饲料中硒含量及其利用率较低，需额外补充，一般多用亚硒酸钠

4. 维生素

维生素是一组化学结构不同、营养作用和生理功能各异的低分子有机化合物，蛋鸡对其需要量虽然很少，但生物作用很大，主要以辅酶和催化剂的形式广泛参与体内代谢的多种化学作用，从而保证机体组织器官的细胞结构功能正常，调控物质代谢，以维持鸡体健康和各种生产活动。缺乏时，可影响正常的代谢，出现代谢紊乱，危害鸡体健康和正常生产。集约化、高密度饲养条件下，鸡的生产性能较高，同时鸡的正常生理特性和行为表现被限制，环境条件被恶化，对维生素的需要量大幅增加，加之缺乏青饲料的供应和阳光的照射，容易发生维生素缺乏症，必须注意添加各种维生素来满足生存、生长、生产和抗病需要。维生素的种类很多，但归纳起来分为两大类，一类是脂溶性维生素，包括维生素 A、维生素 D、维生素 E 及维生素 K 等，另一类是水溶性维生素，主要包括 B 族维生素和维生素 C。

维生素的种类及作用见表 3-2。

表 3-2　维生素的种类及作用

名称	主要功能	缺乏症状	备注
维生素 A［1IU（国际单位）维生素 A=0.6 克胡萝卜素］	可以维持呼吸道、消化道、生殖道上皮细胞或黏膜的结构完整与健全，促进雏鸡的生长发育和蛋鸡产蛋，增强鸡对环境的适应力和抵抗力	易引起上皮组织干燥和角质化，眼角膜上皮变性，发生眼干燥症，严重时造成失明。雏鸡消化不良，羽毛蓬乱无光泽，生长速度缓慢。母鸡产蛋量和种蛋受精率下降，胚胎死亡率高，孵化率降低等	青绿多汁饲料、黄玉米、鱼肝油、蛋黄、鱼粉中含量丰富；维生素 A 和胡萝卜素均不稳定，饲料加工、调制和贮存过程中易被破坏，而且环境温度愈高，破坏程度愈大
维生素 D［IU（国际单位）、毫克 / 千克表示］	参与钙、磷的代谢，促进肠道钙、磷的吸收，调整钙、磷的吸收比例，促进骨的钙化，是形成正常骨骼、喙、爪和蛋壳所必需的。1 IU 维生素 D=0.025 微克结晶维生素 D_3 的活性	雏鸡生长速度缓慢，羽毛松散，趾爪变软、弯曲，胸骨弯曲，胸部内陷，腿骨变形。成年鸡缺乏时，蛋壳变薄，产蛋率、孵化率下降，甚至发生产蛋疲劳症	包括维生素 D_2（麦角钙化醇）和维生素 D_3（胆钙化醇），由植物内麦角固醇和动物皮肤内 7- 脱氢胆固醇经紫外线照射转变而来。维生素 D_3 的活性要比维生素 D_2 高约 30 倍。鱼肝油含有丰富的维生素 D_3，日晒的干草维生素 D_2 含量较多。市场有维生素 D_3 制剂

续表

名称	主要功能	缺乏症状	备注
维生素E［IU（国际单位）、毫克/千克表示］	抗氧化剂和代谢调节剂，与硒和胱氨酸有协同作用，对消化道和体组织中的维生素A有保护作用，能促进鸡的生长发育和繁殖率的提高	雏鸡发生渗出性素质病，形成皮下水肿与血肿、腹水，引起小脑出血、水肿和脑软化。成鸡繁殖机能紊乱，产蛋率和受精率降低，胚胎死亡率高	在麦芽、麦胚油、棉籽油、花生油、大豆油中含量丰富，在青饲料、青干草中含量也较多。市场有维生素E制剂。鸡处于逆境时需要量增加
维生素K	催化合成凝血酶原（具有活性的是维生素K_1、维生素K_2和维生素K_3）	皮下出血形成紫斑，而且受伤后血液不易凝固，流血不止以致死亡	青饲料和鱼粉中含有维生素K，一般不易缺乏。市场有维生素K制剂
维生素B_1（硫胺素）	参与碳水化合物的代谢，维持神经组织和心肌正常，有助于胃肠的消化机能	易发生多发性神经炎，表现头向后仰、羽毛蓬乱、运动器官和肌胃衰弱或变性、两腿无力等，呈“观星”状；食欲减退，消化不良，生长缓慢。雏鸡对维生素B_1缺乏敏感	维生素B_1在糠麸、青饲料、胚芽、草粉、豆类、发酵饲料和酵母粉中含量丰富，在酸性饲料中相当稳定，但遇热、遇碱易被破坏。市场有硫胺素制剂
维生素B_2（核黄素）	构成细胞黄酶辅基，参与碳水化合物和蛋白质的代谢，是鸡体较易缺乏的一种维生素	雏鸡生长慢、下痢，足趾弯曲，用跗关节行走。种鸡产蛋率和种蛋孵化率降低。胚胎发育畸形，萎缩、绒毛短，死胚多	维生素B_2在青饲料、干草粉、酵母、鱼粉、糠麸和小麦中含量丰富。市场有核黄素制剂
维生素B_3（泛酸）	辅酶A的组成成分，与碳水化合物、脂肪和蛋白质的代谢有关	生长受阻，羽毛粗糙，食欲下降，骨粗短，眼睑黏着，喙和肛门周围有坚硬痂皮。脚爪有炎症，育雏率降低。蛋鸡产蛋量减少，孵化率下降	泛酸在酵母、糠麸、小麦中含量丰富。泛酸不稳定，易吸湿，易被酸、碱和热破坏

续表

名称	主要功能	缺乏症状	备注
维生素B_5（烟酸或尼克酸）	某些酶类的重要成分，与碳水化合物、脂肪和蛋白质的代谢有关	雏鸡缺乏时食欲减退，生长慢，羽毛发育不良，跗关节肿大，腿骨弯曲。蛋鸡缺乏时，羽毛脱落，口腔黏膜、舌、食道上皮发生炎症，产蛋减少，种蛋孵化率低	维生素B_5在酵母、豆类、糠麸、青饲料、鱼粉中含量丰富。雏鸡需要量高，育雏期应注意添加
维生素B_6（吡哆醇）	蛋白质代谢的一种辅酶，参与碳水化合物和脂肪代谢，在色氨酸转变为烟酸和脂肪酸过程中起重要作用	鸡缺乏时发生神经障碍，从兴奋而至痉挛。雏鸡生长发育缓慢，食欲减退	维生素B_6在一般饲料中含量丰富，又可在体内合成，很少有缺乏现象
维生素H（生物素）	以辅酶形式广泛参与各种有机物的代谢	股骨粗短症是鸡缺乏维生素H的典型症状。鸡喙、趾发生皮炎，生长速度降低，种蛋孵化率低，胚胎畸形	维生素H在鱼肝油、酵母、青饲料、鱼粉及糠麸中含量较多
胆碱	胆碱是构成卵磷脂的成分，参与脂肪和蛋白质代谢；也是蛋氨酸等合成时所需的甲基来源	鸡易患脂肪肝，发生骨短粗症，共济运动失调，产蛋率下降	胆碱在小麦胚芽、鱼粉、豆饼、甘蓝等饲料中含量丰富。市场有氯化胆碱
维生素B_{11}（叶酸）	以辅酶形式参与嘌呤、嘧啶、胆碱的合成和某些氨基酸的代谢	生长发育不良，羽毛不正常，贫血，种鸡的产蛋率和孵化率降低，胚胎在最后几天死亡	叶酸在青饲料、酵母、大豆饼、麸皮和小麦胚芽中含量较多
维生素B_{12}（钴胺素）	以钴酰胺辅酶形式参与各种代谢活动，如嘌呤、嘧啶、合成，甲基的转移及蛋白质、碳水化合物和脂肪的代谢；有助于提高造血机能和日粮蛋白质的利用率	缺乏时，雏鸡生长停滞，羽毛蓬乱，种鸡产蛋率、孵化率降低	维生素B_{12}在动物肝脏、鱼粉、肉粉中含量丰富，鸡舍内的垫草中也含有维生素B_{12}

续表

名称	主要功能	缺乏症状	备注
维生素 C（抗坏血酸）	具有可逆的氧化性和还原性，广泛参与机体的多种生化反应；能刺激肾上腺皮质激素合成；促进肠道内铁的吸收，使叶酸还原成四氢叶酸	易患坏血病，生长停滞，体重减轻，关节变软，身体各部出血、贫血，适应性和抗病力降低	维生素 C 在青饲料中含量丰富，生产中多使用维生素 C 添加剂；抗应激用量一般为每千克饲料 50 ～ 300 毫克

5. 水

水是鸡体的主要组成部分，它是各种营养物质的溶剂，鸡体内各种营养物质的消化、吸收、代谢废物排出、血液循环、体温调节等都离不开水。如果饮水不足，饲料消化率和鸡的生产力就会下降，严重时会影响鸡体健康，甚至引起死亡。高温环境下缺水，后果更为严重。因此，必须供给充足、清洁的饮水。

二、鸡的营养标准

根据鸡体维持生命活动和从事各种生产，如产蛋、产肉等对能量和各种营养物质需要量的测定，并结合各国饲料条件及当地环境因素，制定出鸡对能量、蛋白质、必需氨基酸、维生素和微量元素等的需要量，称为鸡的饲养标准，并以表格形式以每日每只具体需要量或占日粮含量的百分数来表示。

鸡的饲养标准有许多种，如美国的 NRC 饲养标准、日本家禽饲养标准、我国也制订了中国家禽饲养标准。目前许多育种公司根据其培育的品种特点、生产性能以及饲料、环境条件变化，制订其培育品种的营养需要标准，按照这一饲养标准进行饲养，便可达到该公司公布的某一优良品种的生产性能指标，在购买各品种雏鸡时索要饲养管理指导手册，按手册上的要求配制饲粮。

第二节 鸡的饲料原料及特性

一、鸡饲料的分类

凡是含有鸡所需要的营养物质成分而不含有害成分的物质都称为饲料。鸡的常用饲料有几十种，归纳起来主要可以分为五大类，见表 3-3。

表 3-3 鸡的饲料分类

能量饲料	谷实类，如玉米、麦类、高粱、谷子等；糠麸类，如米糠、高粱糠、小麦麸；油脂类，如植物油脂、动物油脂等
蛋白质饲料	动物性蛋白质饲料，如血粉、鱼粉等；植物性蛋白质饲料，如豆粕、花生粕、棉籽粕等
矿物质饲料	食盐、贝壳粉、石粉、骨粉等
维生素饲料	青菜类、胡萝卜、草粉
饲料添加剂	营养性添加剂，如维生素、微量元素和氨基酸添加剂；非营养性添加剂，如抗生素类、驱虫保健剂、防霉剂等

二、鸡的常用饲料及特性

鸡的饲料有几十种，各有其特性。通常分为能量饲料、蛋白质饲料、矿物质饲料、维生素饲料和饲料添加剂。

1. 能量饲料

凡干物质中粗纤维含量不足 18%、粗蛋白质含量低于 20% 的饲料均属能量饲料，能量饲料富含碳水化合物和脂肪。这类饲料主要包括禾本科的谷实饲料以及它们加工后的副产品，块根块茎类、动植物油脂和糖蜜等，是鸡用量最多的一种饲料，占日粮的 50%～80%，其功能主要是供给鸡所需要的能量。

（1）玉米　玉米能量高达 13.59～14.21 兆焦 / 千克，蛋白质只有 8%～9%，矿物质和维生素不足。适口性好，消化率高达 90%，价格适中，是主要的能量饲料。玉米中含有较多的胡萝卜素，有益于蛋黄和鸡的皮肤着色。不饱和脂肪酸含量高，粉碎后易酸败变质。

【注意】玉米在饲料中占 50%～70%。使用中注意补充赖氨酸、色氨酸等必需氨基酸；培育的高蛋白质、高赖氨酸等饲用玉米，营养价值更高，饲喂效果更好。饲料要现配现用，可使用防霉剂。玉米螟侵害和真菌感染、霉变的玉米禁用。

（2）小麦　小麦代谢能约为 12.5 兆焦 / 千克，粗蛋白质含量在禾谷类中最高（12%～15%），且氨基酸比其他谷实类完全。缺乏赖氨酸和苏氨酸。B 族维生素丰富，钙、磷比例不当。因小麦内含有较多的非淀粉多糖，用量过大，会引起消化障碍，影响鸡的生产性能。

【注意】在配合饲料中用量可占 10%～20%。添加 β- 葡聚糖酶和木聚糖酶的情况下，可占 30%～40%。

（3）高粱　高粱代谢能为 12～13.7 兆焦 / 千克，其余营养成分与玉米相近。高粱中钙多磷多。含有单宁（鞣酸），味道发涩，适口性差。高粱中含有较多的鞣酸，可使含铁制剂变性，注意增加铁的用量。

【注意】在日粮中使用高粱过多时易引起便秘，雏鸡料中不使用，育成鸡、肉用鸡和产蛋鸡日粮中用量控制在 20% 以下。

（4）大麦　大麦的能值低，约为玉米的 75%，但 B 族维生素含量丰富。抗营养因子方面主要是单宁和 β－葡聚糖，单宁可影响大麦的适口性和蛋白质的消化利用率。

【注意】在配合饲料中用量可占 20%～30%。因其皮壳粗硬，需破碎或发芽后少量搭配饲喂。

（5）麦麸　麦麸代谢能一般为 7.11～7.94 兆焦 / 千克，粗蛋白含量 13.5%～15.5%，各种成分比较均匀，且适口性好，是鸡的常用饲料。麦麸的粗纤维含量高，容积大，具有轻泻作用。

【注意】配合饲料中，育雏期占5%~15%，育成期和产蛋期占10%~30%。

（6）米糠　米糠成分随加工大米精白的程度而有显著差异。含能量低，粗蛋白质含量高，富含B族维生素，含磷、镁和锰多，含钙少，粗纤维含量高。

【注意】一般在配合饲料中用量可占8%~12%。由于米糠含油脂较多，故久贮易变质。

（7）油脂饲料　油脂饲料能量是玉米的2.25倍。包括各种油脂（如豆油、玉米油、菜籽油、棕榈油等）和脂肪含量高的原料，如膨化大豆、大豆磷脂等。油脂饲料可作为脂溶性维生素的载体，还能提高日粮能量浓度，减少料末飞扬和饲料浪费。添加大豆磷脂能保护肝脏，提高肝脏解毒功能，保护黏膜的完整性，提高鸡体免疫系统活力和抵抗力。

【注意】日粮中添加3%~5%的脂肪，可以提高雏鸡的日增重，保证蛋鸡夏季能量的摄入量和减少体增热，降低饲料消耗。但添加脂肪的同时要相应提高其他营养素的水平。脂肪易氧化，酸败和变质。

2. 蛋白质饲料

凡饲料干物质中粗蛋白含量在20%以上、粗纤维含量低于18%的饲料均属蛋白质饲料。根据其来源可分为植物性蛋白质饲料、动物性蛋白质饲料和微生物蛋白质饲料。

（1）豆粕（饼）　豆粕（饼）含粗蛋白质40%~45%，赖氨酸含量高，适口性好。经加热处理的豆粕（饼）是鸡最好的植物性蛋白质饲料。

【注意】一般在配合饲料中用量可占15%~25%。由于豆粕（饼）的蛋氨酸含量低，故与其他饼粕类或鱼粉等配合使用效果更好。

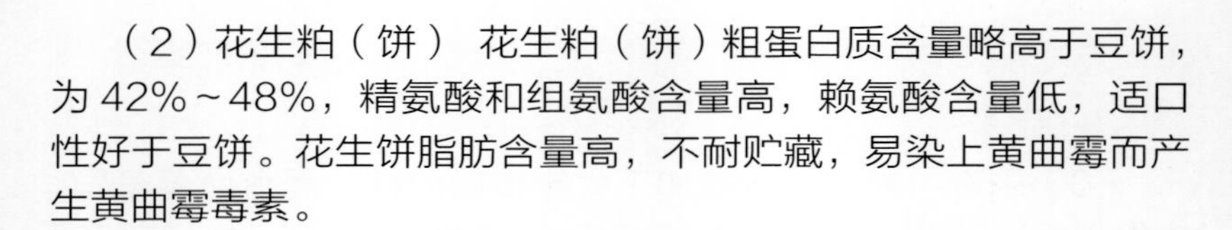

（2）花生粕（饼） 花生粕（饼）粗蛋白质含量略高于豆饼，为42%～48%，精氨酸和组氨酸含量高，赖氨酸含量低，适口性好于豆饼。花生饼脂肪含量高，不耐贮藏，易染上黄曲霉而产生黄曲霉毒素。

【注意】一般在配合饲料中用量可占15%～20%。与豆饼配合使用效果较好。生长黄曲霉的花生饼不能使用。

（3）棉籽粕（饼） 带壳棉籽榨油后的产物称棉籽饼或棉籽粕，脱壳棉籽榨油后的产物称棉籽仁饼或棉籽仁粕，前者含粗蛋白质17%～28%，后者含粗蛋白质39%～40%。在棉籽内，含有棉酚和环丙烯脂肪酸，对家禽有害。

【注意】喂前应采用脱毒措施，未经脱毒的棉籽饼喂量不能超过配合饲料的3%～5%。

（4）菜籽粕（饼） 菜籽粕含粗蛋白质35%～40%，赖氨酸比豆粕低50%，含硫氨基酸高于豆粕14%，粗纤维含量为12%，有机质消化率为70%。可代替部分豆饼喂鸡。但菜籽饼中含有毒物质（芥子酶）。

【注意】未经脱毒处理的菜籽饼蛋鸡用量不超过5%，用到10%时，蛋鸡的死亡率增加，产蛋率、蛋重及哈氏单位下降，甲状腺肿大。菜籽饼饲喂褐壳蛋鸡会使蛋带鱼腥味。

（5）芝麻粕 芝麻粕粗蛋白质40%左右，蛋氨酸含量高，适当与豆饼搭配喂鸡，能提高蛋白质的利用率。

【注意】配合饲料中用量为5%～10%。芝麻粕含脂肪多而不宜久贮，最好现粉碎现喂。

因含草酸、肌醇六磷酸等抗营养因子，影响钙、磷吸收，会造成禽类软脚病，日粮中需添加植酸酶。

（6）葵花饼 优质的脱壳葵花饼含粗蛋白质40%以上、粗脂肪5%以下、粗纤维10%以下，B族维生素含量比豆饼高。

【注意】一般在配合饲料中用量可占 10%～20%。带壳的葵花饼不宜饲喂蛋鸡。

（7）胡麻粕（饼） 蛋白质品质不如豆粕和棉籽粕，赖氨酸和蛋氨酸含量少，色氨酸含量高达 0.45%。

（8）玉米蛋白粉 玉米蛋白粉与玉米麸皮不同，它是玉米脱胚芽、粉碎及水选制取淀粉后的脱水副产品，是有效能值较高的蛋白质类饲料原料，其氨基酸利用率可达到豆饼的水平。蛋白质含量高达 50%～60%。高能、高蛋白，蛋氨酸、胱氨酸、亮氨酸含量丰富，叶黄素含量高，有利于禽蛋及皮肤着色。

【注意】赖氨酸、色氨酸含量低，氨基酸欠平衡，黄曲霉毒素含量高，蛋白含量高，叶黄素含量也高。

（9）玉米胚芽粕 以玉米胚芽为原料，经压榨或浸提取油后的副产品。玉米胚芽粕中含粗蛋白质 18%～20%，粗脂肪 1%～2%，粗纤维 11%～12%。其氨基酸组成与玉米蛋白饲料（或称玉米麸质饲料）相似。氨基酸较平衡，赖氨酸、色氨酸、维生素含量较高。

【注意】能值随着油量高低而变化，品质变异较大，黄曲霉毒素含量高。由于含有较多的纤维质，所以家禽的饲用量应受到限制。产蛋鸡不超过 5%，肉仔鸡可不加。

（10）DDGS（酒糟蛋白饲料）含有可溶固形物的干酒糟。在以玉米为原料发酵制取乙醇过程中，其中的淀粉转化成乙醇和二氧化碳，其他营养成分如蛋白质、脂肪、纤维等均留在酒糟中。同时由于微生物的作用，酒糟中蛋白质、B 族维生素及氨基酸含量均比玉米有所增加，并含有发酵中生成的未知促生长因子。市场上的玉米酒糟蛋白饲料产品有两种：一种为 DDG（Distillers Dried Grain），是将玉米酒糟进行简单过滤，滤清液排放掉，只对滤渣单独干燥而获得的饲料；另一种为 DDGS（Distillers Dried Grain with Soluble），是将滤清液干燥浓缩后再与滤渣混合干燥而获得的饲料。后者的能量和营养物质总量均明显高于前者。蛋白质含量高（DDGS 的蛋白质含量在 26% 以上），富含 B 族维生素、矿物质和未知生长因子，促使皮肤发红。

【注意】DDGS 是必需脂肪酸、亚油酸的优秀来源，与其他饲料配合，成为种鸡和产蛋鸡的饲料。因含有未知生长因子，故有利于蛋鸡和种鸡的产蛋和孵化，亦可减少脂肪肝的发生。用量不宜超过 10%。

【提示】DDGS 水分含量高，谷物已破损，霉菌容易生长，因此霉菌毒素含量很高，可能存在多种霉菌毒素，会引起家畜的霉菌毒素中毒症。导致免疫低下易发病，生产性能下降。所以必须用防霉剂和广谱霉菌毒素吸附剂。不饱和脂肪酸的比例高，容易发生氧化，对动物健康不利，能值下降，影响生产性能和产品质量如胴体品质，所以要使用抗氧化剂；DDGS 米糠中的纤维含量高，单胃动物不能利用它，所以使用酶制剂提高动物对纤维的利用率。另外有些产品可能有植物凝集素、棉酚等，加工后活性应大幅度降低。

（11）啤酒糟（麦芽根）啤酒糟是啤酒工业的主要副产品，是以大麦为原料，经发酵提取籽实中可溶性碳水化合物后的残渣。啤酒糟的干物质中含粗蛋白 25.13%、粗脂肪 7.13%、粗纤维 13.81%、灰分 3.64%、钙 0.4%、磷 0.57%，亚油酸含量高；在氨基酸组成上，赖氨酸占 0.95%、蛋氨酸 0.51%、胱氨酸 0.30%、精氨酸 1.52%、异亮氨酸 1.40%、亮氨酸 1.67%、苯丙氨酸 1.31%、酪氨酸 1.15%；锰、铁、铜等微量元素丰富；含多种消化酶。

【注意】啤酒糟以戊聚糖为主，对幼禽营养价值低。虽具芳香味，但含生物碱，适口性差。少量使用有助于消化。

（12）饲料酵母　用作畜禽饲料的酵母菌体，包括所有用单细胞微生物生产的单细胞蛋白。呈浅黄色或褐色的粉末或颗粒，蛋白质的含量高，维生素丰富。含菌体蛋白 4%～6%，B 族维生素含量丰富，具有酵母香味，赖氨酸含量高。酵母的组成与菌种、培养条件有关。一般含蛋白质40%～65%、脂肪1%～8%、糖类25%～40%、灰分6%～9%，其中大约有20种氨基酸。在谷物中含量较少的赖氨酸，色氨酸，在酵母中比较丰富；特别是在添加蛋氨酸时，可利用氮约比大豆高30%。酵母的发热量相当于牛肉，又由于含有丰富的B族维生素，通常作为蛋白质和维生素的添加饲料。用于饲养鸡，可以收到增强体质、减少疾病、增重快、产蛋多等良好经济效果。

【注意】酵母品质以反应底物不同而变异，可通过显微镜检测酵母细胞总数判断酵母质量。因饲料酵母缺乏蛋氨酸，饲喂鸡时需要与鱼粉搭配。价格较高，生产中使用较少。

（13）鱼粉　蛋白质含量高达45%～60%，氨基酸齐全平衡，赖氨酸、蛋氨酸、胱氨酸和色氨酸含量高。鱼粉中含丰富的维生素A和B族维生素，特别是维生素B_{12}，以及钙、磷、铁、未知生长因子和脂肪。

【注意】一般在配合饲料中用量可占5%～15%。用它来补充植物性饲料中限制性氨基酸不足，效果很好。易感染沙门氏菌。国产鱼粉含盐量变化较大，使用时应注意食盐中毒。

（14）血粉　血粉含粗蛋白80%以上，赖氨酸含量为6%～7%，但蛋氨酸和异亮氨酸含量较少，异亮氨酸严重缺乏，利用率低。

【注意】血粉的适口性差，日粮用量过多，易引起腹泻，一般占日粮1%～3%。

（15）肉骨粉　粗蛋白质含量达40%以上，蛋白质消化率高达80%，赖氨酸含量丰富，蛋氨酸和色氨酸较少，钙磷含量高，比例适宜。

【注意】肉骨粉易变质，不易保存，一般在配合饲料中用量在5%左右。

（16）蚕蛹粉　粗蛋白质含量约68%，蛋白质品质好，限制性氨基酸含量高，是鸡的良好蛋白质饲料。

【注意】脂肪含量高，不耐贮藏，配合饲料中用量可占5%～10%。

（17）羽毛粉　水解羽毛粉含粗蛋白质近80%，但蛋氨酸、赖氨酸、色氨酸和组氨酸含量低，使用时要注意氨基酸平衡问题，应该与其他动物性饲料配合使用。

【注意】一般在配合饲料中用量为2%～3%，过多会影响鸡的生长和生产。在蛋鸡饲料中添加羽毛粉可以预防和减少啄癖。

3. 矿物质饲料

矿物质饲料是为补充植物性和动物性饲料中某种矿物质元素的不足而利用的一类饲料。常见的矿物质饲料及其特性见表3-4。

【注意】使用蛋壳粉严防传播疾病。

4. 维生素饲料

在鸡的日粮中主要提供各种维生素的饲料叫维生素饲料，包括青菜类、块茎类、青绿多汁饲料和草粉等。常用的有白菜、胡萝卜、野菜类和干草粉（苜蓿草粉、槐叶粉和松针粉）等。在规模化饲养条件下，使用维生素饲料不方便，多利用人工合成的维生素添加剂来代替。

5. 饲料添加剂

为满足鸡的营养需要，完善日粮全价性，需要在饲料中添加原来含量不足或不含有的营养物质和非营养物质，以提高饲料利用率，促进鸡生长发育，防治某些疾病，减少饲料贮藏期间营养物质的损失或改进产品品质等，这类物质称为饲料添加剂。添加剂可分为营养性添加剂和非营养性添加剂。

表 3-4　常见的矿物质饲料及其特性

来源	名称	特点	质量标准									备注
			纯度	水分	灰分	钙	磷	镁	铅	砷	汞	
钙源	石粉	呈浅灰至灰白色，来源广、价廉、利用率高	>98.0%	<1.0%	<98.0%	>38.0%		<0.5%	<0.001%	<0.001%	<0.0002%	镁超标会引起腹泻，40 目全通
钙源	贝壳粉	呈灰白至灰色，为产蛋鸡的良好钙源	>96.5%	<1.0%	<98.0%	>33.0%						清洗不净，会造成细菌污染，蛋鸡选用贝壳粒
钙源	蛋壳粉	蛋壳干燥粉碎产品，含蛋白 12%	>98.0%	<3.0%	<98.0%	24%～37%						需高温消毒，防止细菌污染
钙源	硫酸钙	由天然石膏粉碎而成，呈灰白至灰色结晶，可防止啄羽	>98.0%	<6.5%	<82.0%	20%～30%						磷酸工业副产品的石膏因氟、铝、砷未去除，不能使用
磷源	磷酸氢钙	呈白色或灰白色，钙、磷利用率高		<6.5%	<82.0%	21%～25%	>16%	<0.6%	<0.002%	<0.003%	<0.18%	含氟量不能超标，不得掺入其他磷酸盐
磷源	骨粉	呈浅灰色，钙、磷平衡，含蛋白大约 20%		<9.0%	<90%	>22%	>11%				<0.10%	呈灰泥色、具异臭味的骨粉含大量致病菌，不得使用

续表

来源	名称	特点	质量标准									备注
			纯度	水分	灰分	钙	磷	镁	铅	砷	汞	
钠源	食盐	主要成分是氯化钠，保证生理平衡，增进食欲，提高适口性	水分小于0.5%、钙0.03%、比重1.12～1.28千克/升、钠39%、镁0.13%、细度100%全通30目、氯60%、硫0.20%、纯度95%									防止潮解
	碳酸氢钠	俗称小苏打，呈白色结晶，具平衡电解质，减少热应激	纯度>99%、氯化物<0.04%、钠27%～27.4%、重金属<0.001%、砷<0.00028%、比重0.74～1千克/升									防止潮解
	硫酸钠	俗称芒硝，呈白色，可补充钠、硫，并对禽尚有健胃作用，可替代部分蛋氨酸	纯度>99%、重金属<10毫克/千克、钠>32%、砷<2毫克/千克、硫>22%、密度1.16～1.21千克/升									如带有黄色或绿色，表示杂质含量高，应测定铬含量

三、鸡饲料的开发利用

1. 苜蓿草粉的开发利用

紫花盛花期前的苜蓿草，刈割下来，经晒干或其他方法干燥，粉碎而制成草粉。苜蓿草粉含有丰富的 B 族维生素、维生素 E、维生素 C、维生素 K 等，每千克草粉还含有高达 50～80 毫克的胡萝卜素。用来饲喂鸡，可增加蛋黄的颜色，维持其皮肤、脚、趾的黄色。特别适宜饲喂散养鸡，添加比例为 3% 左右。

2. 树叶的开发利用

我国有大量的树叶可以作为饲料。树叶营养丰富，经加工调制后，饲喂鸡效果很好。

树叶的营养成分因树种而异。豆科树种、榆树叶、松针中粗蛋白质含量高达 20% 以上，氨基酸种类多。槐树、柳树、梨树、桃树、枣树等树叶的有机物质含量、消化率、能值较高。树叶中维生素含量很高，柳、桦、榛、赤杨等青叶中，胡萝卜素含量为 l10～132 毫克 / 千克，针叶中的胡萝卜素含量高达 197～344 毫克 / 千克，此外还含有大量的维生素 C、维生素 E、维生素 K、维生素 D 和维生素 B_1 等。鲜嫩叶营养价值高，青落叶次之，可饲喂土鸡。核桃、三桃、橡、李、柿、毛白杨等树叶中含单宁，有苦涩味，必须经加工调制后再饲喂。有的树叶有剧毒，如夹竹桃等，应禁喂。

（1）树叶的采集方法　采集树叶应在不影响树木正常生长的前提下进行。对生长繁茂的树木，如洋槐、榆、柳、桑等树种，可分期采收下部的嫩枝、树叶；对分枝多、生长快、再生力强的灌木，如紫穗槐等，可采用青刈法；对需适时剪枝或耐剪枝的树种，如道路两旁的树木和各种果树，可采用剪枝法。树叶的采收时间依树种而异，松针在春秋季，紫穗槐、洋槐叶在 7 月底至 8 月初，杨树叶在秋末，秸树叶在秋末冬初时。

（2）树叶的处理加工方法

① 针叶的处理加工。松针粉中含有多种氨基酸、微量元素，

可提高产蛋率，加深蛋黄颜色；含有植物杀菌素和维生素，具有防病抗病功效。喂鸡可明显改善啄癖和皮肤、腿及爪的颜色，使之更加鲜黄美观。针叶的处理加工利用流程图见图 3-1。

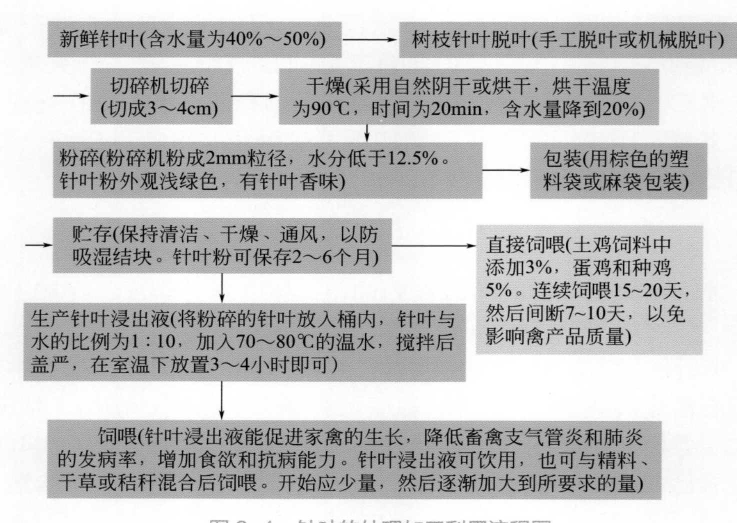

图 3-1　针叶的处理加工利用流程图

② 阔叶的处理加工。阔叶的处理加工利用流程图见图 3-2。

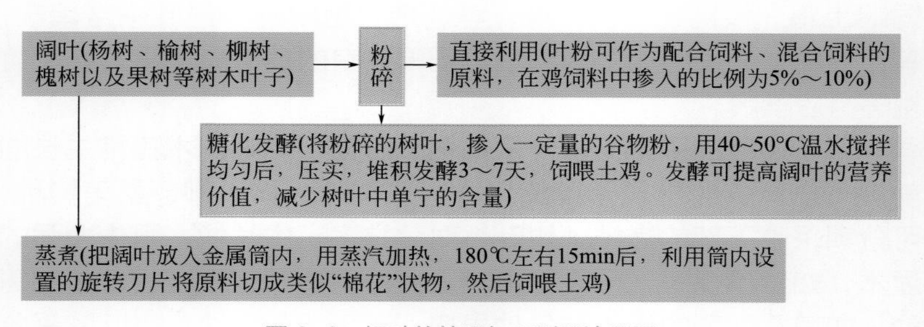

图 3-2　阔叶的处理加工利用流程图

3. 动物性蛋白质饲料的开发利用

特别是放养鸡一般采食到的植物性饲料多，补食的饲料量有限，所以容易缺乏蛋白质（特别是动物性蛋白质）而影响生长和生产。解决动物性蛋白质不足问题，饲养者可以利用人工方法生产一些昆虫类、蚯蚓等动物性蛋白质直接喂鸡，既保证充足的动物性蛋白质供应，促进生长和生产，降低饲料成本，又能够提高产品质量。

（1）诱捕昆虫　在鸡棚附近安装几个诱捕昆虫灯或照明灯，昆虫就会从四面八方飞来，被等候在棚下的鸡群吃掉。鸡吃饱后关灯让鸡休息。

（2）人工育虫　可以在放牧的地方育虫，直接让鸡啄食。

（3）养殖蝇蛆　蝇蛆含粗蛋白 59%～65%、脂肪 2.6%～12% 以及丰富的氨基酸和微量元素，营养价值高于鱼粉。使用蝇蛆生产的虫子鸡，肌肉纤维细，肉质细嫩，口感爽脆，香味浓郁，补气补血，养颜益寿。虫子鸡的蛋富含人体所需的各种氨基酸、微量元素和多种维生素，特别是被称为抗癌之王的硒和锌的含量是普通禽类的 3～5 倍。

（4）养殖蚯蚓　蚯蚓含有丰富的蛋白质，适口性好、诱食性强，是畜、禽、鱼类等的优质蛋白饲料。同时，蚯蚓粪也可以作为饲料。

第三节　鸡的日粮配制

配制日粮首先要设计日粮配方，然后按方配料。试差法就是根据经验和饲料营养含量，先大致确定各类饲料在日粮中所占的比例，然后通过计算调整至饲养标准。这种方法简单易学，但计算量大，不易筛选出最佳配方。现举例说明。

例：用玉米、豆粕、棉粕、菜粕、食盐、蛋氨酸、赖氨酸、骨粉、石粉、维生素和微量元素添加剂设计褐壳蛋鸡（产蛋率大于 80%）全价饲料配方。

第一步，根据饲养对象、生理阶段和生产水平，选择营养标准，见表 3-5。

表 3-5　褐壳蛋鸡营养标准

代谢能 /（兆焦 / 千克）	粗蛋白 /%	钙 /%	磷 /%	蛋氨酸 /%	赖氨酸 /%	（蛋氨酸 + 胱氨酸）/%	食盐 /%
11.8	17.5	3.5	0.6	0.39	0.85	0.72	0.37

第二步，根据饲料原料成分表（表 3-6）查出所用各种饲料的养分含量。

表 3-6　各种饲料原料成分

原料	代谢能 /（兆焦 / 千克）	粗蛋白 /%	钙 /%	磷 /%	蛋氨酸 /%	赖氨酸 /%	（蛋氨酸 + 胱氨酸）/%
玉米	14.06	8.6	0.04	0.21	0.13	0.27	0.27
豆粕	11.05	43	0.32	1.50	0.48	2.54	2.54
棉粕	8.16	33.8	0.31	0.64	0.36	1.29	1.29
菜粕	8.46	36.4	0.73	0.95	0.61	1.23	1.23
骨粉	—	—	36.4	16.4	—	—	—
石粉	—	—	35.0	—	—	—	—

第三步，初拟配方。根据饲养经验，初步拟定一个配合比例，然后计算能量蛋白质营养物质含量。鸡饲料中，能量饲料占 50%～70%，蛋白质饲料占 25%～30%，矿物质饲料占 3%～10%，添加剂饲料占 0～3%。根据各类饲料的占用比例和饲料价格，初拟配方并计算，见表 3-7。

表 3-7　初拟配方及配方中能量和蛋白质含量

原料	代谢能 /（兆焦 / 千克）	粗蛋白 /%
玉米 60%	8.436	5.16
豆粕 26%	2.873	11.18
棉籽粕 2%	0.163	0.676
菜籽粕 2%	0.169	0.728
合计	11.641	17.744
标准	11.7	17.5

第四步，调整配方，使能量和蛋白质符合营养标准。由表中可算出能量比标准少 0.059 兆焦 / 千克，蛋白质多 0.244%。用能量较高的玉米代替菜粕，每代替 1% 可以增加能量 0.056 兆焦 / 千克 [（14.06-8.46）× 1%]，减少蛋白质 0.278%[（36.4-8.6）× 1%]。替代后能量为 11.697 兆焦 / 千克，蛋白质为 17.46%，与标准接近。

第五步，计算矿物质和氨基酸的含量，见表 3-8。

表 3-8　矿物质和氨基酸含量

原料	钙 /%	磷 /%	蛋氨酸 /%	赖氨酸 /%	（蛋氨酸 + 胱氨酸）/%
玉米 61%	0.024	0.128	0.079	0.165	0.189
豆粕 26%	0.083	0.390	0.155	0.660	0.281
棉籽粕 2%	0.006	0.013	0.007	0.026	0.015
菜籽粕 1%	0.008	0.010	0.006	0.013	0.015
合计	0.121	0.541	0.247	0.864	0.500
标准	3.50	0.60	0.39	0.85	0.72

由表 3-8 知，日粮中钙比标准低 3.38%，磷比标准低 0.06%。因骨粉中含有钙和磷，先用骨粉满足钙和磷。增加 0.06% 的磷需要骨粉 0.37%[（0.06÷16.4%）]；0.37% 的骨粉可提供 0.146% 的钙，饲粮中还差 3.25% 的钙，用石粉来补充，需要添加石粉 9.3%。蛋氨酸与标准差 0.39%-0.247%=0.143%，赖氨酸满足需要，蛋氨酸 + 胱氨酸与标准差 0.22%，添加 0.143% 的蛋氨酸后，还差 0.077%。用蛋氨酸来补充。蛋氨酸的总添加量为 0.22%。维生素和微量元素预混剂添加 0.25%，食盐添加 0.37%，配方的总百分比是 100.51%，多出 0.51%，可以在玉米中减去。一般能量饲料调整不大于 1% 的情况下，日粮中能量、蛋白质指标的变化可以忽略。

第六步，列出配方和主要营养指标。

饲料配方：玉米 60.49%、豆粕 26%、棉籽粕 2%、菜籽粕 1%、骨粉 0.37%、钙粉 9.3%、食盐 0.37%、蛋氨酸 0.22%、维生素和微量元素添加剂 0.25%，合计 100%。

营养指标：代谢能 11.697 兆焦 / 千克、粗蛋白 17.46%、钙 3.5%、磷 0.6%、蛋氨酸 + 胱氨酸 0.72%、赖氨酸 0.86%。

第四节 饲料的配制加工

一、饲料的加工

饲料加工的程序一般是原料粉碎、混合、膨化制粒（蛋鸡饲养中多采用粉状料，较少进行膨化制粒）以及饲料包装（图3-3）。目前，饲料加工机械比较完备，可以根据加工量选择不同的机械加工设备。

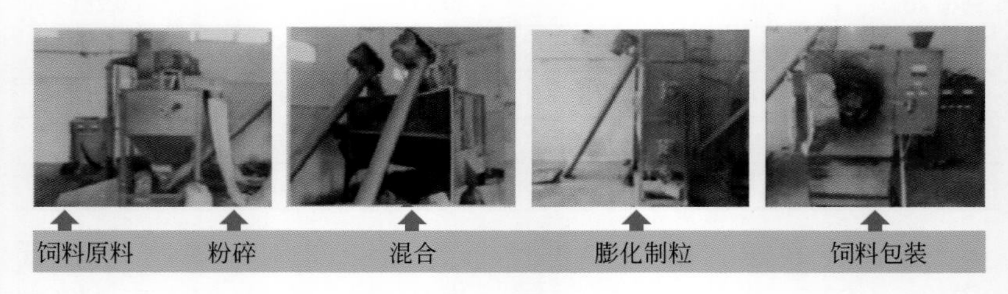

图 3-3 饲料的加工过程

二、饲料质量标准与检测

1. 日粮质量标准要求

（1）产蛋鸡、肉仔鸡复合预混合饲料（GB 8832—88）

① 感官指标。色泽一致，无发霉变质、结块及异味、异臭。

② 水分。不高于 10%。

③ 粉碎粒度。全部通过 16 目（1.18 毫米）的分析筛，30 目（0.600 毫米）的分析筛上物不得大于 10%。

④ 混合均匀度。混合均匀，变异系数不得大于 7%。

⑤ 有毒有害物质。铅（Pb）≤ 30 毫克 / 千克，砷（As）≤ 10 毫克 / 千克。

⑥ 营养成分。见表 3-9。

表 3-9 产蛋鸡、肉仔鸡复合预混合饲料营养成分

鸡类型	锰 /（克 / 千克）	锌 /（克 / 千克）	维生素 A（万国际单位 / 千克）	维生素 D_3（万国际单位 / 千克）	维生素 E（万国际单位 / 千克）	维生素 K_3（万国际单位 / 千克）	维生素 B_2（万国际单位 / 千克）	维生素 B_{12}（万国际单位 / 千克）
产蛋鸡	≥ 2500	≥ 5000	≥ 40	≥ 5	≥ 500	≥ 50	≥ 220	≥ 0.3
肉仔鸡	≥ 5500	≥ 4000	≥ 27	≥ 4	≥ 600	≥ 53	≥ 360	≥ 0.4

⑦ 标识

a. 凡含有维生素或微量元素添加剂者，必须符合饲用维生素、饲用微量元素等质量标准中的有关规定，还应标明其他主要营养成分如氨基酸、钙、总磷、食盐的含量。

b. 凡含有非营养性添加剂者，应注明我国主管部门的批准文号及其用量、用法、禁忌、使用范围、注意事项和有效期，并必须符合我国饲料管理条例中的有关细则规定。

（2）产蛋鸡、肉仔鸡浓缩料（GB 8833—88）

① 感官指标。色泽一致，无发霉变质、结块及异味、异臭。

② 水分。北方不高于 14%，南方不高于 12.5%。

③ 成品粒度。全部通过 8 目（2.36 毫米）的分析筛，16 目（1.18 毫米）分析筛上物不得大于 10%。

④ 混合均匀度。混合均匀，变异系数不得大于 10%。

⑤ 营养成分。见表 3-10。

表 3-10 产蛋鸡、肉仔鸡浓缩料营养成分

鸡类型		粗蛋白质 /%	粗纤维 /%	粗灰分 /%	钙 /%	总磷 /%	食盐 /%	蛋氨酸 /%
产蛋鸡		≥ 30	≤ 8	≤ 38	10 ～ 12.7	1.3 ～ 2.3	0.83 ～ 1.33	≥ 0.7
肉仔鸡	一级	≥ 45	≤ 7	≤ 20	1.7 ～ 4.0	1.7 ～ 2.7	0.83 ～ 1.33	≥ 0.9
	二级	≥ 40	≤ 9	≤ 20	2.7 ～ 4.0	1.7 ～ 2.7	0.83 ～ 1.33	≥ 0.8

⑥ 标识

a. 产品中所含的维生素或微量元素应符合国家有关质量标准。

b. 产品应标明表 3-10 中所列营养物质的保证值及代谢能，并对能量饲料的种类、质量、配比技术提出要求。

c. 所有产品不得掺用稻壳粉、花生壳粉等对鸡无实际营养价值的粗饲料；按说明书的规定用量折算成配合饲料中的含量计，饼粕类中的有毒有害物质不得超过国家的有关规定。

（3）后备鸡、产蛋鸡、肉仔鸡全价配合饲料（GB/T 5916—93）

① 感官指标。色泽一致，无发霉变质、结块及异味、异臭。

② 水分。北方不高于 14%，南方不高于 12.5%。

③ 粉碎粒度。肉仔鸡、后备鸡前期料 99% 通过 2.8 毫米编织筛，1.40 毫米编织筛物不得大于 15%；中后期料 99% 通过 3.35 毫米编织筛，1.70 毫米编织筛物不得大于 15%。产蛋鸡料 99% 通过 4.00 毫米编织筛，2.00 毫米编织筛物不得大于 15%。所有料不得有整粒谷物。

④ 混合均匀度。混合均匀，变异系数不得大于 10%。

⑤ 营养成分。见表 3-11。

表 3-11　后备鸡、产蛋鸡、肉仔鸡全价配合饲料营养成分

鸡类型		粗脂肪	粗蛋白	粗纤维	粗灰分	钙	磷	食盐	代谢能/（兆焦/千克）
产蛋后备鸡饲料	前期	≥ 2.5%	≤ 18.0%	≤ 5.5%	≤ 8.0%	0.70% ～ 1.20%	0.60%	0.3% ～ 0.80%	11.72
	中期	≥ 2.5%	≤ 15.0%	≤ 6.0%	≤ 9.0%	0.60% ～ 1.10%	0.50%	0.3% ～ 0.80%	11.30
	后期	≥ 2.5%	≤ 12.0%	≤ 7.0%	≤ 10.0%	0.50% ～ 1.00%	0.40%	0.3% ～ 0.80%	10.88
产蛋鸡饲料	高峰期	≥ 2.5%	≤ 16.0%	≤ 5.0%	≤ 13.0%	3.20% ～ 4.40%	0.50%	0.3% ～ 0.80%	11.50
	前期	≥ 2.5%	≤ 15.0%	≤ 5.5%	≤ 13.0%	3.00% ～ 4.20%	0.50%	0.3% ～ 0.80%	11.30
	后期	≥ 2.5%	≤ 14.0%	≤ 6.0%	≤ 13.0%	2.80% ～ 4.00%	0.50%	0.3% ～ 0.80%	11.09

续表

鸡类型		粗脂肪	粗蛋白	粗纤维	粗灰分	钙	磷	食盐	代谢能/(兆焦/千克)
肉仔鸡饲料	前期	≥ 2.5%	≤ 21.0%	≤ 5.0%	≤ 7.0%	0.80% ~ 1.30%	0.60%	0.3% ~ 0.80%	11.29
	中期	≥ 3.0%	≤ 19.0%	≤ 5.0%	≤ 7.0%	0.70% ~ 1.20%	0.55%	0.3% ~ 0.80%	12.13
	后期	≥ 3.0%	≤ 17.0%	≤ 5.0%	≤ 7.0%	0.70% ~ 1.20%	0.55%	0.3% ~ 0.80%	12.55

⑥ 卫生指标。见表 3-12。

表 3-12　后备鸡、产蛋鸡、肉仔鸡全价配合饲料卫生指标

单位：毫克 / 千克

项目	允许量	项目	允许量
无机砷（As）	≤ 2	氟（F）	生长鸡、肉仔鸡≤ 250，产蛋鸡≤ 350
铅（Pb）	≤ 5	黄曲霉毒素 B_1	肉仔鸡、生长鸡≤ 0.01，产蛋鸡≤ 0.02
汞（Hg）	≤ 0.1	游离棉酚	肉仔鸡、生长鸡≤ 100，产蛋鸡≤ 20
镉（Cd）	≤ 0.5	异硫氢氰酸	≤ 500
氰化物（以 HCN 计）	≤ 50	噁唑烷硫酮	肉仔鸡、生长鸡≤ 1000，产蛋鸡≤ 500
亚硝酸盐（以 $NaNO_2$ 计）	≤ 1.5	沙门氏杆菌	不得检出

⑦ 判定规则。一是感官指标、水分、混合均匀度、粗蛋白质、粗灰分、粗纤维、钙、磷、食盐及各项卫生指标判定是否合格。如检验中有一项指标不符合标准，应重新取样进行复检。复检结果符合要求。二是代谢能、粗脂肪、成品粒度为参考指标。

2. 饲料的质量检测

（1）一般感官鉴定

① 视觉。观察饲料的性状、色泽，有无霉变、结块、虫子、异物、夹杂物等。

② 嗅觉。通过嗅觉鉴别有无霉臭、腐臭、氨臭、焦臭等异味。

③ 触觉。取于手，指头捻动感觉粒度大小、硬度、黏稠度、有无夹杂物或水分多少等。

（2）物理鉴定　一般借助于物理器械鉴定饲料中的异物或杂质。

① 筛分法。根据饲料不同，采用不同孔径的筛子，测定混入的异物或大致粒度，采用 USA 筛可以准确测定饲料的粒度。

② 容重称量法。饲料有其固有的比重，测定饲料的容重，与标准容重比较，即可测出饲料中是否混有杂质或饲料的质量状况如何。

③ 比重法。将饲料加入各种比重液中，查看样品的沉浮，以判别有无沙土、稻壳、花生皮、锯末等。

④ 镜检法。用放大镜或解剖显微镜将试样放大 10～50 倍观察，或加入透明剂或药物处理，如用四氯化碳进行脱脂、比重分离处理，更易观察。

（3）化学鉴定　对饲料中的水分、蛋白质、粗纤维、钙、磷、铁、铜、锰、脲酶活性、黄曲霉毒素等进行实验室测定，测定方法可按国家标准执行。

第五节　饲料配方举例

一、蛋鸡饲料配方

蛋鸡饲料配方见表 3-13～表 3-23。

表 3-13　蛋鸡饲料配方　　单位：%

原料	0～6周	7～18周		19周～5%产蛋率		产蛋前期		产蛋后期		蛋种鸡
		配方1	配方2	配方1	配方2	配方1	配方2	配方1	配方2	
玉米	63.10	62.83	61.22	59.30	59.29	60.00	59.82	61.12	65.64	61.10
麦麸	2.60	13.00	13.00	10.00	10.00	0	0	0	0	3.00
次粉	0	0	0	0	0	0	6.00	0	0	0

续表

原料	0～6周	7～18周		19周～5%产蛋率		产蛋前期		产蛋后期		蛋种鸡
		配方1	配方2	配方1	配方2	配方1	配方2	配方1	配方2	
豆粕	30.20	11.40	11.00	16.00	15.00	19.00	13.40	17.80	13.20	25.20
棉粕	0	9.00	8.00	8.00	7.00	7.00	6.00	7.00	6.00	0
菜粕	0	0	3.00	0	2.00	3.05	4.00	3.00	4.00	0
石粉	1.33	1.80	1.80	4.60	4.60	8.70	8.50	9.00	9.00	8.70
磷酸氢钙	2.00	1.20	1.20	1.30	1.30	1.50	1.50	1.40	1.45	1.30
食盐	0.40	0.36	0.36	0.36	0.36	0.36	0.36	0.36	0.36	0.36
胆碱	0.13	0.10	0.10	0.10	0.10	0.10	0.10	0.10	0.10	0.10
微量元素	0.10	0.10	0.10	0.10	0.10	0.10	0.10	0.10	0.10	0.10
蛋氨酸	0.10	0.076	0.08	0.10	0.11	0.10	0.10	0.08	0.09	0.11
赖氨酸	0.02	0.114	0.12	0.12	0.12	0.07	0.10	0.02	0.04	0.01
维生素	0.02	0.02	0.02	0.02	0.02	0.02	0.02	0.02	0.02	0.02
总计	100	100	100	100	100	100	100	100	100	100

表3-14　不同阶段、不同季节蛋鸡饲料配方　　单位：%

原料	不同阶段			不同季节（产蛋率大于80%）			
	产蛋率65%以下	产蛋率65%～80%	产蛋率大于80%	春季	夏季	秋季	冬季
玉米	65.5	62.68	57.61	60.48	57.00	62.08	64.48
小麦麸	7.0	3.0	3.175	3.0	3.0	4.8	3.0
大豆粕	16.4	25.0	29.5	17.0	22.0	16.5	17.0
槐叶粉	3.0			3.0	3.0	2.0	
国产鱼粉				3.5	3.0	3.0	1.5
猪血粉				4.6	3.0	3.2	4.6
虾糠							1.5
磷酸氢钙（无水）	1.5	1.5	2.5	2.0	2.0	1.5	2.0
石粉	6.0	7.2	3.0				
贝壳粉			3.5	6.0	6.5	6.5	5.5
食盐	0.3	0.3	0.37	0.2	0.2	0.2	0.2

续表

原料	不同阶段			不同季节（产蛋率大于80%）			
	产蛋率65%以下	产蛋率65%～80%	产蛋率大于80%	春季	夏季	秋季	冬季
蛋氨酸	0.08	0.1	0.12		0.08		
多维素	0.02	0.02	0.025	0.02	0.02	0.02	0.02
微量元素预混剂	0.1	0.1	0.1	0.2	0.2	0.2	0.2
维生素 AD_3 粉	0.1	0.1	0.1				
总计	100	100	100	100	100	100	100

表3-15 白壳蛋鸡饲料配方　　单位：%

原料	0～8周	9～20周	产蛋率≤80%	产蛋率80%～90%	产蛋率≥90%
黄玉米	65.00	62.50	62.99	62.50	60.00
麦麸	0	8.5	0	0	0
豆粕	25.00	20.50	26.00	23.00	21.00
棉粕	0	3.40	0	0	0
鱼粉	3.00	2.00	0	2.00	3.00
肉骨粉	0	0	0	2.00	2.00
花生饼	0	0	0	0	3.00
酵母	3.50	0	1.10	0	0
骨粉	2.40	2.00	1.80	2.02	2.07
石粉	0	0	4.70	4.00	4.00
贝壳粉	0.75	0.80	3.00	4.00	4.50
食盐	0.30	0.30	0.35	0.30	0.30
蛋氨酸	0.05	0	0.06	0.13	0.08
赖氨酸	0	0	0	0.05	0.05
总计	100	100	100	100	100

注：维生素和微量元素按使用说明添加。

表 3-16　褐壳蛋鸡饲料配方　　单位：%

原料	0～8 周	9～20 周	产蛋前期（19～36 周）	产蛋后期（37～75 周）
黄玉米	51.43	42.5	63.65	60.31
小（大）麦	0	2.0	2.0	5.0
四号粉	14	25	2.5	2.5
麦麸	0	10.32	0	0
豆粕	25	12.2	17.4	19.0
菜粕	3.0	2.0	0	0
鱼粉	1.65	1.0	3.5	1.3
骨粉	2.4	2.0	1.2	1.6
贝壳粉	0.9	1.6	8.35	8.8
食盐	0.33	0.35	0.27	0.36
蛋氨酸	0.18	0.03	0.13	0.13
赖氨酸	0.11	0	0	0
添加剂	1.0	1.0	1.0	1.0
合计	100	100	100	100

表 3-17　种用或蛋用土鸡饲料配方

组成	0～6 周龄			7～14 周龄			15～20 周龄			土鸡产蛋期		
	配方 1	配方 2	配方 3	配方 1	配方 2	配方 3	配方 1	配方 2	配方 3	配方 1	配方 2	配方 3
玉米 /%	65	63	63	65	65	65	71.4	68	66.5	65.6	65.0	63.0
麦麸 /%	0	2	1.9	8	9.3	8	14	14.4	14.0	1	1.6	1
米糠 /%	0	0	0	1	1	1	2	5	8	0	0	0
豆粕 /%	22	21.9	23	16.3	14	13	6	0	0	15	15	14
菜籽粕 /%	2	0	2	4	4	2	2	6	5	0	2	0
棉籽粕 /%	2	2	2	3	0	2	2	2	2	0	0	0
花生粕 /%	2	6	2.6	0	3	6	0	0	0	4	4	8
芝麻粕 /%	2	0	0	0	0	0	0	2	2	2	1	2.7
鱼粉 /%	2	2	2	0	1	0	0	0	0	3.1	2	2
石粉 /%	1.22	1.2	1.2	1.2	1.2	1.2	1.1	1.1	1.1	8	8	8
磷酸氢钙 /%	1.3	1.4	1.8	1.2	1.2	1.5	1.2	1.2	1.1	1	1.1	1.0

续表

组成	0～6周龄			7～14周龄			15～20周龄			土鸡产蛋期		
	配方1	配方2	配方3	配方1	配方2	配方3	配方1	配方2	配方3	配方1	配方2	配方3
微量元素添加剂/%	0.1	0.1	0.1	0	0	0	0	0	0	0	0	0
复合多维/%	0.04	0.04	0.04	0	0	0	0	0	0	0	0	0
食盐/%	0.26	0.3	0.3	0.3	0.3	0.3	0.3	0.3	0.3	0.3	0.3	0.3
杆菌肽锌/%	0.02	0.02	0.02	0	0	0	0	0	0	0	0	0
氯化胆碱/%	0.06	0.04	0.04	0	0	0	0	0	0	0	0	0
合计/%	100	100	100	100	100	100	100	100	100	100	100	100
代谢能/(兆焦/千克)	12.1	11.9	11.8	11.7	11.7	11.7	11.5	11.7	11.4	11.3	11.3	11.3
粗蛋白质/%	19.4	19.5	18.3	16.4	16.35	16.5	12.5	16.35	12.3	16.5	16.0	17.1
钙/%	1.10	1.00	1.00	0.92	0.90	0.92	0.78	0.90	0.79	3.5	3.4	3.5
有效磷/%	0.45	0.04	0.41	0.36	0.35	0.36	0.31	0.35	0.32	0.38	0.36	0.38

注：代谢能的单位为兆焦/千克；粗蛋白质、钙、有效磷的单位为%。

表3-18　0～6周龄生长蛋鸡饲料配方　　单位：%

原料	配方1	配方2	配方3	配方4	配方5	配方6	配方7
黄玉米（粗蛋白8.7%）	63.40	62.30	64.00	65.00	64.00	58.00	62.70
小米		6.00				7.00	6.00
小麦麸	9.00	8.45	6.40	7.15	7.40	8.75	8.55
大豆粕（粗蛋白47.9%）	15.00	8.50	14.00	21.00	13.00	12.00	8.50
鱼粉(进口)	9.50	9.00	9.00		9.00	9.00	9.00
苜蓿粉		3.00	3.50	4.00	3.50	2.50	2.50
骨粉	2.00	1.50	2.00	1.30	2.00	1.50	1.50
食盐	0.10	0.25	0.10	0.20	0.10	0.25	0.25
蛋氨酸				0.15			
赖氨酸				0.20			
1%雏鸡预混料	1.00	1.00	1.00	1.00	1.00	1.00	1.00
合计	100	100	100	100	100	100	100

表 3-19　蛋鸡 7～14 周龄饲料配方　　单位：%

原料	配方 1	配方 2	配方 3	配方 4	配方 5	配方 6	配方 7
黄玉米	67.60	67.50	72.00	70.60	67.50	67.00	70.00
小麦麸	13.40	1.50	11.60	13.00	13.00	6.80	4.80
大豆粕	7.80	12.00		6.00	6.90	11.00	
亚麻粕		12.00	8.00			10.00	14.00
鱼粉（进口）	6.00		3.00	5.00	6.00		6.00
苜蓿粉	2.00	3.80	2.00	2.65	3.90	2.00	2.00
骨粉	1.00	1.00	1.00	1.50	1.50	1.00	1.00
石粉	1.00	1.00	1.00			1.00	1.00
食盐	0.20	0.20	0.20	0.25	0.20	0.20	0.20
蛋氨酸			0.05				
赖氨酸			0.15				
1% 生长鸡预混料	1.00	1.00	1.00	1.00	1.00	1.00	1.00
合计	100	100	100	100	100	100	100

表 3-20　蛋鸡 15～20 周龄饲料配方　　单位：%

原料	配方 1	配方 2	配方 3	配方 4	配方 5	配方 6	配方 7
黄玉米	68.30	67.50	72.00	74.90	64.10	73.00	72.00
小麦麸	15.00	6.30	10.76	14.00	15.00	8.00	9.12
大豆粕	2.50	7.50		0.50	5.00		
亚麻粕		7.50	6.00			9.00	7.50
鱼粉（进口）	3.00		1.00	3.00	3.00	4.50	
苜蓿粉	8.00	7.90	7.00	4.30	9.60	3.30	7.90
骨粉	1.00	1.00	1.00	1.00	2.00	1.00	1.00
石粉	1.00	1.00	1.00	1.00			1.00
食盐	0.20	0.30	0.20	0.30	0.30	0.20	0.30
蛋氨酸							0.08
赖氨酸			0.04				0.10
1% 生长鸡预混剂	1.00	1.00	1.00	1.00	1.00	1.00	1.00
合计	100	100	100	100	100	100	100

表 3-21　蛋鸡 19 或 20 周龄至开产的饲料配方　　单位：%

原料	配方 1	配方 2	配方 3	配方 4	配方 5	配方 6	配方 7
黄玉米	66.00	67.50	72.00	65.00	65.80	66.00	66.00
小麦麸	2.80	4.80	5.30	6.40	3.60	5.00	5.00
大豆粕	10.00			8.00	9.30	5.30	5.30
亚麻粕	9.50	9.50	7.00		10.00		6.50
鱼粉（进口）		6.50	3.00	6.50		6.50	
苜蓿粉	2.00	2.00	3.00	4.90	2.00	7.40	7.40
骨粉	1.00	1.00	1.00	1.00	1.00	1.50	1.50
石粉	7.50	7.50	7.50	7.00	7.00	7.00	7.00
食盐	0.20	0.20	0.20	0.20	0.30	0.30	0.30
1% 生长鸡预混剂	1.00	1.00	1.00	1.00	1.00	1.00	1.00
合计	100	100	100	100	100	100	100

表 3-22　蛋鸡开产至产蛋高峰的饲料配方　　单位：%

原料	配方 1	配方 2	配方 3	配方 4	配方 5	配方 6	配方 7	配方 8
玉米	64.40	62.20	64.59	64.86	64.67	60.82	61.67	67.00
小麦麸	0.55	0.40		0.70	0.37	6.15	6.00	1.60
米糠饼		5.00				6.00		
大豆粕	12.00	15.00	18.00	13.89	16.00	2.99	15.00	11.22
菜籽粕	3.00				3.00	4.00		3.00
麦芽根			1.28					
花生仁粕		3.00				3.00		3.00
向日葵仁粕	3.00							
玉米胚芽饼			1.65					
玉米 DDGS				3.00				
啤酒酵母				4.00				
玉米蛋白粉	3.00				3.00			
鱼粉（60.2% 粗蛋白）	3.62	4.00	4.00	3.00	2.24	7.00	6.00	5.00
磷酸氢钙（无水）	1.13	1.08	1.09	1.31	1.39		2.50	0.96
石粉	8.00	8.00	8.00	8.00	8.00	8.81	7.00	6.75
食盐	0.19	0.19	0.20	0.15	0.24	0.13	0.30	0.37

续表

原料	配方 1	配方 2	配方 3	配方 4	配方 5	配方 6	配方 7	配方 8
沙砾							0.50	
蛋氨酸	0.06	0.10	0.09	0.09	0.07	0.10	0.03	0.10
赖氨酸	0.05	0.03	0.10		0.02			
蛋鸡 1% 预混	1.00	1.00	1.00	1.00	1.00	1.00	1.00	1.00
合计	100	100	100	100	100	100	100	100

表 3-23　蛋鸡产蛋高峰后的饲料配方　　单位：%

原料	配方 1	配方 2	配方 3	配方 4	配方 5	配方 6	配方 7
黄玉米	65.50	63.80	67.00	69.00	65.50	67.00	61.66
小麦麸	1.40	0.50	1.20	3.30	11.10	1.11	1.62
大豆粕	9.00	15.00			6.00		21.60
亚麻粕		10.00	12.00	12.00		12.00	
鱼粉（进口）	8.20		9.20	4.10	5.00	9.20	2.00
苜蓿粉	5.80		1.00	2.00	3.00	1.00	
槐叶粉		1.00					
骨粉	1.00	1.00	1.00	1.00	1.00	1.00	3.80
石粉	8.00	7.50	7.50	7.50	7.00	7.50	7.90
食盐	0.10	0.20	0.10	0.10	0.40	0.10	0.30
蛋氨酸						0.04	0.12
赖氨酸						0.05	
蛋鸡 1% 预混	1.00	1.00	1.00	1.00	1.00	1.00	1.00
合计	100	100	100	100	100	100	100

二、肉鸡饲料配方

（1）快大型肉鸡饲料配方　见表 3-24～表 3-28。

表 3-24　肉仔鸡二段制饲料配方一

原料 /%	0～4 周		5～8 周	
	玉米豆粕型	玉米豆粕鱼粉型	玉米豆粕型	玉米豆粕鱼粉型
玉米	61.6	63.1	66.0	67.0
大豆粕	34.0	30.0	29.0	26.2
鱼粉	0	3.0	0	2.0
动植物油	0	0	1.0	1.0
骨粉	2.8	2.2	2.5	2.1
石粉	0.3	0.4	0.2	0.4
食盐	0.3	0.3	0.3	0.3
预混料	1.0	1.0	1.0	1.0
合计	100	100	100	100
每 10 千克预混料中氨基酸 /g				
赖氨酸	300	0	0	0
蛋氨酸	1200	900	550	400
代谢能 /（兆焦 / 千克）	12.14	12.30	12.55	12.55
粗蛋白 /%	20.2	20.4	18.4	18.3
钙 /%	1.04	1.00	0.90	0.9
有效磷 /%	0.44	0.44	0.40	0.4
赖氨酸 /%	1.08	1.09	0.94	0.95
蛋氨酸 /%	0.45	0.45	0.36	0.36
（蛋氨酸 + 胱氨酸）/%	0.80	0.78	0.62	0.63

表 3-25　肉仔鸡二段制饲料配方二

原料 /%	0～4 周龄			5～8 周龄		
	配方 1	配方 2	配方 3	配方 1	配方 2	配方 3
玉米	60.0	59.0	60.0	66.0	66.6	69.0
大豆粕	24.0	22.0	21.7	20.0	19.0	18.0
棉粕	0	12.0	9.0	0	9.5	4.3
花生粕	10.8	0	0	9.2	0	0
肉骨粉	0	0	5.0	0	0	6.0
鱼粉	1.0	1.4	0	0.8	1.0	0
动植物油	0	1.5	1.0	0	0	0
骨粉	2.7	2.6	1.6	2.4	2.3	1.2

续表

原料 /%	0～4 周龄			5～8 周龄		
	配方 1	配方 2	配方 3	配方 1	配方 2	配方 3
石粉	0.2	0.2	0.4	0.3	0.3	0.2
食盐	0.3	0.3	0.3	0.3	0.3	0.3
预混料	1.0	1.0	1.0	1.0	1.0	1.0
合计	100	100	100	100	100	100
每 10 千克预混料中氨基酸 /g						
赖氨酸	1100	1200	1000	800	400	500
蛋氨酸	1100	1200	1000	600	500	500
代谢能 /（兆焦 / 千克）	12.2	12.2	12.2	12.4	12.7	13.0
粗蛋白 /%	21	20.5	20.6	18.9	18.6	18.9
钙 /%	1.00	1.00	1.00	0.92	0.91	0.90
有效磷 /%	0.45	0.45	0.46	0.40	0.40	0.44
赖氨酸 /%	1.09	1.09	1.09	0.94	0.91	0.89
蛋氨酸 /%	0.45	0.45	0.45	0.37	0.36	0.36
（蛋氨酸 + 胱氨酸）/%	0.79	0.82	0.80	0.69	0.64	0.62

表 3-26 肉仔鸡二段制饲料配方三

原料 /%	0～4 周龄	5～8 周龄
玉米	61.17	66.22
大豆粕	30.0	28.0
鱼粉	6.0	2.0
DL- 蛋氨酸（98%）	0.19	0.27
L- 蛋氨酸（98%）	0.05	0.27
骨粉	1.22	1.89
食盐	0.37	0.35
微量元素 - 维生素预混料	1.0	1.00
代谢能 /（兆焦 / 千克）	12.97	13.14
粗蛋白 /%	20.5	19.1
钙 /%	1.02	1.11
有效磷 /%	0.45	0.44
赖氨酸 /%	1.20	1.20
蛋氨酸 /%	0.53	0.53
（蛋氨酸 + 胱氨酸）/%	0.86	0.83

表 3-27 肉仔鸡三段制饲料配方一

原料 /%	0～21 日龄		22～37 日龄		38 日龄	
	配方 1	配方 2	配方 1	配方 2	配方 1	配方 2
玉米	59.8	56.7	65.5	63.8	68.2	66.9
大豆粕	32.0	38.0	28.0	31.0	25.5	27.0
鱼粉	4.0	0	2.0	0	1.0	0
动植物油	0.5	1.0	0.6	1.0	1.4	2.0
骨粉	2.0	2.8	2.2	2.6	2.3	2.5
石粉	0.4	0.2	0.4	0.3	0.3	0.3
食盐	0.3	0.3	0.3	0.3	0.3	0.3
预混料	1.0	1.0	1.0	1.0	1.0	1.0
合计	100	100	100	100	100	100
每 10 千克预混料中添加氨基酸 /g						
赖氨酸	0	0	0	0	0	0
蛋氨酸	700	900	850	1000	550	650
代谢能（兆焦 / 千克）	12.3	12.2	12.5	12.5	12.8	12.8
粗蛋白 /%	21.6	21.5	19.1	19.1	17.6	17.6
钙 /%	1.00	1.00	0.95	0.96	0.90	0.92
有效磷 /%	0.46	0.45	0.42	0.42	0.40	0.40
赖氨酸 /%	1.18	1.15	1.00	0.98	0.90	0.88
蛋氨酸 /%	0.45	0.44	0.42	0.42	0.36	0.36
（蛋氨酸 + 胱氨酸）/%	0.80	0.82	0.74	0.75	0.66	0.67

表 3-28 肉仔鸡三段制饲料配方二

原料 /%	0～3 周龄	4～6 周龄	7～8 周龄
玉米	56.7	67.24	70.23
大豆粕	25.29	14.80	15.30
鱼粉	12.00	12.0	8.00
植物油	3.00	3.00	3.00
DL- 蛋氨酸（98%）	0.14	0.23	0.31
L- 蛋氨酸（98%）	0.20	0.20	0.21
石粉	0.95	1.03	1.08
磷酸氢钙	0.42	0.20	0.57
食盐	0.30	0.30	0.30
微量元素 - 维生素预混料	1.00	1.00	1.00

续表

原料 /%	0～3 周龄	4～6 周龄	7～8 周龄
代谢能 /（兆焦 / 千克）	12.97	13.39	13.39
粗蛋白 /%	24.0	20.0	18.0
钙 /%	1.00	0.95	0.90
有效磷 /%	0.50	0.50	0.40
赖氨酸 /%	1.42	1.26	1.16
蛋氨酸 /%	0.60	0.59	0.51
（蛋氨酸 + 胱氨酸）/%	0.95	0.86	0.80

（2）黄羽肉鸡饲料配方　见表 3-29。

表 3-29　黄羽肉鸡饲料配方

原料 /%	0～5 周龄		6～12 周龄	
	配方 1	配方 2	配方 1	配方 2
玉米	63.5	62.0	69.0	68.0
大豆粕	22.0	18.0	16.7	15.0
棉粕	7.0	6.8	8.0	7.0
花生粕	0	8.0	0	6.0
肉骨粉	4.0	0	3.0	0
鱼粉	0	1.0	0	0
动植物油	0	0	0	0
骨粉	1.6	2.5	1.6	2.5
石粉	0.6	0.4	0.4	0.2
食盐	0.3	0.3	0.3	0.3
预混料	1.0	1.0	1.0	1.0
合计	100	100	100	100
每 10 千克预混料中添加氨基酸 /g				
赖氨酸	0	500	0	500
蛋氨酸	150	200	0	0
代谢能 /（兆焦 / 千克）	12.3	12.1	12.4	12.3
粗蛋白 /%	20.1	20.1	18.1	17.9
钙 /%	0.95	1.00	0.88	0.88
有效磷 /%	0.42	0.43	0.38	0.39
赖氨酸 /%	0.96	0.95	0.82	0.81
蛋氨酸 /%	0.34	0.34	0.29	0.28
（蛋氨酸 + 胱氨酸）/%	0.68	0.68	0.61	0.61

第四章 鸡场建设及环境控制技术

环境是影响鸡的健康和生产性能的重要因素，越是高产的品种，对环境的依赖性越强。鸡场建设关系到鸡场的环境和投资，只有合理设计建设鸡场，才能为环境控制和提高效益奠定基础。

第一节 鸡场的生产工艺及投资分析

一、鸡场的生产工艺

鸡场生产工艺是指养鸡生产中采用的生产方式（鸡群组成、周转方式、饲喂饮水方式、清粪方式和产品的采集等）和技术措施（饲养管理措施、卫生防疫制度、废弃物处理方法等）。工艺设计是科学建场的基础，也是以后进行生产的依据和纲领性文件，所以，生产工艺设计需要运用畜牧兽医知识，从国情和实际情况出发，并考虑生产和科学技术的发展，使方案科学、先进又切合实际并能付诸实践，同时，应力求详细具体。

1. 性质和规模

（1）鸡场性质　鸡场性质不同，鸡群组成不同，周转方式不同，对饲养管理和环境条件的要求不同，采取的饲养管理措施不同，鸡场的设计要求和资金投入也不同。鸡场性质既决定了鸡场的生产经营方向和任务，又影响到鸡场的资金投入和经营效果。鸡场性质划分见表 4-1。

表 4-1　鸡场性质划分

根据不同的代次划分	原种场（或选育场或曾祖代场）	进行品种选育，杂交组合配套试验，生产配套系
	种鸡场（分为祖代场和父母代场）	祖代场进行一级杂交制种生产父母代鸡 父母代场进行二级杂交制种生产商品代鸡
	商品鸡场	饲养配套杂交鸡（商品鸡），生产商品蛋和淘汰鸡
根据经济用途划分	肉用鸡场	饲养的品种一般有快大型肉鸡、黄羽肉鸡和肉杂鸡
	蛋用鸡场	饲养的品种一般有白壳蛋鸡、褐壳蛋鸡、粉壳蛋鸡和绿壳蛋鸡

（2）鸡场规模

① 鸡场规模表示方法。一般有三种方法：一是以存栏繁殖母鸡只（套）数来表示。如父母代种鸡场存栏 CD 母鸡利用 C 系公鸡与 D 系母鸡杂交生产的母鸡 5000 只，其规模就是 5000 套父母代种鸡，其中鸡场的 AB 公鸡利用 A 系公鸡与 B 系母鸡杂交生产的公鸡不算在内，根据母鸡数量进行配套；又如一个商品蛋鸡场，有产蛋母鸡 5000 只，其规模就是 5000 只母鸡的鸡场。生产中常用于蛋鸡场和种鸡场。二是以年出栏商品鸡只数来表示。常用于商品肉用鸡场，如年出栏商品肉鸡 50 万只。三是以常年存栏鸡的只数来表示。如一个商品蛋鸡场，常年饲养有产蛋母鸡 50000 只、育雏鸡 6000 只、育成鸡 5500 只，其规模就是常年存栏 61500 只鸡。

② 鸡场的规模划分。见表 4-2。

表 4-2　不同性质鸡场的规模划分

类别		大型养鸡场	中型养鸡场	小型养鸡场
蛋用种鸡场 / 万套	祖代	≥ 1.0	＜ 1.0 ～≥ 0.5	＜ 0.5
	父母代	≥ 3.0	≥ 1.0 ～＜ 3.0	＜ 1.0
肉用种鸡场 / 万套	祖代	≥ 1.0	≥ 0.5 ～＜ 1.0	＜ 0.5
	父母代	≥ 5.0	≥ 1.0 ～＜ 5.0	＜ 1.0
商品蛋鸡场 / 万只		≥ 20.0	≥ 5.0 ～＜ 20.0	＜ 5.0
商品肉鸡场 / 万只		≥ 100.0	≥ 50.0 ～＜ 100.0	＜ 50.0

（3）影响鸡场性质和规模的因素

① 市场需要。市场的活鸡价格、鸡蛋价格、雏鸡价格和饲料价格等是影响鸡场性质和饲养规模的主要因素。市场需求量、鸡产品的销售渠道和市场占有量直接关系到鸡场的生产效益。如果市场对鸡产品需求量大，价格体系稳定健全，销售渠道畅通，规模可以大些，反之则宜小。只有根据生产需要进行生产，才能避免生产的盲目性。

② 经营能力。经营者的素质和能力直接影响到鸡场的经营管理水平。鸡场层次越高（层次划分是原种场、祖代场、父母代场和商品鸡场）、规模越大，对经营管理水平要求越高。

③ 资金数量。养鸡生产需要征用场地、建筑鸡舍、配备设备设施、购买饲料和种鸡以及粪污处理等，都需要大量的资金投入。层次越高，规模越大，需要的投资也越多。确定鸡场性质和规模要量力而行，根据资金拥有量合理确定。

④ 技术水平。现代养鸡业与传统的养鸡业有很大不同，品种、环境、饲料、管理等方面都要求较高的技术支撑，鸡的高密度饲养和多种应激反应严重影响鸡体健康，也给疾病控制增加了难度。要保证鸡群健康，生产性能发挥，必须应用先进技术。不同性质的鸡场，对技术水平要求不同。种鸡场需要进行杂交制种、选育、孵化等工作，技术水平高；一般商品鸡场技术水平较低。

（4）性质和规模的确定

① 性质的确定。种鸡场担负品种选育和杂交任务，鸡群组成和公母比例都应符合选育工作需要，饲养方式也要考虑个体记录、后裔测定、杂交制种等技术措施的实施，对各种技术条件、环境条件要求也更严格，资金投入也多。商品鸡场只是生产鲜蛋或鸡肉，生产环节简单，相对来说，对硬件和软件建设要求都不如种鸡场严格，资金投入较少。所以，建场前要综合考虑社会及生产需要、技术力量和资金状况等因素确定自己的性质。

② 规模的确定。鸡场规模的大小也受到资金、技术、市场需求、市场价格以及环境的影响，所以确定饲养规模要充分考虑这些影响因素。资金、技术和环境是制约规模大小的主要因素，不

应该盲目追求养殖数量。应该注重适度规模，也就是能够保证蛋鸡生产潜力发挥和各种资源合理利用的规模。适度规模的确定可采用投入产出分析法、综合评分法、成本函数法和适存法等方法，现以投入产出分析法举例说明。

【投入产出分析法】通过产量、成本、价格和赢利的变化关系进行分析和预测，找到盈亏平衡点，再衡量规划多大的规模才能达到多赢利的目标。

养鸡生产成本可以分为固定成本（鸡场占地、鸡舍笼具及附属建筑、设备设施等投入为固定成本，与产量无关）和变动成本（雏鸡的购入成本、饲料费用、人工工资和福利、水电燃料费用、医药费、固定资产折旧费和维修费等为变动成本，与主产品产量呈某种关系）两种。可以利用投入产出分析法求得盈亏平衡时的经营规模和计划一定盈利（或最大赢利）时的经营规模。利用成本、价格、产量之间的关系列出总成本的计算公式：

$$PQ = R + F + QV + PQx$$

$$Q = \frac{F}{[P(1-x)-V]}$$

式中，F 为某种产品的固定成本；R 为盈利额；x 为单位销售额的税金；V 为单位产品的变动成本；P 为单位产品的价格；Q 为盈亏平衡时的产销量。

【例】中小型商品蛋鸡场固定资产投入 100 万元，计划 10 年收回投资；每千克蛋的变动成本为 6 元，鸡蛋价格 7 元 / 千克，每只存栏蛋鸡年产蛋 16 千克。求盈亏平衡时的蛋鸡存栏量？如要赢利 10 万元，需要存栏蛋鸡多少只？

解：盈亏平衡时蛋鸡存栏量 =[100000 元 ÷（7−6）元 / 千克]÷16 千克 / 只 =6250 只（注：100000 元是每年的折旧费）

赢利 10 万元蛋鸡存栏量 =[(100000+100000) 元 ÷(7−6) 元 / 千克]÷16 千克 / 只 =12500 只（注：100000+100000 元 = 每年的折旧费 + 赢利）

2. 鸡群的组成及鸡场工艺流程

鸡场的生产工艺流程关系到隔离卫生，也关系到鸡舍的类型。鸡的一个饲养周期一般分为育雏期、育成期和成年期三个阶段。育雏期为 0～6 周龄，育成期为 7～20 周龄，成年期为 21～76 周龄。不同饲养时期，鸡的生理状况不同，对环境、设备、饲养管理、技术水平等方面都有不同的要求，因此，鸡场应分别建立不同类型的鸡舍，以满足鸡群生理、行为及生产等要求，最大限度地发挥鸡群的生产潜能。蛋鸡场和肉鸡场的工艺流程分别如图 4-1、图 4-2。

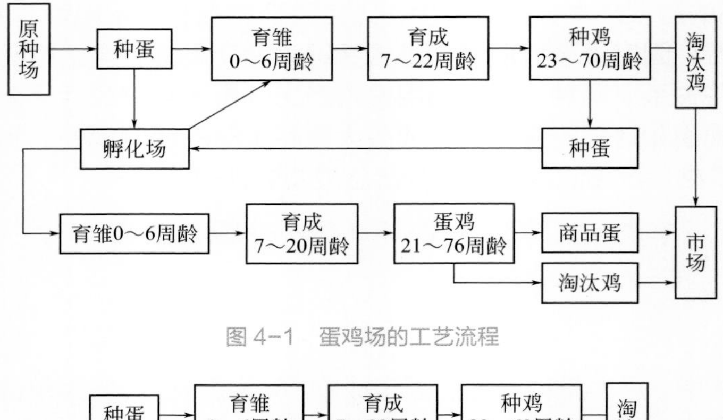

图 4-1　蛋鸡场的工艺流程

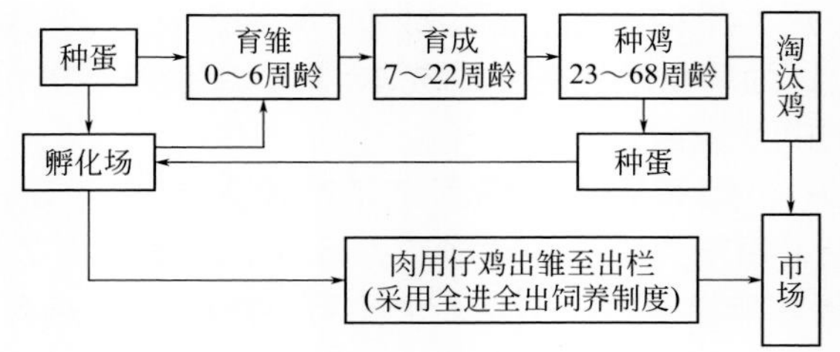

图 4-2　肉鸡场的工艺流程

3. 主要的工艺参数

工艺参数主要包括鸡群的划分及饲养日数和生产指标。种鸡场鸡群一般可分为雏鸡、育成鸡、成年母鸡、青年公鸡、种公鸡。商品蛋鸡场分为雏鸡、育成鸡和产蛋鸡，商品肉鸡场分为雏鸡和育肥鸡。各鸡群的饲养日数，应根据鸡场的种类、性质、品种、鸡群特点、饲养管理条件、技术及经营水平等确定，见表4-3～表4-7。

表4-3 轻型和中型蛋鸡体重及耗料

指标	参数	指标	参数	指标	参数
育雏期		育成期		产蛋期	
7周龄体重/（克/只）	530/515※	18周龄体重/（克/只）	1270/未统计	21～40周龄日耗料/（克/只）	77/91渐增至114/127※
7周龄成活率/%	93/95※	18周龄存活率/%	97～99	21～40周龄总耗料/（千克/只）	15.2/16.4※
1～7周龄日耗料/（克/只）	10～12渐增至43	8～18周龄日耗料/（克/只）	46～48渐增至75/83※	41～72周龄日耗料/（克/只）	100渐增至104
1～7周龄总耗料/（千克/只）	1.306/1.365※	8～18周龄总耗料/（千克/只）	4.550/5.180※	41～72周龄总耗料/（千克/只）	22.9

注：※表示是实测值。

表4-4 轻型和中型蛋鸡生产性能

指标	参数	指标	参数
20～30周龄入舍母鸡产蛋率	10%渐增至90.7%	入舍母鸡平均产蛋率	73.7%
30～60周龄入舍母鸡产蛋率	90%渐减至71.5%	母鸡饲养日产蛋数/（枚/只）	305.8
60～70周龄入舍母鸡产蛋率	70.9%渐减至62.1%	母鸡饲养日平均产蛋率	78.0%
入舍母鸡产蛋数/（枚/只）	288.9	母鸡平均月死淘率	1%以下

表4-5 肉用种鸡体重及耗料

育雏育成期		产蛋期	
指标	参数	指标	参数
7周龄体重/（克/只）	749～885	25周龄体重/（克/只）	2727～2863
1～2周龄日耗料/（克/只）	26～28	21～25周龄日耗料/（克/只）	110渐增至140

续表

育雏育成期		产蛋期	
指标	参数	指标	参数
3～7周龄日耗料/（克/只）	40渐增至56	42周龄体重	3422～3557
20周龄体重/（克/只）	2135～2271	26～42周龄日耗料/（克/只）	161渐增至180
18周龄存活率	97%～99%	43～66周龄日耗料/（克/只）	170渐减至136
8～20周龄日耗料/（克/只）	59渐增至105	66周龄体重	3632～3768

表4-6　肉用种鸡产蛋期生产性能

指标	参数	指标	参数
母鸡饲养日产蛋数/（枚/只）	209	入舍母鸡产种蛋数/枚	183
母鸡饲养日平均产蛋率/%	68.0	平均孵化率/%	86.8
入舍母鸡产蛋率/%	92	入舍母鸡产雏数/只	159
入舍母鸡产蛋数/（枚/只）	199	平均月死淘率	1%以下

表4-7　肉仔鸡产蛋期生产性能

指标	参数	指标	参数
1～4周龄体重变化/克	150渐增至1060	5～7周龄饲料效率	1.92∶1
1～4周龄累计饲料效率	1.41∶1	全期死亡率	2%～3%
5～7周龄体重变化/克	1455渐增至2335		

4. 饲养管理方式

（1）饲养方式　饲养方式是指为便于饲养管理而采用的不同设备、设施（栏圈、笼具等），或每圈（栏）容纳畜禽的多少，或管理的不同形式。如按饲养管理设备和设施的不同，可分为笼养、缝隙地板饲养、板条地面饲养或地面平养；按每栏饲养的数量多少，可分为群养和单个饲养。饲养方式的确定，需考虑畜禽种类、投资能力和技术水平、劳动生产率、防疫卫生、当地气候和环境条件、饲养习惯等。饲养方式有笼养、地面平养、网上平养或地面－网上结合饲养。

（2）饲喂方式　是指不同的投料方式或饲喂设备（如链环式料槽等机械喂饲）或不同方式的人工喂饲等。采用何种喂饲方式应根据投资能力、机械化程度等因素确定。中小型鸡场可采用人工饲喂，也可采用机械喂料。

（3）饮水方式　有水槽饮水和各种饮水器（杯式、乳头式）自动饮水。水槽饮水不卫生，劳动量大；饮水器自动饮水清洁卫生，劳动效率高。

（4）清粪方式　清粪方式有人工清粪和机械清粪。机械清粪有刮板式和传送带式两种，刮板式用于阶梯式笼养和平养鸡舍，传送带式用于层叠式笼养鸡舍；人工清粪有刮粪和小车推粪两种，刮粪是将粪便刮到走道上或墙外（笼养蛋鸡舍），然后用粪车运道粪场，育雏笼饲养时可将盛粪盘中的粪便直接倒入粪车运出。小车推粪是高床笼养时，清粪人员直接推着小车进入笼下粪道中，将粪运出舍外。目前，适用于中小型鸡场的清粪方式是刮板式机械清粪和高床式人工清粪，工作效率高，清洁卫生。

5. 建设场地标准和环境参数

（1）用地标准　见表 4-8、表 4-9。

表 4-8　蛋鸡场场地面积推荐

性质	养殖场规模	占地面积 / 万平方米或公顷	总建筑面积 / 平方米	生产建筑面积 / 平方米
祖代鸡场	0.5/ 万套	4.5	3480	3020
父母代场	1.0/ 万套	2.0	3340	2930
	0.5/ 万套	0.7	1770	1550
商品蛋鸡场	10.0/ 万只	6.4	10410	9050
	5.0/ 万只	3.1	6290	5470
	1.0/ 万只	0.8	1340	1160

（2）环境参数 见表4-10、表4-11。

表4-9 肉鸡场场地面积推荐

性质	养殖场规模	占地面积/万平方米或公顷	总建筑面积/平方米	生产建筑面积/平方米
祖代鸡场	0.5/万套	4.5	3480	3020
父母代场	1.0/万套	2.0	3530	3100
	0.5/万套	0.9	1890	1660
商品肉鸡场	50.0/万只	4.2	107500	9340
	10.0/万只	0.9	2150	1870

表4-10 鸡舍内小气候标准

鸡舍类型	饲养方式	温度/℃	相对湿度/%	噪声/分贝	尘埃/（毫克/立方米）	CO_2/%	NH_3/（毫升/立方米）	H_2S/（毫升/立方米）
成年鸡舍	笼养	20～18	60～70	90	2～5	0.2	17	2
	地面平养	12～16	60～70	90	2～5	0.2	17	2
1～30日龄鸡舍	笼养	31～20	60～70	90	2～5	0.2	17	2
	地面平养	31～24	60～70	90	2～5	0.2	17	2
31～70日龄鸡舍	笼养	20～18	60～70	90	2～5	0.2	17	2
	地面平养	18～16	60～70	90	2～5	0.2	17	2
71～150日龄鸡舍	笼养	16～14	60～70	90	2～5	0.2	17	2
	地面平养	16～14	60～70	90	2～5	0.2	17	2

表4-11 通风量参数

鸡舍类型	饲养方式	换气量/[立方米/（小时·千克）]		气流速度/（米/秒）	
		冬季	夏季	冬季	夏季
成年鸡舍	平养	0.75	5.0	0.15～0.25	1.5～2.5
1～9周龄雏鸡舍	平养	0.8～1.0	5.0	0.1～0.2	1.5～2.5
10～22周龄鸡舍	平养	0.75～1.0	5.0	0.1～0.2	1.5～2.5
肉用仔鸡舍	笼养或平养	0.7～1.0	5.0	0.1～0.2	1.5～2.5

6. 鸡场的人员组成

管理定额的确定主要取决于鸡场性质和规模、不同鸡群的要求、饲养管理方式、生产过程的集约化及机械化程度、生产人员的技术水平和工作熟练程度等。管理定额应明确规定工作内容和职责，以及工作的数量（如饲养的数量、应达到的生产力水平、死淘率、饲料消耗量等）和质量（如鸡舍环境管理和卫生情况等）。管理定额是鸡场实施岗位责任制和定额管理的依据，也是鸡场设计的参数。一栋鸡舍容纳鸡的数量，宜恰为一人或数人的定额数，以便于分工和管理。由于影响管理定额的因素较多，而且其本身也并非严格固定的数值，故实践中需酌情确定并在执行中进行调整。

7. 卫生防疫制度

疫病是畜禽生产的最大威胁，积极有效的对策是贯彻“预防为主，防重于治”的方针，严格执行国务院发布的《家畜家禽防疫条例》和农业部制定的《家畜家禽防疫条例实施细则》，工艺设计应据此制定出严格的卫生防疫制度。此外，鸡场还须从场址选择、场地规划、建筑物布局、绿化、生产工艺、环境管理、粪污处理利用等方面注重设计并详加说明，全面加强卫生防疫，在建筑设计图中详尽绘出与卫生防疫有关的设施和设备，如消毒更衣淋浴室、隔离舍、防疫墙等。

8. 鸡舍的样式、构造、规格和设备

鸡舍样式、构造的选择，主要考虑当地气候和场地地方性小气候、鸡场性质和规模、鸡的种类以及对环境的不同要求、当地的建筑习惯和常用建材、投资能力等。

鸡舍设备包括饲养设备（笼具、网床、地板等）、饲喂及饮水设备、清粪设备、通风设备、供暖和降温设备、照明设备等。设备的选型须根据工艺设计确定的饲养管理方式（饲养、饲喂、饮水、清粪等方式）、畜禽对环境的要求、舍内环境调控方式（通风、供暖、降温、照明等方式）、设备厂家提供的有关参数和价格等进行选择，必要时应对设备进行实际考察。各种设备选型配套确定之后，还应分别算出全场的设备投资及电力和燃煤等的消耗量。

9. 鸡舍种类、栋数和尺寸的确定

在完成上述工艺设计步骤后，可根据鸡群组成、饲养方式和劳动定额，计算出各鸡群所需笼具和面积、各类鸡舍的栋数。然后可按确定的饲养管理方式、设备选型、鸡场建设标准和拟建场的场地尺寸，徒手绘出各种鸡舍的平面简图，从而初步确定每栋鸡舍的内部布置和尺寸。最后可按各鸡群之间的关系、气象条件和场地情况，做出全场总体布局方案。

10. 粪污处理利用工艺及设备选型配套

根据当地自然、社会和经济条件及无害化处理和资源化利用的原则，与环保工程技术人员共同研究确定粪污处理的方式和选择相应的排放标准，并据此提出粪污处理利用工艺，继而进行处理单元的设计和设备的选型配套。

11. 投资估算和效益预测

根据工艺设计确定性质和规模，可以确定占地面积、建筑面积、设备数量、引种数量等，按照市场价格可以计算出固定资产，根据饲料、人力等需求量计算出流动资金以及其他开办费用并估算出总投资。根据投资数量、产品产量计算出产品的成本，结合市场价格可以预测经营效益。

二、鸡场的投资分析

1. 鸡场的投资概算

投资概算反映了项目的可行性，同时有利于资金的筹措和准备。

（1）投资概算的范围　投资概算可分为三部分：固定投资、流动资金、不可预见费用。

① 固定投资。包括建筑工程的一切费用（设计费用、建筑费用、改造费用等）、购置设备发生的一切费用（设备费、运输费、安装费等）。

在鸡场占地面积、鸡舍及附属建筑种类和面积、鸡的饲养管理和环境调控设备以及饲料、运输、供水、供暖、粪污处理利用设备的选型配套确定之后，可根据当地的土地、土建和设备价格，粗略估算固定资产投资额。

② 流动资金。包括饲料、药品、水电、燃料、人工费等各种费用，并要求按生产周期计算铺底流动资金（产品产出前）。根据鸡场规模、鸡的购置、人员组成及工资定额、饲料和能源及价格，可以粗略估算流动资金额。

③ 不可预见费用。主要考虑建筑材料、生产原料的涨价，其次是其他变故损失。

（2）计算方法　鸡场总投资 = 固定资产投资 + 产出产品前所需要的流动资金 + 不可预见费用。

2. 鸡场的效益预测

按照调查和估算的土建、设备投资以及引种费、饲料费、医药费、工资、管理费、其他生产开支、税金和固定资产折旧费，可估算出生产成本，并按本场产品销售量和售价，进行预期效益核算。一般常用静态分析法，就是用静态指标进行计算分析，主要指标公式如下：

利润 = 总收入 − 总成本 =（单位产品价格 − 单位产品成本）× 产品销售量

投资利润率 = 年利润 / 投资总额 ×100%

投资回收期 = 投资总额 / 平均年收入

投资收益率 =（收入 − 经营费 − 税金）/ 总投资 ×100%

3. 举例

【例】10000 只蛋鸡场的投资概算和效益预测

（1）投资概算

① 固定资产投资。一是鸡场建筑投资。采用育雏育成和产蛋两段制饲养工艺，产蛋期笼养，育雏育成期采用网上平养，鸡舍配套为 1 栋育雏育成舍和 2 栋蛋鸡舍。育雏舍建筑面积为 600 平方米，蛋鸡舍每栋 350 平方米，合计 700 平方米，另外附属建

筑面积 100 平方米。总建筑面积 1400 平方米，每平方米建筑费用 400 元，投资 56.0 万元。二是设备购置费。需要蛋鸡笼 120 组，每组 400 元，投资 4.8 万元需要 600 平方米育雏用网面，每平方米 20 元，投资 1.2 万元，另外风机、采暖、光照、饲料加工、清粪、饮水、饲喂等设备 3.0 万元，共投资 9.0 万元。固定资产投资合计 65.0 万元

② 年土地租赁费。10 亩（1 亩 =666.67 平方米）× 1500 元 / 亩 =1.5 万元。

③ 新母鸡培育费。（包括雏鸡购置费和培育的饲料费、医药费、人工费、采暖费、照明费等）10000 只 ×25 元 / 只 =25.0 万元。

总投资 =65.0 万元 +1.5 万元 +25.0 万元 =91.5 万元

（2）效益预测

① 总收入。出售鲜蛋收入 147.06 万元（18 千克 / 只 × 9500 只 ×8.6 元 / 千克），出售淘汰鸡收入 17.48 万元（9500 只 ×2.3 千克 / 只 ×8 元 / 千克）。合计：164.54 万元。

② 总成本。鸡舍和设备折旧费 7.4 万元（鸡舍利用 10 年，年折旧费 5.6 元；设备利用 5 年，年折旧费 1.8 万元），年土地租赁费 1.5 万元，新母鸡培育费 25.0 万元，饲料费用 113.05 万元（42.5 千克 / 只 ×9500 只 ×2.8 元 / 千克），人工费 6.00 万元（2 人 ×3.0 万元 / 人）以及电费等其他费用（可用粪便等副产品抵消）。合计：152.95 万元。

③ 盈利

年收入 = 总收入 - 总成本 =164.54 万元 -152.95 万元 ≈ 11.59 万元

资金回收年限 =91.5 ÷ 11.59 ≈ 7.9 年

年利润 / 投资总额 ×100%=11.59 ÷ 91.5 × 100% ≈ 12.67%

（3）盈亏点分析

① 投资规模分析。

销售收入 = 年产量 × 单位产品价格

总成本 = 固定成本 + 单位变动产品成本 × 年产量

则：在利润为零时销售收入等于总成本

年产量 = 固定成本 ÷（单位产品价格 - 单位产品变动成本）

鸡舍利用 10 年，年折旧费 5.6 万元；设备利用 5 年，年折旧费 1.8 万元；土地租赁费 1.5 万元 / 年。则每年的固定成本为 8.9 万元。

2019 年单位产品价格为 8.2 元 / 千克。单位产品变动成本（新母鸡折旧费 + 饲料费 + 人工费）为 7.8 元 / 千克。

则：在利润为零时年产量 89000÷（8.2−7.8+0.90）≈ 68462 千克（0.9 是每千克蛋分摊淘汰鸡的收入）。68462 千克蛋折合蛋鸡存栏数 3803 只（每只蛋鸡年产蛋 18 千克）。说明在这样的固定资产投资规模下，年存栏蛋鸡 3803 只时利润是零，大于 3803 只时利润为正值，小于 3803 只时利润为负值。

如要获得 10 万元需要存栏蛋鸡 =（100000+89000）元 ÷（8.2−7.8+0.90）元 / 千克 ÷18 千克 / 只≈ 8077 只。现有规模预测效益为：9500 只 ×18 千克 / 只 ×1.3 元 / 千克 −89000 元 =133300.0 元。

② 鸡蛋价格分析。假设饲料价格不变，平均饲料价稳定在 3.0 元 / 千克，利润为零时：

鸡蛋价格 =（固定成本 + 鸡蛋单位变动成本 × 产量）÷ 产量

=[89000+（7.8−0.9）×9500×18]÷9500×18

=7.42 元 / 千克

说明饲料价格稳定在 3.0 元 / 千克的情况下，鸡蛋收购价为 7.42 元 / 千克时不亏不赢，收购价低于 7.42 元 / 千克时亏损，高于 7.42 元 / 千克时出现赢利。

三、办场手续和备案

规模化养殖不同于传统的庭院养殖，养殖数量多，占地面积大，产品产量和废弃物排放多，必须要有合适的场地，最好进行登记注册，这样可以享受国家有关蛋鸡养殖的优惠政策和资金扶持。登记注册需要一套手续，并在有关部门备案。

1. 项目建设申请

（1）用地审批　近年来，传统农业向现代农业转变，农业生产经营规模不断扩大，农业设施不断增加，对于设施农用地的需求越发强烈（设施农用地是指直接用于经营性养殖的畜禽舍、工厂化作物栽培或水产养殖的生产设施用地及其相应附属设施用地，农村宅基地以外的晾晒场等农业设施用地）。

国土资源部、农业部《关于完善设施农用地管理有关问题的通知》（国土资发〔2010〕155 号）对设施农用地的管理和使用作出了明确规定，将设施农用地具体分为生产设施用地和附属设施用地，认为它们直接用于或者服务于农业生产，其性质不同于非农业建设项目用地，依据《土地利用现状分类》（GB/T 21010—2007），按农用地进行管理。因此，对于兴建养鸡场等农业设施占用农用地的，不需办理农用地转用审批手续，但要求规模化畜禽养殖的附属设施用地规模原则上控制在项目用地规模 7% 以内，最多不超过 15 亩。养鸡场等农业设施的申报与审核用地按以下程序和要求办理：

① 经营者申请。设施农业经营者应拟定设施建设方案，方案内容包括项目名称、建设地点、用地面积及拟建设施类型、数量、标准和用地规模等，并与有关农村集体经济组织协商土地使用年限、土地用途、补充耕地、土地复垦、交还和违约责任等有关土地使用条件。协商一致后，双方签订用地协议。经营者持设施建设方案、用地协议向乡镇政府提出用地申请。

② 乡镇申报。乡镇政府依据设施农用地管理的有关规定，对经营者提交的设施建设方案、用地协议等进行审查。符合要求的，乡镇政府应及时将有关材料呈报县级政府审核；不符合要求的，乡镇政府应及时通知经营者，并说明理由。涉及土地承包经营权流转的，经营者应依法先行与农村集体经济组织和承包农户签订土地承包经营权流转合同。

③ 县级审核。县级政府组织农业部门和国土资源部门进行审核。农业部门重点就设施建设的必要性与可行性、承包土地用途调整的必要性与合理性，以及经营者农业经营能力和流转合同进

行审核。国土资源部门依据农业部门审核意见，重点审核设施用地的合理性、合规性以及用地协议，涉及补充耕地的，要审核经营者落实补充耕地情况，做到先补后占。符合规定要求的，由县级政府批复同意。

（2）环保审批　由本人向项目拟建所在设乡镇提出申请并选定养殖场拟建地点，报县环保局申请办理环保手续（出具环境评估报告）。

【注意】环保审批需要附项目可行性报告，与工艺设计相似，但应包含建场地点和废弃物处理工艺等内容。

2. 养殖场建设

按照县国土资源局、环保局、县发改经信局批复进行项目建设。开工建设前向县农业局或畜牧局申领“动物防疫合格证申请表”“动物饲养场、养殖小区动物防疫条件审核表”，按照审核表内容要求施工建设。

3. 动物防疫合格证办理

养殖场修建完工后，向县农业局或畜牧局申请验收，县农业局或畜牧局派专人按照审核表内容到现场逐项审核验收，验收合格后办理动物防疫合格证。

4. 工商营业执照办理

凭动物防疫合格证到县工商局按相关要求办理工商营业执照。

5. 备案

养殖场建成后需到当地县畜牧部门进行备案。备案是畜牧兽医行政主管部门对畜禽养殖场（指建设布局科学规范、隔离相对严格、主体明确单一、生产经营统一的畜禽养殖单元）、养殖小区（指布局符合乡镇土地利用总体规划、建设相对规范、畜禽分户饲养、经营统一进行的畜禽养殖区域）的建场选址、规模标准、养殖条件予以核查确认，并进行信息收集管理的行为。

（1）备案的规模标准　家禽养殖场6000只以上应当备案。各类畜禽养殖小区内的养殖户达到5户以上应当备案。家禽养殖小区10000只以上应当备案。

（2）备案的条件 申请备案的畜禽养殖场、养殖小区应当具备下列条件：

一是建设选址符合城乡建设总体规划，不在法律法规规定的禁养区，地势平坦干燥，水源、土壤、空气符合相关标准，距村庄、居民区、公共场所、交通干线500米以上，距离畜禽屠宰加工厂、活畜禽交易市场及其他畜禽养殖场或养殖小区1000米以上。

二是建设布局符合有关标准规范，畜禽舍建设科学合理，动物防疫消毒、畜禽污物和病死畜禽无害化处理等配套设施齐全。

三是建立畜禽养殖档案，载明法律法规规定的有关内容；制定并实施完善的兽医卫生防疫制度，获得《动物防疫合格证》；不得使用国家禁止的兽药、饲料、饲料添加剂等投入品，严格遵守休药期规定。

四是有为其服务的畜牧兽医技术人员，饲养畜禽实行全进全出，同一养殖场和养殖小区内不得饲养两种（含两种）以上畜禽。

第二节　鸡场建设

一、鸡场的规划设计

1. 场址选择

选择场址应根据鸡场的经营方式、生产特点、饲养管理方式以及生产集约化程度等特点进行全面综合考查。总体要求应符合当地土地利用发展规划与农牧业发展规划要求，地势高燥、排水良好、向阳避风，与交通干道、污染源和生态保护区有一定距离的地方，水源和土壤洁净卫生，场地周围有大片的农田或果园、林地、草场等（图4-3）。

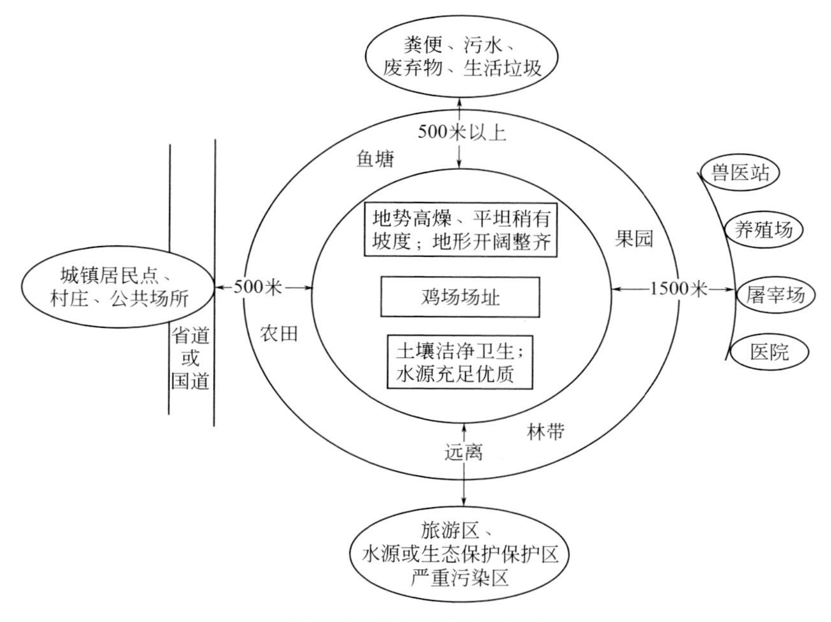

图 4-3　场址选择总体要求

（1）位置　选择场址应注意鸡场与周围社会的关系，既不能使鸡场成为周围社会的污染源，又不能受周围环境的污染。应选在居民区的低处和下风处，但应避开居民污水排放口，更应远离化工厂、制革厂、屠宰场等易造成环境污染的企业。鸡场应距居民区 500 米以上。鸡场应交通便利，但应距主要公路 100～300 米。鸡场远离村庄、居民点和工矿企业，远离污染源，具有较好的隔离条件，见图 4-4。场内应有专用公路相连，见图 4-5。

图 4-4　鸡场具有较好的隔离条件

地形、地势与鸡场和鸡舍的温热环境和环境污染关系很大。场地的地势高燥，平坦而稍有坡度（地面坡度以 1%～3% 为宜，最大不得超过25%），以便排水。鸡舍位置高出历史水位线2米（图4-6），远离沼泽地区，以避免寄生虫和昆虫的危害。向阳背风（特别避开西北方向的山口或长形谷地），见图4-7。地形要开阔、整齐，不要边角太多，否则不利于规划布局（图4-8）。场区面积适宜，并要留有发展的余地。周围有大量的草地、林地、果园、耕地等，既可消纳粪污，又可净化环境（图4-9）。充分利用原有的林带、山岭、河川、沟谷等作为场界的天然屏障，见图4-10。

图4-5　鸡场的专用道路

图4-6　鸡舍位置高出历史水位线2米

图4-7　场地的地势高燥，稍有坡度，向阳背风

图4-8　场地地形要开阔整齐

图4-9　鸡场周围的耕地

图 4-10　地势高燥，向阳背风，北侧有林带（左）；背靠大山，有山林作为屏障（右）

场地面积与生产关系密切，面积过小不利于卫生管理和鸡群健康，面积过大会增加生产成本。面积要符合生产要求（表 4-8、表 4-9）。按照我国政府规定的畜禽场用地标准：1 万只家禽占地面积是 4 万～4.67 万平方米（4～4.67 平方米 / 只），2 万只家禽占地面积是 7 万～8 万平方米（3.5～4 平方米 / 只），3 万只家禽占地面积是 10 万～12 万平方米（3.33～4 平方米 / 只）。

（2）水源　鸡场在生产过程中，饮用、清洗消毒、防暑降温、日常生活等，需要大量的水（表 4-12），建立鸡场必须有可靠的水源。水源的水量应充足、水质良好（符合饮用水标准）、便于防护（以保护水源水质经常处于良好状态，不受周围污染）和取用方便（设备投资少，处理简便易行）。选择场址时对水源进行水质检测，生产中还要定期对水源进行检查，始终使水源处于良好状态（图 4-11、图 4-12）。鸡的饮用水标准见表 4-13。

表 4-12　不同季节不同阶段鸡的需水量标准　　单位：升 / 千只

阶段	冬季	夏季	阶段	冬季	夏季
1 周龄	20	32	18 周龄	140	200
4 周龄	50	75	产蛋率 50%	150	250
12 周龄	115	180	产蛋率 90%	180	300

（3）土壤　鸡场场地土壤特性对鸡的健康和生产力影响较大。从防疫卫生观点出发，场地土壤要求透水性、透气性好，容水量及吸湿性小，毛细管作用弱，导热性小，保湿良好，不被有机物和病原微生物污染，没有地质化学环境性地方病和非沼泽性土

图 4-11　地层深水是理想水源

图 4-12　水塘河流作为水源最好建立渗水井取水

表 4-13　鸡的饮用水标准

	项目	标准
感官性状及一般化学指标	色度	≤ 30°
	浑浊度	≤ 20°
	臭和味	不得有异臭异味
	肉眼可见物	不得含有
	总硬度（$CaCO_3$ 计，毫克 / 升）	≤ 1500
	pH 值	6.4 ～ 8.0
	溶解性总固体（毫克 / 升）	≤ 1200
	氯化物（Cl 计，毫克 / 升）	≤ 250
	硫酸盐（SO_4^{2-} 计，毫克 / 升）	≤ 250
细菌学指标	总大肠杆菌群数（个 /100 毫升）	1
毒理学指标	氟化物（F^- 计，毫克 / 升）	≤ 2.0
	氰化物（毫克 / 升）	≤ 0.05
	总砷（毫克 / 升）	≤ 0.2
	总汞（毫克 / 升）	≤ 0.001
	铅（毫克 / 升）	≤ 0.1
	铬（六价，毫克 / 升）	≤ 0.05
	镉（毫克 / 升）	≤ 0.01
	硝酸盐（N 计，毫克 / 升）	≤ 30

壤。在不被污染的前提下，选择砂壤土建场较理想。砂壤土是较为理想的土壤，既有较好的透水透气性和抗压性，又有较小的导热性和良好的保湿性（图 4-13）。但客观条件所限，达不到理想土壤，这就需要在禽舍设计、施工、使用和管理上，弥补当地土壤的缺陷。鸡场不要在其他畜禽养殖场场址上重建或改建，也不要建在开设兽医站和医院的场地上，以避免传染病的传播和危害

（图 4-14）。

图 4-13　砂壤土场地

图 4-14　污染的场地不适宜建场

（4）电源　现代蛋鸡场机械化程度较高，对电力依赖性强，各个生产环节，如孵化、育雏、给料、饮水、清粪、集蛋、环境控制（通风换气、照明、采暖、降温）等均需要稳定可靠的电源，选择场址时也要考虑。大型鸡场要有独立的变压器和配电房，同时要配备相匹配的备用发电机组，见图 4-15。

图 4-15　鸡场的变压器和配电房

2. 规划布局

（1）分区规划　鸡场通常根据生产功能，分为生产区、管理区或生活区、隔离区等。分区规划要考虑地势和主导风向，见图 4-16。

① 生活管理区。鸡场的经营管理活动与社会联系密切，易造成疫病的传播和流行。该区的位置应靠近大门，并与生产区分开（图 4-17），外来人员只能在管理区活动，不得进入生产区。场外运输车辆不能进入生产区。车棚、车库均应设在管理区，除饲

料库外，其他仓库亦应设在管理区。职工生活区设在上风向和地势较高处，以免鸡场产生的不良气味、噪声、粪尿及污水，不致因风向和地面径流污染生活环境和造成人、畜疾病的传染。饲料加工和贮存建筑物可以设在管理区，但要靠近生产区，便于原料的进入和饲料的分发，见图 4-18。

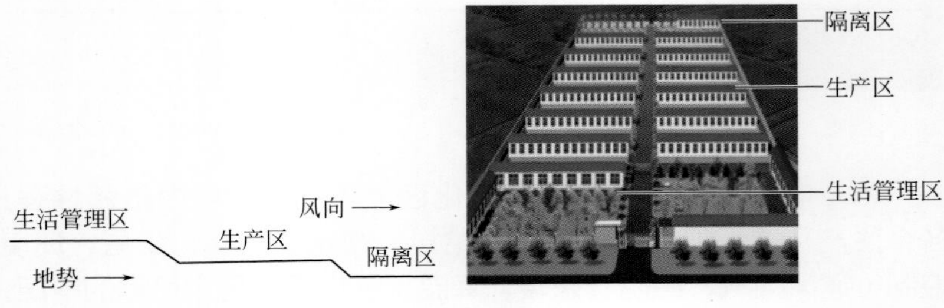

图 4-16　分区规划模式图和实景图

图 4-17　管理区和生产区要相互独立，并进行隔离

图 4-18　饲料加工和贮存建筑物

② 生产区。生产区是鸡生活和生产的场所，该区的主要建筑为各种禽舍和生产辅助建筑物。生产区应位于全场中心地带，地势应低于管理区，并在其下风向，但要高于病禽管理区，并在其上风向，见图 4-19。生产区内饲养着雏鸡、育成鸡和产蛋鸡或肉用鸡等不同类型、日龄的鸡群，因为鸡的类型、日龄不同，生理特点、环境要求和抗病力不同，所以在生产区内，要分小区规划，育雏区、育成区和产蛋区严格分开，并加以隔离，日龄小的鸡群放在安全地带（上风向、地势高的地方）。大型鸡场可以分场规划，即育雏场、育肥场分开，培育场和成年鸡场分开，场与场之间保持一定距离（500～1000 米）。隔离效果越好，疾病发生

机会越小，见图 4-20。

图 4-19　鸡场的生产区

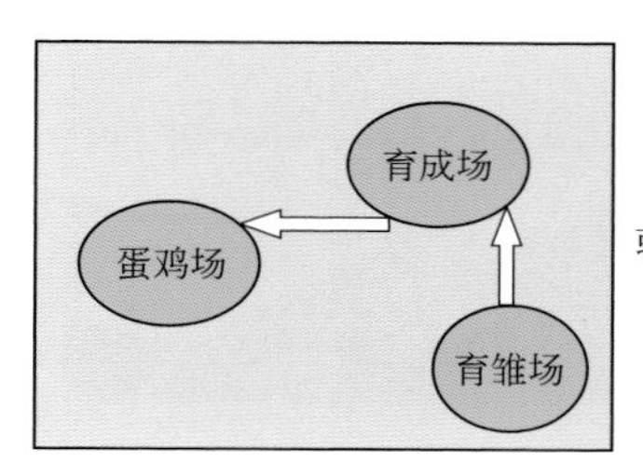

或

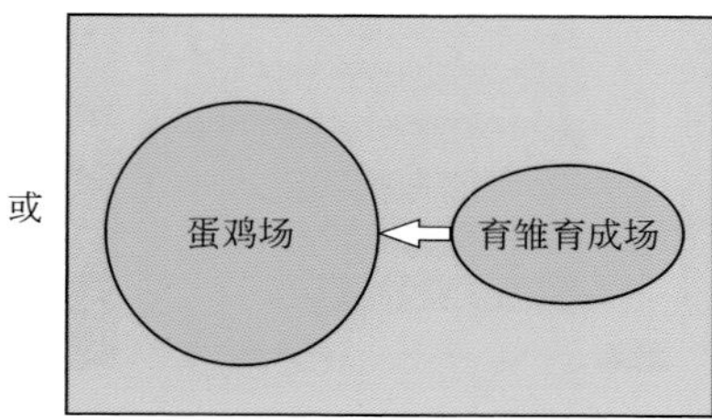

图 4-20　分场规划

③ 隔离区（粪污处理区）。隔离区是鸡场处理粪污（图 4-21）、病死鸡和病鸡隔离、诊断治疗的区域（图 4-22），是防止病原扩散、传播的关键环节。为防止疫病传播和蔓延，该区应在生产区的下风向，并在地势最低处，而且应远离生产区。隔离舍尽可能与外界隔绝。该区四周应有自然的或人工的隔离屏障，并设单独的道路与出入口。

图 4-21　鸡场的污水处理池和鸡场的粪便处理车间

图 4-22　疾病诊断治疗室

（2）建筑物布局　建筑物布局就是建筑物的摆放位置。分区规划后，根据各区的建筑物种类合理安排其位置，以利于生产和管理。

① 鸡舍的排列方式。鸡舍排列方式多种多样，比较常见和合理的排列方式有单列式和双列式，多列式少见，见图 4-23～图 4-25。

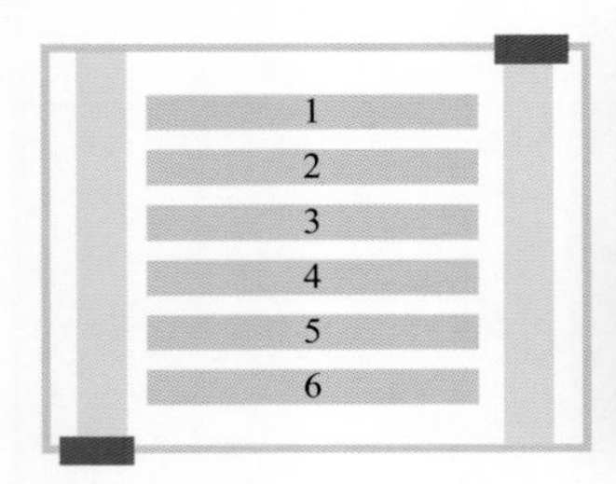

图 4-23　单列式鸡舍布局图及实景图

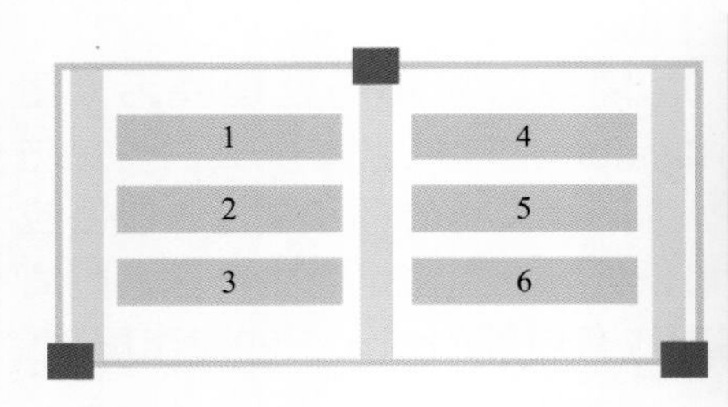

图 4-24　双列式鸡舍布局图及实景图

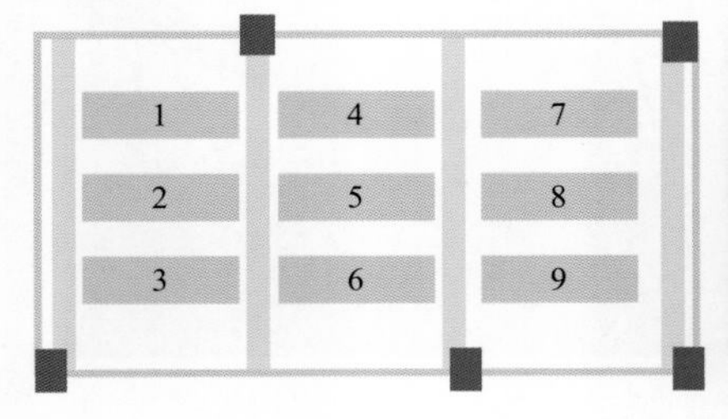

图 4-25　多列式鸡舍布局图及实景图

② 鸡舍距离。鸡舍间距影响鸡舍的通风、采光、卫生、防火。鸡舍之间距离过小，通风时，上风向鸡舍的污浊空气容易进入下风向鸡舍内，引起病原在鸡舍间传播（图 4-26、图 4-27）；采光时，南边的建筑物遮挡北边建筑物；发生火灾时，很容易殃及全场的鸡舍及鸡群；由于鸡舍密集，场区的空气环境容易恶化，微粒、有害气体和微生物含量过高，容易引起鸡群发病。为了保持场区和鸡舍环境良好，鸡舍之间应保持适宜的距离（图 4-28）。

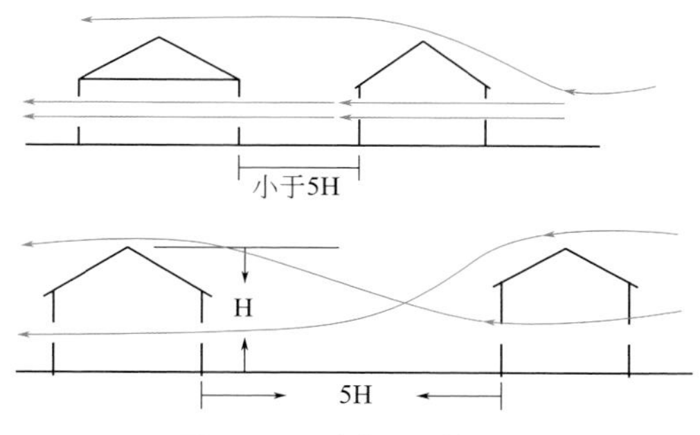

图 4-26　鸡舍通风效果图

图 4-27　鸡舍间距过小（只有 3～10 米）

图 4-28　开放舍（左）间距应为 20～30 米，密闭舍（右）间距为 15～25 米

③鸡舍朝向。鸡舍朝向是指鸡舍纵轴所朝的方向。鸡舍朝向影响到鸡舍的采光、通风和太阳辐射。朝向选择应考虑当地的主导风向、地理位置、鸡舍采光和通风排污等情况。

鸡舍内的通风效果与气流的均匀性和通风量的大小有关，但主要看进入舍内的风向角多大。风向与鸡舍纵轴方向垂直，则进入舍内的是穿堂风，有利于夏季的通风换气和防暑降温，不利于冬季的保温；风向与鸡舍纵轴方向平行，风不能进入舍内，通风效果差。所以要求鸡舍纵轴与夏季主导风向的角度在45°～90° 较好。我国大部分地区的开放舍纵轴方向东西向较为适宜，这样在冬季可以充分利用太阳辐射的温热效应和射入舍内的阳光防寒保温；夏季辐射面积较少，阳光不易直射舍内，容易形成穿堂风，有利于鸡舍防暑降温，见图 4-29。

图 4-29　东西向的鸡舍

（3）道路　鸡场设置清洁道和污染道。清洁道供饲养管理人员、清洁的设备用具、饲料和新母鸡等使用，位于上风向，靠近进风口，宽度为 6～8 米；污染道供清粪、污浊的设备和用具、病死和淘汰鸡使用，位于下风向，靠近风机，宽度为 3～4 米（图 4-30）。清洁道和污染道不交叉。鸡场道路要绿化和硬化，两旁留有排水沟，见图 4-31。

图 4-30　鸡场的清洁道（左）和污染道（右）

（4）储粪场 鸡场粪尿处理区设置在生产区下风向，靠近鸡舍和道路，有利于粪便的清理和运输（图 4-32）。储粪场和污水池要进行防渗处理，避免污染水源和土壤。粪尿处理区距鸡舍 30～50 米，并在鸡舍的下风向。粪便处理后成为优质有机肥。

图 4-31 鸡场道路硬化、绿化和排水

图 4-32 储粪场及粪便处理

（5）防疫隔离设施 鸡场周围设置隔离墙，墙体严实，高度 2.5～3 米（图 4-33）。大门设置消毒池和消毒室，供人员、设备和用具的消毒（图 4-34～图 4-36）。

图 4-33 隔离墙

（6）绿化 鸡场植树、种草等绿化不仅可以美化环境，而且可以净化环境（改善场区小气候、净化空气和水质、降低噪声等），形成隔离屏障。规划时必须留出绿化用地，包括防风林、隔离林、行道绿化、遮阳绿化以及绿地等，见图 4-37。

蛋鸡场的总平面布局图见图 4-38。

3. 鸡舍设计

鸡舍是鸡生活和生产的场所，鸡舍设计对于维持鸡舍适宜环境、保证鸡的健康和生产性能发挥具有重要作用。

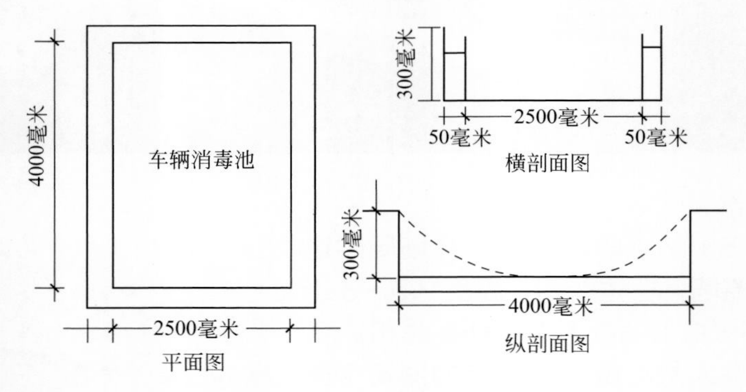

图 4-34　车辆消毒池实景图和消毒池的结构图

图 4-35　人员消毒室（左：雾化中的人员通道；右：更衣室紫外线灯消毒）

（1）鸡舍的结构及要求

蛋鸡舍主要由屋顶、墙体、地面、门窗等构成，结构图见图4-39。

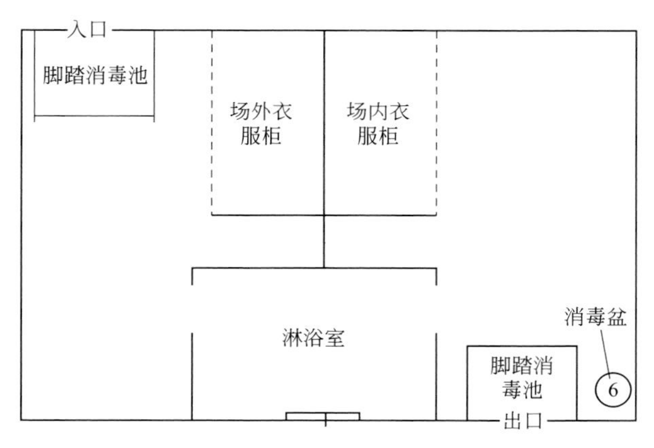

图 4-36　人员消毒室结构图

图 4-37　鸡场绿化

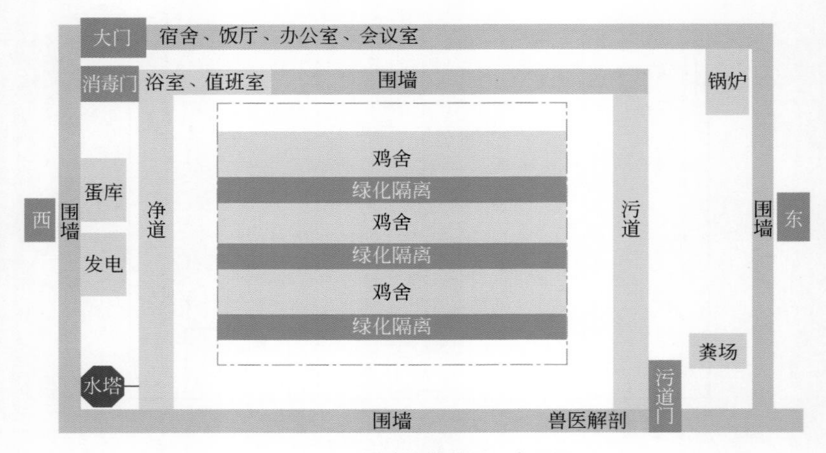

图 4-38　蛋鸡场的总平面布局图

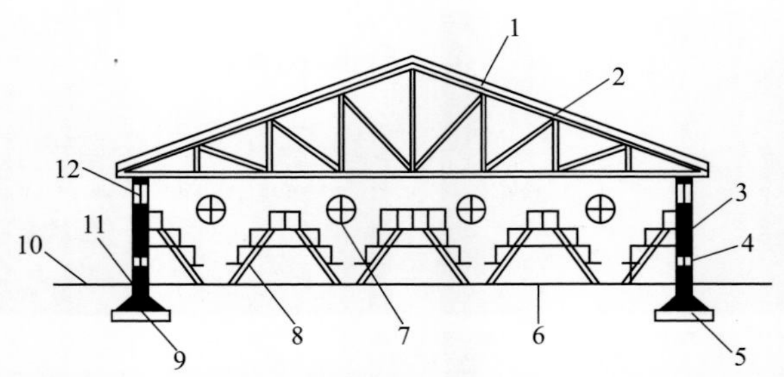

图 4-39　蛋鸡舍的结构

① 屋顶的形式和要求。屋顶形式多种多样（图 4-40），钟楼式屋顶夏季防暑效果好，冬季密封开露部分，适合南方地区；双坡式屋顶成本不高，容易施工建设，跨度可大可小，北方多见；双拱形屋顶造价低，屋顶内侧可用水冲洗；单坡式双层石棉瓦中间夹泥巴屋顶成本低，保温隔热（图 4-41）。根据不同地区特点、气候特点和实际情况选择最适宜的屋顶形式和结构。对屋顶的要求是：耐久、耐火、防水、光滑、不透气；保温隔热（最好设置天棚）；具有一定承重能力；结构简便，造价便宜；屋顶净高（指地面到天棚高度）一般地区为 3～3.5 米，严寒地区为 2.4～2.7 米。

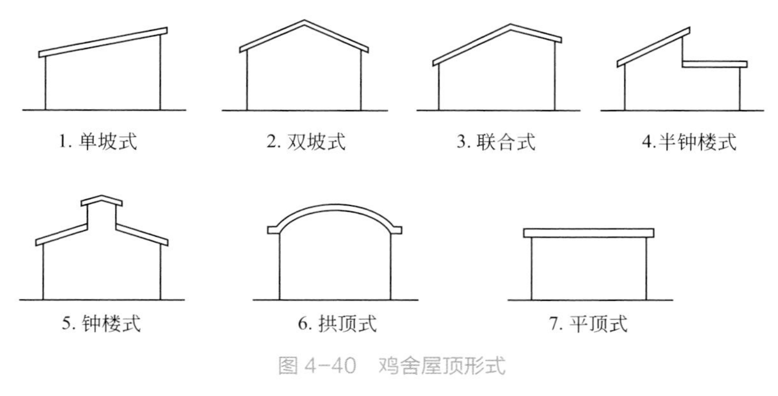

图 4-40　鸡舍屋顶形式

图 4-41　半钟楼式屋顶、双坡式屋顶、双拱形屋顶和单坡式双层石棉瓦屋顶

② 墙体形式和要求。根据墙体情况将鸡舍分为棚舍、开放舍和密闭舍。棚舍建筑成本低，可以充分利用自然条件，安装帘子布和卷帘机，根据外界气候变化升降帘子布（图 4-42）；开放舍侧墙上留有窗户，根据外界气候变化开启窗户进行通风换气、采光和调节温湿度等（图 4-43）；密闭舍侧墙封闭

图 4-42　棚舍及帘子布

或留有很小的应急窗（图 4-44）。舍内环境人工控制，不受外界气候影响。鸡舍和设备投资大，鸡的生产性能高。对墙体的要求是：坚固、耐久、抗震、耐水、防火；良好的保温隔热性能；结构简单，便于清扫消毒；防潮防水处理（用防水耐久材料抹面，保护墙面不受雨雪侵蚀，做好散水和排水沟以及设防潮层和墙围）。

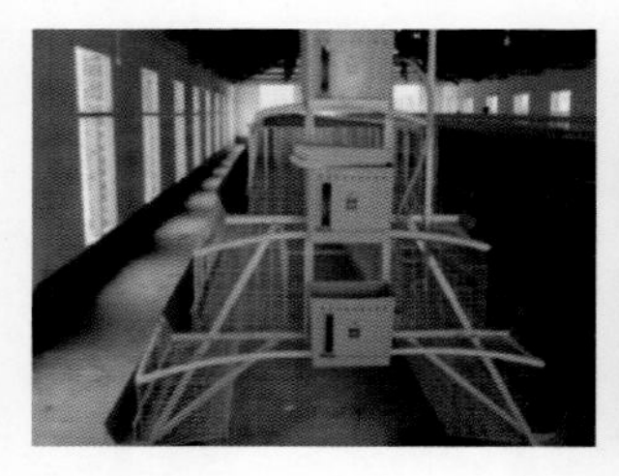

图 4-43　开放舍

图 4-44　密闭舍

③ 地面的要求。鸡舍地面要硬化，便于清洁消毒。笼养蛋鸡舍的粪沟，见图 4-45，网上平养的地面见图 4-46。

图 4-45　笼养蛋鸡舍的粪沟（宽度为 1.8 米）

图 4-46　网上平养的地面

（2）鸡舍的配套　蛋鸡饲养期可以分为育雏期（0～6 周龄）、育成期（7～18 周龄）和产蛋期（19～72 周龄）。二段制饲养需要配备育雏育成舍和产蛋舍（表 4-14），三段制饲养需要配备育雏舍、育成舍和产蛋舍（表 4-15）。各类鸡舍的配套比例不仅影响鸡群周转，也影响鸡舍的利用率。

表 4-14　二段制鸡舍配套

阶段	饲养天数 / 天	空舍天数 / 天	批次周期 / 天	配套 / 栋
育雏育成期	119	16	135	1
产蛋期	385	20	405	3

表 4-15　三段制鸡舍配套

阶段	饲养天数 / 天	空舍天数 / 天	批次周期 / 天	配套 / 栋
育雏期	42	20	62	3
育成期	77	16	93	3
产蛋期	385	18	403	13

（3）鸡舍内部设计　鸡舍内部要设置走道（包括纵向走道和横向走道）、粪沟、饲料间和值班间等，见图 4-47。

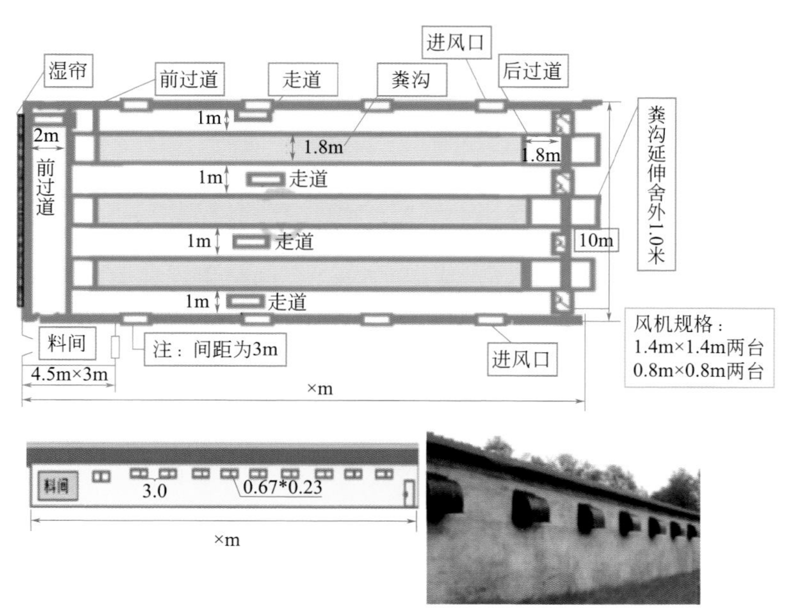

图 4-47　三列四走道阶梯式鸡舍内部布置的平面图（上）、立面图（下左）和实景图（下右）

二、鸡场的设备

1. 鸡笼

笼养蛋鸡比例超过 90%，鸡笼是规模化蛋鸡场必备设备。鸡笼可以按照鸡舍面积、饲养密度、机械化程度以及通风采光情况排列成不同的形式。

（1）全阶梯式鸡笼　组装时上下两层笼完全错开，常见的为 3～4 层。结构简单，粪便直接落入粪沟内，不需要设置接粪板；通风采光效果好；便于停电或出现机械故障时人工操作；饲养密度低，设备投入较多（图 4-48）。

图 4-48　全阶梯式鸡笼

（2）半阶梯式鸡笼　上下两层笼体之间有 1/4～1/2 的部位重叠，下层重叠部分有挡粪板，按一定角度安装，粪便落入粪沟内；饲养密度高（15～17 只 / 平方米），通风采光效果比全阶梯式差（图 4-49）。

图 4-49　半阶梯式鸡笼

（3）重叠式鸡笼　鸡笼上下层完全重叠，常见的有 3～4 层，高的可达 8 层。舍内环境完全由人工控制。饲养密度高（3 层为 16～18 只 / 平方米，4 层为 18～20 只 / 平方米）、鸡舍面积利用率高、生产效果高；对鸡舍建筑、通风设备、清粪设备要求高。但不便于下层笼内鸡的观察（图 4-50）。

图 4-50　重叠式鸡笼

（4）育雏育成笼　见图 4-51。

图 4-51　重叠式育雏育成笼（左）和阶梯式育雏育成笼（右）

（5）肉鸡笼　见图 4-52。

图 4-52　肉鸡笼

2. 喂料系统

小型鸡场采用人工喂料，费时费力，效率低，且添料不匀。随着劳动力成本增加和机械设备制造业发展，鸡场逐渐采用机械自动喂料，喂料均匀，下料量可以调节，有效降低成本和提高工作效率。

自动喂料系统由饲料塔、绞龙、输料管道、喂料机、饲槽和控制面板构成（图 4-53）。饲料加工间生产的饲料可以经过管道直接输入塔内，外购饲料通过饲料罐车将饲料打入罐内。

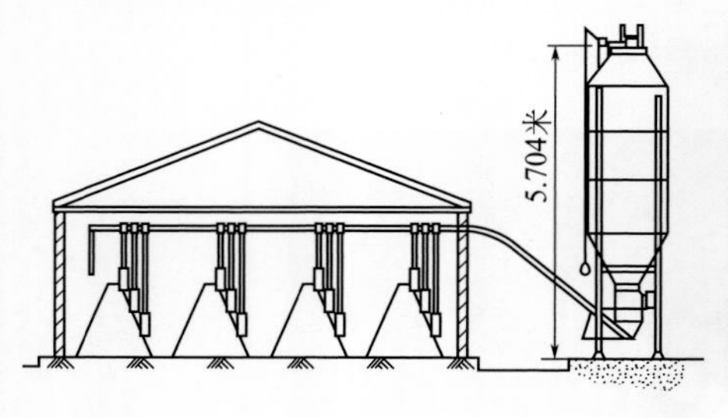

图 4-53　自动喂料系统和饲料塔

行车式喂料机有两种：一种是料箱设置在鸡笼顶部，每列笼可以设置一个料箱，料箱底部有绞龙，当喂料系统驱动后，绞龙随之转动，将料通过滑管均匀地流放到食槽；另一种是每个食槽都有一个矩形料箱，料箱下部呈斜锥形，锥形扁口坐在食槽中，喂料机驱动时，饲料便沿锥面滑落食槽内，见图 4-54。

图 4-54　行车式喂料机

3. 饮水系统

水对鸡十分重要，合理的饮水系统可以满足蛋鸡对水的需要，保证其健康和生产性能发挥。饮水系统由贮水罐（池）、净水设备、水管、水表和饮水器构成。

（1）贮水设备　根据鸡场规模设置贮水设备（图 4-55、图

4-56）。贮水设备以满足鸡场 1～2 天需水量为宜。水箱位置高，供水压力大。水箱上加防晒罩，避免阳光直射和防止水温过高。否则，整天被阳光暴晒造成进入鸡舍时水温较高，见图 4-57。

图 4-55　加压水塔和大型贮水池

图 4-56　屋顶不锈钢水罐

图 4-57　水箱上加防晒罩

（2）净水设备　鸡场使用净水设备，可活化水质，提高水的溶解度，增加水中溶解氧，抑制水中细菌生长，净化水中杂质，清除有害物质。水质对鸡的健康极为重要，饮用净化后洁净的水，可以增强鸡的抗病力，减少抗生素使用，降低死亡率，提高生产性能。同时，有利于饮水系统的畅通。鸡场水净化车间和设备及鸡舍内的水净化器见图 4-58。

图 4-58　鸡场水净化车间和设备及鸡舍内的水净化器

（3）水表和饮水设备　安装水表可以了解鸡的饮水量。一般在每栋鸡舍或每列笼安装一个小的水表（图 4-59）。饮水设备有壶式饮水器、普拉松式饮水器和乳头饮水器（图 4-60）。

图 4-59　水表

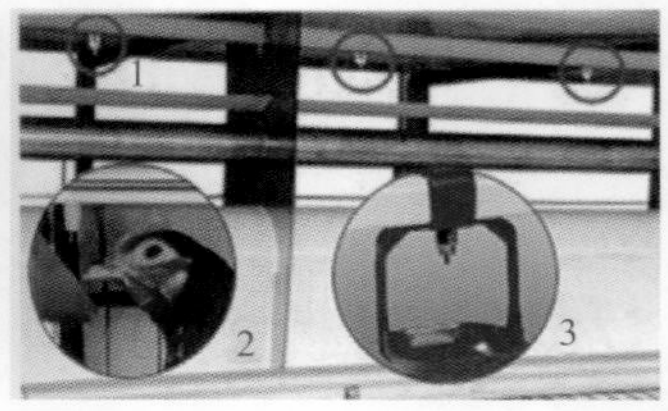

图 4-60　水表（左）和乳头饮水器（中、右）

4. 清粪系统

（1）牵引式清粪机（刮板式清粪机）　一般由牵引机、刮粪板、框架、牵引绳、转向滑轮、转动器等组成。常用于阶梯式、半阶梯式笼养或网上育雏育成鸡舍。原理是牵引绳牵引刮粪板，将粪道中的粪便刮向横向粪沟内，刮粪板返回时可以自动抬起。一个粪沟和相邻粪沟内的刮粪板由牵引绳相连，可在一个回路中运转，一个刮粪板正向运行，另一个则逆向运行，见图 4-61。

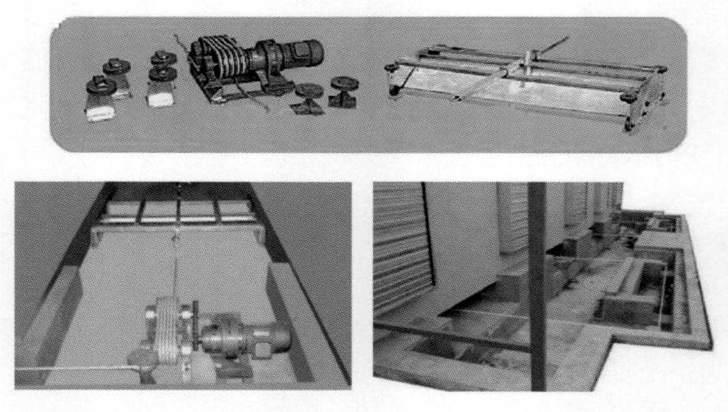

图 4-61　牵引式清粪机内部实景和一端的横向粪沟

（2）输送带式清粪机　一般由承粪板、转轴、电机、减速机等组成。常用于重叠式或阶梯式笼养鸡舍。工作原理是：承粪板安装在每层鸡笼的下面，当机器启动时，由电机、减速器通过链条带动各层的主动轴运转，在主动轴与被动轴的挤压下产生摩擦力，带动承粪板沿笼组长度方向移动，将鸡粪输送到一端，被端部设置的刮粪板刮落。一端可以设置传送带将粪便输送到粪场（图 4-62）。输送带式清粪机省时省力，可实现自动定时清粪。

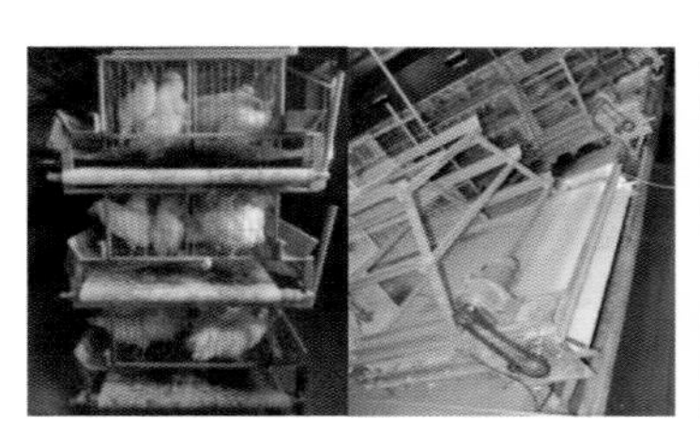

图 4-62　鸡舍内粪便通过传送装置输送到贮粪场
（左：舍内传送装置；右：舍外传送装置）

（3）粪坑式集粪　国外一些规模化鸡场采用深坑储粪（一次清粪）。鸡笼下方是 3 米以上的深坑，粪便直接落入粪坑内，等待鸡群淘汰或转群后一次清理，省力省时。由于不清粪，要求鸡舍配备较强的通风设备，以控制鸡舍内有害气体的浓度不超标。

5. 温度控制设备

（1）采暖设备　一般采用煤炉、保姆伞、控温锅炉和热风炉等。电热保姆伞适宜于平面饲养育雏，伞内设置热源、控制器、温度计和照明灯等，结构简单、操作方便，保温性能好；锅炉燃烧燃料，使热水在舍内循环，通过管道和散热片将热量散失在舍内。洁净、卫生，温度稳定，见图 4-63。

（2）降温设备　鸡舍降温主要通过加强通风和喷雾、喷水等来完成。湿帘通风降温是目前生产中最为常用的方法，易于安装和维修，降温效果好，投资少，舍内空气好，舍内湿度高，干热地区最适用。鸡舍一侧（端）安装湿帘（图 4-64），另一侧（端）安装风机（图 4-65），湿帘面积为鸡舍排风口面积的 2 倍。形成负压，外界空气通过另一端安装有湿帘的进风口进风，让空气有序流动。排出的是温度高的空气，进入的是温度低的空气，使舍

内温度降低。长江以北干燥地区选择较厚湿帘，长江以南湿热地区选择较薄湿帘。风机参数见表 4-16。

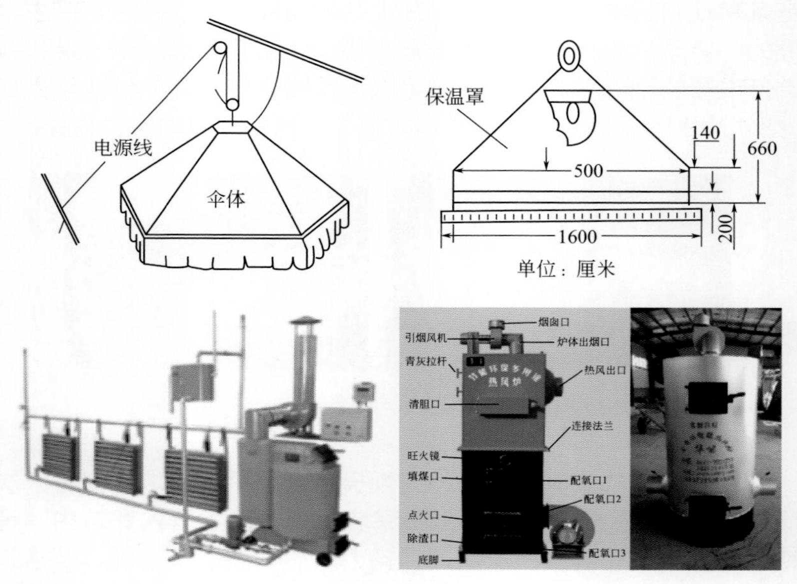

图 4-63　电热保姆伞（上）；控温锅炉（下左）；立式热风炉（下右）

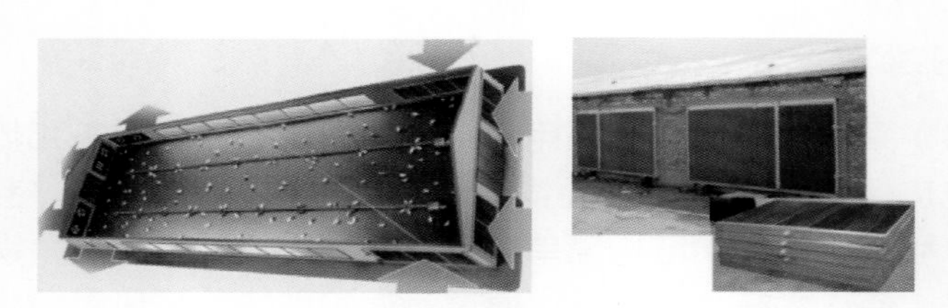

图 4-64　鸡舍负压式湿帘降温系统模式图、湿帘安装图

图 4-65　风机、风机安装外观图

表 4-16　风机参数

参数	HRJ-71 型	HRJ-90 型	HRJ-100 型	HRJ-125 型	HRJ-140 型
风叶直径 / 毫米	710	900	100	125	140
风叶转速 /（转 / 分）	560	560	560	360	360
风量 /（立方米 / 分）	295	445	540	670	925
全压 / 帕	55	60	62	55	60
噪声 / 分贝	≤ 70	≤ 70	≤ 70	≤ 70	≤ 70
输入功率 / 千瓦	0.55	0.55	0.75	0.75	1.1
额定电压 / 伏	380	380	380	380	380
电机转速 /（转 / 分）	1350	1350	1350	1350	1350
安装外形尺寸（长 × 宽 × 厚）/ 毫米	810×810×370	1000×1000×370	1100×1100×370	1400×1400×400	1550×1550×400

无动力屋顶风机（图 4-66）是利用自然界空气对流原理，将任何平行方向的空气流动加速并转变为由下向上垂直的空气流动，以提高舍内通风换气效果的一种装置。不用电，无噪声，可长期运行。

舍内喷雾降温系统（图 4-67）利用水雾吸收舍内热量，降低舍内温度，但舍内湿度过高。定时喷雾，加大通风量，驱除舍内水气。

图 4-66　无动力屋顶风机

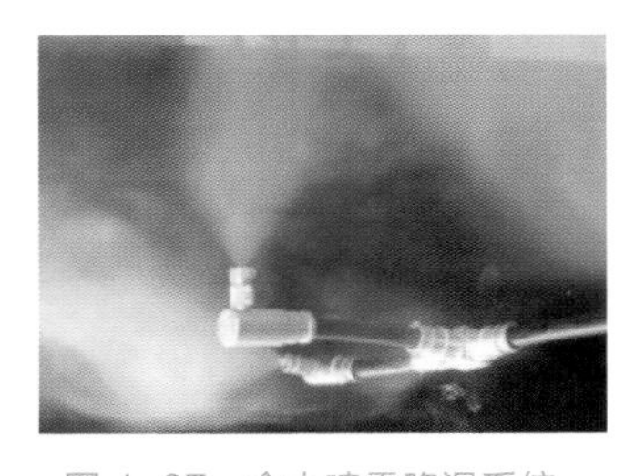

图 4-67　舍内喷雾降温系统

6. 自动集蛋系统

自动集蛋系统由导入装置、拣蛋装置、导出装置、缓冲装置、输送装置、扣链齿轮以及升降链条等构成，如图 4-68。

图 4-68　纵向集蛋设备（左）；输送装置（中）；蛋品处理包装车间（右）

7. 其他设备

（1）清洗消毒设备　有消毒车和背负式手动喷雾器（图 4-69）。

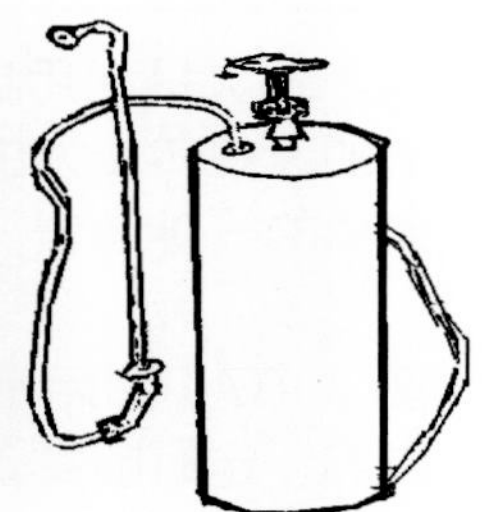

图 4-69　消毒车（左）和背负式手动喷雾器（中、右）

（2）备用发电设备　鸡场对电力依赖性强，备用发电机组（图 4-70）可以在停电时应急供电。

图 4-70　备用发电机组

（3）环境自动控制设备　鸡场环境控制设备结构图如图4-71。

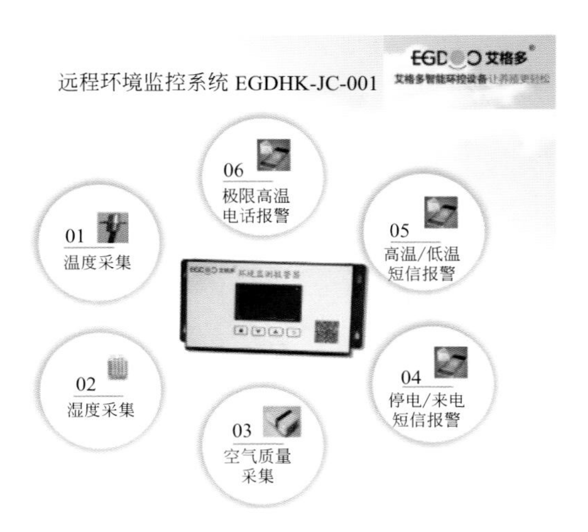

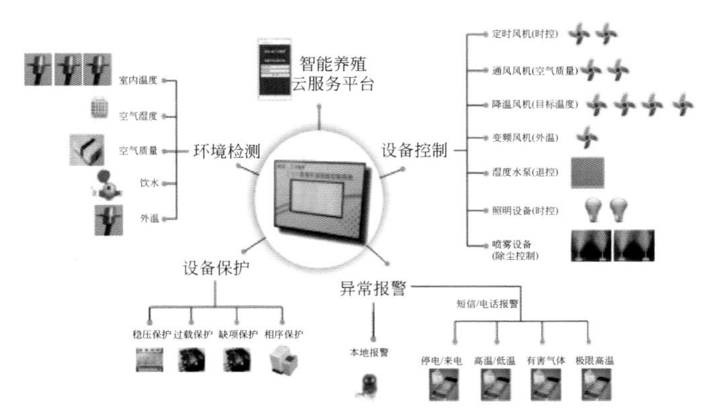

图 4-71　鸡场环境控制设备结构图

第三节　鸡场环境控制

一、场区环境控制

1. 鸡场隔离卫生

鸡场要有明确的场界，用围墙隔离，围墙用实心墙，高度不低于 2.5 米；场内的各区间有低矮的围墙或植物屏障，尤其是病畜管理区。场门或畜舍出入口处要设立车辆及人员进出的消毒设施（消毒池、消毒室）（图 4-72）。

图 4-72　鸡场管理区的大门

2. 水源保护

鸡场水源要远离污染源，水源周围 50 米内不得设置储粪场、渗漏厕所。水井设在地势高燥处，防止雨水、污水倒流引起污染。定期检测水质，发现问题及时处理。

3. 废弃物处理

鸡场的废弃物主要有粪便、污水和病死禽，如果处理不善，不仅会对鸡场和周边环境造成严重污染，而且会造成疫病的传播，危害鸡群健康。

（1）粪便处理　鸡场的粪便产出量大，污染物含量高。生产中，应该注重饲料的配制和科学的饲养管理，提高饲料消化吸收率，减少粪便排放量，减轻处理的负担。对排出的粪便要合理利用，变废为宝，减少污染。

① 生产肥料。鸡粪是优质的有机肥，经过堆积腐熟或高温、发酵干燥处理后，体积变小、松软、无臭味，不含病原微生物，常用于果林、蔬菜、瓜类和花卉等经济作物，也用于无土栽培和生产绿色食品。施用烘干鸡粪的瓜类和番茄等蔬菜，其亩产明显高于混合肥和复合营养液的对照组，且瓜菜中的可溶性固形物糖酸和维生素 C 的含量也有极大提高。

条垛式堆肥发酵处理方法简单，投资小，可用翻斗车机械操作，也可人力车人工操作（图 4-73）。堆垛上用塑料布覆盖减少臭气。槽式好氧发酵处理可以处理大批量粪便，搅拌装置容易磨损和腐蚀，投资相对较高，运行费用相对较高（图 4-73）。工厂化堆积发酵和塑料薄膜覆盖发酵可以处理大批量粪便，无需搅拌设备，投资小（图 4-74）。

图 4-73　条垛式堆肥发酵处理（左）；槽式好氧发酵处理（中、右）

图 4-74　工厂化堆积发酵和塑料薄膜覆盖发酵

② 生产饲料。鸡粪含有丰富的营养成分，开发利用鸡粪饲料具有非常广阔的应用前景。鸡粪不仅是反刍动物良好的蛋白质补充料，也是单胃动物及鱼类良好的饲料蛋白来源。鸡粪饲料资源化的处理方法有直接饲喂、干燥处理、发酵处理、青贮及膨化制

粒等。

鸡粪机械干燥处理适宜于大型鸡场。多以电源加热，温度70℃时持续12小时、140℃时1小时、180℃时30分钟即可干燥。产量大，不受季节影响。投资大，耗能高。自然干燥不需要设备，成本较低。需要较大的晒场，受外界气候条件影响较大，劳动强度大（图4-75）。

图4-75　鸡粪机械干燥（左）；自然干燥（右）

发酵是利用各种微生物的活动来分解鸡粪中的有机成分，从而有效提高有机物质的利用率。发酵过程中形成的特殊理化环境可以抑制和杀灭鸡粪中的病原体，同时还可以提高粗蛋白含量并起到除臭的效果。发酵方法有三种。一是青贮发酵，是将含水量60%～70%的鸡粪与一定比例切碎的玉米秸秆、青草等混合，再加入10%～15%糠麸或草粉、0.5%食盐，混匀后装入青贮池或窖内，踏实封严，经30～50天后即可使用。青贮发酵后的鸡粪粗蛋白可达18%，且具有清香气味，适口性增强，是牛羊的理想饲料，可直接饲喂反刍动物（图4-76）。二是酒糟发酵。在鲜鸡粪中加入适量的糠麸，再加入10%酒糟和10%的水，搅拌混匀后，装入发酵池或缸中发酵10～12小时，再经100℃蒸汽灭菌后即可利用。发酵后的鸡粪适口性提高，具有酒香味，而且发酵时间短、处理成本低，但处理后的鸡粪不利于长期贮存，应现用现配。三是糖化处理。在经过去杂、干燥、粉碎后的鸡粪中加入清水（加入水量以手握鸡粪呈团状不滴水为宜），

图4-76　青贮发酵

搅拌均匀，与洗净切碎的青菜或青草充分混合，装缸压紧后，撒上 3 厘米左右厚的麦麸或米糠，缸口用塑料薄膜覆盖扎紧，用泥封严。夏季放在阴凉处，冬季放在室内，10 天后就可糖化。处理后的鸡粪养分含量提高，无异味而且适口性增强。

③ 生产沼气。鸡粪是沼气发酵的优质原料之一，尤其是高水分的鸡粪。鸡粪和草或秸秆以（2～3）：1 的比例，在碳氮比（13～30）：1、pH 为 6.8～7.4 的条件下，利用微生物进行厌氧发酵，产生可燃性气体。每千克鸡粪产生 0.08～0.09 立方米的可燃性气体，发热值 4187～4605 兆焦 / 立方米。发酵后的沼渣可养鱼、养殖蚯蚓、栽培食用菌、生产优质有机肥和改良土壤。沼气池如图 4-77。

图 4-77　沼气池

（2）污水处理　鸡场必须专设排水设施，以便及时排除雨、雪水及生产污水。全场排水网分主干和支干，主干主要是配合道路网设置的路旁排水沟，将全场地面径流或污水汇集到几条主干道内排出；支干主要是鸡舍的污水排水沟，使水排入污水池中。排水沟的宽度和深度可根据地势和排水量而定，沟底、沟壁应夯实，暗沟可用水管或砖砌，如暗沟过长（超过 200 米），应增设沉淀井，以免污物淤塞，影响排水。但应注意，沉淀井距供水水源应在 200 米以上，以免造成污染。污水池中的污水经过过滤和消毒处理（每升污水中加入 5 克漂白粉）后排出。鸡场污水池和充氧设备如图 4-78。

（3）尸体处理　鸡的尸体能很快分解腐败，散发恶臭，污染环境。特别是传染病病鸡的尸体，其病原微生物会污染大气、水源和土壤，造成疾病的传播与蔓延。因此，必须正确而及时地处

理死鸡，坚决不能图一己私利而出售。

图 4-78　鸡场污水池和充氧设备

① 焚烧法。将病死鸡投入焚化炉内烧掉（图 4-79），是一种较完善的方法，要烧透，不留残渣。不能利用产品，且成本高，故不常用。但对一些危害人畜健康极为严重的传染病病鸡的尸体，仍有必要采用此法。

图 4-79　病死鸡焚化炉

② 土埋法。土埋法是利用土壤的自净作用使其无害化（图 4-80）。此法虽简单但不理想，因其无害化过程缓慢，某些病原微生物能长期生存，从而污染土壤和地下水，并会造成二次污染。采用土埋法必须遵守卫生要求，埋尸坑远离鸡舍、放牧地、居民点和水源，地势高燥，掩埋深度不小于 2 米，四周应洒上消毒药剂（烧碱或生石灰），埋尸坑四周最好设栅栏并做上标记。

图 4-80　病死鸡土埋法

③ 高温法。此法是将死鸡放入特设的高温锅（150℃）内熬煮，达到彻底消毒的目的。鸡场也可用普通大

锅，经 100℃ 以上的高温熬煮处理。此法可保留一部分有价值的产品，但要注意熬煮的温度和时间，必须达到消毒的要求。

④ 发酵。利用病死鸡尸体处理塔或化尸池进行发酵处理，见图 4-81。

图 4-81　尸体处理塔和化尸池

【注意】在处理尸体时，不论采用哪种方法，都必须将病鸡的排泄物、各种废弃物等一并进行处理，以免造成环境污染。

4. 灭鼠

鼠是人畜多种传染病的传播媒介，鼠还盗食饲料和禽蛋，咬死雏禽，咬坏物品，污染饲料和饮水，危害极大。鸡场必须加强灭鼠。

（1）防止鼠类进入建筑物　鼠类多从墙基、天橱、瓦顶等处窜入室内，在设计施工时注意：墙基最好用水泥制成，碎石和砖砌的墙基应用灰浆抹缝。墙面应平直光滑，防鼠沿粗糙墙面攀登。砌缝不严的空心墙体，易使鼠隐匿营巢，要填补抹平。为防止鼠类爬上屋顶，可将墙角处做成圆弧形。墙体上部与天棚衔接处砌实，不留空隙。瓦顶房屋应缩小瓦缝和瓦、椽间的空隙并填实。用砖、石铺设的地面，应衔接紧密并用水泥灰浆填缝。各种管道周围要用水泥填平。通气孔、地脚窗、排水沟（粪尿沟）出口均应安装孔径小于 1 厘米的铁丝网，以防鼠窜入。鸡舍周围设置防鼠带，防止老鼠打洞进入舍内。防鼠带深 25～30 厘米、宽 15～20 厘米。带内放置小滑石或碎石子。鸡舍周围留 2 米以上的空旷地带，可以减少老鼠进入鸡舍（图 4-82）。

图 4-82　鸡舍周围防鼠带（左）；鸡舍周围空旷地带（右）

（2）化学灭鼠　化学灭鼠效率高、使用方便、成本低、见效快，缺点是能引起人畜中毒，有些老鼠对药剂有选择性、拒食性和耐药性。所以，使用时须选好药剂并注意使用方法，以确保安全有效。鸡场的鼠类以孵化室、饲料库、鸡舍最多，是灭鼠的重点场所。饲料库可用熏蒸剂毒杀。投放毒饵时，机械化养禽场因实行笼养，只要防止毒饵混入饲料中即可。在采用全进全出制的生产程序时，可结合舍内消毒一并进行。常见灭鼠药物见表 4-17。

表 4-17　常见灭鼠药物

商品名称	常用配制方法及浓度	安全性
特杀鼠 2 号（复方灭鼠剂）	0.05% ～ 1% 浸渍法、混合法配制毒饵，也可配制毒水使用	安全，有特效解毒剂
特杀鼠 3 号	浓度 0.005% ～ 0.01%，配制方法同上	同上
敌鼠（二苯杀鼠酮、双苯杀鼠酮）	浓度 0.05% ～ 0.3% 黏附法配制毒饵	安全，对猫、狗有危险，有特效解毒剂
敌鼠钠盐	0.05% ～ 0.3% 浓度配制毒水使用	同上
杀鼠灵（灭鼠灵）	0.025% ～ 0.05% 浓度，黏附法、混合法配制毒饵	猫、狗和猪敏感，有特效解毒药
杀鼠迷（香豆素、立克命、萘满）	0.0375% ～ 0.075% 浓度，黏附法、混合法和浸泡法配制毒饵	安全，有特效解毒剂
氯敌鼠（氯鼠酮）	0.005% ～ 0.025% 浓度，黏附法、混合法和浸泡法配制毒饵	安全，狗较敏感，有特效解毒剂
大隆（沙鼠隆）	0.001% ～ 0.005% 浸泡法配制毒饵	不太安全，有特效解毒剂

① 灭鼠方法。配制 0.2% 敌鼠钠盐稻谷毒饵。敌鼠钠盐、稻

谷和沸水的质量比为 0.2：100：25。先将敌鼠钠盐溶于沸水中，趁热将药液倾入稻中，拌匀，并经常搅拌，待吸干药液，即可布放。如暂不用，要晒干保存。如制麦粒或大米饵，敌鼠钠盐与沸水量减半。

② 布放方法。鸡舍外，可放在运动场、护泥石墙、土坡、草丛、杂物堆、鼠洞旁、鼠路上以及鼠只进出鸡舍的孔道上；鸡舍内，则放在食槽下、走道旁、水渠边、墙脚、墙角以及天花板上老鼠经常行走的地方。另外，在生活区、办公室和附属设施、饲料仓库等以及邻近鸡场 500 米范围内的农田、竹林、荒地和居民点等都要同时进行灭鼠，防止老鼠漏网。一般每隔 2～3 米放一堆，每堆 50 克左右。最好是一次投足 3 天的食量。鼠尸应及时清理，以防被人、畜误食而发生二次中毒。选用老鼠长期食用的食物作饵料，突然投放，饵料充足，分布广泛，以保证灭鼠的效果。

5. 灭昆虫

（1）环境卫生　搞好鸡场环境卫生，保持环境清洁、干燥，是杀灭蚊蝇的基本措施。蚊虫需在水中产卵、孵化和发育，蝇蛆也需在潮湿的环境及粪便等废弃物中生长。因此，填平无用的污水池、土坑、水沟和洼地。保持排水系统畅通，对阴沟、沟渠等定期疏通，勿使污水储积。对贮水池等容器加盖，以防蚊蝇飞入产卵。对不能清除或加盖的防火贮水器，在蚊蝇滋生季节，应定期换水。永久性水体（如鱼塘、池塘等），蚊虫多滋生在水浅而有植被的边缘区域，修整边岸，加大坡度和填充浅湾，能有效地防止蚊虫滋生。鸡舍内的粪便应定时清除，并及时处理，贮粪池应加盖并保持四周环境的清洁。

（2）化学杀灭　化学杀灭是使用天然或合成的毒物，以不同的剂型（粉剂、乳剂、油剂、水悬剂、颗粒剂、缓释剂等），通过不同途径（胃毒、触杀、熏杀、内吸等），毒杀或驱逐蚊蝇。化学杀虫法具有使用方便、见效快等优点，是当前杀灭蚊蝇的较好方法。马拉硫磷为有机磷杀虫剂。它是世界卫生组织推荐用的室内滞留喷洒杀虫剂，其杀虫作用强而快，具有胃毒、触毒作用，也可作熏杀，杀虫范围广，可杀灭蚊、蝇、蛆、虱等，对人畜的毒害小，故适于鸡舍内使用。合成菊酯类是一种神经毒药剂，可使蚊蝇等迅速呈现神经麻痹而死亡，杀虫力强，特别是对蚊的毒效比敌敌畏、马拉硫磷等高 10 倍以上，对蝇类，因不产生抗药性，故可长期使用。

6. 环境消毒

消毒可以预防和阻止疫病发生、传播和蔓延。鸡场环境消毒是卫生防疫工作的重要部分。随着养鸡业集约化经营的发展，消毒对预防疫病的发生和蔓延具有更重要的意义。

二、鸡舍环境控制

鸡舍环境因素有空气温度、湿度、气流、光照、有害气体、微粒、微生物、噪声等。在科学合理地设计和建筑鸡舍、配备必需设备设施以及保证良好的场区环境的基础上，加强对鸡舍的环境管理来保证舍内温度、湿度、气流、光照和空气中有害气体和微粒、微生物、噪声等条件适宜，保证鸡舍良好的小气候，为鸡群的健康和生产性能的提高创造条件。各类鸡舍主要环境参数见表 4-18。

表 4-18 各类鸡舍主要环境参数

各类鸡舍	温度 /℃	相对湿度 /%	噪声允许强度 / 分贝	尘埃允许量 /(毫克 / 立方米)	有害气体 /%		
					NH_3	H_2S	CO_2
成年笼养鸡舍	20 ～ 18	60 ～ 70	90	2 ～ 5	0.02	0.02	0.2
成年平养鸡舍	12 ～ 16	60 ～ 70	90	2 ～ 5	0.02	0.02	0.2
笼养雏鸡舍	31 ～ 20	60 ～ 70	90	2 ～ 5	0.02	0.02	0.2
平养雏鸡舍	31 ～ 24	60 ～ 70	90	2 ～ 5	0.02	0.02	0.2
笼养育成鸡舍	20 ～ 14	60 ～ 70	90	2 ～ 5	0.02	0.02	0.2
平养育成鸡舍	18 ～ 14	60 ～ 70	90	2 ～ 5	0.02	0.02	0.2
肉用雏鸡舍	32 ～ 23	60 ～ 70	90	2 ～ 5	0.02	0.02	0.2
肉用育肥鸡舍	23 ～ 20	50 ～ 60	90	2 ～ 5	0.02	0.02	0.2

1. 舍内温度控制

温度是主要环境因素之一，舍内温度过高或过低都会影响鸡体的健康和生产性能的发挥。

（1）加强鸡舍的保温隔热设计　鸡舍的保温隔热性能直接影响鸡舍内小气候环境的维持，加强鸡舍的保温隔热（主要是屋顶和墙体）也是最经济的措施。一要选择导热系数小的材料。二要有合理的结构，如屋顶可以采用夹层屋顶（夹层中间填充有一定厚度的聚乙烯薄膜塑料或泥巴等隔热材料，屋顶的保温隔热性能良好）、间层通风屋顶（有利于夏季防暑降温，舍内、舍外的热量进入间层，通过气流流动将热量带到大气中去）。间层通风屋顶要有适宜的间层厚度，坡式屋顶间层厚 12～20 厘米，平式屋顶间层厚 20 厘米。冬季将间层开露部分封闭，形成一个空气间层的屋顶，极大增加屋顶保温性能，墙体可采用保温墙（在墙体上粘贴一层聚乙烯泡沫塑料保温层，极大增强墙体的保温性能，适用于北方寒冷地区和雏鸡舍）等。三要达到一定的厚度，如雏鸡舍采用 37 墙（墙体厚 37 厘米）或 24 墙体加 5 厘米厚的保温层，这样就能保证达到最低的热阻值，见图 4-83。

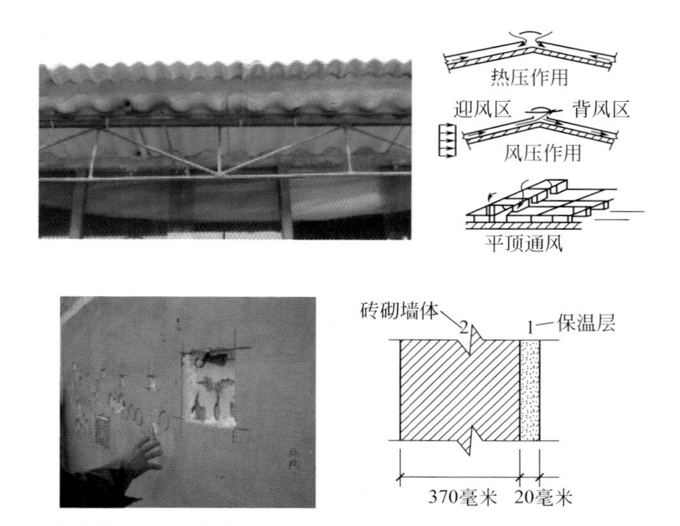

图 4-83　夹层屋顶（上左）和间层通风屋顶（上右）；保温墙（下左）和加厚墙（下右）

（2）夏季防暑降温　鸡体缺乏汗腺，对高温敏感，易发生热应激，影响生产，甚至引起死亡。如蛋鸡产蛋最适宜温度范围是18～23℃，高于30℃产蛋量会明显下降，蛋壳质量变差，高于38℃以上就可能由于热应激而引起死亡；肉鸡育肥期适宜温度是18～20℃，如果温度过高会严重影响肉鸡生长，因此应注重防暑降温。

① 通风降温。鸡舍内安装必要有效的通风设备，定期对设备进行维修和保养，使设备正常运转，提高鸡舍的空气对流速度，有利于缓解热应激。封闭舍或容易封闭的开放舍，可采用负压通风；不能封闭的鸡舍，可采用正压通风即送风，在一侧墙上或每列鸡笼下设置高效率风机向舍内送风，加大舍内空气流动，有利于减少死亡率，见图4-84。

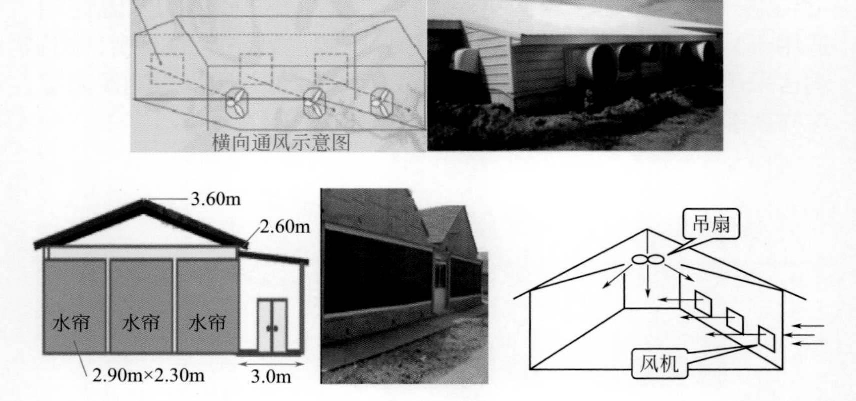

图4-84　风机安装在一端墙上或紧邻端墙的侧墙上（上）；进风口在另一端端墙或紧邻端墙的侧墙上，夏季进风口可以安装水帘（下左）；正压送风的风机安装位置（下右）

② 喷水降温。一种是在鸡舍内安装喷雾装置定期进行喷雾，水气的蒸发吸收鸡舍内大量热量，降低舍内温度；另一种是在鸡舍屋顶外安装喷淋装置，使水从屋顶流下，形成湿润凉爽的小气候环境，见图4-85。

【注意】舍内温度过高时，可向鸡头、鸡冠、鸡身进行喷淋，促进体热散发，减少热应激死亡。喷水降温时一定要加大通风换气量，防止舍内湿度过高。

图 4-85　舍内喷水和屋顶喷水

③ 隔热降温。在鸡舍屋顶铺盖 15～20 厘米厚的稻草、秸秆等，可降低舍内温度 3～5℃；屋顶涂白增强屋顶的反射能力，有利于加强屋顶隔热；在鸡舍周围种植高大的乔木形成阴凉或在鸡舍南侧、西侧种植爬壁植物，搭建遮阳棚，减少太阳的辐射热；屋顶上设置太阳能板，既起到隔热保温作用，又可以发电，见图 4-86。

图 4-86　鸡舍周围植树（左）；在南侧种植爬壁植物或窗户上搭建遮阳棚（中）；屋顶上设置太阳能板（右）

④ 降低饲养密度。饲养密度降低，单位空间产热量减少，有利于舍内温度降低。夏季到来之前，淘汰停产鸡、低产鸡、伤残鸡、弱鸡、有严重恶癖的劣质鸡和体重过大过于肥胖的鸡，留下身体健康、生产性能好、体重适宜的鸡，这样既可降低饲养密度、减少死亡，又可降低生产成本。

（3）冬季防寒保温　一般来说，成鸡怕热不怕冷，环境温度在 7.8～30℃的范围内变化，鸡自身可通过各种途径来调节其体温，对生产性能无显著影响，但温度较低时会增加饲料消耗，所以冬季要采取措施防寒保暖，使舍内温度维持在 10℃以上。

① 减少鸡舍散热量。冬季舍内外温差大，鸡舍内热量易散失，散失的多少与鸡舍墙壁和屋顶的保温性有关，加强鸡舍保温管理有利于减少舍内热量散失和保持舍内温度稳定。密闭舍在保证舍内空气新鲜的前提下尽量减少通风量。

冬季开放舍要用隔热材料如塑料布封闭敞开部分，北墙窗户可用双层塑料布封严。鸡舍所有门挂上棉帘或草帘，北墙窗户晚上挂上棉帘或草帘，增强墙壁的保温性能，可提高舍温 3～5℃。屋顶可用彩条布或塑料薄膜制作简易天花板，有利于舍内保温，见图 4-87。

图 4-87　隔热材料封闭（左）和隔热材料天花板（中、右）

② 防止冷风吹袭鸡体。舍内冷风可以来自墙、门、窗等缝隙和进出气口、粪沟出粪口，局部风速可达 4～5 米 / 秒，使局部温度下降，影响鸡的生产性能，冷风直吹鸡体，增加鸡体散热，甚至引起伤风感冒。冬季到来前要检修好鸡舍，堵塞缝隙，进出气口加设挡板，出粪口安装插板，防止冷风对鸡体的侵袭。

③ 防止鸡体淋湿。鸡的羽毛有较好的保温性，如果淋湿，保温性差，极大增加鸡体散热，降低鸡的抗寒能力。要经常检修饮水系统，避免水管、饮水器或水槽漏水而淋湿鸡的羽毛和料槽中的饲料。

④ 采暖保温。对保温性能差、鸡群数量又少的鸡舍，光靠鸡群自温难以维持所需温度时，应采暖保温。有条件的鸡场可利用煤炉、热风机、热水、热气等设备供暖，保持适宜的舍温，提高产蛋率，减少饲料消耗。

2. 舍内湿度控制

湿度是指空气的潮湿程度，养鸡生产中常用相对湿度表示。

相对湿度是指空气中实际水汽压与饱和水汽压的百分比。

（1）湿度低时

① 洒水喷水。在舍内地面洒水或用喷雾器在地面和墙壁上喷水，水的蒸发可以提高舍内湿度。如是雏鸡舍或舍内温度过低时可以喷洒热水。

② 供暖炉上放置水壶。育雏期间要提高舍内湿度，可以在加温的火炉上放置水壶或水锅，使水蒸发提高舍内湿度，可以避免喷洒凉水引起的舍内温度降低或雏鸡受凉感冒。

（2）湿度高时

① 加大换气量。通过通风换气，驱除舍内多余的水气，换进较为干燥的新鲜空气。舍内温度低时，要适当提高舍内温度，避免通风换气引起舍内温度下降。

② 提高舍内温度。舍内空气水汽含量不变，提高舍内温度可以增大饱和水汽压，降低舍内相对湿度。特别是冬季或雏鸡舍，加大通风换气量对舍内温度影响大，可提高舍内温度。

（3）舍内防潮措施　鸡较喜欢干燥，潮湿的空气环境与高温协同作用，对鸡产生不良影响。所以，应该保证鸡舍干燥。保证鸡舍干燥需要做好鸡舍防潮，除了选择地势高燥、排水好的场地外，可采取如下措施。

① 鸡舍墙基设置防潮层，新建鸡舍待干燥后使用，特别是育雏舍。有的刚建好育雏舍就立即使用，由于育雏舍密封严密，舍内温度高，潮湿的外围护结构中大量水分很容易蒸发出来，使舍内相对湿度一直处于较高的水平。晚上温度低的情况下，大量的水气变成水在天棚和墙壁上附着，舍内的热量容易散失。

② 舍内排水系统畅通，粪尿、污水及时清理。

③ 尽量减少舍内用水。舍内用水量大，舍内湿度容易提高。防止饮水设备漏水，能够在舍外洗刷的用具可以在舍外洗刷或洗刷后的污水立即排到舍外，不要在舍内随处抛洒。

④ 保持舍内较高的温度，使舍内温度经常处于露点以上。

⑤ 使用垫草或防潮剂，及时更换污浊潮湿的垫草。

3. 气流

气流对鸡体的影响，主要出现在寒冷和炎热的极端环境中。鸡舍寒冷，温度低，增加气流速度能增加鸡体散热，冷应激更严重；冷风直吹鸡体，使鸡伤风着凉，特别是“贼风”，危害更大。鸡舍温度高，如果舍内气流不均匀，存在死角，部分鸡只（特别是笼养鸡只）会遭受更严重的热应激。高温环境中加大气流速度可增加采食量，缓解热应激，提高生产性能。

密闭鸡舍，通过合理安装风机和设计进气口，保证舍内适宜的气流速度并保证气流均匀。开放鸡舍，除夏季需要安装风机加大气流速度缓解热应激外，一般可以通过自然通风换气系统的设计和利用保证适宜的空气流动。

4. 光照

阳光照射可促进雏禽采食、饮水，增加运动，促进肌肉、骨骼的发育，从而提高鸡体新陈代谢，使红细胞与血红素含量有所增加，使皮肤中的 7- 脱氢胆固醇转化为维生素 D_3，促进体内 Ca、P 的代谢。光照还可促进卵巢、卵泡发育和性成熟，增加产蛋量。此外，阳光中的紫外线还可杀菌消毒，使鸡舍干燥，提高舍温，有助于预防疾病。

光照时间与蛋鸡达性成熟时间密切相关。育成期光照时间过短性成熟时间推迟，过长性成熟提前。早熟蛋鸡开产早但产蛋持续期短。产蛋高峰期突然缩短光照产蛋率降低、死亡率增加，即使恢复原来的光照，产蛋率也很难在短期内恢复到原来水平；过强光照使鸡烦躁不安，造成啄肛、脱肛和神经质。光照强度突然增强可使蛋壳质量下降，破壳蛋、软壳蛋、双黄蛋、无黄蛋等增加，死亡率提高。但光线过弱，雏鸡采食量降低，饮水减少，影响雏禽的生长。

鸡可见到 400～700 纳米的光，红、橙、黄光尤为敏感。黄光使饲料报酬降低，性成熟推迟，蛋重增加，产重量减少，啄癖增加。绿光和蓝光促进性成熟，使鸡增重快。目前，一般鸡舍多以白光为主，有的鸡舍采用红光。采用红色光照，可使鸡群更加安定，啄羽和争斗较少，生长快，饲料消耗减少，产蛋量和蛋壳质量均有提高。光照广泛应用于养鸡生产，科学地制定光照程序是光照控制的基础，不同阶段蛋鸡需要不同的光照制度。

开放鸡舍在白天可以通过窗户利用自然光照。窗户不仅关系到采光，也关系到通风和保温隔热。窗户设置要均匀，满足采光要求。晚上黑暗时需要光照可以人工照明，密闭舍多采用人工照明。为保证光线均匀，鸡舍内光源要均匀布置。笼养鸡舍每条走道上方一列光源，光源距走道高度 2~2.5 米，光源间距为高度的 2 倍；重叠式笼养，光源要高低错落布置，避免因上层笼遮光而影响下层的光照。人工照明系统见图 4-88。

图 4-88　人工照明系统

【小知识】通常灯高为 2 米、灯距为 3 米左右，每 0.37 平方米鸡舍 1 瓦的光源或每平方米鸡舍 2.7 瓦的光源，可获得相当于 10.76 勒克斯的照度。多层笼养鸡舍为使底层有足够的照度，一般为 3.3~3.5 瓦 / 平方米。

【注意】一是光照强度适宜，二是光照制度要稳定，三是保持光照系统的清洁卫生。

5. 有害气体

鸡舍内鸡群密集，呼吸、排泄物和生产过程的有机物分解，有害气体成分要比舍外空气成分复杂且含量高。鸡舍中的有害气体主要有氨气、硫化氢、二氧化碳、一氧化碳和甲烷。在规模养鸡生产中，这些气体污染鸡舍环境，引起鸡群发病或生产性能下降，降低养鸡生产效益。消除鸡舍有害气体除了加强场址选择和合理布局，避免工业废气和其他场污染外，可以采取如下措施。

（1）合理设计鸡场和鸡舍的排水系统及粪尿、污水处理设施 粪尿及污水要及时进行无害化处理，不要乱堆乱排。

（2）加强防潮管理，保持舍内干燥 氨、硫化氢等有害气体易溶于水，舍内湿度大时，有害气体与水一起被吸附于外围护结构中，舍内温度升高时又挥发出来，使舍内有害气体一直处于较高水平。

（3）加强鸡舍管理 一是舍内地面上铺垫料。地面饲养，可以使用刨花、玉米芯、稻草等。二是保证适量的通风。特别是冬季，舍外气温低，为了保证舍内温度，鸡舍密封严密，粪便清理间隔时间长，舍内有害气体含量容易过高。所以要处理好保温和通风的关系，进行适量的通风，驱除舍内有害气体，保证舍内空气新鲜。三是做好鸡场和鸡舍的卫生工作，及时清理鸡舍的污物和杂物，及时清粪。

（4）加强环境绿化 绿化不仅美化环境，而且可以净化环境。绿色植物可进行光合作用。每公顷阔叶林在生长季节每天可吸收1000千克二氧化碳，产出730千克氧气；绿色植物可大量吸附氨，如玉米、大豆、棉花、向日葵以及一些花草都可从大气中吸收氨而生长；绿色林带可以过滤阻隔有害气体。有害气体通过绿色地带至少有25%被阻留，煤烟中的二氧化硫被阻留60%。

（5）使用添加剂消除 使用过磷酸钙、锰酸钾、硫酸亚铁、硫酸铜、乙酸、丝兰属植物提取物（其有效成分是抑制脲酶微量辅助剂）、沸石等硅酸盐矿石等添加剂消除。

（6）提高饲料消化吸收率 科学选择饲料原料，合理配制日粮。按可利用氨基酸需要配制日粮，科学饲喂，利用酶制剂、酸制剂、微生态制剂、寡聚糖、中草药添加剂。

6. 微粒和微生物

微粒和微生物含量过高，也会引起呼吸道疾病和传染病的发生。减少微粒和微生物的措施如下。一是改善鸡舍和鸡场周围地面状况，实行全面的绿化，种树、种草和农作物等。植物表面粗糙不平，多绒毛，有些植物还能分泌油脂或黏液，能阻留和吸附空气中的大量微粒。含微粒的大气流通过林带，风速降低、大径微粒下沉，小的被吸附。夏季可吸附 35.2%～66.5% 的微粒。微生物大部分附着在微粒上，微粒含量降低，微生物数量减少。二是饲料加工应远离禽舍，分发饲料和饲喂动作要轻。三是保持地面干净，禁止干扫；禁止在舍内刷拭家畜，更换和翻动垫草也应注意动作轻柔。四是保持通风换气，必要时安装过滤器。五是保持适宜的湿度。湿度过低，容易引起微粒漂浮。六是改进饲养工艺。饲养方式与密度对空气中的微生物数量有重要影响，如垫草平养鸡舍内的细菌数量比网上平养鸡舍高 15～20 倍。饲养密度越大，空气中的微生物数量越多。

7. 噪声

物体呈不规则、无周期性震动所发出的声音叫噪声。从生理角度讲，凡是使人讨厌烦躁的、不需要的声音都叫噪声。噪声对鸡体健康有影响。噪声特别是比较强的噪声作用于鸡体，引起严重的应激反应，不仅能影响生产，而且使正常的生理功能失调，免疫力和抵抗力下降，危害健康，甚至导致死亡。消除或减弱噪声危害的措施有：场址远离噪声源，如工矿企业、交通干道、加工厂等；加强绿化；选择噪声小的设备。

第五章

鸡的饲养管理技术

第一节　蛋用鸡的饲养管理

蛋鸡养殖要维持高产稳产，除了选择优良品种、培育优质新母鸡、提供适宜环境和营养外，还要加强管理，见图 5-1。

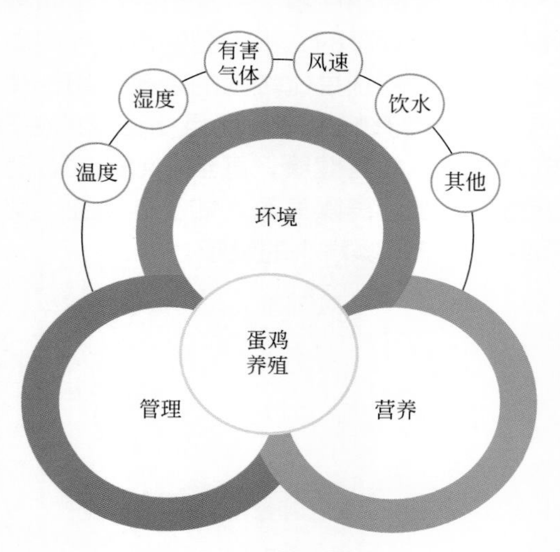

图 5-1　蛋鸡养殖的主要影响因素

一、蛋鸡饲养阶段划分

蛋鸡饲养阶段划分见图 5-2。

育雏期(0～6周龄)　　育成期(7～20周龄)　　产蛋期(21～76周龄或更长)

图 5-2　蛋鸡饲养阶段划分

二、雏鸡的饲养管理

雏鸡的饲养管理十分重要，关系着将来成年鸡的质量和产蛋性能。雏鸡体小质弱，适应能力和抗病能力差，要养好雏鸡，必须做到精心、细心和耐心。

1. 雏鸡的生理特点

（1）体温调节机能差　幼雏体表没有羽毛，只有稀短的绒毛；刚出壳雏鸡体温比成年鸡体温低 2～3℃，4 日龄后才开始慢慢上升，到 10 日龄才能达到成年鸡体温，到 21 日龄，体温调节机能逐渐趋于完善。雏鸡防寒能力差，难以适应外界环境温度的变化，育雏期需要人工给予适宜的环境温度。随着日龄和体重增加，羽毛逐渐长出、丰满（图 5-3），可以适应外界气候变化。

（2）生长发育迅速　雏鸡生长发育迅速，代谢旺盛，见图 5-4。日粮中的营养物质含量必须要全面、充足和平衡。

（3）消化机能尚不健全　雏鸡代谢旺盛、生长发育快，但是消化器官容积小、消化功能差。所以，配制的雏鸡日粮营养浓度要高，易于消化吸收。限制棉籽粕、菜籽粕等杂粕及其他劣质原料的添加比例。饲喂时要注意少喂勤添。

（4）抵抗力差　雏鸡体小质弱，对疾病抵抗力很弱，易感染疾病，如鸡白痢、大肠杆菌病、法氏囊病、球虫病、慢性呼吸道病等。育雏阶段要严格控制环境卫生，切实做好防疫隔离。雏鸡胆小怕惊吓，雏鸡舍和运动场上应增加防护设备，以防鼠、蛇、猫、狗、老鹰等的袭击和侵害。同时，要保持生活环境安静，避免有噪声或突然惊吓。

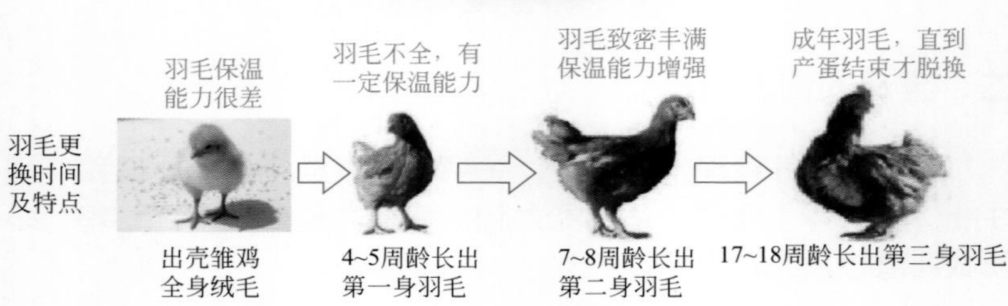

图 5-3　刚出壳雏鸡体表的绒毛（上）；雏鸡的羽毛生长规律（下）

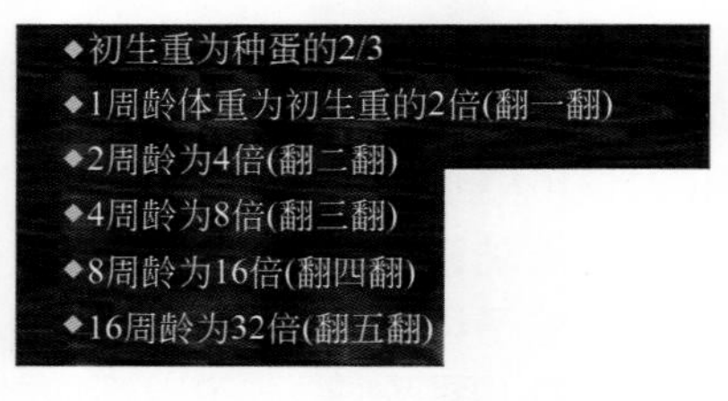

图 5-4　雏鸡生长发育规律

2. 育雏前的准备

（1）育雏舍的准备　育雏方式不同、鸡的种类不同，需要的饲养面积不同，育雏舍面积依据育雏方式、种类、数量来确定。育雏舍要保温隔热，地面硬化，高度一般为 2.5～2.8 米。专用育雏舍窗户面积可以小一些，育雏育成舍的窗户面积可以大一些，但要能够封闭（图 5-5），这样既能够满足育雏期保温，又有利于育成期的通风。育雏育成舍的高度可以高一些，但要设置天棚。

（2）育雏舍的清洁消毒　将舍内的鸡粪、垫料和顶棚上的蜘蛛网、尘土等清扫出鸡舍，再进行检查维修，使鸡舍和设备处于正常使用状态。按顺序消毒鸡舍和设备，冲洗—干燥—药物消毒—熏蒸消毒—空置3周—进鸡前3天通风，排出甲醛气体，见图5-6。

图5-5　专用育雏舍（左）；育雏育成舍（右）

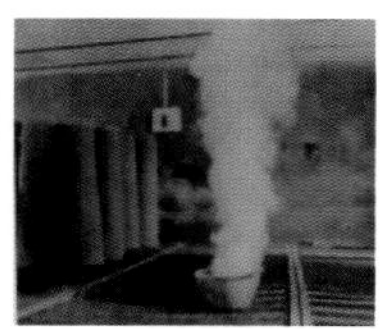

图5-6　育雏舍清洁消毒程序（从左到右，依次是清除、冲洗、药物消毒、熏蒸消毒）

（3）用具和药品准备

①饲喂饮水用具。饲喂用具有开食盘、料桶，有的使用长型料槽（每只雏鸡5厘米长度）。雏鸡前5天使用方形或圆形的开食盘（图5-7），开食盘有1厘米高的边缘，规格45厘米×45厘米（圆盘直径为45厘米左右可以满足100只雏鸡的需要）；5天以后可以使用料桶或料槽。料桶由底盘和圆通组成，料桶有大小型号，根据不同育雏阶段选用（图5-8）。

图5-7　方形和圆形开食盘

饮水用具有饮水器。饮水器有壶式、普拉式和乳头式饮水器（图5-9）。2.5升的壶式饮水器可供50只雏鸡饮水，5升的普拉式饮水器（可与自来水相连接）可供 100 只雏鸡饮水。每 5～8 只鸡 1 个乳头式饮水器。开饮时最好使用壶式或普拉式饮水器，使雏鸡尽快学会饮水。

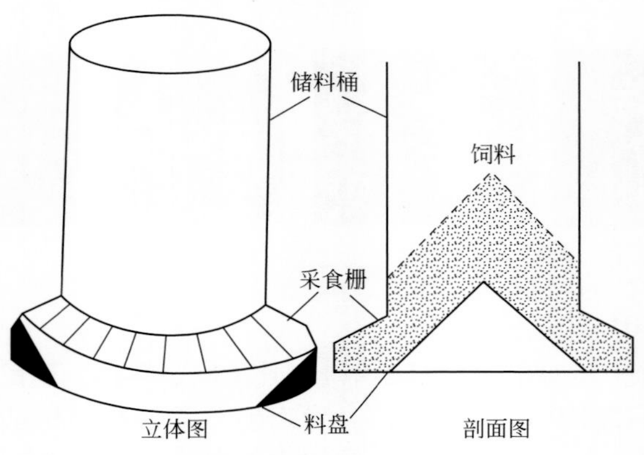

图 5-8　料桶及其结构图

图 5-9　壶式、普拉式和乳头式饮水器

② 防疫消毒用具。防疫用具有滴管、连续注射器、气雾免疫机等，消毒用具有喷雾器（图 5-10）。

③ 药品。疫苗等生物制品，防治鸡白痢、球虫病的药物（如

球痢灵、杜球、三字球虫粉等），抗应激剂（如维生素 C、速溶多维），营养剂（如糖、奶粉、多维电解质等）和消毒药（酸类、醛类、氯制剂等，准备 3～5 种消毒药交替使用）等。

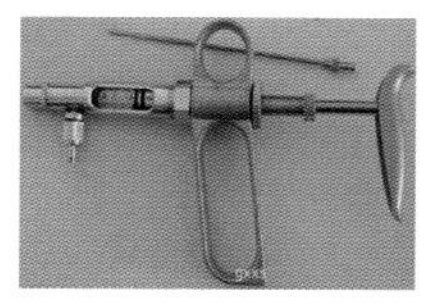

图 5-10　连续注射器（左 1）；滴管（左 2）；自动断喙器（右 2）；气雾免疫机（右 1）

（4）温度调试　安装好加温设备后要调试，以了解加温设备的性能（图 5-11）。观察加温后温度能否上升到要求的温度，且需要多长时间。如果达不到要求，要采取措施尽早解决。育雏前 2 天，要使温度上升到育雏温度且保持稳定。避免雏鸡入舍时温度达不到要求影响育雏效果。

图 5-11　水暖加温设备及调试

（5）人员、饲料和垫料的准备　育雏人员在育雏前 1 周左右到位并着手工作。饲料在雏鸡入舍前 1 天进入育雏舍，准备的饲料可饲喂 5～7 天，太多的饲料易变质或营养损失。如果采用地面平养，还需要准备锯屑、刨花、切短的麦秸和稻草等垫料。

3. 育雏加温方式和育雏方式

（1）育雏加温方式

① 保姆伞供温。形状像伞，撑开吊起，伞内侧安装有加温和控温装置（如电热丝、电热管、温度控制器等），伞下一定区域达到育雏温度。适用于地面平养、网上平养。根据育雏数量，育雏舍内可以放置多个保姆伞。伞的直径大小（热源面积）不同，每个伞饲养的雏鸡数量不等。目前保姆伞的材料多是耐高温的尼龙，可以折叠，使用比较方便（图 5-12）。保姆伞的热源面积与育雏数量见表 5-1。

保姆伞下形成不同的温度区，伞中央温度最高，离伞越远，温度越低。雏鸡在伞下活动，采食和饮水。保姆伞育雏数量多（200～1000只），雏鸡可以在伞下选择适宜的温度区，换气良好。但育雏舍内需要保持一定的温度（24℃）。

图5-12 育雏舍内的保姆伞（左）；可折叠式保姆伞（中）；伞下形成不同温度带（右）

表5-1 保姆伞的热源面积与育雏数量

热源面积	伞高/厘米	半月内容鸡数量/只
100厘米×100厘米	55	300
130厘米×130厘米	60	400
150厘米×150厘米	70	500
180厘米×180厘米	80	600
240厘米×240厘米	100	1000

② 锅炉热水供温。大型鸡场育雏数量较多，可采用锅炉热水供温。锅炉燃烧产生热量将炉内的水加热，热水在循环泵的作用下，通过管道送到育雏室的散热器内，使舍内温度升高到育雏温度。此法育雏舍清洁卫生，育雏温度稳定，温控可以采用微电脑控制，但投入较大，见图5-13。

图5-13 锅炉热水供温系统及内景图

③ 热风炉供温。将热风炉产生的热风引入育雏舍内，使舍内

温度升高。热风炉是利用燃料或电能将热风炉中的空气加热，再利用风机将热风送入舍内，使舍内温度升高。如果育雏室较长时，舍内应安装送风管道（管道上有呈 120° 下俯角设置的散风口），有利于舍内温度均匀。热风炉供温，舍内温度均匀，可以全自动控制，舍内卫生，目前生产中广泛采用，见图 5-14。

图 5-14 热风炉供温

④ 火炉、烟道等供温。火炉供温利用火炉加热，通过烟管散热和导出煤气，是一种传统方式。经济简单，但温度不稳定，环境差。烟道供温利用火炉加热，通过烟道（可分为地上烟道和地下烟道）散热，由烟囱将煤气导出，也是一种传统方式。温度稳定，环境好，但浪费燃料（图 5-15）。

图 5-15 火炉供温和烟道供温

（2）育雏方式

① 地面育雏。地面育雏就是将雏鸡养在铺有垫料的地面上，见图 5-16。根据垫料厚度和更换情况分为厚垫料育雏和更换垫料育雏，如表 5-2。对垫料的要求是重量轻、吸湿性好、易干燥、柔软有弹性、廉价、适于作肥料。常用的垫料见图 5-17。

图 5-16　地面育雏

表 5-2　地面育雏方式

更换垫料育雏	把鸡养在铺有垫料的地面上，垫料厚 3 ～ 5 厘米，经常更换。育雏前期可在垫料上铺上黄纸，有利于饲喂和雏鸡活动。换上料槽后可去掉黄纸，根据垫料的潮湿程度更换或部分更换。垫料可重复利用 优点是简单易行，农户容易做到；缺点也较突出，雏鸡经常与粪便接触，容易感染疾病，饲养密度小，占地面积大，管理不够方便，劳动强度大
厚垫料育雏	厚垫料育雏指在地面上铺上 10 ～ 15 厘米厚的垫料，雏鸡生活在垫料上，以后经常用新鲜的垫料覆盖在原有垫料上，到育雏结束才一次清理垫料和废弃物 优点是劳动强度小，雏鸡感到舒适（由于原料本身能发热，雏鸡腹部受热良好），并能为雏鸡提供某些维生素（厚垫料中微生物的活动可以产生维生素 B_{12}，有利于促进雏鸡的食欲和新陈代谢，提高蛋白质利用率）

稻壳

刨花

锯屑

花生壳

玉米芯

秸秆

图 5-17　常用的垫料

② 网上育雏。网上育雏就是将雏鸡养在离地面 80～100 厘米高的网上（图 5-18）。网面的构成材料种类较多，有钢制的（钢板网、钢编网）、木制的和竹制的，现在常用的是竹制的，将多个竹片串起来，制成竹片间距为 1.2～1.5 厘米的竹排，将多个竹排组合形成育雏网面。育雏前期在上面铺上塑料网，可避免挂住雏鸡脚趾，雏鸡感到舒适。目前很多商品蛋鸡场的育雏采用这

一方式。网上育雏粪便直接落入网下，雏鸡不与粪便接触，减少病原感染的机会，尤其是球虫病暴发的危险。网上育雏饲养密度比地面饲养可提高 20%～30%，减少了鸡舍面积，降低了劳动强度。

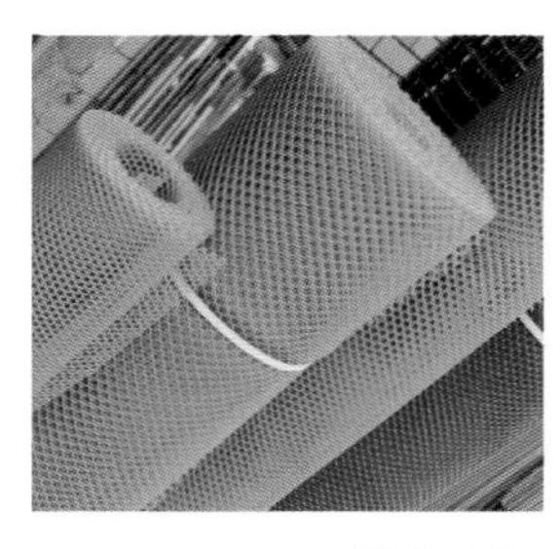

图 5-18　塑料网及网上育雏

③ 立体育雏（笼育）。把雏鸡养在多层笼内，这样可以增加饲养密度，减少建筑面积和占用土地面积，便于机械化饲养，管理定额高，适合规模化饲养。层叠式育雏笼由笼架、笼体、料槽、水槽和托粪盘构成（图 5-19）。笼架长 × 宽 × 高为 100 厘米 ×（60～80）厘米 ×150 厘米。从离地 30 厘米起，每 40 厘米为一层，设三层或四层，笼底与托粪盘相距 10 厘米。阶梯式育雏笼一般笼架长 × 宽 × 高为 200 厘米 ×（180～200）厘米 ×（140～150）厘米（图 5-19）。粪便直接落入地面或粪沟内。

图 5-19　层叠式育雏笼（左、中）和阶梯式育雏笼（右）

4. 雏鸡的选择和运输

（1）进雏　雏鸡来源于规模较大、洁净卫生的种禽场，并向

种禽场索要种畜禽生产许可证、动物防疫合格证、引种证明和动物检疫合格证明等法律法规规定的证明文件，并保存 3 年以上，见图 5-20。

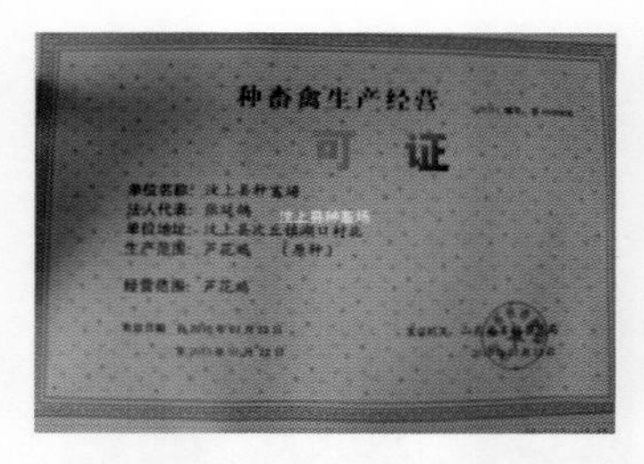

种畜禽生产经营
可 证
单位名称：
法人代表：
单位地址：
生产范围：芦花鸡 （原种）
经营范围：芦花鸡

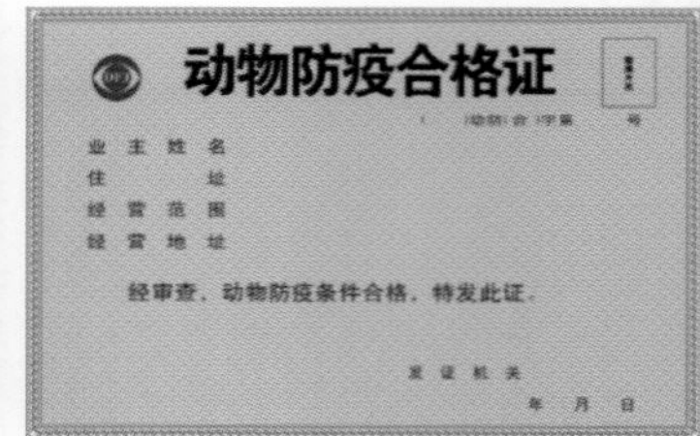

动物防疫合格证
（ ）动防合（ ）字第 号
业主姓名
住 址
经营范围
经营地址
经审查，动物防疫条件合格，特发此证。
发证机关
年 月 日

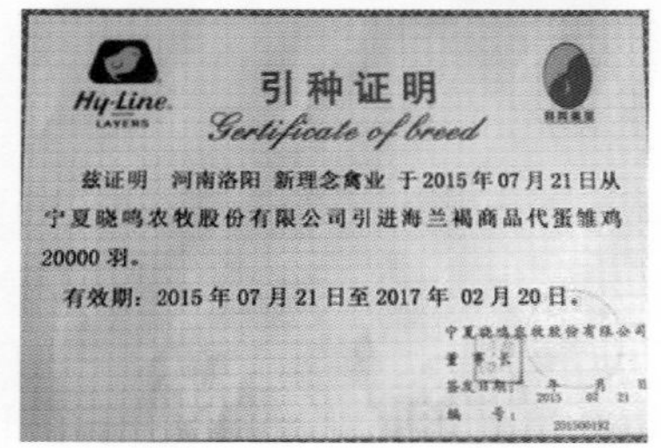

Hy-Line
LAYERS
引种证明
Certificate of breed
兹证明 河南洛阳 新理念禽业 于2015年07月21日从宁夏晓鸣农牧股份有限公司引进海兰褐商品代蛋雏鸡20000羽。
有效期：2015年07月21日至2017年 02月20日。
宁夏晓鸣农牧股份有限公司
董 事 长
签发日期： 年 月 日
2015 07 21
编 号：

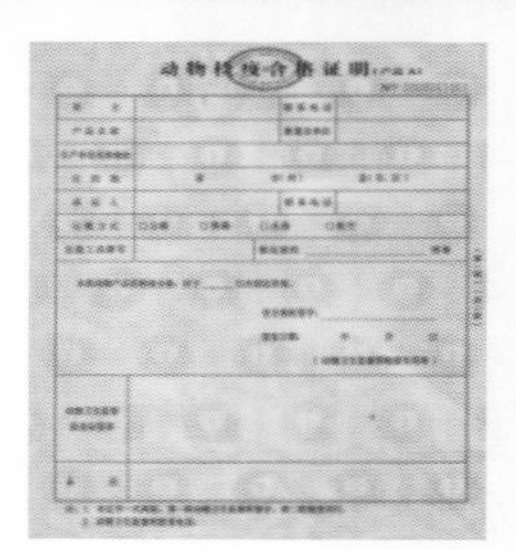

动物检疫合格证明

图 5-20 证明文件

（2）雏鸡挑选

① 优质雏鸡。优质雏鸡群体质量好，符合 4A 级标准，健康无病。雏鸡适时出壳，精神活泼，站立稳健，绒毛光亮，长短适中，触摸雏鸡挣扎有力，腹部柔软有弹性，脐部平整光滑无钉手感觉，用手轻敲雏鸡盒的边缘，有响动，健雏会发出清脆悦耳的叫声（图 5-21）。

② 劣质雏鸡。群体不符合 4A 级标准，雏鸡不健康。弱雏表现出壳过早或过迟，站立不稳、精神萎靡、绒毛杂乱，背部黏着蛋壳和污物，腹部坚硬或有拐腿、歪头、瞎眼、交叉喙等缺陷；脚趾畸形，可能是由于遗传，更可能是 B 族维生素的缺乏，或是出雏器温度过高造成；雏鸡的脐部愈合不好，有钉脐，很难饲养，要淘汰。有的脐部愈合不太好，一段时间后可以闭合，可以保留，见图 5-22。

» 4A级最高质量雏鸡

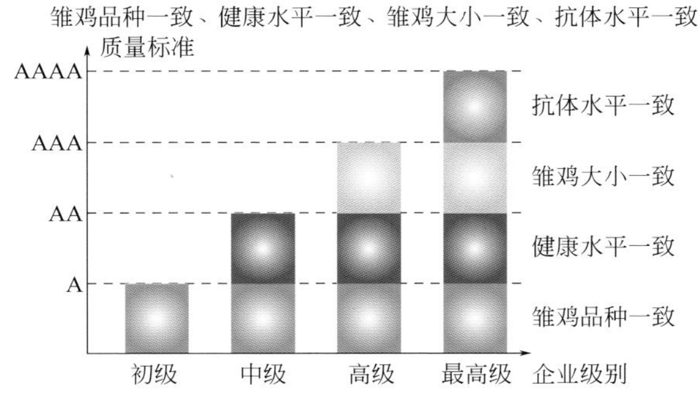

图 5-21　4A 级雏鸡标准（上）；健康无病的雏鸡（下）

  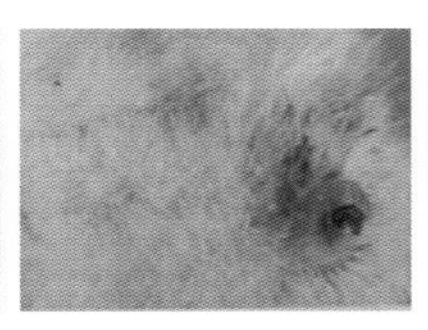 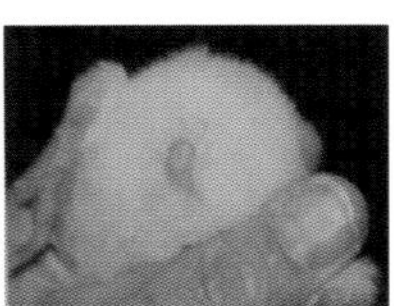

图 5-22　弱雏、脚趾畸形雏、钉脐和脐部愈合不好的雏鸡

（3）雏鸡的运输　雏鸡的运输直接影响雏鸡的质量。雏鸡运输时要用运输箱和运输盒包装。箱或盒内有隔墙将其分为 4 格，每格 25 只鸡，可以避免途中雏鸡叠堆引起的死亡。为保证雏鸡在出壳后 36 小时内进入育雏舍，运输时要求迅速、及时、安全、平稳。运输车辆可以选择有空调系统的专用运输车，确保运输过程中为雏鸡提供舒适的环境条件，见图 5-23。

【注意】运输途中要定时检查雏鸡的动态。

图 5-23　雏鸡运输箱（上左）；运输盒（上右）；雏鸡的装车（下左）；运输车（下右）

5. 雏鸡的饲养

（1）雏鸡的饮水　雏鸡的消化吸收、废弃物的排泄、体温调节等都需要水。水在机体内占有很高的比例，且是重要的营养素。育雏期间必须保证供应充足的饮水，供雏鸡自由饮水。

① 开水。雏鸡第一次饮水叫开水（图 5-24）。小鸡出壳后 24 小时消耗体内水分的 8%，48 小时消耗 15%。所以，雏鸡最好出壳后 12～24 小时能够饮到水。

图 5-24　雏鸡入舍前要在饮水器内加入水，以便入舍后立即开水

雏鸡入舍后就要饮到水，可以缓解运输途中给雏鸡造成的脱水和路途疲劳。出壳过久饮不到水会引起雏鸡脱水和虚弱，而脱水和虚弱又直接影响到雏鸡尽快学会饮水和采食。

为减轻路途疲劳和脱水，可让雏鸡饮营养水，即水中加入 5%～8% 的糖（白糖、红糖或葡萄糖等），或 2%～3% 的奶粉，或多维电解质营养液。为缓解应激，可在水中加入维生素 C 或其他抗应激剂。

如果雏鸡不知道或不愿意饮水，采用人工诱导或驱赶的方法（把雏鸡的喙浸入水中几次，雏鸡知道水源后会饮水，其他雏鸡也会学着饮水）使雏鸡尽早学会饮水，对个别不饮水的雏鸡可以用滴管滴服。

② 饮水器位置。暖房式育雏（整个育雏舍内温度达到育雏温度），饮水器均匀放在网面、地面上，饮水器边缘高度与鸡背相平（图 5-25）。乳头饮水器饮水，最初 2 天，乳头调至与雏鸡头部平行，第 3 天提升水线，使雏鸡以 45° 饮水，以后逐渐到第 10 天调至 70°～80° （图 5-26）。保姆伞育雏，饮水器均匀放在育雏伞边缘外的垫料上。笼育时，饮水器放在笼底网的网面上，每个笼内都要有饮水器（图 5-27）。

图 5-25　暖房式育雏饮水器位置

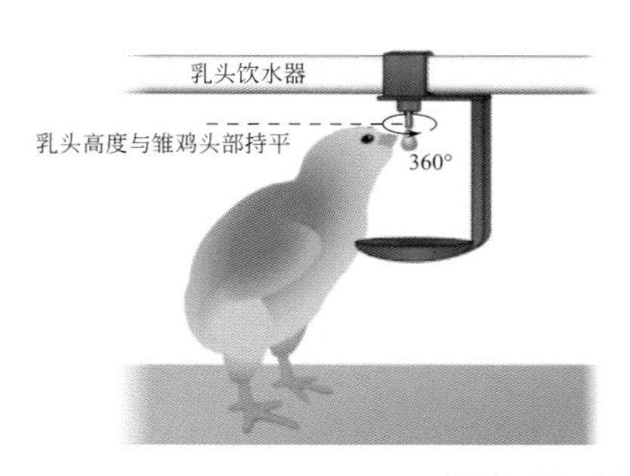

图 5-26　乳头饮水器位置

③ 雏鸡饮水量。0～3 日龄雏鸡饮用温开水，水温为 16～20℃，以后可饮洁净的自来水或深井水。饮水量见表 5-3。

图 5-27　保姆伞育雏（左）；笼育饮水器位置（右）

表 5-3　雏鸡的正常饮水量　　　　单位：毫升 /（日·只）

周龄	1～2	3	4	5	6	7	8
饮水量	自由饮水	40～50	45～55	55～65	65～75	75～85	85～90

【注意】将饮水器均匀放在光亮温暖、靠近料盘的地方。保证饮水器中经常有水，发现饮水器中无水，立即加水，不要待所有饮水器无水时再加水（雏鸡有定位饮水习惯），避免鸡群缺水后的暴饮。饮用药水药量要准确，现用现配，以免失效。经常刷洗饮水器水盘，保持干净卫生。饮水免疫的前后 2 天，饮用水和饮水器不能含有消毒剂，否则会降低疫苗效果，甚至使疫苗失效。认真观察雏鸡是否都能饮到水，饮不到水要查找原因，立即解决。若饮水器少，要增加饮水器数量；若光线暗或不均匀，要增加光线强度；若温度不适宜，要调整温度。

（2）雏鸡的开食　雏鸡第一次饲喂叫开食。雏鸡要适时开食，即大约 1/3 雏鸡有觅食行为时可开食。一般是幼雏进入育雏舍，休息、饮水后就可开食。最重要的是保证雏鸡出壳后尽快学会采食，学会采食时间越早，采食的饲料越多，越有利于早期生长和体重达标。

① 开食用具和饲料。最适合开食的用具是大而扁平的容器或料盘。因其面积大，雏鸡容易接触到饲料和采食饲料，有利于学会采食。1 周后使用料桶饲喂干粉料。及早将料桶放入舍内并放入饲料让雏鸡适应。开食料用蛋小鸡配合饲料（图 5-28），为保证雏鸡体重达标，有的蛋鸡场在育雏 1～2 周使用蛋小鸡强化饲料，营养浓度更高。

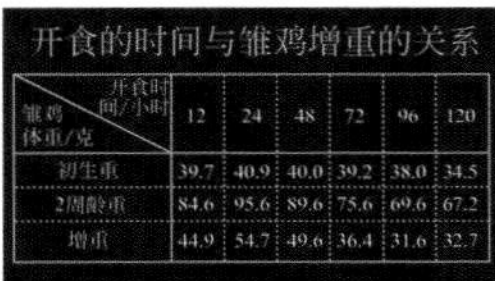
开食的时间与雏鸡增重的关系

雏鸡体重/克 \ 开食时间/小时	12	24	48	72	96	120
初生重	39.7	40.9	40.0	39.2	38.0	34.5
2周龄重	84.6	95.6	89.6	75.6	69.6	67.2
增重	44.9	54.7	49.6	36.4	31.6	32.7

图 5-28　开食盘（中）；料桶和饲料（右）

② 开食方法。将开食料用温水拌湿（手握成块一松即散），撒在开食盘。湿拌料适口性好，获取营养物质全面。或将开食料拌湿撒在黄纸上让鸡采食（图 5-29）。

图 5-29　料放入开食盘内（左）或撒在黄纸上（右）饲喂

【提示】对不采食的雏鸡群要人工诱导其采食，即用食指轻敲纸面或食盘，发出小鸡啄食的声响，诱导雏鸡跟着手指啄食，有一部分小鸡啄食，很快会使全群采食。开食后，第一天喂料要少添勤加，每 1～2 小时添料一次，添料的过程也是诱导雏鸡采食的一种措施。

【注意】开食后要注意观察雏鸡的采食情况，保证每只雏鸡都吃到饲料，尽早学会采食。开食几小时后，雏鸡的嗉囊应是饱的，若不饱应检查其原因（如光线太弱或不均匀、食盘太少或撒料不匀、温度不适宜、体质弱或其他情况）并加以解决和纠正。开食好的雏鸡采食积极、速度快，采食量逐日增加。

（3）雏鸡的饲喂

① 饲喂次数。1～2 周每天喂 6 次，其中早晨 5 点和晚上 10 点各有 1 次；3～4 周每天喂 5 次；5 周以后每天喂 4 次。

图 5-30 雏鸡自由采食

② 饲喂方法。前两周每次饲喂不宜过饱。幼雏贪吃，容易采食过量，引起消化不良，一般每次采食九成饱即可，采食时间约 45 分钟。三周以后可以自由采食（图 5-30），每天饲喂量参考表 5-4。生产中要根据鸡的采食情况灵活掌握喂料量，既要保证雏鸡吃好，获得充足营养，又要避免饲料的浪费。

表 5-4 不同品种雏鸡的参考喂料量

周龄	白壳蛋鸡		褐壳蛋鸡	
	给料量 /［克 /（天·只）］	体重范围 / 克	给料量 /［克 /（天·只）］	体重范围 / 克
1	13	50 ～ 70	13	80 ～ 100
2	16	100 ～ 140	24	130 ～ 150
3	19	160 ～ 200	29	180 ～ 220
4	29	220 ～ 280	35	250 ～ 310
5	38	290 ～ 350	40	360 ～ 440
6	41	350 ～ 430	45	470 ～ 570

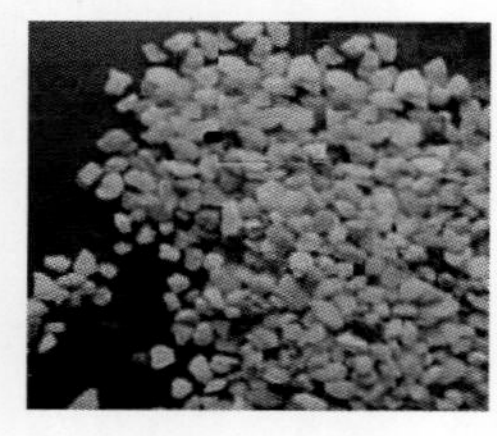
图 5-31 沙砾

③ 定期饲喂沙砾。鸡无牙齿，食物靠肌胃蠕动和胃内沙砾研磨。4 周龄时，每 100 只鸡喂 250 克中等大小的不溶性沙砾（不溶性是指不溶于盐酸，可以将沙砾放入盛有盐酸的烧杯中，如果有气泡说明是可溶性的），见图 5-31。

6. 雏鸡的管理

（1）提供适宜的环境条件

① 适宜的温度。温度不仅影响雏鸡的体温调节、运动、采食、饮水及饲料营养消化吸收和休息等生理环节，还影响机体的代谢、抗体产生、体质状况等。温度是育雏的首要条件，是育雏成败的关键，温度适宜有利于提高雏鸡的成活率，促进雏鸡的生

长发育。育雏温度随着日龄增加逐渐降低，直至脱温。

不同周龄雏鸡的适宜温度见表 5-5。不同温度状态下雏鸡表现示意图见图 5-32。

表 5-5 不同周龄雏鸡的适宜温度

周龄	1 ～ 2 天	1	2	3	4	5	6
温度 /℃	35 ～ 33	33 ～ 30	30 ～ 28	28 ～ 26	26 ～ 24	24 ～ 21	21 ～ 18

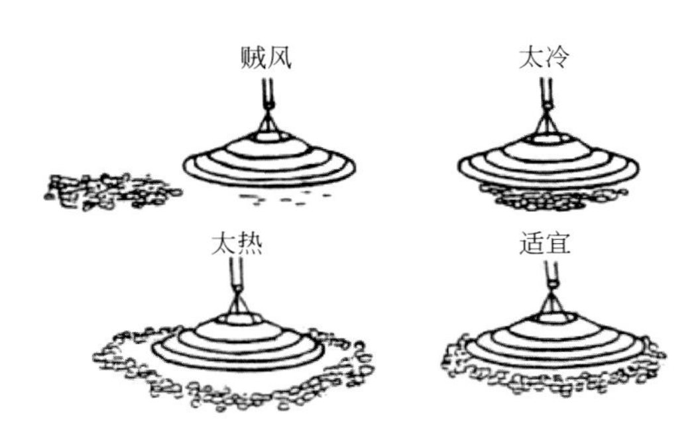

图 5-32 不同温度状态下雏鸡表现示意图

温度适宜时，雏鸡分布均匀，食欲良好，饮水适度，精神活泼，叫声轻快，羽毛光洁整齐，粪便正常。饱食后休息均匀地分布在保姆伞周围或地面、网面上，头颈伸直，睡姿安详，见图 5-33。育雏温度低时，雏鸡扎堆易挤压窒息死亡，尽量靠近热源，不愿采食，饮水减少，发出尖叫声。幼雏易患感冒、腹泻等疾病，尚未吸收完的卵黄也因低温而不能正常继续吸收，腹部大硬，鸡体软弱，甚至死亡。育雏温度高时，雏鸡两翅和嘴张开，呼吸快，发出“吱吱”的鸣叫声，采食少，饮水多，精神差，远离热源。若长时间处于高温环境，不食，频繁饮水，体质弱，易患呼吸道疾病和啄癖（图 5-34）。

【小技巧】可根据幼雏的体质、时间、群体情况等给予温度调整，使温度适宜均衡，变化小。一般出壳到 2 日龄温度稍高，以后每周降低 2℃，直至 20℃左右。白天雏鸡活动时，温度可稍低，夜晚雏鸡休息时，温度可稍高；周初比周末温度可稍高；

健雏稍低，病弱雏稍高；大群稍低，小群稍高；晴朗天稍低，阴雨天稍高。

图 5-33 温度适宜时雏鸡状态（左：刚出壳雏鸡；右：15 日龄雏鸡）

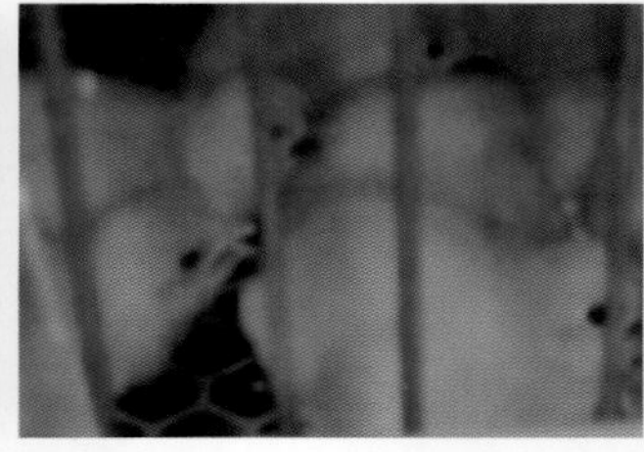

图 5-34 低温时雏鸡拥挤叠堆（左）；高温时雏鸡张口喘气（右）

测量温度用普通温度计即可，温度计的位置直接影响到育雏温度的准确性，温度计位置过高测得的温度比要求的育雏温度低而影响育雏效果的情况在生产中常有出现。保姆伞育雏，温度计位置是距伞边缘 15 厘米，距地面高度与鸡背相平（大约距地面 5 厘米）；地面、网上和笼育育雏，温度计挂在距地面、网面和每层笼底网 5 厘米高处，见图 5-35。

图 5-35 不同育雏方式温度计位置

【注意】育雏前对温度计进行校正，做上记号。育雏过程中，根据雏鸡的行为表现进行适当的调整，即“看雏施温”。当舍内外温差不大时可脱去温度，脱温要逐渐进行（3~5天），防止太快而引起雏鸡感冒，避开各种逆境（免疫、转群、寒潮、换料等）。

② 适宜的湿度。适宜的湿度雏鸡感到舒适，有利于健康和生长发育。育雏舍内过于干燥，雏鸡体内水分随着呼吸而大量散发，则腹腔内的剩余卵黄吸收困难，同时由于干燥饮水过多，易引起腹泻，脚爪发干，羽毛生长缓慢，体质瘦弱。育雏舍内过于潮湿，由于育雏温度较高，且育雏舍内水源多，容易造成高温高湿环境，在此环境中，雏鸡闷热不适，呼吸困难，羽毛凌乱污秽，易患呼吸道疾病，增加死亡率。测定湿度用干湿温度计（图5-36）。育雏前期为防止雏鸡脱水，相对湿度较高，为70%~75%，可以在舍内火炉上放置水壶、在舍内喷热水等提高湿度；10~20天，相对湿度降到65%左右；20日龄以后，由于雏鸡采食量、饮水量、排泄量增加，育雏舍易潮湿，所以要加强通风，更换潮湿的垫料和清理粪便，以保证舍内相对湿度在40%~55%。

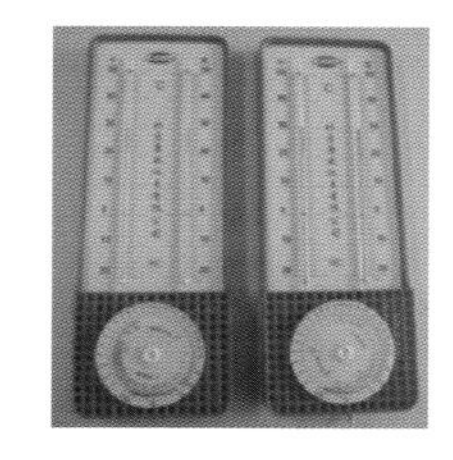

图5-36　干湿温度计

③ 新鲜的空气。通过通风换气可以驱除舍内污浊气体、水汽、尘埃和微生物，换进新鲜空气，调节舍内温度。

育雏舍既要保温，又要注意通风换气，保温与通气是矛盾的，应在保温的前提下，进行适量通风换气。通风换气的方法有自然通风和机械通风两种，自然通风的具体做法是：在育雏室设通风窗，气温高时，尽量打开通风窗（或通气孔），气温低时把它关好；机械通风多用于规模较大的养鸡场，可根据育雏舍的面积和所饲养雏鸡数量，选购和安装风机。育雏舍内空气是否新鲜，以人进到舍内不刺激鼻、眼，不觉胸闷为适宜。在通风要求上，各种有害气体含量不能超过以下浓度：二氧化碳（CO_2）空气中正常含量为0.03%，育雏舍内不应超过0.05%；氨气（NH_3）不应超过 0.002%； 硫化氢（H_2S）不超过 0.001%； 一氧化碳（CO）不超过 0.0024%。育雏前期，注意保温，通风量少些；育雏后期，舍内空气容易污浊，应增加通风量。通风时要切忌间隙风，以免雏鸡着凉感冒。

④ 适宜的饲养密度。饲养密度过大，雏鸡易扎堆拥挤，发育不均匀，易发生疾病，死亡率高。不同饲养方式的饲养密度见表 5-6。

表 5-6　不同饲养方式的饲养密度

周龄	地面平养 /（只 / 平方米）	网上平养 /（只 / 平方米）	立体笼养 /（只 / 平方米）
1 ～ 2	40 ～ 35	50 ～ 40	60
3 ～ 4	35 ～ 25	40 ～ 30	40
5 ～ 6	25 ～ 20	25	35
7 ～ 8	20 ～ 15	20	30

⑤ 合理的光照。育雏 1～3 天，每天 23～24 小时光照，光照强度 30～40 勒克司，使雏鸡尽快适应和熟悉环境，尽早学会饮水采食。以后按照光照方案进行光照。

⑥ 卫生。雏鸡体小质弱，对环境的适应力和抗病力都很差，容易发病，特别是传染病。所以要加强入舍前的育雏舍消毒，加强环境和出入人员、用具设备消毒，经常带鸡消毒，并封闭育雏，做好隔离。

（2）让雏鸡尽快熟悉环境 育雏器周围最好加上护栏（冬季用板材，夏季用金属网），以防雏鸡远离热源，随着日龄增加，逐渐扩大护栏面积或移去护栏（图 5-37）。育雏伞育雏时，伞内要安装一个小的白光灯或红光灯以使雏鸡熟悉环境，2～3 天雏鸡熟悉热源后方可去掉。

图 5-37　保姆伞下育雏区的护栏

暖房式加温的育雏舍，在育雏前期可以把雏鸡固定在一个较小的范围内，这样可以提高饲槽和饮水器的密度，有利于雏鸡学会采食和饮水。同时，育雏空间较小，有利于保持育雏温度和节约燃料。笼养时，育雏的前两周内笼底要铺上厚实粗糙并有良好吸湿性的纸张，这样笼底平整，易于保持育雏温度，雏鸡活动舒适。

（3）垫料管理　地面平养要铺设垫料，开始垫料厚度为 5 厘米，3 周内保持垫料稍微潮湿，不能过于干燥，否则易引起脱水，以后保持垫料干燥，其湿度为 25%。加强靠近热源垫料的管理，因鸡只常逗留于此，易污浊潮湿。垫料污浊、潮湿时要及时更换，可以减少霉菌感染。未发生传染病的情况下，潮湿的垫料在阳光下干燥暴晒（最好消毒）后可以重复利用。

（4）加强对弱雏的管理　随着日龄增加，雏鸡群内会出现体质瘦弱的个体。注意及时挑出小鸡、弱鸡和病鸡，隔离饲养，精心管理，以期跟上整个鸡群的发育。随着体格增大，占用的空间也大，要注意扩大饲养范围，降低饲养密度，并满足对饲槽和水槽的需求。

（5）断喙　断喙可防止啄癖、节省饲料，使鸡群发育整齐。蛋用雏鸡一般在 8～10 日龄断喙（断喙时间晚，喙质硬，不好断；断喙过早，雏鸡体质弱，适应能力差，都会引起较严重的应激反应），可在以后转群或上笼时补断。

① 断喙标准。断去上喙长度的 1/2、下喙长度的 1/3（图 5-38）。

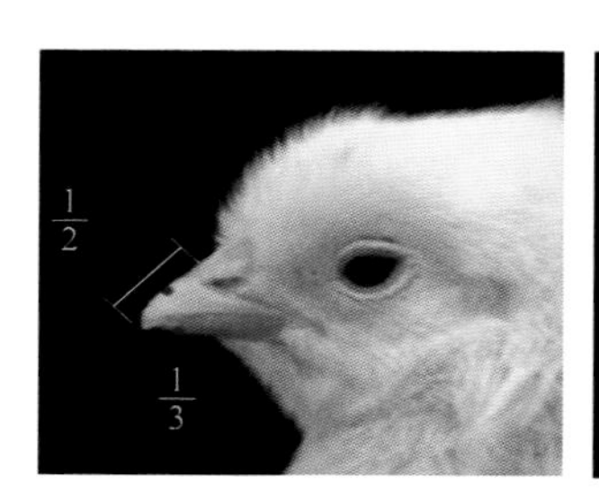

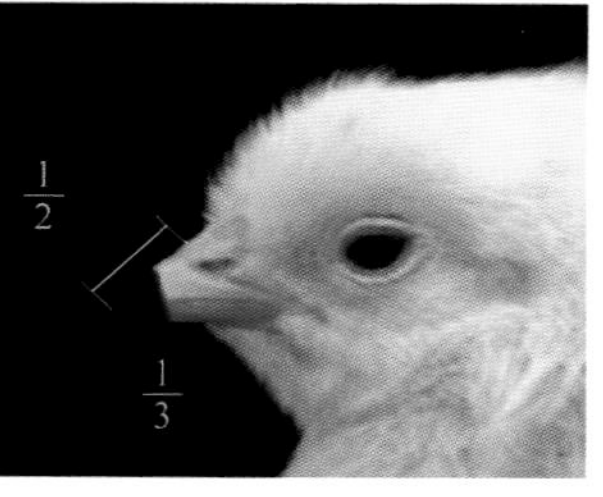

图 5-38　断喙标准

② 断喙方法。用拇指捏住鸡头后部，食指捏住下喙咽喉部，将上下喙合拢，放入断喙器的小孔内，借助灼热的刀片，切除鸡上下喙的一部分，断喙刀片灼烧组织可防止出血（图 5-39、图 5-40）。

图 5-39 断喙操作、断喙后的雏鸡和断喙效果

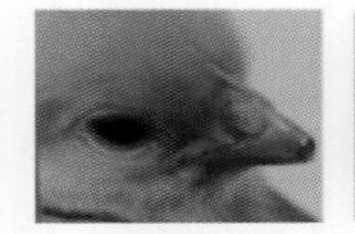
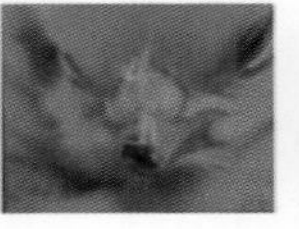
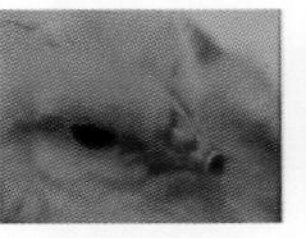

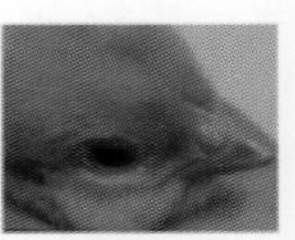

断喙良好 偏向一侧 断喙温度过高 断喙过多 断喙过少

图 5-40 正常断喙与异常断喙比较

③ 断喙注意事项。一是断喙要标准。二是刀片温度以650～750℃为宜（断喙器刀片呈暗红色）。温度太高，会将喙烫软变形；温度低，断不掉喙，即使断去也会引起出血、感染。三是鸡群发病期间不能断喙，待痊愈后再断喙。在免疫期间最好不进行断喙，避免影响抗体生成，有的鸡场为了减少抓鸡次数，在断喙同时进行免疫接种，但应在饮水或饲料中添加足量的抗应激剂。四是断喙后食槽应有 1～2 厘米厚的饲料，以避免雏鸡采食时与槽底接触引起喙痛影响以后采食（图 5-41）。五是在断喙前后 3 天，料内加维生素 K，每千克饲料中加 5 毫克，防止断喙后出血。六是断喙器保持清洁，以防断喙时交叉感染。

图 5-41 断喙后料槽中有较厚的饲料

（6）注意观察鸡群

健康鸡和不健康鸡的表现见表 5-7。

表 5-7 健康鸡和不健康鸡的表现

项目	健康鸡	不健康鸡
采食情况	鸡群采食积极，食欲旺盛。触摸嗉囊饱满	不食或采食不积极

续表

项目	健康鸡	不健康鸡
精神状态	活泼好动	呆立一边或离群独卧，低头垂翅
呼吸情况	无咳嗽、流鼻涕、呼吸困难症状，晚上蹲在鸡舍内静听雏鸡呼吸音，安静，听不到异常声音	有咳嗽、流鼻涕、呼吸困难症状，有异常声音
粪便检查	多为不干不湿黑色圆锥状，顶端有少量尿酸盐沉着	有异常粪便

7. 育雏中的问题分析及解决措施

（1）育雏期体重不达标，群体均匀度差

① 原因

● 饲养问题。饲料营养浓度低、饲料原料质量差，开食和饮水过晚。

● 环境因素。鸡群密度大、空气质量差、育雏温度不适宜、照明时间过短及光线不均匀导致采食时间短和采食不均匀。

● 断喙失误。部分鸡只断喙过度。

● 疾病。感染球虫病、大肠杆菌病、鸡白痢及发生新城疫、传染性支气管炎、传染性法氏囊病等。

② 解决措施

● 加强饲养。选择优质的雏鸡饲料，1～2 周龄最好饲喂雏鸡强化饲料。雏鸡出壳后 24～36 小时内饮水和开食，饲料和饮水中添加适量抗应激剂。开食饮水越早，越有利于雏鸡生长发育。

● 适宜环境条件。保证育雏舍温度适宜、光照合理、通风适量，避免饲养密度过大，保证充足的饲喂和饮水位置。

● 断喙管理。雏鸡断喙要标准，并加强断喙前后管理，尽量降低对雏鸡的应激。

● 预防疾病。加强隔离、卫生、消毒和免疫，定期使用药物，避免疾病发生。

（2）育雏期死亡率高

① 原因

● 细菌感染。以雏鸡白痢、脐炎、大肠杆菌感染为主，大多是由种鸡垂直感染。

● 病毒感染。如传染性法氏囊病、传染性支气管炎等，主要是因为种鸡免疫程序不合理，雏鸡母源抗体水平过低。

● 环境因素。温度不适宜、忽高忽低、昼夜温差大，导致雏鸡腹泻。

● 管理因素。出壳时间过长，路途运输时间长或运输不良，开食饮水不好等导致脱水。

② 解决措施

● 选择洁净、免疫科学、信誉高的种鸡场进雏鸡。

● 控制好育雏条件，特别是育雏温度。

● 育雏期间在饲料或饮水中添加抗生素和抗应激剂。

三、育成鸡的饲养管理

育成期的饲养管理直接影响到育成新母鸡（养育到 18～20 周龄的育成鸡）的质量，影响以后生产性能的发挥、饲料转化率、死亡淘汰率和经济效益。育成期的饲养管理重点是培育出体型符合标准、均匀整齐、体质健壮的优质育成新母鸡群。

1. 育成鸡的生理特点

育成鸡生长发育迅速，是骨骼、肌肉发育的重要时期；羽毛丰满，体温调节机能健全；消化系统逐渐完善，消化能力增强；免疫器官逐渐发育成熟，抵抗力增强；10 周龄后性器官发育迅速（图 5-42）。

图 5-42　育成鸡（左：网上平养；右：笼养）

2. 育成鸡的培育目标

育成鸡的培育目标见图 5-43。

图 5-43　均匀一致健壮的鸡群

3. 育成鸡的饲养

（1）饮水　育成鸡饮用水要清洁、充足。饮水器不漏水，不堵塞。每天注意消毒。

（2）喂料　育成期一般每天饲喂 1～2 次。育成期需要更换饲料 2～3 次（图 5-44），饲料更换要有 3～4 天的过渡期，饲料更换程序见表 5-8。

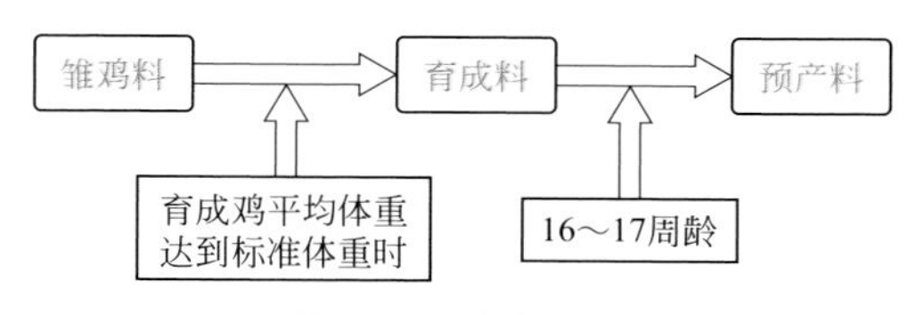

图 5-44　饲料更换

表 5-8　饲料更换程序

饲料种类	第一天	第二天	第三天	第四天
育雏料	2/3	1/2	1/3	0
育成料	1/3	1/2	2/3	1

【注意】喂料量根据鸡群的体重发育情况掌握。如果体重超标，可进行适当的限制饲养；体重符合或达不到标准，应自由采食。为保证鸡采食均匀，饲喂用具要充足。

（3）定期补充沙砾　8周龄后，垫料平养，每100只鸡每周补充450～500克沙砾，网上平养和笼养，每100只鸡每4～6周补充450～500克沙砾，粒径为3～4毫米，一天用完（表5-9）。沙砾可拌入日粮，也可单独放在沙槽内。喂前冲洗干净，用0.01%高锰酸钾溶液消毒。

表5-9　沙砾补充表

沙砾	5～8周龄	9～12周龄	13～20周龄
补充量/（克/只）	4.5	9	11
粒度/毫米	1	3	3

（4）育成后期的限制饲养

① 限制饲养的目的。限制饲养可以使体成熟和性成熟适时化和同期化，产蛋率上升快，产蛋高峰高；节省饲料，降低饲养成本；产蛋期死亡淘汰率低，饲料报酬好。

② 限制饲养的起止时间。育成期根据鸡群体重情况在7～8周龄开始限制饲喂，17～18周龄停止限制饲喂。

③ 限食方法。一是量的限制。根据标准的体重和饲喂量，对照实测体重确定。限制量为自由采食量的7%～8%（轻型）或10%～15%（中型）。此法操作简便。二是质的限制。限制日粮中的能量、蛋白质或赖氨酸的水平，使生长速度变慢，性成熟延缓。三是规定每天的喂料时间，其余时间封闭或吊起料桶或料槽。这种方法操作较难，若操作不当，容易导致鸡群均匀度变差。

图5-45　限制饲养饮水采食位置充足

【注意】当育成期体重超标时，可以适当限制饲养，否则，不能限饲。限制饲养饮食位置充足（料槽8～13厘米/只或料桶4～6厘米/只，饮水位置2.5～5厘米/只）（图5-45），布料快速而均匀，每天加料1次或2次。

4. 育成期的日常管理

虽然育成鸡的适应力和抗病力较强，但管理也不能疏忽。生产中由于不重视育成期管理而影响以后生产性能发挥的情况也不少见。

（1）注意观察　每天认真观察鸡群，及时发现异常情况，把隐患消灭在萌芽状态。

（2）合理分群　进行适当的分群，做到公母分开饲养，强弱分开饲养，大小分开饲养。鸡群不要过大，一般每群以1000～2000只为宜。及时淘汰体重过小、瘦弱、残疾、畸形等无饲养价值的鸡，降低育成鸡的培育费用。

（3）加强卫生防疫　及时清理舍内的污物、污水和粪便，保持舍内干燥清洁；定期带鸡消毒（每周2～3次）、对环境和用具消毒，同时注意经常更换消毒药；按照防疫程序进行确切的免疫接种。

（4）维持适宜环境　适宜温度是15～21℃，注意防暑和防寒；适量通风，保持舍内空气新鲜，避免呼吸道疾病的发生；注意舍内卫生，每周带鸡消毒1～2次；保持适宜的饲养密度。无论平面饲养还是笼养，要使鸡群发育均匀，必须有适宜的饲养密度。不同品种、不同的饲养方式，要求的饲养密度不同，见表5-10。

表5-10　不同品种、不同饲养方式的饲养密度　　单位：只/平方米

品种	地面平养	网上平养	网上-地面结合饲养	笼养
白壳蛋鸡	8.5	11.5	9.5	30
褐壳蛋鸡	6.5	9.5	8.5	25
轻型蛋种鸡	5.5	9	7.5	20
中型蛋种鸡	4.5	7	6	15

（5）做好记录　记录可以告诉管理者过去发生的事情，并帮助规划未来，可以总结经验，吸取教训，提高管理水平。记录的内容主要有：入舍的数量、品种、周龄（日龄）、日期，鸡的死亡、淘汰、存栏等变动情况，饲喂方案和光照管理方案，防疫和

用药情况以及鸡群生长发育情况（测定的体重、胫长及计算结果）。

5. 育成鸡的光照管理

（1）光照的作用　光照影响鸡的采食、生长发育、性成熟和成活率。

（2）光照的时间　密闭舍光照程序：第一周 23 小时光照，以后每周减少 1 小时，10 周龄减为 10 小时，其后保持恒定，到达性成熟体重时再延长光照时数。开放舍光照程序见表 5-11。

表 5-11　开放舍光照程序

4 月 1 日至 9 月 15 日出壳的雏鸡		9 月 16 日至次年 3 月 31 日出壳的雏鸡	
日龄	光照时数	日龄	光照时数
1 ～ 3	23 小时	1 ～ 3	23 小时
4 ～ 14	由 23 小时逐渐减至自然光照	4 ～ 14	由 23 小时逐渐减出壳至 18 周龄这段时间外界最长的自然光照时数
15 ～ 126	自然光照	15 ～ 126	按出壳至 18 周龄最长光照时数恒定光照
127 日龄以后	逐渐增加至 16 小时	127 日龄以后	逐渐增加至 16 小时

（3）光照强度　光照强度如图 5-46。

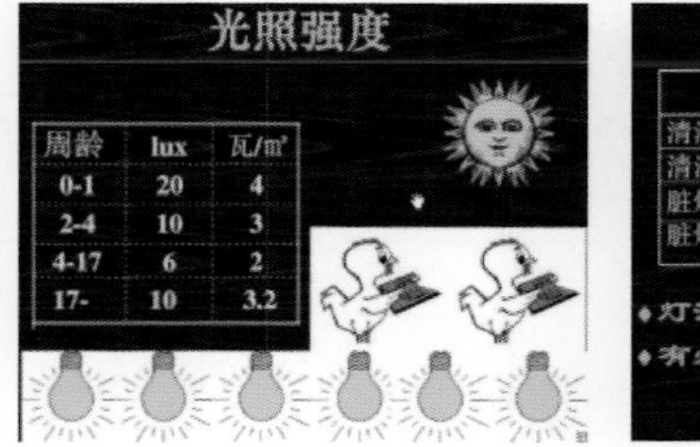

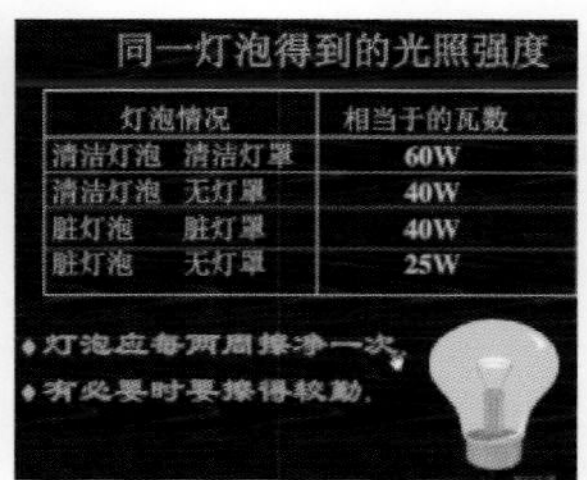

图 5-46　光照强度

【注意】育雏育成期光照时数绝对不能延长，产蛋期光照时数绝对不能缩短。

6. 体型及均匀度的管理

（1）体型管理　体重指标反映了鸡的体重增加情况，胫长指标反映了鸡的骨骼发育情况，二者综合构成了鸡的体型指标，可以全面准确地反映鸡的发育情况。体型良好的鸡群，即体重和胫长指标都符合标准的鸡，骨骼和体重协调增长，内部器官发育充分，以后才会有很好的生产性能。

① 体重和胫长标准。体重和胫长标准是育种场家在育种过程中得出的能产生最佳生物学指标和经济效益的体重和胫长指标。不同品种有不同体重和胫长标准，可以通过该品种的指导手册查到。如伊莎褐壳母鸡体重、胫骨长度见表 5-12。

表 5-12　伊莎褐壳母鸡体重、胫骨长度

周龄	体重 / 克	胫长 / 毫米	周龄	体重 / 克	胫长 / 毫米
1	70		2	114	
4	280		6	360	
8	620	72	10	810	85
12	935	94	14	1105	98
16	1280	100	18	1450	101
20	1450	101	20	1620	101

② 测定方法。称重时，磅秤要精确，误差在 15 克之内。为便于称重，可将鸡放于桶状容器内称重，称重后测定胫骨长度，见图 5-47。

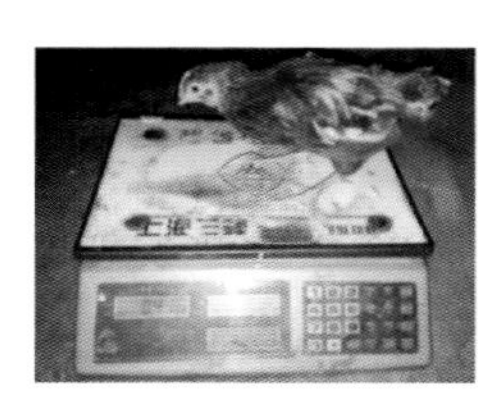
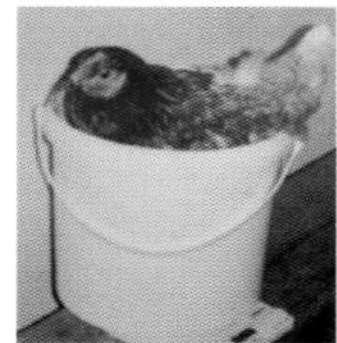
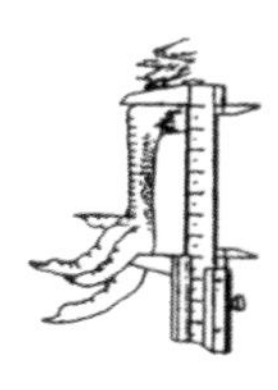
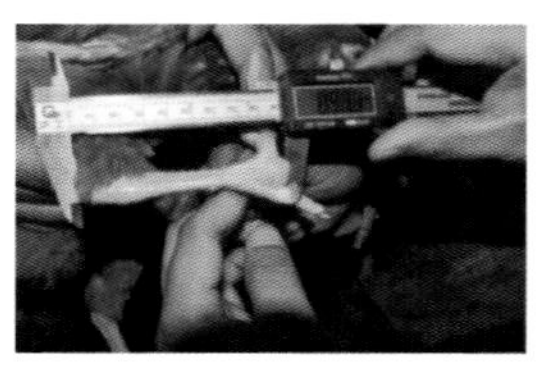

图 5-47　称重（左 1、左 2）；测定胫长（右 2、右 1）

【注意】第 3～4 周龄开始称测体重和胫长；抽测鸡数不少于 1%，最少称测 80 只鸡；随机取样，逐只称测；每周的同一天，在一天的同一时间称测；编号记录体重和胫长。

③ 计算。计算公式如下：

平均体重 = 所称鸡的总体重 ÷ 所称鸡的只数

平均胫长 = 所称鸡的总胫长 ÷ 所称鸡的只数

④ 调整。如果称测后与标准不符，要着手进行调整。

▲胫长达标情况下，体重超出标准，下周不增加喂料量，直至与标准相符再恢复喂料量；体重低于标准，下周增加喂料量，平均体重与标准相差多少克，增加多少克饲料，并在 2～3 周内添完。

▲胫长不达标，体重达标，说明骨骼发育落后于体重增加，增加饲料中维生素、微量元素和矿物质的含量；体重也不达标，缓慢增加喂料量或提高日粮营养水平。

▲如果多次调整后体重仍不达标，则应检查日粮，选择优质日粮或提高营养含量。

（2）均匀度管理　均匀度是指鸡群的均匀程度。体重均匀度是指体重在鸡群平均体重 ±10% 范围内的鸡占鸡群总数的百分比，见图 5-48。

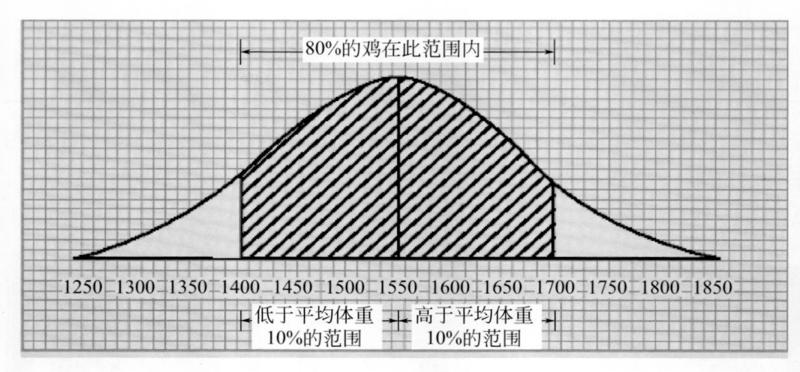

图 5-48　体重均匀度分布

① 均匀度的重要性。见图 5-49。

② 均匀度的计算方法

▲ 体重均匀度 = [（平均体重 ±10% 范围内鸡的只数）÷ 鸡群总数]×100%

▲ 胫长均匀度 =[（平均胫长 ±5% 范围内鸡的只数）÷ 鸡

群总数]×100%

图 5-49　均匀度的重要性

③ 均匀度标准。见表 5-13。

表 5-13　均匀度标准

体重均匀度	胫长均匀度	评价	表现
＞ 80%	≥ 90%	良好	鸡群开产整齐，产蛋高峰上得快，高峰明显且持续时间长，死亡淘汰率低，饲料报酬好
75% ～ 80%		合格	鸡群按时开产，产蛋高峰、高峰持续时间、死亡淘汰率、饲料报酬等指标正常
＜ 75%		差	鸡群开产不整齐，产蛋高峰不明显或高峰迟、持续时间短，脱肛、啄肛多，死淘率高，饲料报酬差

④ 影响均匀度的因素。影响均匀度的因素主要有：饲养密度（每平方米饲养数量）、饲料粒度（挑食）、料线长度及水平度、水线长度及是否能顺畅饮水、断喙质量、应激因素（疾病、免疫）、遗传背景、管理（开食饮水、称重、分群和环境温度）。

⑤ 控制措施。一是定期称重、检测均匀度。二是科学管理，如正确断喙、保持鸡舍空气新鲜、适宜密度、减少应激及疾病控制等。三是保证采食均匀，采食位置充足、减少投料次数、快速投料及喂料后多次匀料等。四是分群管理，把鸡群内的鸡分为超标、达标和不达标三个群，隔开饲养管理。超标的限制饲养；达标的正常饲养；不达标的提高营养水平，增加喂料量，使用抗生素、助消化剂和抗应激剂等，促进生长发育，尽快达标。

四、产蛋鸡的饲养管理

雏鸡养到 20 周左右进入产蛋期，到 72～76 周龄产蛋结束。经过育雏育成期大量投入和辛勤的劳动，进入产蛋期，开始生产产品，获得收益。通过产蛋期精心的饲养管理，鸡群保持较高的生产性能、较低的死亡率和较好的饲料报酬，以获得良好的经济效益。

1. 产蛋期的生理特点

（1）对营养需求量较多　开产后体重还要增加，产蛋率提高，蛋重增大，需要较多的营养物质。产蛋不同阶段，对营养物质消化利用和需要不同。

（2）对环境变化敏感　产蛋期对环境变化非常敏感，饲料变化、环境（温度、湿度、光照、通风、密度）改变等，都会造成产蛋率的下降。

2. 产蛋期内产蛋变化的规律

母鸡从开始产蛋到产蛋结束（72 周龄左右淘汰），构成了一个产蛋期，如果进行强制换羽，可以利用第二个或第三个产蛋期。鸡群产蛋有一定的规律性，反映在整个产蛋期内产蛋率的变化有一定的模式，用图绘制出来，即所谓产蛋曲线。产蛋曲线及分析见图 5-50。

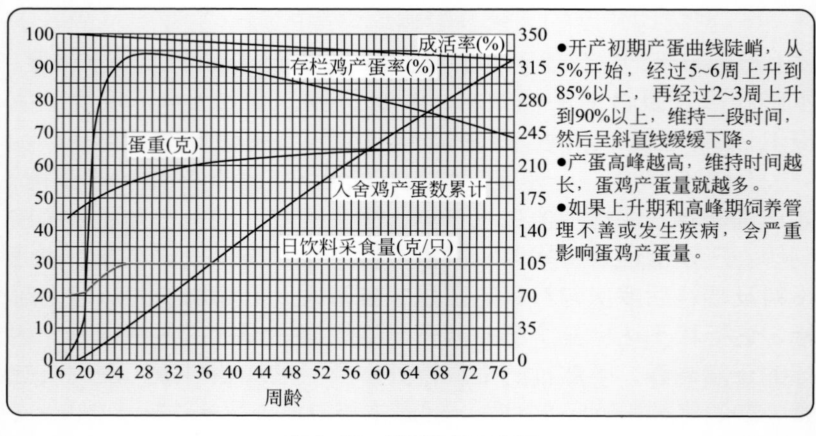

图 5-50　产蛋曲线及分析

3. 开产前的准备

（1）蛋鸡舍的整理和消毒　消毒程序见图 5-51。

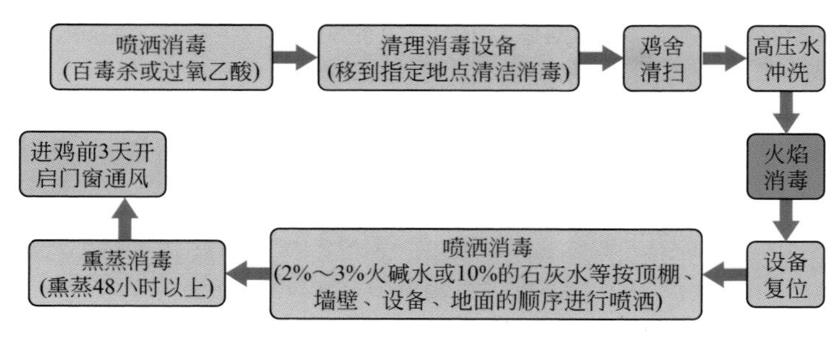

图 5-51　蛋鸡舍的消毒程序

（2）检修鸡舍和设备　转群上笼前对蛋鸡舍进行全面检查和修理。认真检查喂料系统、饮水系统、供电照明系统、通风排水系统和笼具、笼架等设备，如有异常立即维修，保证鸡入笼时完好，可正常使用（图 5-52）。

图 5-52　清洁消毒、设备检修安装好的蛋鸡舍

（3）物品用具准备　所需的各种用具、必需的药品、器械、记录表格和饲料要在入笼前准备好，进行消毒。饲养人员安排好，定人定鸡。

（4）适时转群　转群时间安排在 16～17 周龄。转群前后 2～3 天内，在饲料或饮水中添加多种维生素和抗生素，转群前应断料一顿。转群最好在晚间进行，减少应激。转群前在料槽和水槽中放上料和水，开启照明系统，保持舍内明亮。新母鸡入舍后可以立即吃到饲料和饮到水，以缓解转群的应激。笼养蛋鸡入笼时，把过小鸡装在温度较高、阳光充足的南侧中层笼内，适当提高日粮营养浓度或增加喂料量，促进其生长发育（图 5-53）；平养蛋鸡，应该专门设置一个区域，放置体重不达标的鸡，以便细致管理。

图 5-53　槽中加入料和水（左）；开启照明系统（中）；体重小的鸡放在易于管理的笼内（右）

（5）免疫接种　开产前要进行最后一次免疫接种，以预防产蛋期疫病发生。要按免疫程序进行。疫苗来源可靠，质量保证，保存良好，接种途径适当，接种量准确，接种确切。接种后最好检测抗体水平，检查接种效果，保证鸡体有足够抗体水平防御疫病。

（6）驱虫　开产前做好驱虫工作。100～120 日龄，每千克体重左旋咪唑 20～40 毫克或驱蛔灵 200～300 毫克拌料，每天一次，连用 2 天驱蛔虫。每千克体重硫双二氯酚 100～120 毫克拌料，每天一次，连用 2 天驱绦虫。球虫污染严重时，上笼后连用抗球虫药 5～7 天。

4. 产蛋鸡的饲养

（1）产蛋前期的饲养（17～28 周龄）产蛋上升快，营养应走在前面。蛋鸡自由采食，但给料量也要适宜，保证每天吃饱吃净，这样既保证鸡群有旺盛的食欲，又避免饲料浪费。每天饲喂 2 次，自由饮水。16～18 周龄是鸡体内骨骼沉积钙能力最强的时候，17 周龄开始换上预产期饲料，把日粮中钙含量由 0.9% 提高到 2.5%～3%，使鸡体沉积较多钙，为前期产蛋做准备，避免开产后发生产蛋疲劳症。产蛋率达到 20% 左右时换上高产蛋鸡日粮，饲料更换要有过渡期。从蛋鸡开产到产蛋高峰这段时间至关重要，如果营养跟不上、饮水不足、发生疾病或遭受应激，会严重影响曲线上升（图 5-54）。

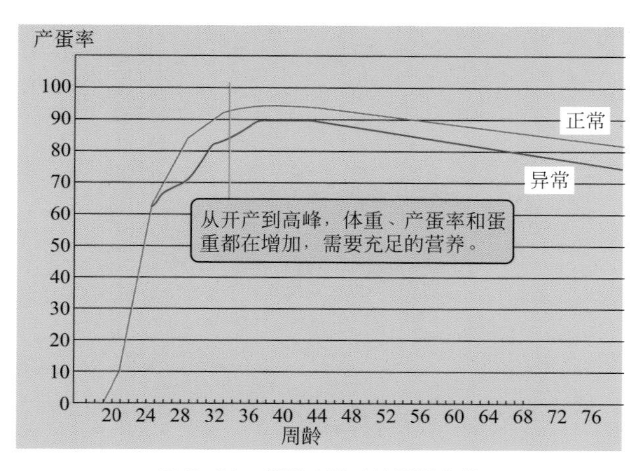

图 5-54　遭受应激时的异常曲线

（2）产蛋高峰期的饲养（29～53 周龄）　产蛋高峰期的特点见图 5-55。产蛋高峰期饲喂高峰期全价日粮，每天饲喂 2 次，喂料时料槽中的料要均匀。鸡的采食量与日粮的能量水平、鸡群健康、环境条件和喂料方法等因素有关。产蛋前期和高峰期自由采食，保证鸡吃饱吃好，又不浪费饲料。喂料量的多少应根据鸡群的采食情况来确定。为保证营养供给，每天早上检查料槽，如果槽底有很薄的料末，说明头天的喂料量是适宜的；如槽底很干净，说明喂料量不足；如果槽底有余料，说明喂料量过多。槽中饲料量不超过槽高的 1/3（图 5-56），避免饲料浪费。

【小技巧】探索性增料技术。鸡群产蛋率上到一定高度不再上升时，为了检验是否由于营养供应问题而影响产蛋率上升，可以采用探索性增料技术来促使产蛋率上升。具体操作是：每只鸡增加 2～3 克饲料，饲喂 1 周，观察产蛋率是否上升，如果没有上升，说明不是营养问题，恢复到原先的喂料量；如果上升，再增加 1～2 克料，再观察 1 周，产蛋率不上升，停止增加饲料。经过几次增料试探，可以保证鸡群不会因为营养问题而影响产蛋率上升。

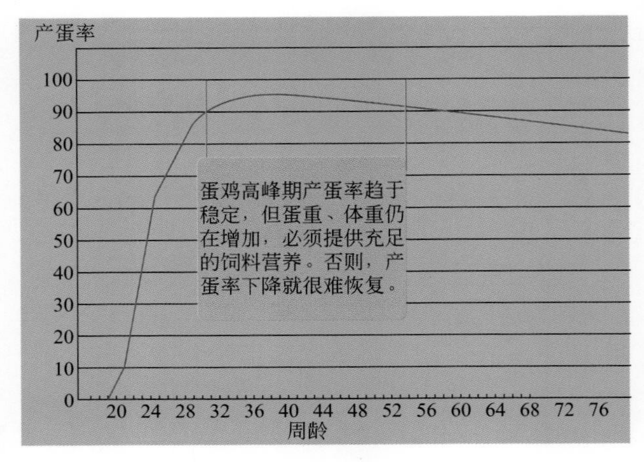

图 5-55　产蛋高峰期的特点

图 5-56　槽中饲料量不超过槽高的 1/3

（3）产蛋后期的饲养（54 周龄至淘汰）　产蛋后期的特点见图 5-57。产蛋后期通过限制饲养、减少饲料消耗，降低生产成本。但生产中，存在不限制饲养和限制不适度的问题。

【小技巧】探索性减料技术。为了适度限制饲养，即既不影响产蛋，又确实节约饲料，采用探索性减料技术。在高峰期喂料量的基础上每只鸡减少 2～3 克料，观察 1 周，产蛋率正常，可以再减 2～3 克，再观察 1 周，产蛋下降正常，可以再减料，如果下降幅度增大，应恢复到产蛋下降前的喂料量。这样在产蛋后期经过 3～5 次的探索调整喂料量，就可以达到适度限制饲养的目的。

【注意】产蛋后期，母鸡利用和沉积钙的能力降低，蛋壳变薄、变脆，易破损。一方面要注意钙质、维生素 D 的补充；另一方面应及时检出破蛋，并且勤检蛋。

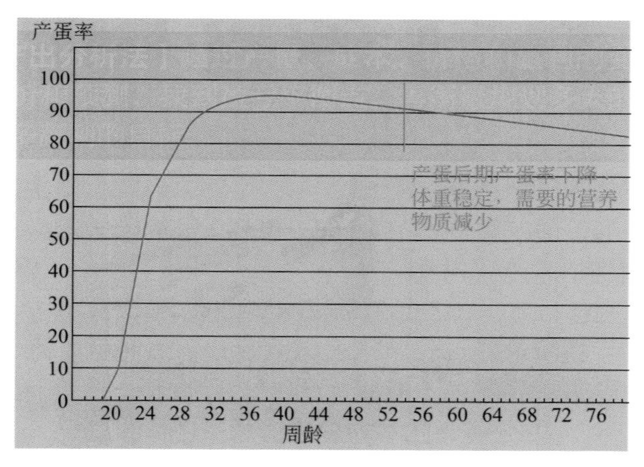

图 5-57　产蛋后期的特点

（4）饮水　水对产蛋和健康有重要影响。蛋鸡产蛋高峰期不限水，饮用的水要洁净卫生。水温 13～18℃，冬季不低于 0℃，夏季不高于 27℃。饮水用具勤清洗消毒。乳头饮水器要定期逐个检查，防止不出水或漏水。

5. 产蛋鸡的管理

（1）日常管理

① 拣蛋。拣蛋次数影响鸡场蛋的破损率。人工拣蛋，产蛋期间每天上午 11 点、下午 2 点和 6 点分别进行拣蛋。拣蛋时要将破蛋、软壳蛋、薄壳蛋、过大蛋等分类放置，以减少破蛋。机械拣蛋，鸡蛋由笼内滚入流蛋槽内，落到输送带上。分拣蛋线的运转速度为每分钟 1～2 米，将蛋送入鸡蛋处理间（图 5-58）。

② 清粪。每天每只鸡要吃进 100～120 克的饲料，喝进 200～400 克的水，每只鸡每天的排粪量为 100～120 克，粪尿在舍内发酵分解会产生大量的有害气体。要勤清粪，机械清粪

（图 5-59）每天一次，人工清粪一般每 2～3 天一次。

图 5-58　人工拣蛋（左）和机械拣蛋（右）

图 5-59　机械清粪

③ 卫生管理。见图 5-60。

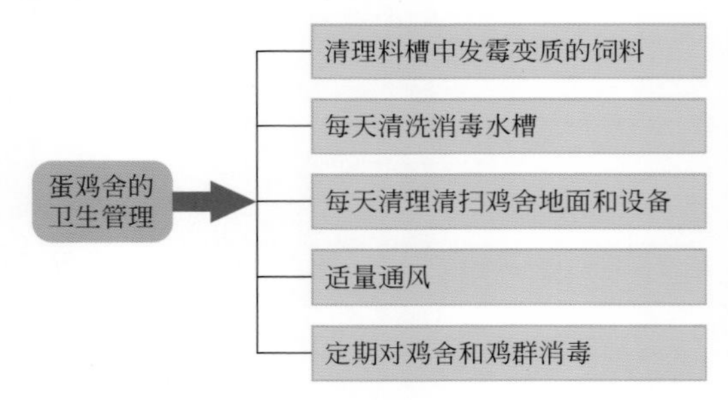

图 5-60　蛋鸡舍的卫生管理

④ 及时淘汰低产鸡。有些病、弱、残鸡，在转群上笼时由于没有及时淘汰，在产蛋期间，不产蛋或产蛋很少。在产蛋期内，由于种种原因还会出现低产鸡、停产鸡和病弱鸡，这些鸡吃料而不下蛋，直接影响鸡场的经济效益。1 只不产蛋鸡可以消耗掉 5～7 只产蛋鸡创造的利润，1 只低产鸡可以消耗掉 3～5 只高产鸡创造的利润。所以应经常观察，及时淘汰病、弱、残鸡和产蛋性能低的鸡。产蛋鸡、低产鸡及停产鸡的鉴别见表 5-14。

表 5-14　产蛋鸡、低产鸡及停产鸡的鉴别

项目	产蛋鸡	低产鸡	停产鸡
头部、冠、肉髯	头大小适中，清秀，顶宽；冠和肉髯大而鲜红，丰满，温润	冠和肉髯小而皱缩，苍白，干燥	头粗大，过长或过短；冠和肉髯小而皱缩，干燥
腹部	容积大，柔软，富弹性	容积小，皱缩，无弹性	小，皱缩，无弹性

续表

项目	产蛋鸡	低产鸡	停产鸡
胸部	宽而深，向前突出，胸骨长而直		发育欠佳，胸骨短而弯曲
两耻骨间距	大，可容 3 指以上	可容 3 指以下	可容 2 指以下
羽毛	陈旧，残缺不全	已换或正换	整齐新洁（已换羽）

⑤ 注意观察鸡群。观察掌握鸡群的健康及产蛋情况，若发现问题，及时采取措施。

观察精神状态。观察鸡的精神状态，及时挑出异常鸡，隔离饲养，如有死鸡，应送给有关技术人员剖检，以及时发现和控制病情。在清晨鸡舍开灯后观察较佳。健康母鸡站立时挺拔，如果一只鸡一只腿长时间站立，可能是因为胃痛（图 5-61）；若蜷缩、闭眼、羽毛蓬松，或蜷缩俯卧，将自己藏起来，则其体况不佳或为病鸡；如用跗关节坐在地上，可能是缺钙（图 5-62）。冠的变化也能反映鸡的健康状况，见图 5-63。

图 5-61　健康的母鸡（左）和胃痛的母鸡（右）

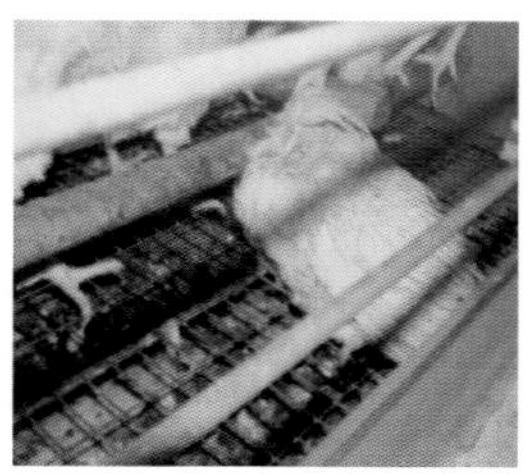

图 5-62　病鸡

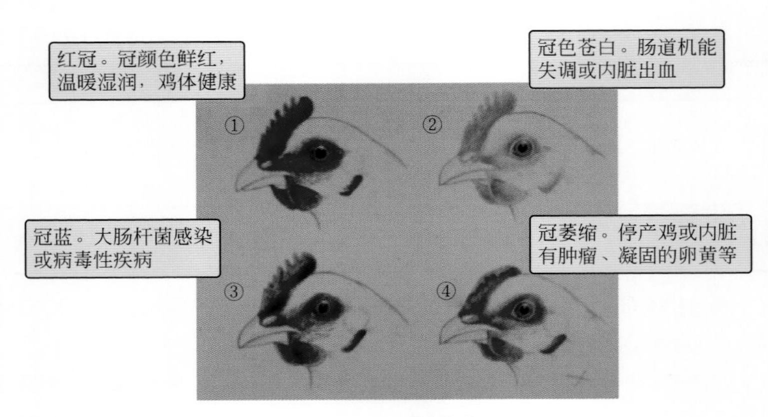

图 5-63　冠的变化

观察采食和粪便。鸡体健康、产蛋正常的成年鸡群，每天的采食量和粪便颜色比较恒定，如果发现剩料过多、鸡群采食量不够、粪便异常等情况，应及时报告技术人员，查出问题发生的原因，并采取相应措施解决。正常的小肠粪干燥，上面覆盖有白色尿酸盐，正常的盲肠粪有光泽、糊状、深绿或深褐色（图 5-64）；粪便不正常，呈现白色乳样、绿色、黄色、橘红色或血便，以及粪便不够结实、太稀、起泡、含有饲料成分或饲料颜色（消化不良）。粪便中的鲜血来源于肠道，鸡粪带血说明鸡群盲肠感染了急性球虫病，见图 5-65。

 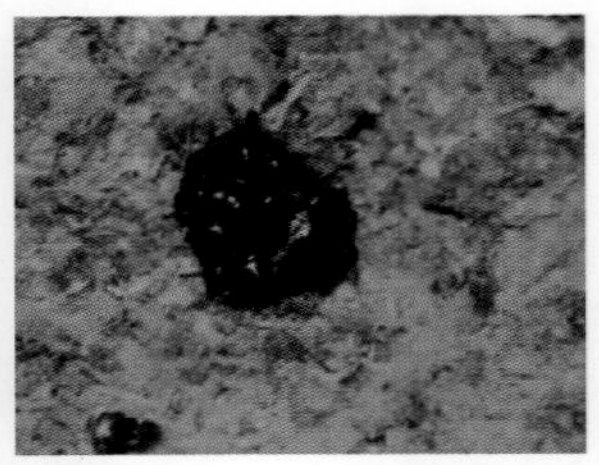

图 5-64　正常的小肠粪（左）和盲肠粪（右）

观察产蛋情况。加强对鸡群产蛋数量、蛋壳质量、蛋的形状及内部质量等方面的观察，可以掌握鸡群的健康状态和生产情况。鸡群的健康和饲养管理出现问题，都会在产蛋方面有所表现。如营养和饮水供给不足、环境条件骤然变化、发生疾病等都能引起产蛋下降和蛋的质量降低。蛋壳的变化及原因分析见图5-66。

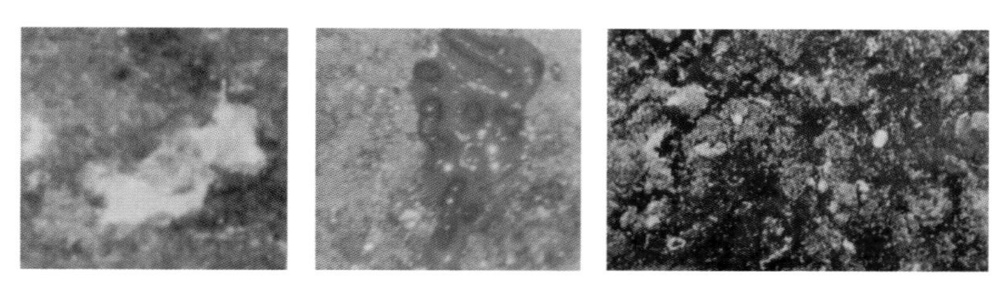

图 5-65　异常的小肠粪便（左）、异常的盲肠粪便（中）和感染急性球虫病的粪便（右）

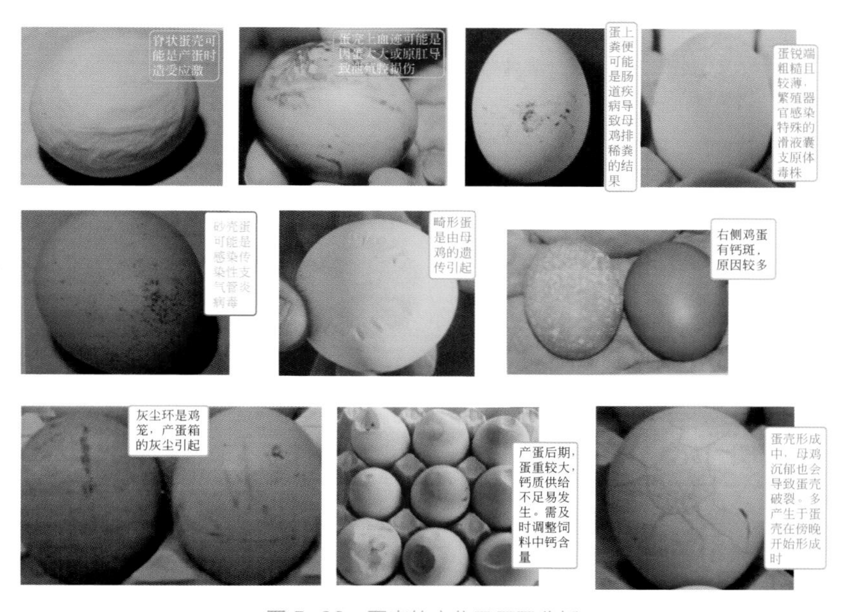

图 5-66　蛋壳的变化及原因分析

观察呼吸道状态。夜间关灯后静听鸡群的呼吸，观察有无异常。如有打呼噜、咳嗽、喷嚏及尖叫声，多为呼吸道疾病或其他传染病，应及时挑出隔离观察，防止扩大传染。

观察鸡舍温度变化。在早春及晚秋季节，气温变化较快，变化幅度大，昼夜温差大，对鸡群的产蛋影响也较大，因而应经常收听天气预报，以便掌控鸡舍温度。

观察其他情况。如有无啄癖，常见的有啄肛、啄羽、啄蛋、啄趾等。发现啄癖鸡，尤其啄肛鸡，应及时挑出，分析发生啄癖的原因，及时采取防制措施。

【提示】鸡每天都有羽毛掉落地上，如果地上羽毛消失，可能是被鸡吃掉，应引起重视，因覆羽和绒羽的颜色不同，啄羽在褐壳蛋鸡中更明显（图 5-67）。鸡群中其他鸡对死鸡很感兴趣，容易诱发鸡的啄癖，应立即清理死鸡。鸡群中会发生啄肛，开始比较轻微，但严重可损伤和死亡。特别是白壳蛋鸡刚开始产蛋阶段，啄肛发生率较高（图 5-68）。

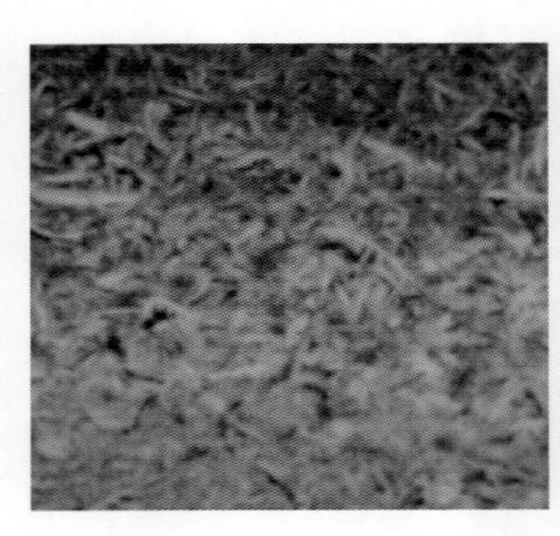

图 5-67　掉落地上的羽毛和褐壳蛋鸡羽毛被啄

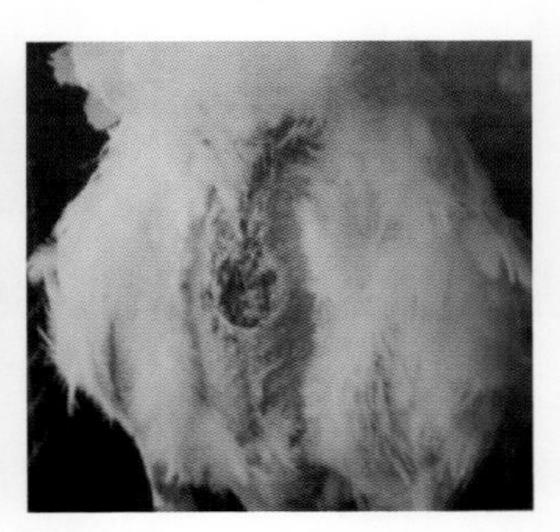

图 5-68　死鸡被啄（左）及啄肛（右）

⑥ 做好生产记录。要管理好鸡群，就必须做好鸡群的生产记录，因为生产记录反映了鸡群的实际生产动态和日常活动的各

种情况，通过查看记录，可及时了解生产，正确地指导生产。为了便于记录和总结，可以使用周报表形式将生产情况直接填入表5-15 内。

表 5-15　产蛋鸡群生产情况周报表

鸡种____　入舍数____　舍号____　周龄__21__　饲养员______

日期	日龄	存栏数 / 只	死淘数 / 只	产蛋数 / 枚	蛋重 / 克	产蛋率 /%	耗料 / 千克	其他
	141							
	142							
	143							
	144							
	145							
	146							
	147							
本周产蛋总数 / 枚______ 入舍产蛋率 /%______ 饲养日产蛋率______			本周总蛋重 / 千克______ 平均蛋重 / 克______ 只鸡产蛋重 / 克______			本周总耗料 / 千克______ 只鸡耗料 / 克______ 料蛋比______		

（2）季节管理

① 夏季管理。夏季天气炎热，蚊虫多，鸡群易发生热应激，夏季管理重点如下：

一是淘汰无饲养价值的鸡。

二是防暑降温。防暑降温是夏季管理的主要环节，采取安装湿帘通风系统、喷水降温、喷淋、隔热降温等措施。

三是科学饲养管理。提高日粮营养浓度、添加脂肪、调整饲养管理程序、保证清洁饮水等，满足蛋鸡营养需求。夏季热应激严重，注意减少应激。夏季鸡的饮水量多，粪便稀，舍内温度高，易发酵分解产生有害气体，使舍内空气污浊，因此要及时清粪，最好每天 1 次，保持舍内清洁干燥。舍温高，蛋壳薄脆、易破碎，增加捡蛋次数可降低破蛋率。夏天每天最少要捡蛋 2 次，捡蛋动作要轻稳。饲喂、匀料、巡视鸡群时随时捡出薄壳蛋、软壳蛋和破损蛋，减少蛋的损失。夏季做好防虫灭虫工作。及时清理鸡舍内外所有污物，防止舍内供水系统和饮水器漏水，保持环境清洁干燥。粪便要远离鸡舍，可用塑料薄膜覆盖堆积发酵，以防蚊蝇滋生。定期喷洒对鸡危害小或无毒害的杀虫剂，可杀灭库蠓及蚋等吸血昆虫，经处理过的纱窗能连续杀死库蠓和蚋 3 周以上。用适量的溴氰菊酯溶液喷洒在鸡舍内外可有效灭蝇。

四是减少饲料浪费。选择优质全价饲料，自配料时应选择质量好的原料，劣质料会影响饲料的转化率，提高死淘率。炎热季节饲料易发生霉变，要采取措施防止各种原因引起的饲料霉败变质。喂料量要适宜，少喂勤添，每天要净槽。饮水器不漏水，防止饲料在槽内霉变酸败。饲料要新鲜，存放时间不宜太长，配制的成品料不超过一周，以减少微量元素、维生素等物质的损失。饲料中添加酶制剂和微生态制剂有利于饲料的消化吸收。

五是搞好疾病防治。保持鸡舍、饮水和饲喂用具清洁。进入鸡舍人员和设备用具要消毒，对环境、饮水用具和饲喂用具定期消毒。夏天炎热时每天带鸡消毒，选用高效、低毒、无害消毒剂，既可沉降舍内尘埃，杀灭病原微生物，又可降低舍内温度。夏天每隔一个月在饲料中添加抑制和杀灭大肠杆菌和沙门氏菌以及治疗肠炎的抗生素，3～5 天能有效降低死淘率，提高生产性能。每千克饲料中加入 30～50 毫克复方泰灭净或 1 克乙胺嘧啶能有效预防鸡住白细胞虫病的发生。

② 冬季管理。冬季温度低，管理重点是防寒保温，同时要注意通风。

一是防寒保温。产蛋鸡怕热不怕冷，但温度较低时会增加饲料消耗，所以冬季要注意防寒保暖。措施有：减少鸡舍散热量，冬季用塑料布封闭敞开部分，北墙窗户可用双层塑料布封严；鸡舍的门上最好挂上棉帘或草帘；屋顶用塑料薄膜制作简易天花板。密闭舍在保证舍内空气新鲜的前提下尽量减少通风量。

二是防止冷风吹袭鸡体和鸡体淋湿。冬季到来前要检修好鸡舍，堵塞缝隙，进出气口加设挡板，出粪口安装插板，防止冷风对鸡体的侵袭。要经常检修饮水系统，避免水管、饮水器或水槽漏水而淋湿鸡的羽毛和料槽中的饲料。

三是科学饲养管理。冬季外界温度低，鸡体对维持需要的能量增多，必须增加饲料中能量含量，使其达到 11.72～12.35 兆

焦 / 千克，蛋白质保持 15%～16%，钙含量为 3%～3.4%。产蛋后期的鸡可适量使用麸皮和少量米糠。调整饲喂程序，早上开灯后要尽快喂鸡，晚上关灯前要尽量把鸡喂饱，缩短产蛋鸡寒夜的空腹时间，缓解冷应激。保证洁净饮水。寒冷季节鸡的饮水量会减少，但断水也能影响鸡的产蛋。饮用水不过冷、不结冰，水质良好，清洁卫生。有条件的可饮用温水或刚抽出的深井水。按时清粪。冬季粪便发酵分解虽然缓慢，但由于鸡舍密封严密，舍内有害气体易超标，使空气污浊，因此要按时清粪，每 2～3 天要清粪一次。冬季鸡舍密封严密，换气量小，舍内易潮湿，要做好鸡舍排水防潮工作。保证排水系统畅通，及时排除舍内污水，饮水系统不漏水，进行适量通风驱除舍内多余的水汽。在保温的前提下应注意通风，特别要处理好通风和保温的关系。为保证鸡群健康和较高的生产性能，要淘汰停产鸡、低产鸡、伤残鸡、瘦弱鸡和有严重恶癖的劣质鸡，降低饲养成本，提高效益。适当并群。产蛋后期的鸡群死淘过多，舍内鸡只过少时，可适当并笼，提高饲养密度。并笼后易引起鸡只应激和打斗，应安排在晚上，细致观察，避免打斗。

四是搞好疾病防治。冬季鸡舍密封严密，空气流通差，氧气不足，有害气体大量积留，对鸡是一种强烈应激，而且长时间作用还会损伤鸡的呼吸道黏膜。气候干燥，舍内尘埃增多，鸡吸入尘埃也能严重损伤鸡的呼吸道黏膜。另外，病原微生物在低温条件下存活时间长，所以鸡在冬季易流行呼吸道疾病，必须做好疾病的综合防治。注意清洁卫生。饮水、饲喂用具每周要清洗消毒一次。适量通风，保持舍内空气新鲜，避免有害气体超标。保持舍内墙壁、天花板、光照系统、饲喂走道和鸡场环境清洁卫生。做好鸡舍灭鼠工作，防止鼠污染饲料和带进疫病。彻底消毒。进入鸡舍人员要消毒，对环境和设备用具定期消毒，每周带鸡消毒 1～2 次，饮用水也要消毒（菌毒净和百毒灵在蛋和肉中无残留，可饮水消毒，但药物浓度要准确）。合理使用药物和添加剂。每隔 3 个月可在饲料中添加中药制剂如强力呼吸清、支喉康、清瘟败毒散等，连喂 3～5 天，预防呼吸道疾病的发生。饲料中加入抗应激剂，减少应激反应，增强机体抵抗力。饲喂一些强力鱼肝油粉有利于保护黏膜完好。饲料中添加沸石、丝兰属植物提取物等，降低鸡舍内的有害气体含量。免疫接种。冬季易发生新城疫、喉气管炎、支气管炎、禽流感等病毒性传染病，入冬前要加强免疫接种一次，新城疫弱毒苗3～4倍量饮水，禽流感二价油乳剂灭活苗注射0.5毫升。

（3）发病鸡群的管理　鸡群发病后，不仅要及时诊断治疗，而且要加强管理，否则，鸡病愈时间延长，甚至继发其他疾病，严重影响鸡的生产性能。发病鸡群管理要点如下。

① 隔离病鸡，尽快确诊。鸡群发病初期，要把个别病鸡隔离饲养，并注意认真观察大群鸡的表现，以协助诊断。对隔离病鸡及时进行剖检诊断，必要时送实验室进行鉴定，以尽快确诊，避免无的放矢、盲目用药。

② 加强饲养，恢复鸡群抵抗力。一是增加日粮中多种维生素和微量元素的用量。维生素和微量元素按常规添加量，可以基本满足鸡体的需要，但鸡群发病后，一方面由于采食量减少，摄入减少；另一方面鸡发病后，对维生素和微量元素的需要量会增加，这样需要量与摄入量不能保持平衡，必须提高日粮中维生素和微量元素的含量，维生素用量可增加1～2倍，微量元素用量可增加1倍，避免对生产的影响。二是缓解应激。发病时，鸡群防御能力降低，对环境适应力也差，相对应激原增加，从而加重病情，延迟病愈，因此，鸡发病后，积极治疗的同时，应使用抗应激药物，以提高鸡体抗应激能力，缓解应激。由于鸡群采食量减少，可在饮水中加入速补-14、速补-18、延胡索酸、刺五加或维生素C等。三是加强营养。鸡群发病后，由于采食量大幅度下降，营养摄取量大大减少，体能消耗严重，鸡体将迅速消瘦，体质衰弱，此时可在饮水中加入5%牛乳或5%～8%的糖（白糖、红糖、葡萄糖等），以防止鸡过度衰弱。

③ 保持适宜的环境条件。鸡群发病后，环境温度要适宜，夏季温度不宜过高，冬季使鸡舍温度保持在10℃以上。病鸡舍要注意通风换气，保持舍内空气新鲜，以免硫化氢等有害气体超标。尽量减少噪声，保持病鸡舍安静，以减少各种有害因素的刺激。

④ 加强环境消毒。鸡群发病后要加强环境消毒，以减少病原

微生物的含量，防止重复感染和继发感染。一是对鸡舍和鸡场环境用火碱、过氧乙酸或复合型消毒剂等反复消毒，同时对饲喂及饮水用具也要全面清洁消毒。二是加强带鸡消毒，要选择高效、低毒、广谱、无刺激和无腐蚀性的消毒剂。在冬季还要注意稀释消毒剂的水应是 35～40℃的温水。三是发病后，水和饲料易被污染，应加强饮水消毒和拌料消毒，以避免病原微生物从口腔进入鸡体。

⑤ 进行抗体检测。鸡群发病后，体质衰弱，影响抗体的产生或使抗体水平降低，因此病愈后要及时进行抗体检测，了解鸡群的安全状态，并根据检测结果进行必要的免疫接种，防止再次发生疫病。

⑥ 注意个别病鸡的护理。疫病发生后，除了进行大群治疗外，还要注意对个别病鸡的护理，减少死亡。具体做法是及时挑出病情严重的鸡只，隔离饲养，避免在笼内或圈内被踩死或压死，不采食者，应专门投喂食物和药物，增加营养和加强治疗。

⑦ 做好病死鸡的处理。发生疾病，特别是传染病时，出现的病死鸡不要随便乱扔乱放，要放在指定地点。死鸡进行无害化处理。

（4）低产鸡群的管理　由于多种原因，特别是疾病影响，生产中出现低产鸡群（特别是产蛋时间不长），产蛋率低、产蛋量少、饲料转化率差，影响养殖效益。加强低产鸡群的管理，提高生产性能，可以增加收益。

① 寻找原因。对于低产鸡，要细致观察、全面了解，正确诊断，必要时可进行实验室检验，找出导致低产的原因，然后对症下药，采取措施，促进产蛋率上升。

② 保持适宜环境条件。舍内温度保持在 10～30℃，光照时间 15.5～16 小时，光照强度增加到 15～20 勒克斯。工作程序稳定，工作人员固定，光照方案恒定，减少应激发生。

③ 供给充足营养。低产鸡群代谢机能差，食欲不强，要加强饲养，供给充足营养，特别是采食量过少的鸡群，更应注意。一是每天晚上关灯前让鸡吃净槽中的饲料。因鸡采食量少，饲喂者想让鸡多吃料就多添料，料槽中经常有多余的饲料，结果反而影响鸡的食欲。每天把槽内料吃完，使鸡经常保持旺盛食欲，避免

料槽内长期剩料而使饲料变味，造成浪费。二是饲料质量优良。营养平衡充足，必要时应提高日粮中各营养成分水平，尤其对开产初期和高峰期处于炎热季节的鸡群，因受环境温度影响采食量过少，摄取的营养物质严重不足，提高日粮营养浓度，适当增加维生素、微量元素、蛋氨酸、赖氨酸的用量，有利于产蛋率上升。三是增强鸡的食欲。在饮水中加入醋，1 份醋加入 10～20 份水中让鸡自由饮用，连饮 5～7 天，有助于增强食欲，提高抗病力。每千克饲料中加入土霉素 1 克、维生素 B_{12} 片剂 10 片、维生素 C 片剂 10 片、维生素 E 0.2 克，连用 5～7 天，有利于帮助消化吸收，增强食欲，增加采食量，提高产蛋率。四是使用增蛋添加剂。可在饲料中添加一些促进产蛋的添加剂，帮助恢复卵巢和输卵管功能，促进产蛋率上升。

④ 多次淘汰。对于产蛋率长期不上升的低产鸡群应进行淘汰。但低产鸡群停产鸡少，低产鸡较多。全群淘汰，特别是对产蛋时间短的鸡群损失太大，部分淘汰又不易挑选。按常规外貌观察和触摸方法淘汰，会出现挑不出淘汰鸡或淘汰一次产蛋减少一次的情况，挑选难度大。可采用“记摸”淘汰法（每天下午收集鸡蛋前在料槽上记录每个笼格鸡的产蛋数，连续记录 3 天，根据产蛋数，在第 4 天早上 6～7 时触摸产蛋少的笼格内的母鸡下腹部，挑出子宫内没有鸡蛋的母鸡淘汰）进行多次淘汰，挑出低产鸡。

6. 蛋鸡管理几个主要问题分析

蛋鸡管理几个主要问题分析见图 5-69。

▲推迟产蛋（疫病；母鸡发育不良，或发育迟缓；育成期管理不善，整齐度差；光照时间减少；饲料质量差，或饲料利用率低）

▲死淘率高（断喙不良，造成啄癖相残；饲养密度过高；疫病；鸡舍条件不佳，如过于干燥，光照过强，噪声）

▲饲料消耗量大（饲料质量差，配制不合理；饲喂设备质量差，造成浪费；日粮不平衡；不适当的饲料储存；营养缺乏）

▲破蛋率高（饲料中钙含量不足，或钙源质量差；蛋收集不合理；母鸡日龄过大；温度过高；平养鸡舍产蛋箱管理不到位；疫病）

图 5-69　蛋鸡管理几个主要问题分析

第二节　不同类型种鸡的饲养管理

一、蛋用种鸡的饲养管理

蛋用种鸡应具备优良的遗传特性，具有较好的配合力，产蛋数量多，均匀性好，种蛋受精率、合格率、孵化率高，每只种鸡都能提供较多的优质雏鸡。蛋用种鸡和蛋鸡在饲养管理方面有很多相同点，但由于种鸡是为了生产种蛋，所以在饲养管理方面也有一些不同点。

1. 育雏育成期饲养管理要点

（1）限制饲养　通过限制饲养，使育成鸡保持适宜的体重，并适时开产，提高种蛋合格率。限制饲养一般从育成期开始，根据体型、体重情况进行限制饲养，如体型大的褐壳蛋鸡一般要进行限制饲养，体型小的白壳蛋鸡较少限制饲养，体重超标的鸡群要进行限制饲养。蛋用种鸡限制饲养一般采用每日限食方法，将每天的料量在早上一次添加，使鸡只采食均匀。

【注意】一是限制饲养时饲喂量要适度。根据体重增长情况适当调整饲喂量，并在转入产蛋鸡舍前 2～3 天改为自由采食。

二是限制饲养时必须保证充足的采食饮水空间，添料后每只鸡都有采食的位置，这样可以保证每只鸡都能采食到所需要的饲料量，防止因采食不匀出现体重分化。

（2）光照管理　光照影响鸡的性成熟时间，种鸡必须进行严格的光照管理。可参照产蛋鸡的光照管理。

（3）体重控制　不同的品系或品种有不同的体重标准，只有达到本品种的标准体重才能使产蛋期的产蛋量、种蛋合格率、受精率和孵化率提高。适宜体重的获得，不是在育成末期调整饲料喂给量所能奏效的，必须在整个培育期进行称重和调整（详见蛋鸡体重管理内容）。蛋用种鸡的平均体重见表 5-16。

表 5-16　蛋用种鸡的平均体重　　单位：千克

周龄	白壳蛋鸡		褐壳蛋鸡	
	公鸡	母鸡	公鸡	母鸡
1	0.14	0.09	0.18	0.13
2	0.18	0.14	0.22	0.18
3	0.27	0.22	0.32	0.27
4	0.36	0.27	0.45	0.36
5	0.46	0.36	0.59	0.46
6	0.55	0.41	0.73	0.59
7	0.68	0.50	0.86	0.68
8	0.77	0.59	1.00	0.77
9	0.91	0.68	1.09	0.86
10	1.00	0.73	1.22	0.95
11	1.04	0.82	1.32	1.04
12	1.14	0.91	1.45	1.14
13	1.23	0.96	1.54	1.23
14	1.32	1.04	1.63	1.32
15	1.36	1.09	1.73	1.36
16	1.46	1.14	1.82	1.45
17	1.50	1.19	1.91	1.50

续表

周龄	白壳蛋鸡		褐壳蛋鸡	
	公鸡	母鸡	公鸡	母鸡
18	1.55	1.23	1.96	1.54
19	1.64	1.27	2.09	1.64
20	1.68	1.32	2.13	1.68
21	1.73	1.36	2.18	1.73
22	1.77	1.41	2.27	1.77
23	1.86	1.45	2.32	1.82
24	1.90	1.50	2.36	1.86
25	1.96	1.55	2.45	1.96
30	2.00	1.59	2.54	2.00
40	2.09	1.64	2.59	2.05
50	2.13	1.68	2.64	2.09
60	2.18	1.73	2.72	2.18
70	2.27	1.77	2.82	2.23
80	2.32	1.82	2.94	2.27

（4）健康管理　采取全面的防疫卫生措施，保证种鸡健康不仅可以使种鸡提供尽可能多的种蛋和雏鸡，而且使后代的遗传潜力得到充分发挥。

① 做好隔离卫生工作。种鸡群的隔离卫生要求高于商品鸡群。

② 保持适宜环境条件。种鸡育雏育成期除保证适宜的温度、湿度、光照、卫生、营养等条件外，特别应注意保持适宜的饲养密度和通风换气。种鸡的饲养密度要比商品鸡小，保持适宜的饲养密度（表 5-17），有利于提高鸡群的均匀度和成活率，增强以

表 5-17　种鸡育雏育成期的饲养密度

类型	地面平养 /（只 / 平方米）		网上平养 /（只 / 平方米）		笼养（只 / 平方米笼底面积）	
	0～7 周	8～20 周	0～7 周	8～20 周	0～7 周	8～20 周
轻型蛋鸡	13	6.3	17	8	36	15
中型蛋鸡	11	5.6	15	7	29	13

后鸡群的种用价值。空气新鲜、洁净卫生，有利于维持机体健康，增强机体抵抗力，减少疾病，特别是呼吸道疾病和一些消化道疾病的发生。

③ 充足营养。日粮的营养成分要全面平衡，选用优质的豆粕和氨基酸来配制日粮，最好不使用鱼粉。

④ 定期检疫，接种疫苗。种鸡群必须对一些可以通过垂直传播的病原进行检疫和净化。如沙门氏菌、大肠杆菌、支原体、淋巴性白血病和脑脊髓炎病原等都可以经过蛋传递给后代，通过检疫淘汰阳性鸡来保证鸡群的洁净。目前我国要求种鸡场必须对沙门氏菌进行净化。

⑤ 控制好鼠害、寄生虫、蚊蝇，妥善处理死鸡和废弃物。

（5）种鸡的挑选　育雏育成阶段，对一些不适合留作种用的个别鸡只进行淘汰，以保证鸡群的整体种用价值。第一次选择在6～8周，第二次选择在18～20周，选留体重适宜、羽毛紧凑、体质健壮、活泼好动、食欲旺盛的鸡只。

2. 种鸡产蛋期饲养管理要点

（1）种鸡的饲养方式　饲养方式主要有平养和笼养（图5-70）。目前种鸡笼养，人工授精比较普遍。

图 5-70　种鸡的网上平养（左）和笼养（右）

（2）种鸡上笼时间和适宜的开产体重　一般在18周龄左右上笼，最晚不能晚于20周龄。上笼时间安排在晚上较好，可以减少应激。上笼时要进行挑选。蛋用种鸡适宜的开产体重是：轻型蛋鸡1.36千克左右，中型蛋鸡1.8千克左右；适宜开产时间为160～170天。

（3）饲料饲养　蛋用种鸡对营养素的需要量与商品蛋鸡的基本相同，但是满足产蛋的维生素和微量元素需要量可能难以满足胚胎发育的需要。高水平的核黄素、泛酸和维生素 B_{12} 对孵化率特别重要，所以，种鸡饲料中的微量元素和维生素含量要高于商品蛋鸡。种鸡日粮中不用鱼粉，少用或不用杂粕和非常规饲料原料。种鸡在 18 周龄换蛋种鸡前期料，产蛋率达到 5% 时可以换成高峰料，其中颗粒钙要占 1/3，产蛋后期，日粮蛋白质控制在 16% 以下，颗粒钙要占 2/3。开产到 40 周龄，是产蛋高峰期，不能限食，让其多吃，每天保证进食 18.5～19 克的粗蛋白。人工喂料每天 2 次，下午的料量以第二天早晨喂料仍有薄薄的料末为宜，上午喂料后让其吃净，喂料后 1～2 小时匀料一次。

（4）及时淘汰劣质鸡　注意观察鸡群情况，及时淘汰病鸡、残鸡、有异食癖的鸡、不产蛋鸡等。

（5）种鸡的配种和舍内种蛋的管理

① 配种时间。同一日龄的公母鸡，最好在 170 天以后进行配种。如果是自然配种或大笼本交，待配种日龄前 3 天或 1 周再混养。

② 配种方法和比例。配种方法有自然交配和人工授精。自然交配为 1∶（10～15），人工授精为 1∶（20～30）。

③ 舍内种蛋的管理。一是减少破蛋和脏蛋。勤拣蛋，种鸡舍每天要拣蛋 5～6 次，拣蛋时要挑出破蛋、脏蛋。二是种蛋消毒。种鸡舍内设置消毒柜，每次拣蛋后立即放入消毒柜内熏蒸消毒（每立方米空间用福尔马林 20 毫升、高锰酸钾 10 克，熏蒸 15 分钟）。三是种蛋入库。消毒后的种蛋进行严格的挑选，挑出畸形蛋、过大蛋、过小蛋、薄壳蛋、沙壳蛋、浅壳蛋等不符合要求的蛋。将合格种蛋放入蛋库内保存待用。

3. 种公鸡的饲养管理要点

（1）公母分群饲养　自然交配鸡群公母分开培育可至 6 周龄。公母雏鸡分开饲养，有利于各自的生长发育和公鸡的挑选。6 周龄后经选择，挑选发育良好、体重达标的公鸡和母鸡混合饲养。混合饲养有利于及早建立群体的“群序”，减少性成熟时因斗殴影响产蛋和受精率。

褐壳蛋父母代种公鸡一般为红羽毛，容易受到白母鸡的攻击，混群周龄应提前到4周龄或有一个过渡期。蛋种鸡笼养人工授精可以使公母始终分开饲养，避免彼此的干扰，有利于公母鸡各自的正常发育。

【注意】公鸡单独饲养时，公母鸡应按同样的光照程序，以便性成熟同步。控制光照强度和光照颜色，防止公鸡啄斗。控制公鸡饲料量，育成期比母鸡多10%。自然交配公母混群最好在关灯后进行。

（2）饲养设备和饲养密度　种公鸡应当有较大的生活空间及充足的饲养设备，人工授精的种公鸡要单笼饲养，饲养密度3～5只/平方米，饲槽长度20厘米/只。

（3）公鸡的选择和公母比例　见表5-18。

表5-18　公鸡的选择和公母比例

选择次序	周龄	选择标准	选留比例
第一次选择	6～8周龄	选留个体发育良好，冠、髯大而鲜红者；淘汰外貌有缺陷，如胸、喙、腿弯曲，嗉囊大而下垂，胸部有囊肿者。体重过轻和雌雄鉴别误差的公鸡淘汰	笼养公鸡比例1∶10，自然交配1∶8
第二次选择	17～18周龄（结合转群）	选留体型、体重符合品系标准，外貌符合本品种要求的公鸡用于人工授精公鸡。除上述要求外，主要选择性反射功能良好的公鸡	笼养公鸡比例1∶（15～20），自然交配1∶9
第三次选择	21～22周龄	根据精液品质选择。选择精液颜色乳白色、精液量多、精子密度大、活力强的公鸡。公鸡的按摩采精反应有90%以上优秀和良好的，10%左右则反应差、排精量少或不排精	笼养公鸡比例1∶（25～30），自然交配1∶（10～12）

（4）公鸡的营养需要

① 育雏育成期的营养需要。蛋种公鸡育雏育成期的营养需要和蛋鸡无大的区别，代谢能为11.3～12.1兆焦/千克，蛋白质在育雏期为16%～18%、育成期为12%～14%才能满足生长期的需要。

② 繁殖期的营养需要。目前国内蛋种鸡饲养过程中，公鸡大多采用和母鸡同样的日粮，对受精率和孵化率无显著影响。种公鸡对蛋白质和钙磷的需要量低于母鸡的需要量，饲料蛋白质含量 12%～14%，每日采食 10.9～14.8 克蛋白质就能满足需要；钙需要量为每千克体重 79.8 毫克，磷需要量不高于 110 毫克 /（只·天）。平养种鸡自然交配时采用公母分开的饲喂系统，笼养人工授精时对公鸡单笼饲养，使用单独的日粮，有助于长久保持繁殖性能。

（5）公鸡的管理

① 断喙、断趾和剪冠。公鸡断喙的合适长度是母鸡的一半。公鸡应 7～10 日龄断喙，在 10～14 周龄或 18～20 周龄时补断。自然交配公鸡可以不断喙，但要断趾，以免配种时抓伤母鸡，断趾也可作为区分公母的标记。断趾在 1 日龄进行，由孵化厂完成此项工作（图 5-71）。种公鸡剪冠的目的是做标记，以便区分雌雄鉴别误差的公母鸡（主要用于公母鸡为同一颜色的品种）。另一方面，高寒地区为防止鸡冠冻伤，也可剪冠。剪冠方法是雏鸡出壳后用弧形手术剪刀，紧贴头皮剪下鸡冠（图 5-72）。炎热地区可以用断趾做记号，不要剪冠，因为鸡冠是很好的散热器官。

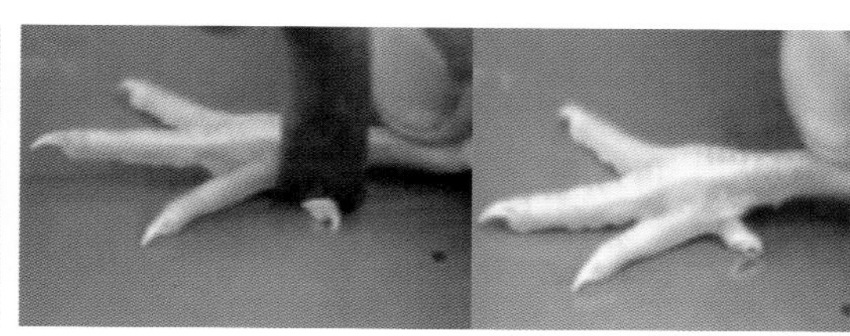

图 5-71　公雏鸡的断喙（左）；断趾（右）

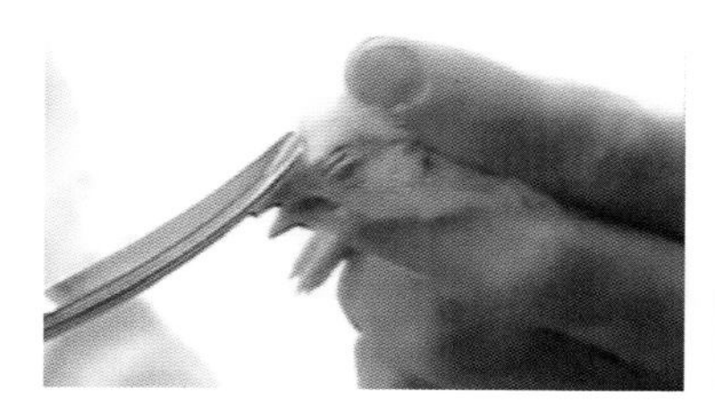

图 5-72　剪冠及剪冠后的雏鸡

② 环境。成年公鸡在20～25℃环境下，可产生理想品质的精液；温度高于30℃，将暂时抑制精子产生，适应后公鸡又会产生精子，但数量减少；温度低于5℃时，公鸡性活动降低。12～14小时的光照时间就可使公鸡产生优质精液，光照时间少于9小时精液品质会下降。光照强度要求在10勒克斯/平方米以上。

③ 公鸡的淘汰和补充。经过一段时间的配种或采精，有些公鸡因疾病、受伤而丧失繁殖能力，要及时淘汰。自然交配的公鸡，有些公鸡在啄斗序列中排位较低，不敢配种；个别排位靠前的公鸡占有较多的母鸡，自身配种过量，又不许其他公鸡交配，影响受精率，这些公鸡要及时淘汰。为保持较高的受精率，要及时补充新公鸡。补充新公鸡可在晚上进行，以减少斗殴。同时要注意补充公鸡后的鸡群情况。

二、肉用种鸡的饲养管理

1. 肉种鸡饲养阶段划分

肉种鸡饲养阶段划分及目标见图5-73。

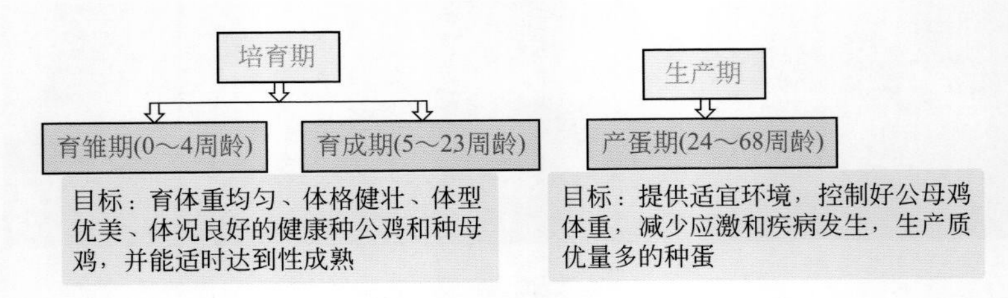

图5-73　肉种鸡饲养阶段划分及目标

2. 育雏期的饲养管理

（1）接雏　引进种鸡时要求雏鸡来自相同日龄种鸡群，并要求种鸡群健康，不携带垂直传播的支原体、白痢、副伤寒、伤寒、白血病等疾病。引进的雏鸡群要有较高而均匀的母源抗体。出雏后6～12小时内将雏鸡放于鸡舍育雏伞下。冬季接雏时尽量缩短低温环境下的搬运时间。雏鸡进入育雏舍后，检点鸡数，随机抽两盒鸡称重，掌握 1 日龄的平均体重。公雏出壳后在孵化厅要进行剪冠、断趾处理，受到的应激较大，因此，运到鸡场后要细心护理。

（2）育雏的适宜环境条件

① 温度。开始育雏时保温伞边缘离地面 5 厘米处（鸡背高度）的温度以 32～35℃为宜。育雏温度每周降低 2～3℃，直至保持在 20～22℃为止。为防止雏鸡远离食槽和饮水器，可使用围栏。围栏应有 30 厘米高，与保温伞外缘的距离为 60～150 厘米。每天向外逐渐扩展围栏，当鸡群达到 7～10 日龄时可移走围栏。

过冷的环境会引起雏鸡腹泻及导致卵黄吸收不良，过热的环境会使雏鸡脱水。育雏温度应保持相对平稳，并随雏鸡日龄增长适时降温，这一点非常重要。细心观察雏鸡的行为表现（图 5-74），可判断保温伞或鸡舍温度是否适宜。雏鸡应均匀地分布于适温区域，如果扎堆或拥挤，说明育雏温度不适合或者有贼风存在。育雏人员每天必须认真检查和记录育雏温度，根据季节和雏鸡表现灵活调整育雏条件和温度。

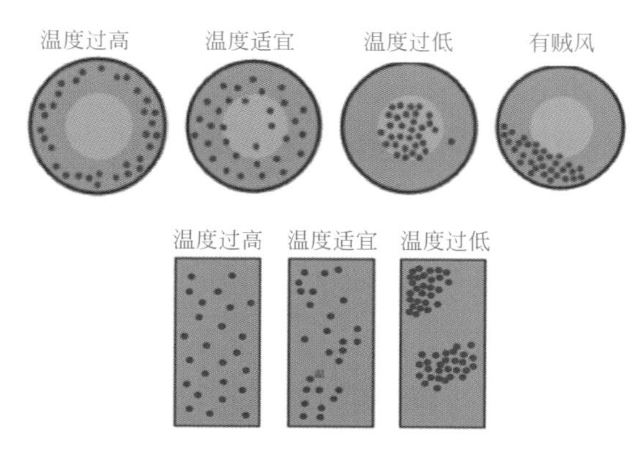

图 5-74　育雏伞下雏鸡的分布（上）；暖房式育雏不同温度条件下雏鸡的行为表现（下）

② 湿度。见图 5-75。

【注意】育雏第一周相对湿度较低会导致雏鸡生理发育差，进而导致均匀度较差。20 天后，注意加强通风，更换潮湿的垫料和清理粪便，避免舍内湿度过高。

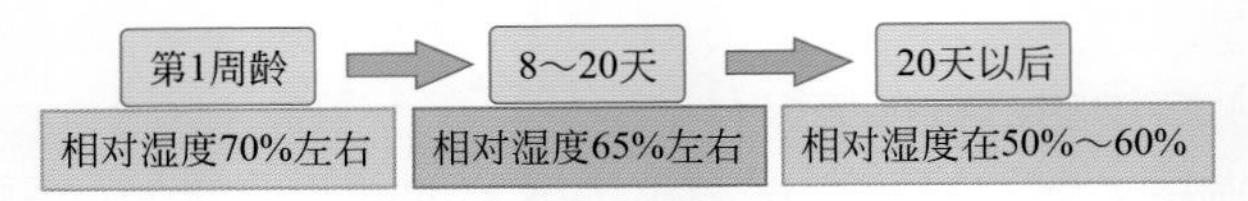

图 5-75　育雏不同阶段的相对湿度

③ 通风。通风换气不仅提供鸡生长所需的氧气，调节鸡舍内温、湿度，更重要的是排除舍内的有害气体、羽毛屑、微生物、灰尘，改善舍内环境。通风换气量除了考虑雏鸡日龄、体重外，还应随季节、温度的变化而调整。

【注意】育雏期通风不足造成较差的空气质量会破坏雏鸡的肺表层细胞，使雏鸡较易感染呼吸道疾病。

④ 饲养密度。雏鸡入舍时，饲养密度大约为 20 只 / 平方米，以后，饲养面积应逐渐扩大，28～140 日龄，饲养密度为母鸡 6～7 只 / 平方米、公鸡 3～4 只 / 平方米。同时保证充足的采食和饮水空间，肉种鸡的采食位置和饮水位置见表 5-19、表 5-20。

表 5-19　肉种鸡的采食位置

日龄	种母鸡			种公鸡		
	雏鸡喂料盘 /（只 / 个）	槽式饲喂器 /（厘米 / 只）	盘式饲喂器 /（厘米 / 只）	雏鸡喂料盘 /（只 / 个）	槽式饲喂器 /（厘米 / 只）	盘式饲喂器 /（厘米 / 只）
0～10	80～100	5	5	80～100	5	5
11～49		5	5		5	5
50～70		10	10		10	10
>70（母）		15	10			
70～140（公）					15	10
>140（公）					18	18

表 5-20 肉种鸡的饮水位置

饮水方式	育雏育成期	产蛋期
自动循环和槽式饮水器 /（厘米 / 只）	1.5	2.5
乳头饮水器 /（只 / 个）	8 ～ 12	6 ～ 10
杯式饮水器 /（只 / 个）	20 ～ 30	15 ～ 20

⑤ 光照。在育雏前 24～48 小时连续照明。此后，光照时间和光照强度应加以控制。育雏初期，育雏区的光照强度要达到 80～100 勒克斯 / 平方米，其他区域的光线可以较暗或昏暗。鸡舍给予光照的范围应根据鸡群扩栏后的面积而相应改变。

（3）育雏期饲喂 雏鸡入舍饮水后即可开食，尽快让雏鸡学会采食。每天应为雏鸡提供尽可能多的饲料，雏鸡料应放在雏鸡料盘内或撒在垫纸上。为确保雏鸡能够达到目标体重，前 3 周应为雏鸡提供破碎颗粒育雏料，颗粒大小适宜、均匀、适口性好。料盘里的饲料不宜过多，原则上少添勤添，并及时清除剩余废料。母鸡前两周自由采食，采食量越多越好，这样保证能达到体重标准。难以达到体重标准的鸡群较易发生均匀度的问题，这样的鸡群未来也很难达到体重标准而且均匀度趋于更差。使鸡群达到体重标准不仅需要良好的饲养管理，而且需要高质量的饲料，每日的采食量都应记录在案，从而确保自由采食向限制饲喂平稳过渡。第三周开始限量饲喂，要求第四周末体重达 420～450 克。公鸡前四周自由采食，采食量越多越好，让骨骼充分发育。对种公鸡来说，前四周的饲养相当关键，其好坏直接关系到公鸡成熟后的体形和繁殖性能。

入舍 24 小时后 80% 以上雏鸡的嗉囊应充满饲料，入舍 48 小时后 95% 以上雏鸡的嗉囊应充满饲料。良好的嗉囊充满度可以保持鸡群的体重均匀度并达到或超过 7 日龄的体重标准。如果达不到上述嗉囊充满度的水平，说明某些因素妨碍了雏鸡采食，应采取必要的措施。

如事实证明雏鸡难以达到体重标准，该日龄阶段的光照时间应有所延长。达不到体重标准的鸡群每周应称重两次，观察鸡群生长的效果。为保证雏鸡分布均匀，要确保光照强度均匀一致。

在公母分开的情况下，把整栋鸡舍分成若干个小圈，每圈饲养 500～1000 只。此模式的优点是能够控制好育雏期体重和生长发育均匀度，便于管理和提高成活率。

（4）育雏期饮水　雏鸡到育雏舍后先饮水 2～3 小时，然后再喂料。在饮水中加葡萄糖和一些多维、电解质以及预防量的抗生素。保证饮水用具的清洁卫生。

（5）育雏期垫料管理　肉种鸡地面育雏要注意垫草管理。要选择吸水性能好、稀释粪便性能好、松软的垫料，如麦秸、稻壳、木刨花，其中软木刨花为优质垫料，麦秸、稻壳 1∶3 比例垫料效果也不错。垫料可根据当地资源灵活选用。育雏期因为鸡舍温度较高，所以垫料比较干燥，可以适当喷水提高鸡舍湿度，有利于预防呼吸道疾病。

（6）断喙　种鸡在 6～7 日龄时进行断喙，因为这个时间断喙可以做得最为精确。断喙时实施垂直断喙，避免后期喙部生长不协调或畸形。正确处理后种鸡的喙见图 5-76。

正确：垂直切割　不正确：生长不平衡

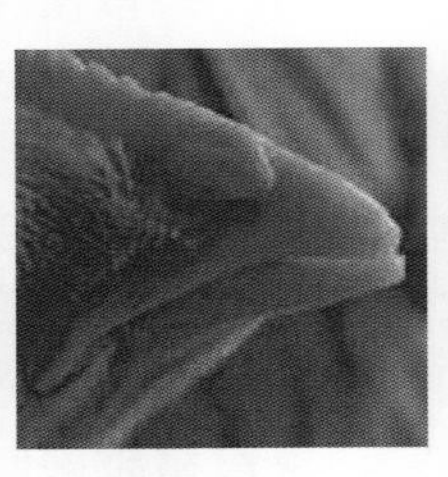

图 5-76　正确的断喙（左 1；左 2）；处理后 3 周龄公鸡的喙（右 2）和 30 周龄种母鸡的喙（右 1）

【注意】理想的断喙就是要一步到位将鸡只上下喙部一次烧灼断掉，尽可能去除较少量的喙部，减轻雏鸡当时以及未来的应激。

（7）日常管理　见图 5-77。

3. 育成期的饲养管理

（1）饲喂和饮水　安装饲喂器时要考虑种鸡的采食位置，确保所有鸡只能够同时采食。要求饲喂系统能尽快将饲料传送到整个鸡舍（可用高速料线和辅助料斗），这样所有鸡可以同时得到等量的饲料，从而保证鸡群生长均匀。炎热季节时，应将开始喂料的时间改为每日清晨最凉爽时进行。

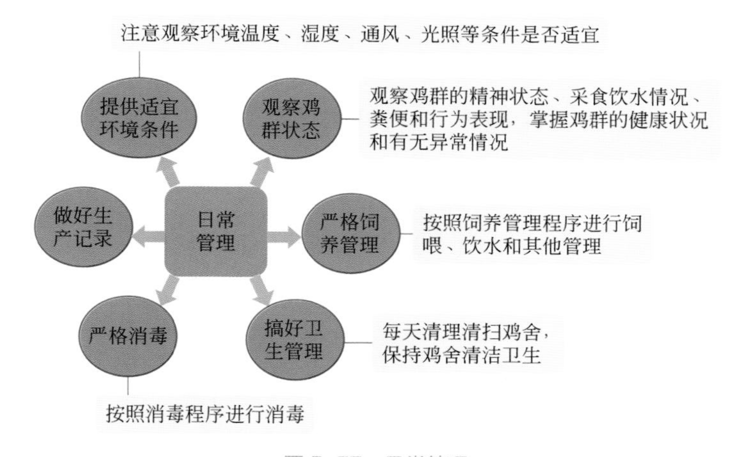

图 5-77　日常管理

育成期要添喂沙砾，沙砾的规格以直径 2～3 毫米为宜。可将沙砾拌入饲料饲喂，也可以单独放入沙槽内饲喂。沙砾要求清洁卫生，最好用清水冲洗干净，再用 0.1% 的高锰酸钾水溶液消毒后使用。

对限制饲喂的鸡群要保证有足够的饮水面积，同时需适当控制供水时间以防垫料潮湿。在喂料日，喂料前和整个采食过程中，保证充足饮水，而后每隔 2～3 小时供水 20～30 分钟。在停料日，每 2～3 小时供水 20～30 分钟。限制饮水需谨慎进行，在高温炎热天气或鸡群处于应激情况下不可限水。限饲日供水时间不宜过长，防止垫料潮湿。天气炎热可适当延长供水时间。种鸡饮水量见表 5-21。

（2）限制饲养　限制饲养不仅能控制肉种鸡在最适宜的周龄有一个最适宜的体重而开产，而且可以使鸡体内腹部脂肪减少 20%～30%，节约饲料 10%～15%。

① 限制饲养的方法。肉鸡的限饲方法有每日限饲、隔日限饲

（两天的料量一天喂给，另一天不喂）、喂五限二（即把 1 周的喂料量平均分为 5 份，除周三和周日不喂料外，其他时间每天喂 1 份）、喂六限一（即把 1 周的喂料量平均分为 6 份，除周日不喂料外，其他时间每天喂 1 份）等。种鸡最理想的饲喂方法是每日饲喂。但肉用型种鸡必须对其饲料量进行适宜的限制，不能任其自由采食。因此有时每日的料量太少，难以由整个饲喂系统供应。但饲料必须均匀分配，尽可能减少鸡只彼此之间的竞争，维持体重和鸡群均匀度，结果只有选择合理的限饲程序，累积足够的饲料在饲喂日为种鸡提供均匀的料量。

表 5-21　种鸡饮水量　　单位：毫升 /（天・只）

周龄	1	2	3	4	5	6	7	8	9	10	11
饮水量	19	38	57	83	114	121	132	151	159	170	178
周龄	12	13	14	15	16	17	18	19	20	21 周龄至产蛋结束	
饮水量	185	201	212	223	231	242	250	257	265	272	

限饲由 3 周龄开始，喂料量由每周实际抽测的体重与标准体重相比较确定。若鸡群超重不多，可暂时保持喂料量不变，使鸡群逐渐接近标准体重；相反，鸡群稍轻，也不要过多增加喂料量，只要稍增点，即可使鸡群逐渐达到标准体重。母鸡体重和限饲程序见表 5-22。

表 5-22　母鸡体重和限饲程序（2～24 周龄）

周龄	停喂日体重 / 克		每周增重 / 克		建议料量 /［克 /（天・只）］
	封闭鸡舍	常规鸡舍	封闭鸡舍	常规鸡舍	
2	182 ～ 272	182 ～ 318	91		
3	273 ～ 363	295 ～ 431	91	113	40
4	364 ～ 464	431 ～ 567	91	136	44
5	455 ～ 545	567 ～ 703	91	136	48
6	546 ～ 636	658 ～ 794	91	91	52
7	637 ～ 727	749 ～ 885	91	91	56
8	728 ～ 818	840 ～ 976	91	91	59

续表

周龄	停喂日体重/克		每周增重/克		建议料量/[克/(天·只)]
	封闭鸡舍	常规鸡舍	封闭鸡舍	常规鸡舍	
9	819～909	931～1067	91	91	62
10	910～1000	1022～1158	91	91	65
11	1001～1091	1113～1240	91	91	68
12	1092～1182	1204～1340	91	91	71
13	1183～1273	1295～1431	91	91	74
14	1274～1364	1408～1544	91	91	77
15	1365～1455	1521～1657	91	91	81
16	1456～1546	1634～1770	91	113	85
17	1547～1637	1748～1884	91	113	90
18	1638～1728	1862～1998	91	114	95
19	1774～1864	1976～2112	136	114	100
20	1910～2000	2135～2271	136	114	105
21	2046～2136	2294～2430	136	159	110
22	2182～2272	2408～2544	136	159	115～126
23	2316～2408	2522～2658	136	114	120～131
24	2477～2567	2636～2772	136	114	125～136

注：1～2周龄喂雏鸡饲料（蛋白质为18%～19%），自由采食；3周龄喂雏鸡饲料，每日限食；4～21周龄喂生长饲料（蛋白质为15%～16%），采用5-2计划，把1周的喂料量平均分为5份，除周三和周日不喂料外，其他时间每天喂1份；22～24周龄喂产蛋前期料（蛋白质为15.5%～16.5%，钙2%），采用5-2计划。

② 体重和均匀度的控制。采用限制饲喂方法让鸡群每周稳定而平衡生长，在生产中要称重，并计算平均体重和体重均匀度。

肉种鸡育成期每周的喂料量是参考品系标准体重和实际体重的差异来决定的，所以掌握鸡群每周的实际体重非常重要。在育成期每周称重一次，最好每周同天、同时、空腹称重；在使用隔日限饲方式时，应在禁食日称重。

体重均匀度是衡量鸡群限饲效果和预测开产整齐性、蛋重均匀程度及产蛋量的指标。1～8周龄鸡群体重均匀度要求80%，最低75%。9～15周龄鸡群体重均匀度要求在80%～85%。

16～24 周龄鸡群体重均匀度要求在 85% 以上。

肉用种鸡体重均匀度较难控制，管理上稍有差错，就会造成鸡群采食量不均匀，导致鸡群体重均匀度差。因此，在管理上要保证足够的采食和饮水位置，饲养密度要合适。另外，饲料混合要均匀，注意预防疾病，尽量减少应激因素。

【提示】一是限饲前断喙，以防相互啄伤。二是要设置足够的饲槽。限饲时饲槽要充足，要摆布合理，保证每只鸡都有一定的采食位置，防止采食不均，发育不整齐。三是为了鸡群都能吃到饲料，一般每天投料一次，保证采食位置。四是对每群中弱小鸡，可挑出特殊饲喂，不能留种的作商品鸡饲养后上市。五是限饲与控制光照相配合，这样效果更好。

（3）垫料管理　良好的垫料是获得高成活率和高质量肉用新母鸡不可缺少的条件。要选择吸水性能好、柔软有弹性的优质垫料，还要保持垫料干燥，及时更换潮湿和污浊的垫料；垫料的厚度十分重要。

（4）光照控制　12 周龄以后的光照时数对育成鸡性成熟的影响比较明显，10 周龄以前可保持较长光照时数，使鸡体采食较多饲料，获得充足的营养以便更好生长，12 周龄以后光照长度要恒定或渐减。

① 密闭舍。密闭舍不受外界光照影响，育成期光照时数一般恒定为 8～10 小时。密闭舍光照方案见表 5-23。

表 5-23　密闭舍光照方案

周龄	光照时数 / 小时	光照强度 / 勒克斯	周龄	光照时数 / 小时	光照强度 / 勒克斯
1～2 天	23	20～30	21	11	35～40
3～7 天	20	20～30	22	12	35～40
2	16	10～15	23	13	35～40
3	12	15～20	24	15	35～40
4～20	8	10～15	25～68	16	45～60

② 开放舍或有窗舍。开放舍或有窗舍由于受外界自然光照影

响，需要根据外界自然光照变化制定光照方案。其具体方法见表5-24。

表 5-24 开放舍的光照程序

<table>
<tr><th>地域</th><th colspan="6">顺季出雏时间 / 月</th><th colspan="6">逆季出雏时间 / 月</th></tr>
<tr><td>北半球</td><td>9</td><td>10</td><td>11</td><td>12</td><td>1</td><td>2</td><td>3</td><td>4</td><td>5</td><td>6</td><td>7</td><td>8</td></tr>
<tr><td>南半球</td><td>3</td><td>4</td><td>5</td><td>6</td><td>7</td><td>8</td><td>9</td><td>10</td><td>11</td><td>12</td><td>1</td><td>2</td></tr>
<tr><td>日龄</td><td colspan="12">育雏育成期的光照时数</td></tr>
<tr><td>1
2</td><td colspan="3" rowspan="2">辅助自然光照补充至</td><td colspan="3">23 小时</td><td colspan="3" rowspan="2">辅助自然光照补充至</td><td colspan="3">23 小时</td></tr>
<tr><td>3</td><td colspan="3">19 小时</td><td colspan="3">19 小时</td></tr>
<tr><td>4 ～ 9</td><td colspan="6">逐渐减少到自然光照</td><td colspan="6">逐渐减少到自然光照</td></tr>
<tr><td>10 ～ 147</td><td colspan="6">自然光照长度</td><td colspan="6" rowspan="2">自然光照至 83 日龄，然后保持恒定光照（从出壳至 18 周龄外界最长的自然光照时数）至 154 日龄</td></tr>
<tr><td>148 ～ 154</td><td colspan="6">增加 2 ～ 3 小时</td></tr>
<tr><td>155 ～ 161</td><td colspan="6">增加 1 小时</td><td colspan="6">增加 1 小时</td></tr>
<tr><td>162 ～ 168</td><td colspan="6">增加 1 小时</td><td colspan="6">增加 1 小时</td></tr>
<tr><td>169 ～ 476</td><td colspan="6">保持 16 ～ 17 小时（光照强度 45 ～ 60 勒克斯）</td><td colspan="6">保持 16 ～ 17 小时（光照强度 45 ～ 60 勒克斯）</td></tr>
</table>

（5）通风管理 育成阶段，鸡群密度大，采食量和排泄量也大，必须加强通风，减少舍内有害气体和水汽。最好安装机械通风系统，在炎热的夏季加装湿帘，降低进入舍内的空气温度。

（6）卫生管理 加强隔离、卫生和消毒工作，保持鸡舍和环境清洁。做好沙门氏菌和支原体的净化工作，维持鸡群洁净。

（7）减少体重问题的措施 如果鸡群平均体重与标准体重相差 90 克以上，应重新抽样称重。如情况属实，应注意纠正（适用于种公鸡和种母鸡）。

① 15 周龄前体重低于标准。15 周龄前体重不足将会导致体重均匀度差，鸡只体型小，16～22 周龄饲料效率降低。纠正这一问题措施见图 5-78。

【注意】种鸡体重每低 50 克，在恢复到常加料水平之前，每只鸡每天需要额外补充 58.3 焦耳的能量，才能在一周内恢复到标

准体重。

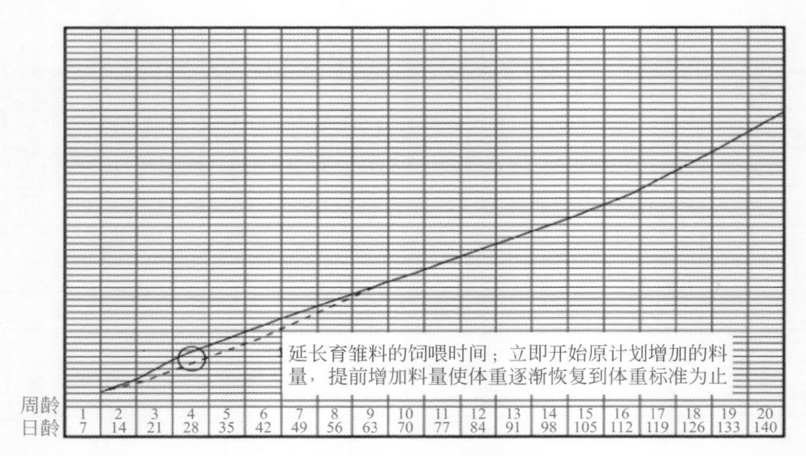

图 5-78　4 周龄体重低于标准纠正措施

② 15 周龄前体重超过标准。15 周龄前体重超过标准的危害和纠正措施见图 5-79。

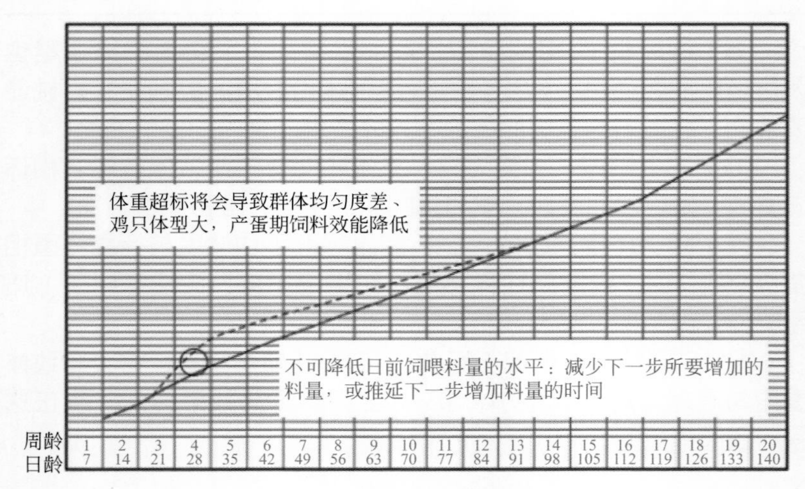

图 5-79　4 周龄体重超过标准的危害纠正措施

4. 肉用种鸡产蛋期的饲养管理

（1）饲养方式　饲养方式有地面平养（更换垫料和厚垫料平养）、网面 - 地面结合饲养（以舍内面积 1/3 左右为地面，2/3 左右为栅栏或平网，见图 5-80，这种饲养方式较为普遍）和笼养（多采用二层阶梯式笼，这样有利于人工授精）。

图 5-80　网面 - 地面结合饲养方式的示意图和实景图

（2）环境条件　环境条件见表 5-25。

表 5-25　肉用种鸡产蛋期环境条件

项目	温度 /℃	湿度 /%	光照强度 /（瓦 / 平方米）	氨气 /%	硫化氢 /%	二氧化碳 /%	饲养密度 /（只 / 平方米）	
							地面	网面 - 地面
指标	10 ～ 25	60 ～ 65	2 ～ 3	0.002	0.001	0.15	3.6	4.8

（3）开产前的饲养管理

① 鸡舍和设备的准备。按照饲养方式和要求准备好鸡舍，并准备好足够的食槽、水槽、产蛋箱等。对产蛋鸡舍和设备要进行严格的消毒。

② 种母鸡的选择。在 18 ~ 19 周龄对种母鸡要进行严格的选择，淘汰不合格的母鸡。可经过称重，将母鸡体重在规定标准上 15% 范围内予以选留，淘汰过肥的或发育不良、体重过轻、脸色苍白、羽毛松散的弱鸡。淘汰有病态表现的鸡。按规定进行鸡白痢、支原体病等检疫，淘汰呈阳性反应的公、母鸡。

③ 转群。如果育成和产蛋在一个鸡舍内，应让鸡群跑满整个鸡舍，并配备产蛋用的饲喂、饮水设备；如果育成和产蛋在不同

鸡舍内，应在 18～19 周龄转入产蛋鸡舍。在转群前 3 天，在饮水或饲料中加入 0.04% 土霉素（四环素、金霉素均可），适当增加多种维生素的给量，以提高抗病力，减少应激影响。转群最好在晚上进行。

④ 驱虫免疫。产蛋前应做好驱虫工作，并按时接种鸡新城疫Ⅰ系、传染性法氏囊病、减蛋综合征等疫苗。切不可在产蛋期进行驱虫和接种疫苗。

⑤ 产蛋箱设置。产蛋箱的规格大约为 30 厘米宽、35 厘米深、25 厘米高，要注意种母鸡和产蛋窝的比例，每个产蛋窝最多容纳 5.5 只母鸡。产蛋箱不能放在太高、太亮、太暗、太冷的地方。

⑥ 开产前的饲养。在 22 周龄前，育成鸡转入产蛋舍，23 周龄更换成种鸡料。种鸡料含粗蛋白质 16%、代谢能 11.51 兆焦/千克。为了满足母鸡的产蛋需要，饲料中含钙量应达 3%，磷、钙比例为 1：6，并适当增添多种维生素与微量元素。饲喂方式由每日或隔日 1 次改为每日喂料，饲喂两次。

（4）产蛋期的饲养管理

① 饲养。肉用种鸡在产蛋期必须限量饲喂，如果在整个产蛋期采用自由采食，则造成母鸡增重过快，体内脂肪大量积聚，不但增加了饲养成本，还会影响产蛋率、成活率和种蛋的利用率。产蛋期也需要每周称重，并进行详细记录以完善饲喂程序。母鸡体重和限饲程序见表 5-26。

表 5-26 母鸡体重和限饲程序（25～66 周龄）

周龄	日产蛋率/%	停喂日体重/克		每周增重/克		建议喂料量/[克/(天·只)]
		封闭鸡舍	常规鸡舍	封闭鸡舍	常规鸡舍	
25	5	2558～2748	2727～2863	181	91	130～140
26	25	2839～2929	2818～2954	181	91	141～160
27	48	3020～3110	2909～3045	181	91	161～180
28	70	3088～3178	3000～3136	68	91	161～180
29	82	3115～3205	3091～3227	27	91	161～180
30	86	3142～3232	3182～3318	27	91	161～180

续表

周龄	日产蛋率/%	停喂日体重/克		每周增重/克		建议喂料量/[克/(天·只)]
		封闭鸡舍	常规鸡舍	封闭鸡舍	常规鸡舍	
31	85	3169～3259	3250～3386	27	68	161～180
32	85	3196～3286	3277～3413	27	27	161～180
33	84	3214～3304	3304～3440	18	27	161～180
34	83	3232～3322	3331～3467	18	27	161～180
35	82	3250～3340	3358～3494	18	27	161～180
37	81	3268～3358	3376～3512	18	18	161～180
39	80	3286～3376	3394～3530	18	18	161～180
41	78	3304～3394	3412～3548	18	18	161～180
43	76	3322～3412	3430～3566	18	18	151～170
45	74	3340～3430	3448～3584	18	18	151～170
47	73	3358～3448	3466～3602	18	18	151～170
49	71	3376～3466	3484～3620	18	18	151～170
51	69	3394～3484	3502～3538	18	18	151～170
53	67	3412～3502	3520～3656	18	18	151～170
55	65	3430～3520	3538～3674	18	18	151～170
57	64	3448～3538	3556～3592	18	18	141～160
59	62	3460～3556	3574～3710	18	18	141～160
61	60	3484～3574	3592～3728	18	18	141～160
63	59	3502～3592	3610～3746	16	18	141～160
65	57	3538～3628	3628～3764	16	18	136～150
66	55	3547～3637	3632～3768	9	4	141～160

注：25周龄喂产蛋前期料（蛋白质为15.5%～16.5%，钙2%），饲喂计划是1周喂5天，周三和周日不喂（即把7天的料分为5份，喂料日每天1份）；26～66周龄喂种鸡饲料（蛋白质为15.5%～16.5%，钙3%），每日限制饲喂。

产蛋高峰前，种鸡体重和产蛋量都增加，需要较多的营养，如果营养不足，会影响产蛋。产蛋高峰后，种鸡增重速度下降，同时产蛋量也减少，供给的营养应减少，否则母鸡过肥，从而导

致产蛋量、种蛋受精率和孵化率下降。准确调节喂料量，可采用探索性增料和减料技术，见图 5-81。

探索性增料技术	如鸡群产蛋率达80%以上，观察鸡群有饥饿感，则可增加饲料量；产蛋率已有3～5天停止上升，试增加5克饲料量；如5天内产蛋率仍不见上升，重新减去增加的5克饲料量；若增加了产蛋率，则保持增加后的饲料量。
探索性减料技术	产蛋高峰后(38～40周龄)减料。例如鸡群喂料量为170克/(天·只)，减料后第一周喂料量应为(168～169)克/(天·只)，第二周则为(167～168)克/(天·只)。任何时间进行减料后3～4天内必须认真关注鸡群产蛋率，如产蛋率下降幅度正常(一般每周1%左右)，则第二周可以再一次减料。如果产蛋下降幅度大于正常值，同时又无其他方面的影响(气候、缺水等)时，则需恢复原来的料量，并且一周内不要再尝试减料。

图 5-81 探索性增料和减料技术

② 种蛋管理。一方面减少破蛋和脏蛋。母鸡开产前1～2周，在产蛋箱内放入0.5厘米长的麦秸和稻草，勤补充，并每月更换一次。制作假蛋（将孵化后的死精蛋用注射器刺个洞，把空气注进蛋内，抽净内容物，将完整蛋壳浸泡在消毒液中，消毒干燥后装入沙子，用胶布将洞口封好）放入蛋箱内，让鸡熟悉产蛋环境，到大部分鸡已开产后，把假蛋拣出。有产蛋现象的鸡可抱入产蛋箱内。鸡开产后，每天拣蛋不少于5次，夏天不少于6次。对产在地面的蛋要及时拣起，不让其他鸡效仿。采集和搬运种蛋动作要轻，减少人为破损。另一方面注意种蛋的消毒。种鸡场设立种蛋消毒室或种鸡舍设立种蛋消毒柜，收集后立即熏蒸消毒：每立方米空间14毫升福尔马林、7克高锰酸钾熏蒸15分钟。

③ 日常管理。建立日常管理制度，认真执行各项生产技术，是保证鸡群高产、稳产的关键。按照饲养管理程序搞好光照、饲喂、饮水、清粪、卫生等工作；注意观察鸡群状态，及时发现异常；保持垫料干燥、疏松、无污染。管理上要求通风良好，饮水器必须安置适当（自动饮水器底部宜高于鸡背2～3厘米，饮水器内水位以鸡能喝到为宜），要经常清除鸡粪，并及时清除潮湿或结块的垫草，并维持适宜的垫料厚度（最低限度为7.5厘米）。

④ 做好生产记录。要做好连续的生产记录，并对记录进行分析，以便能及时发现问题。记录内容：每天记录鸡群变化，包括

鸡群死亡数、淘汰数、出售数和实际存栏数；每天记录实际喂料量，每周一小结，每月一大结，每批鸡结束后进行总结，核算生产成本；按规定定期抽样 5% 个体称重，以了解鸡群体态状况，以便于调整饲喂程序；做好鸡群产蛋记录，如产蛋日龄、产蛋数量以及产蛋质量等；记录环境条件及变化情况；记录鸡群发病日龄、数量及诊断、用药、康复情况；记录生产支出与收入，搞好盈亏核算。

⑤ 减少应激。饲养员实行定时饲喂、清粪、拣蛋、光照、给水等日常管理工作，操作要轻缓，工作程序要稳定。保持光照颜色和强度稳定，避免灯泡晃动，以防鸡群的骚动或惊群。分群、预防接种疫苗等，应尽可能在夜间进行，动作要轻，以防损伤鸡只。场内外严禁各种噪声及各种车辆的进出，防止各种因素。

⑥ 做好季节管理。主要做好夏季防暑降温和冬季防寒保暖工作，避免温度过高和过低。

（5）种公鸡的饲养管理

① 种公鸡的培育要点。一是公母分开饲养。为了使种公雏发育良好、均匀，育雏期间公雏与母雏分开饲养，350～400 只为一组置于一个保姆伞下。二是及时开食。种公雏开食越早越好，为了使它们充分发育，应占有足够的饲养面积和食槽、水槽位置。公鸡需要铺设 12 厘米厚的清洁且湿性较强的垫料。三是断趾断喙。出壳时采用电烙铁断掉种用公雏胫部内侧的两个趾。脚趾的剪短部分不能再行生长，故交配时不会伤害母鸡。种用公雏的断喙最好比母雏晚些，可安排在 10～15 日龄进行。公雏喙断去部分应比母雏短些，以便于种公鸡啄食和配种。

② 种公鸡的饲养。0～4 周龄为自由采食，5～6 周龄每日限量饲喂，要求 6 周龄末体重达 900～1000 克，如果达不到，则继续饲喂雏鸡料，达标后饲喂育成饲料。育成期采用周四、周三限饲或周五、周二限饲，使其腿部肌腱发育良好，同时要使体重与标准体重吻合。18 周龄开始由育成料换成预产料，预产料的粗蛋白和代谢能与产蛋料基本相同，只是钙为 1%。产蛋期要饲喂专门的公鸡料，实行公母分开饲养。饲料中维生素和微量元素充足。公鸡体重和限饲程序见表 5-27。

表 5-27　公鸡体重与限饲程序

周龄	平均体重 / 克	每周增重 / 克	饲喂计划	建议料量 /［克 /（天·只）］
1～3			自由采食	
4	680		每日限饲	60
5	810	130	隔日限饲	69
6	940	130	隔日限饲	78
7	1070	130	隔日限饲	83
8	1200	130	隔日限饲	88
9	1310	110	隔日限饲	93
10	1420	110	隔日限饲	96
11	1530	110	隔日限饲	99
12	1640	110	隔日限饲	102
13	1750	110	5-2 计划	105
14	1860	110	5-2 计划	108
15	1970	110	5-2 计划	112
16	2080	110	5-2 计划	115
17	2190	110	5-2 计划	118
18	2300	110	5-2 计划	121
19	2410	110	5-2 计划	124
20	2770	360	每日限饲	127
21	2950	180	每日限饲	130
22	3130	180	每日限饲	133
23	3310	180	每日限饲	136
24	3490	180	每日限饲	139
25	3630	140	每日限饲	138
26	3720	90	每日限饲	136
27	3765	45	每日限饲	136
28	3810	45	每日限饲	136
68	4265	45	每日限饲	136

注：5-2 计划：即把 1 周的喂料量平均分为 5 份，除周三和周日不喂料外，其他时间每天喂 1 份。8～9 日龄断喙。5～6 周龄末进行选种，把体重小、畸形、鉴别错误的鸡只淘汰。公母鸡在 20 周龄时混养，公鸡提前 4～5 天先移入产蛋舍，然后再放入母鸡。混群前后由于更换饲喂设备、混群、加光等应激，公鸡易出现周增重不理想，影响种公鸡的生产性能发挥。可在混群前后加料时有意识多加 3～5 克料。每周两次抽测体重，密切监测体重变化。加强公鸡料桶管理，防止公母鸡互偷饲料。混群后，注意观察采食行为，确保公母分饲正确有效实施。4 周以后适当限水。

③ 种公鸡饮水。在种公鸡群中，垫料潮湿和结块是一个普遍的问题，这对公鸡的脚垫和腿部极其不利。限制公鸡饮水是防止垫料潮湿的有效办法，公鸡群可从 29 日龄开始限水。一般在禁食日，冬季每天给水两次，每次 1 小时，夏季每天给水两次，每次 2.5 小时；喂食时，吃光饲料后 3 小时断水，夏季可适当增加饮水次数。

④ 种公鸡的选择。6 周龄进行第一次选择，选留数量为每百只母鸡配 15 只公鸡。要选留体重符合标准、体型结构好、灵活机敏的公鸡。第二次选择在 18～22 周龄，按每百只母鸡配 11～12 只公鸡的比例进行选择。要选留眼睛敏锐有神、冠色鲜红、羽毛鲜艳有光、胸骨笔直、体型结构良好、脚部结构好而无病、脚趾直而有力的公鸡。选留的体重应符合规定标准，剔除发育较差、体重过小的公鸡。对体重大但有脚病的公鸡坚决淘汰，在称重时注意腿部的健康和防止腿部的损伤。

公鸡与母鸡采取同样的限饲计划，以减少鸡群应激。如果使用饲料桶，在无饲料日时，可将谷粒放在更高的饲槽里，让公鸡跳起来方能采食，这样可减少公鸡在限喂日的啄羽和打斗。在公、母鸡分开饲养时，应根据公鸡生长发育的特点，采取适宜的饲养标准和限饲计划。

⑤ 保持腿部健壮。公鸡的腿部健壮情况直接影响它的配种。由于公鸡生长过于迅速，腿部疾病容易发生，饲养管理过程中应注意：不要把公鸡养在间隙木条的地面上；转群、搬动公鸡时动作轻柔，放置在笼内避免过度拥挤及蹲伏太久，否则会严重扭伤腿部的肌肉及筋腱；要给胆小的公鸡设躲避的地方，如栖架等，并放置饲料和饮水；采取适当的饲养措施，如增加维生素和微量元素的用量；注意选择公鸡。

⑥ 不同配种方式种公鸡管理要点。见表 5-28。

三、鸡群的强制换羽

强制换羽就是人为采取措施，使母鸡的羽毛脱换。强制换羽可缩短母鸡停产换羽时间，延长产蛋期。种鸡的雏鸡购置和培

育费用较高，进行强制换羽再使用一个生产周期可以降低种蛋成本。

表 5-28　不同配种方式种公鸡管理要点

配种方式	管理要点
自然交配	一是如公鸡一贯与母鸡分群饲养，则需要先将公鸡群提前 4 ～ 5 天放在鸡舍内，使它们熟悉新的环境，然后再放入母鸡群；如公、母鸡一贯合群饲养，则某一区域的公、母鸡应于同日放入同一间种鸡舍中饲养。二是小心处理垫草，经常保持清洁、干燥，以减少公鸡的葡萄球菌感染和胸部囊肿等疾患。三是做鸡白痢及副伤寒凝集反应时，应戴上脚圈
人工授精	一是使用专用笼，以特制的公鸡笼单笼饲养。二是光照。公鸡的光照时间每天恒定 16 小时，光照强度为 3 瓦 / 平方米。三是温湿度。舍内适宜温度为 15 ～ 20℃，高于 30℃或低于 10℃时对精液品种有不良影响；舍内适宜湿度为 55% ～ 60%。四是卫生。注意通风换气，保持舍内空气新鲜；每 3 ～ 4 天清粪一次；及时清理舍内的污物和垃圾。五是喂料和饮水。要少给勤添，每天饲喂 4 次，每隔 3.5 ～ 4 小时喂一次；要求饮水清洁卫生。六是观察鸡群，主要观察公鸡的采食量、粪便、鸡冠的颜色及精神状态，若发现异常应及时采取措施

1. 强制换羽的方法

强制换羽的方法有化学法、畜牧学法和综合法，见表 5-29。

表 5-29　强制换羽的方法

名称	操作
化学法	在饲料中加入 2.5% 的氧化锌或 3% 的硫酸锌，连续饲喂 5 ～ 7 天后改用常规饲料饲喂。开始喂含锌饲料时光照保持 8 小时或自然光照，喂常规饲料时逐渐恢复光照到 16 小时。此法换羽时间短，但不彻底，第二个产蛋年产蛋高峰不高
畜牧学法（或饥饿法）	停水、停料、减少光照，引起鸡群换羽。方法是：第 1 ～ 3 天，停水，停料，光照减为 8 小时；第 4 ～ 10 天，供水，停料，光照减为 8 小时；第 11 天以后，供水，供料，给料量为正常采食量的 1/5，逐日递增至自由采食，用育成料，光照每周递增 1 小时至 16 小时恒定，产蛋时，改为产蛋料
综合法	将化学法和畜牧学法结合起来的一种方法。方法是：第 1 ～ 3 天，停水，停料，光照减为 8 小时；第 4 ～ 10 天，供水，喂给含 2.5% 硫酸锌的饲料，光照减为 8 小时；以后恢复正常蛋鸡料和光照。此法应激小，换羽彻底

2. 强制换羽的准备

强制换羽的准备见图 5-82。

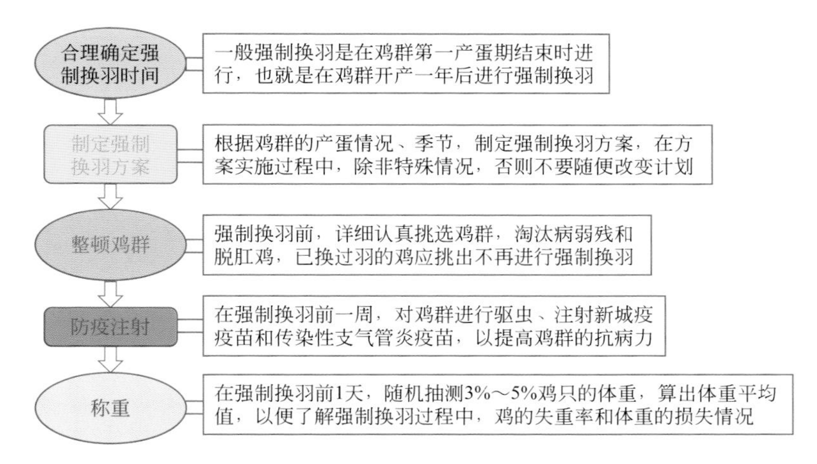

图 5-82　强制换羽的准备

3. 衡量强制换羽效果的指标

衡量强制换羽效果的指标见图 5-83。

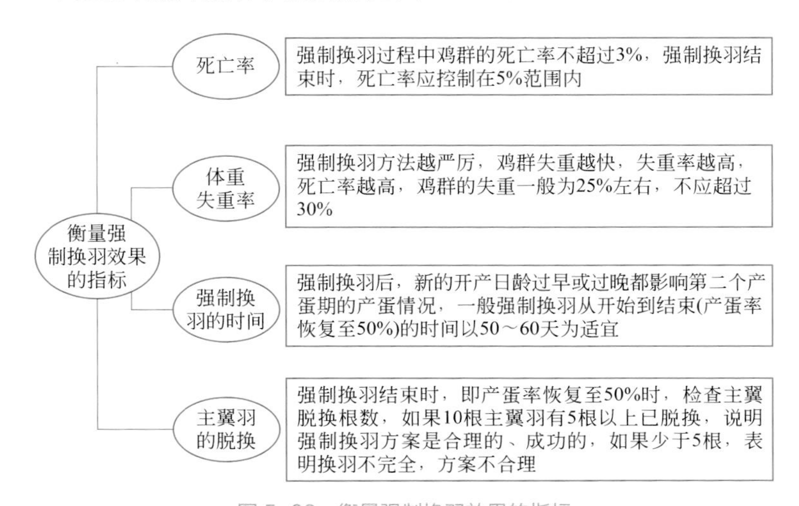

图 5-83　衡量强制换羽效果的指标

【注意】一是如果遇到鸡群患病或疫情，应停止强制换羽，改为自由采食。二是定期称重。强制换羽开始后 5 ～ 6 天第一次称重，以后每天称重，掌握鸡群失重率，确定最佳的结束时间。三是停料一段时间后，供给饲料时，应逐渐增加给料量，切忌一次给料过多，造成鸡群嗉囊胀裂死亡。四是加强环境消毒，保持环境安静，避免各种应激因素，并密切观察鸡群，根据实际情况，必要时调整或中止强制换羽方案。

第三节　肉仔鸡的饲养管理

一、肉仔鸡的饲养方式

肉仔鸡的饲养方式主要有地面平养、网上平养和立体笼养三种方式，见图 5-84。

图 5-84　网上平养肉鸡（左）；立体笼养肉鸡（中）；地面平养肉鸡（右）

【提示】肉鸡休息时以胸部直接伏卧在地面，由于生长速度快，体重比较大，皮肤、肌肉和骨骼组织较为柔嫩，很容易发生胸部囊肿和腿病，所以笼养肉鸡时要注意笼具的选择。

二、适宜的环境条件

1. 温度

温度过高或过低，都会影响雏鸡的均匀度、死亡率、每天的生长、饲料转化率和屠宰重。肉仔鸡的适宜温度见表 5-30。不同温度条件下肉用雏鸡的分布详见肉用种鸡饲养管理部分。

表 5-30　肉仔鸡的适宜温度　　单位：℃

日龄	1 ～ 3	4 ～ 7	8 ～ 14	15 ～ 21	22 ～ 28	29 ～ 35	36 以上
温度	34 ～ 33	33 ～ 31	31 ～ 28	28 ～ 25	25 ～ 20	25 ～ 18	23 ～ 18

2. 湿度

饲养肉用仔鸡最适宜的湿度见图 5-85。

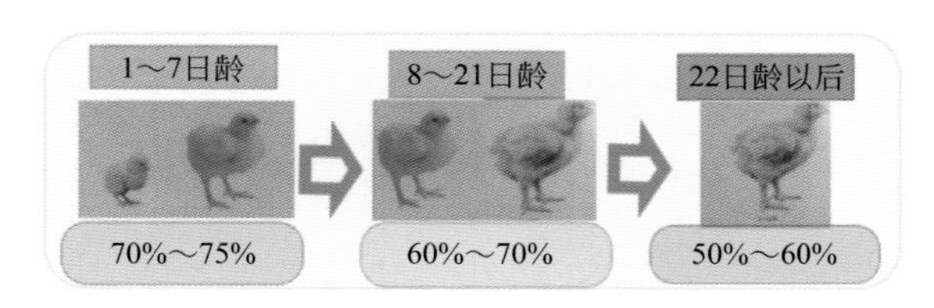

图 5-85　肉用仔鸡最适宜的湿度

3. 通风换气

（1）通风目的 保证氧的供应，排出有害气体、尘埃，排出湿气、降低湿度，调节舍内温度。二氧化碳大于 0.35% 易发生腹水；氨气大于 0.002% 易发生呼吸道疾病，大于 0.005% 抑制生长；湿度小于 40% 粉尘多，易诱发呼吸道疾病，大于 70% 影响后期生长。

【注意】肉鸡饲养后期（5 周后）通风更重要。处理好通风与温度的关系，在冬季不可因保温而减少通风，但要保证适宜通风量，以防止冷应激。

（2）通风方式　见图 5-86。

（3）通风量　洁净新鲜的空气可使肉用仔鸡维持正常的新陈代谢，保持健康，发挥出最佳生产性能。肉用仔鸡在不同的外界温度、周龄与体重时所需要的通风换气量见表 5-31。

4. 光照

（1）光照方案　常用的光照方案是连续光照。施行 24 小时

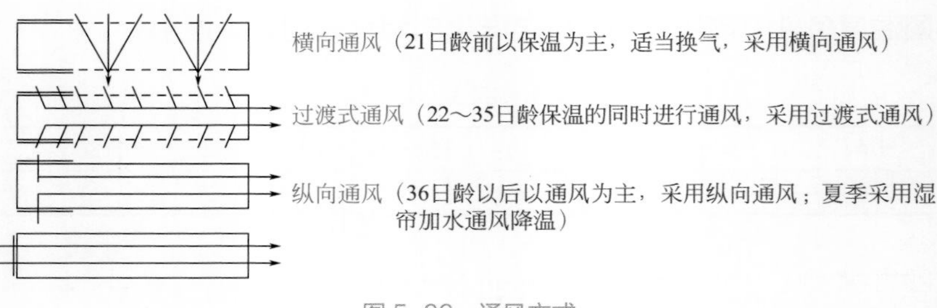

图 5-86　通风方式

表 5-31　肉用仔鸡的通风换气量　　　　单位：立方米 / 分

外界温度 /℃	2 周龄	3 周龄	4 周龄	5 周龄	6 周龄	7 周龄	8 周龄
	0.35 千克 / 只	0.70 千克 / 只	1.10 千克 / 只	1.50 千克 / 只	2.00 千克 / 只	2.45 千克 / 只	2.90 千克 / 只
15	0.012	0.035	0.05	0.07	0.09	0.11	0.15
20	0.014	0.04	0.06	0.08	0.1	0.12	0.17
25	0.016	0.045	0.07	0.09	0.12	0.14	0.2
30	0.02	0.05	0.08	0.1	0.14	0.16	0.21
35	0.06	0.06	0.09	0.12	0.15	0.18	0.22

全天连续光照，或施行 23 小时连续光照，1 小时黑暗。黑暗 1 小时的目的是防止停电，使肉用仔鸡能够适应和习惯黑暗的环境，不会因停电而造成鸡群拥挤窒息。有窗鸡舍，可以白天借助于太阳光的自然光照，夜间施行人工补光。另外还有一种连续光照方案见表 5-32。

表 5-32　肉用仔鸡的连续光照方案

日龄	光照时间 / 小时	黑暗时间 / 小时	光照强度 / 勒克斯
0 ～ 3	22 ～ 24	0 ～ 2	20
4 ～ 7	18	6	20
8 ～ 14	14	10	5
15 ～ 21	16 ～ 18	6 ～ 8	5
22 ～ 28	18	6	5
29 日龄至上市	23	1	5

（2）光照强度　在生产中，若灯头高度 2 米左右，1~7 日

龄为 4～5 瓦 / 平方米，8～21 日龄为 2～3 瓦 / 平方米，22 日龄以后为 1 瓦 / 平方米左右。

【注意】一是要保持舍内光照均匀。采光窗要均匀布置；安装人工光源时，光源数量适当增加，功率降低，并布置均匀，有利于舍内光线均匀。二是光源要安装碟形灯罩。三是经常检查更换灯泡。经常用干抹布把灯泡或灯管擦干净，以保持清洁，提高照明效率。

5. 饲养密度

饲养密度是指每平方米面积容纳鸡的数量。饲养密度直接影响肉鸡的生长发育。肉用仔鸡不同饲养方式的饲养密度见表 5-33。

表 5-33　肉用仔鸡不同饲养方式的饲养密度　　单位：只 / 平方米

周龄	地面平养			网上平养			立体笼养		
	夏季	冬季	春季	夏季	冬季	春季	夏季	冬季	春季
1～2	30	30	30	40	40	40	55	55	55
3～4	20	20	20	25	25	25	30	30	30
5～6	14	16	15	15	17	16	20	22	21
7～8	8	12	10	11	13	12	13	15	14

6. 卫生

雏鸡体小质弱，对环境的适应力和抗病力都很差，容易发病，特别是传染病。所以要加强入舍前的消毒，加强环境和出入人员、用具设备消毒，经常带鸡消毒，并封闭育雏，做好隔离。

三、鸡舍和设备

1. 育雏舍的清洁卫生

每批鸡出栏后，立即清除鸡粪、垫料等污物，并堆在鸡场外下风处发酵。用水洗刷鸡舍和墙壁、用具上的残存粪块，然后以动力喷雾器用水冲洗干净，如有残留污物则大大降低消毒药物的效果，同时清理排污水沟。然后用两种不同的消毒药物分期进行喷洒消毒。最后把所有用具及备用物品全都密闭在鸡舍内或饲料间内用福尔马林、高锰酸钾熏蒸消毒。这样可基本杀灭细菌、病毒等，密封 24 小时后打开门窗换气，消毒时，每次喷洒药物应等干燥后再做下次消毒处理，否则，影响药物效力。

2. 准备好各种设备用具、药物和饲料

育雏前，准备好各种设备用具，如加热器、饮水器、饲喂器、时钟、电扇、灯泡及消毒、防疫等各种用具和一些记录表格；准备好消毒药物、防疫药物、疾病防治药物和一些添加剂，如维生素、营养剂等；保证垫料、育雏护围、饮水器、食槽及其他设施等各就各位，如进雏前 2～3 小时，饮水器先装好 5%～8% 的糖水，并在饮水器周围放上育雏纸，作雏鸡开食之用；准备好玉米碎粒料、破碎料或其他相应的开食饲料。

3. 升温

确保保姆伞和其他供热设备运转正常，在雏鸡到来前先开动，进行试温，看是否达到顶期温度。雏鸡进入前一天，将育雏舍、保姆伞调至所推荐的温度。

四、肉鸡的饲养

1. 饮水

水在鸡的消化和代谢中起着重要作用，如体温的调节、呼吸、散热等都离不开水。适时饮水可补充雏鸡生理上所需水分，有助于促进雏鸡的食欲，帮助饲料消化与吸收，促进粪的排出。

（1）开食前饮水　一般应在出壳 24～48 小时内让肉仔鸡饮到水。肉仔鸡入舍后先饮水，为保证肉仔鸡入舍就能饮到水，在肉仔鸡入舍前 1～3 小时将灌有水的饮水器放入舍内。在水中加入 5%～8% 的糖（白糖、红糖或葡萄糖等），或 2%～3% 的奶

粉，或多维电解质营养液，并加入维生素 C 或其他抗应激剂，有利于肉仔鸡生长。要人工诱导或驱赶使雏鸡饮到水。肉仔鸡的饮水和采食位置如表 5-34。

表 5-34　肉仔鸡的饮水和采食位置

项目	母鸡	公鸡
水槽 /（厘米 / 只，最少）	1.5	1.5
乳头饮水器 /（只 / 个）	9 ～ 12	9 ～ 12
壶式饮水器 /（只 / 个）	80 ～ 100	80
链式饲喂器 /（厘米 / 只）	5.0	5.0
圆形料桶 /（只 / 个）	20 ～ 30	20 ～ 30
盘式喂料器 /（只 / 个，最多）	30	30

（2）肉仔鸡的饮水量及饮用的水　0～3 日龄雏鸡饮用温开水，水温为 16～20℃，以后可饮洁净的自来水或深井水，水质要符合饮用水标准。肉仔鸡的饮水量如表 5-35。

表 5-35　肉仔鸡的饮水量　　单位：毫升 /（天 • 只）

周龄	1	2	3	4	5	6	7
饮水量	30 ～ 40	80 ～ 90	130 ～ 170	200 ～ 220	230 ～ 250	270 ～ 310	320 ～ 360

2. 饲喂

（1）开食　原则上大约有 1/3 的雏鸡有觅食行为时即可开食。每个规格为 40 厘米 × 60 厘米的开食盘可容纳 100 只雏鸡采食。有的鸡场在地面或网面上铺上厚实、粗糙并有高度吸湿性的黄纸，将料撒在上面让雏鸡采食。

（2）饲喂　开食后，第一天喂料要少添勤喂，每 1～2 小时添料一次，添料的过程也是诱导雏鸡采食的一种措施。2 天后将料桶或料槽放在料盘附近以引导雏鸡在槽内吃料，5～7 天后，饲喂用具可采用饲槽、料桶、链条式喂料机械、管式喂料机械等，槽位要充足。

肉鸡推荐的日喂次数：1～3 天，8～10 次；4～7 天，6～8 次；8～14 天，4～6 次；15 天后，3～4 次。饲喂间隔均等，要

加强夜间饲喂工作。饲养肉用仔鸡，宜实行自由采食，不加以任何限量，保证肉鸡在任何时候都能吃到饲料。不同能量水平日粮每 1000 只肉仔鸡各周龄的饲料消耗总量见表 5-36。

表 5-36　不同能量水平日粮每 1000 只肉仔鸡各周龄的饲料消耗总量

单位：千克

周龄	12.1 兆焦 / 千克	12.6 兆焦 / 千克	13.0 兆焦 / 千克
1	135	129	122
2	299	286	273
3	474	454	435
4	661	637	614
5	787	760	736
6	940	917	888
7	1096	1068	1040

开食后的前一周采用细小全价饲料或粉料，以后逐渐过渡到小雏料、中雏料、育肥料和屠宰前料。饲养肉用仔鸡，最好采用颗粒料，颗粒料具有适口性好、营养成分稳定、饲料转化率高等优点。

3. 两项关键技术

（1）加强早期饲喂　对新生雏鸡及早喂料具有激活其生长动力的重要作用。从出壳到采食的这段时间是激活新生雏鸡正常生长动力的关键时期。多篇报告声称，新生雏鸡利用体内的残余卵黄来维持其生命，而利用外源性能量供其机体生长之用。通过提供早期营养就可促进新生雏鸡的生长。生产中，使出壳的雏鸡尽早入舍，早饮水，早开食，保持适宜的温度、充足的饲喂用具和明亮均匀的光线，并正确地饮水开食。

（2）保证采食量　采食量的多少影响到肉鸡的营养摄取量。采食量不足也会影响肉鸡的增重。影响采食量的因素和保证采食量的措施见图 5-87。

4. 使用添加剂

饲料或饮水中使用添加剂可以极大地促进肉鸡的生长，提高饲料转化率。除了按照饲养标准要求添加的氨基酸、维生素和微量元素等营养性添加剂外，还可充分利用其他添加剂，如酶制剂、活菌制剂、酸制剂以及天然植物饲料添加剂等。

影响采食量的因素	保证采食量的措施
▲舍内温度过高(5周以后超过25℃，每升高1℃，每只鸡总采食量减少50克) ▲饲料的物理形状(如饲料粒径过小) ▲饲料的适口性差(如饲料霉变酸败，饲料原料劣质) ▲饲料的突然更换 ▲疾病	▲采食位置必须充足，每只鸡保证8～10厘米的采食位置 ▲采食时间充足，前期光照20小时以上，后期在15小时以上 ▲高温季节注意降温，在凉爽的时间用凉水拌料饲喂 ▲饲料品质优良，适口性好。避免饲料霉变、酸败 ▲饲料的更换要有过渡期 ▲使用颗粒饲料 ▲饲料中加入香味剂

图 5-87　影响采食量的因素和保证采食量的措施

五、肉鸡的管理

1. 观察鸡群

观察鸡群的时间是早晨、晚上和喂饲的时候，这时鸡群健康与病态均表现明显。观察内容主要包括鸡的精神状态、饮水、食欲、行为表现、粪便形态等方面（图 5-88）。

图 5-88　动用所有的感官（左）；坐在鸡舍内仔细观察鸡群状态（右）

【注意】正常时，鸡群精神活泼、食欲良好、粪便正常，呼吸平稳无杂音；异常时，鸡只呆立、牵拉翅膀、闭目昏睡，腹泻、绿便或便中带血，呼吸有啰音，咳嗽、打喷嚏等（图 5-89）。

要将异常鸡隔离观察查找原因，对症治疗。

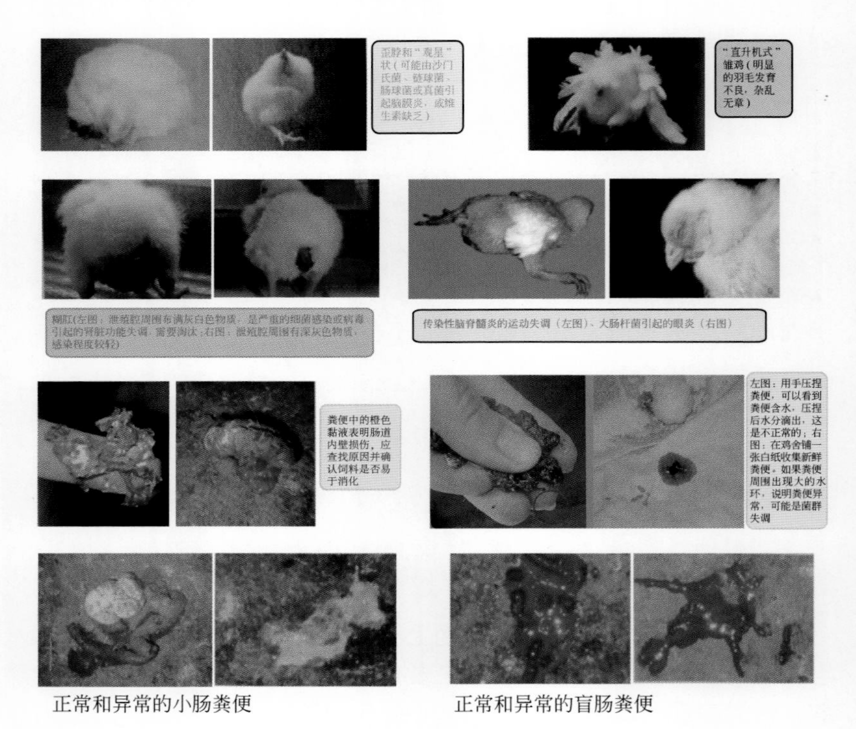

图 5-89　表现异常的雏鸡

2. 卫生管理

必须定期清除鸡舍内的粪便（厚垫料平养除外）。笼养和网上平养每周清粪 3～4 次；每天要清理清扫鸡舍、操作间、值班室和鸡舍周围的环境，保持环境清洁卫生；垃圾和污染物及时放到指定地点；饲养管理人员搞好个人卫生；日常用具定期消毒、定期带鸡消毒（指给鸡舍消毒时，连同舍内的鸡一起消毒）。鸡舍前应设消毒池，并定期更换消毒药，出入人员脚踏消毒液进行消毒。选择两种或两种以上消毒剂交替使用，不定期更换最新类消毒药，防止因长期使用一种消毒药而使细菌产生耐药性。

3. 减少应激

饲养管理过程中的一些工作（如光照、喂饲、饮水等）程序一旦确定，要严格执行，不能有太大的随意性，以保持程序稳定。饲养人员也要固定，每次进入鸡舍工作都要穿上统一的工作服；饲养人员在鸡舍操作，动作要轻，脚步要稳，尽量减少出入鸡舍的次数，开窗关门要轻，尽量减少对鸡只的应激。避免在肉鸡舍周围鸣笛、按喇叭、放鞭炮等，避免在舍内大声喧哗；选择各种设备时，在同等功率和价格的前提下，尽量选用噪声小的。在天气变化、免疫前后、转群、断水等应激因素出现时，在饲料中补加多种维生素或速补-14等，从而最大限度地减少应激。平时每周每100千克水5克维生素C，饮水2~3天。

4. 建立全进全出的饲养制度

全进全出指的是同一栋鸡舍同一时间只饲养同一日龄的雏鸡，鸡的日龄相同，出栏日期一致。这是目前肉仔鸡生产中普遍采用的行之有效的饲养制度。这种制度不但便于管理，有利于机械化作业，提高劳动效率，而且便于集中清扫和消毒，有利于控制疾病。

5. 公母分群管理

肉用仔鸡公母鸡分群饲养，可以减少饲料消耗，提高增重。管理措施见表5-37。

表5-37 公母分群管理措施

按性别调整日粮营养水平	在饲养前期，公雏日粮的蛋白质含量可提高到24%～25%，母雏可降到21%。在优质饲料不足的情况下或为降低饲养成本时，应尽量使用质量好的饲料来饲喂公鸡
按性别提供适宜的环境	公雏羽毛生长速度较慢，保温能力差，育雏温度宜高些。由于公鸡体重大，为防止胸部囊肿的发生，应提供比较松软的垫料，增加垫料厚度，加强垫料管理
按经济效益分期出栏	一般肉用仔鸡在7周龄以后，母鸡增重速度相对下降，饲料消耗急剧增加，这时如已达到上市体重即可提前出栏。公鸡9周龄以后生长速度才下降，饲料消耗增加，因而可养到9周龄时上市

6. 生产记录

为了提高管理水平和生产成绩以及不断稳定地发展生产，把饲养情况详细记录下来是非常重要的。长期认真地做好记录，就可以根据肉仔鸡生长情况的变化来采取适当的有效措施，最后无论成功与失败，都可以从中分析原因，总结出经验与教训。

为了充分发挥记录数据的作用，要尽可能多地把原始数字都记录下来，数据要精确，其分析才能建立在科学的基础上，做出正确的判断，得出结论后提出处理方案。

各种日常管理的记录表格，必须按要求来设计和填写。

第六章
鸡场疾病诊断技术

第一节　鸡病的流行病学和病理学诊断

一、鸡病的流行病学调查

流行病学诊断是根据疾病的流行特点进行诊断的一种方法。不同疾病都有特定的流行病学特征，如能根据流行病学做出诊断，将可大大缩短诊断时间，提高其准确性，为疾病防治提供宝贵时间。

1. 了解发病情况

根据病程长短、发病率、死亡率等因素可以初步判定疾病种类。

如果在饲养条件不同的鸡舍或养鸡场均发病，则可能是传染病，可排除慢性病或营养缺乏病；如在短时间内大批发病、死亡可能是急性传染病；若疾病仅在一个鸡舍或养鸡场内发生，应考虑非传染性疾病的可能。在确定以上事项后，可先采取紧急预防措施，如消毒、紧急预防接种及更换饲料等，以减少疾病损失。

如果一个鸡舍内的少数鸡发病后，在短时间内传遍整个鸡舍或相邻鸡舍，应考虑其传播方式是经空气传播。在处理这类疾病时，应注重切断传播途径。发病较慢，病鸡消瘦，应考虑是慢性传染病如结核、马立克氏病或营养缺乏症。若为营养缺乏症，则饲喂不同饲料的患病鸡情况差异明显。

了解发病日龄，有助于缩小可疑疾病的范围。有些病各种日龄均可发生，如慢性呼吸道病、传染性支气管炎等；有些病只发生于雏鸡或只有雏鸡症状明显，如雏鸡白痢、脑脊髓炎、脑软化症；有些病只发生于成年鸡，如淋巴细胞白血病、减蛋综合征等。

了解疾病的发病季节，可为排除、确诊某些疾病提供线索。某些疾病具有明显的季节性，若在非发病季节出现症状相似的疾病，可少考虑或不予考虑该病。住白细胞原虫病只发生于夏季和秋初，若在冬季发生了一种症状相似的疾病，一般不应怀疑是住白细胞原虫病。

2. 了解用药防疫情况

有些鸡病经防疫后就不会发生，或者即使发病症状也不典型，病情较轻。若防疫后还发生典型病例，则可能是由于疫苗质量不好或防疫时间不当而导致免疫失败。但是，有时病原毒力过强或抗原性改变（如超强毒马立克氏病病毒），也是造成发病的原因。了解用药情况，也可排除某些疾病，缩小可疑疾病的范围。

3. 了解环境状况

环境是影响疾病发生的重要因素，很多疾病与环境不良有关。鸡舍通风不良、过度拥挤、温度过高或过低、湿度过大、强噪声等均可引起应激反应，降低机体抵抗力，诱发很多疾病。如鸡群密度过大、通风不良，特别是有害气体浓度过高是诱发呼吸道疾病的重要因素。

4. 流行病学监测

流行病学监测是在大范围内有计划、有组织地收集流行病学信息，并对有关信息分析、处理的一种手段。流行病学监测的目的是净化禽群，为防疫提供依据。如监测新城疫抗体结果确定免疫接种时间，可以非常有效地预防新城疫；检出沙门氏菌阳性带菌鸡淘汰，可切断传染源；监测饲料中的有害物质，如黄曲霉毒素、劣质鱼粉、食盐和药物的添加是否超量，或营养成分是否合理，可减少中毒病和代谢病的发生。

二、鸡病的临床观察

1. 群体检查

检查群体的营养状况、发育程度、体质强弱、大小均匀度，鸡冠的颜色是鲜红或紫蓝、苍白；冠的大小，是否长有水疱、痘痂或冠癣；羽毛颜色和光泽，是否丰满整洁，是否有过多的羽毛断折和脱落；是否有局部或全身的脱毛或无毛，肛门附近羽毛是否有粪污等。

检查鸡群精神状况、呼吸系统、食料量和饮水量、排粪情况、发病和死亡情况等，可以为疾病诊断提供参考依据。

2. 个体检查

对鸡个体检查的项目除与上述群体检查的相同项目之外，还应注意检查体温（用手掌抓住两腿或插入两翼下，可感觉到明显的体温异常，精确的体温要用体温计插入肛门内，停留 10 分钟，然后读取体温值）、皮肤（弹性，有无结节及蜱、螨等寄生虫，颜色是否正常及是否有紫蓝色或红色斑块，是否有脓肿、坏疽、气肿、水肿、斑疹、水疱等，胫部皮肤鳞片是否有裂缝等）、眼睛（拨开眼结膜，检查眼结膜的黏膜是否苍白、潮红或呈黄色，结膜下有无干酪样物，眼球是否正常）、鼻孔（用手指压挤鼻孔，有无黏性或脓性分泌物嗉囊、（用手指触摸嗉囊内容物是否过分饱满坚实，是否有过多的水分或气体）、泄殖腔（翻开泄殖腔，注意有无充血、出血、水肿、坏死，或有假膜附着，肛门是否被白色粪便所黏结）、口腔和咽喉（打开口腔，检查口腔黏膜的颜色，有无斑疹、脓疱、假膜、溃疡、异物，口腔和腭裂上是否有过多的黏液，黏液上是否混有血液；一手扒开口腔，另一手用手指将喉头向上顶托，可见到喉头和气管，注意喉气管有无明显的充血、出血，喉头周围是否有干酪样物附着等）。常见的鸡体异常变化诊断见表 6-1。

表 6-1 常见的鸡体异常变化诊断

项目	异常变化	可能的原因
饮水	饮水量剧增	长期缺水、热应激、球虫病早期、饲料食盐太多、其他热性病
	饮水明显减少	温度太低、濒死期
粪便	红色	球虫病
	白色、黏性	白痢病、痛风、尿酸盐代谢障碍
	硫黄样	组织滴虫病（黑头病）
	黄绿色，带黏液	鸡新城疫、禽霍乱、卡氏白细胞虫病等
	水样、稀薄	饮水过多、饲料中镁离子过多、轮状病毒感染等
病程	突然死亡	禽霍乱、卡氏白细胞虫病、中毒病
	中午到午夜前死亡	中暑
神经症状	瘫痪，前后腿劈叉	马立克氏病和运动障碍
	一月龄内雏鸡瘫痪	传染性脑脊髓炎
	扭颈、抬头望天、前冲后退、转圈运动	鸡新城疫，维生素 E 和硒缺乏，维生素 B_1 缺乏
	颈麻痹、平铺地面上	肉毒中毒
	脚麻痹、趾卷曲	维生素 B_2 缺乏
	腿骨弯曲、运动障碍、关节肿大	维生素 D 缺乏、钙磷缺乏、病毒性关节炎、滑膜霉形体、葡萄球菌病、锰缺乏、胆碱缺乏
	瘫痪	笼养鸡疲劳症，维生素 E 和硒缺乏、虫媒病、病毒病、鸡新城疫
	高度兴奋、不断奔走鸣叫	痢特灵中毒、其他中毒初期
呼吸	张口伸颈、怪叫声	鸡新城疫、传染性喉气管炎
冠	痘痂、痘斑	鸡痘
	苍白	卡氏白细胞虫病、白血病、营养缺乏
	紫蓝色	败血症、中毒病
	萎缩	白血病、内脏肿瘤或卵黄腹膜炎
	白色斑点或斑块	冠癣
肉髯	水肿	慢性禽霍乱、传染性鼻炎

续表

项目	异常变化	可能的原因
眼	充血	中暑、传染性喉气管炎等
	虹膜褪色、瞳孔缩小	马立克氏病
	角膜晶状体混浊	传染性脑脊髓炎等
	眼结膜肿胀，眼睑下有干酪样物	大肠杆菌病、慢性呼吸道病、传染性喉气管炎、沙门氏菌病、曲霉菌病、维生素A缺乏等
	流泪，有虫体	眼线虫病、眼吸虫病
鼻	黏性或脓性分泌物	传染性鼻炎、慢性呼吸道病等
喙	角质软化	钙、磷或维生素D等缺乏
	交叉等畸形	营养缺乏或遗传性疾病
口腔	黏膜坏死、假膜	鸡痘、毛滴虫病
	有带血黏液	卡氏白细胞虫病、传染性喉气管炎、急性鸡出败、毛滴虫病
羽毛	断碎、脱落	啄癖、外寄生虫病、换羽季节及锌、维生素、泛酸等缺乏
	纯种鸡长出异色羽毛	遗传性，维生素D、叶酸、铜和铁等缺乏
	边缘卷曲	维生素B_2缺乏、锌缺乏
脚	鳞片隆起、有白色痂片	鸡膝螨
	脚底肿胀	鸡趾瘤
	出血	创伤、啄癖、鸡流感
皮肤	紫蓝色斑块	维生素E和硒缺乏、葡萄球菌病、坏疽性皮炎、尸绿
	痘痂、痘斑	鸡痘
	粗糙、眼角和嘴角有痂皮	泛酸缺乏、生物素缺乏、体外寄生虫病
	出血	维生素K缺乏、卡氏白细胞虫病、某些传染病、中毒病等
	皮下水肿	阉割、剧烈活动等引起气囊膜破裂

三、鸡病的剖检诊断

鸡病虽种类繁多，但许多鸡病在剖检病变方面具有一定特征，因此，利用尸体剖检观察病变可以验证临床诊断和治疗的正确性，是诊断疾病的一个重要手段。

1. 剖检要求

（1）选择合适的剖检地点　鸡场最好建立尸体剖检室，剖检室设置在生产区和生活区的下风方向和地势较低的地方，并与生产区和生活区保持一定距离，自成单元。若养鸡场无剖检室，剖检尸体时选择在比较偏僻的地方进行，要远离生产区、生活区、公路、水源等，以免剖检后，尸体的粪便、血污、内脏、杂物等污染水源、河流，或由于车来人往传播病原，造成疫病扩散。

（2）严格消毒　剖检前对尸体进行喷洒消毒，避免病原随着羽毛、皮屑一起被风吹起传播。剖检后将尸体放在密封的塑料袋内，对剖检场所和用具进行彻底全面的消毒。剖检室的污水和废弃物必须经过消毒处理后方可排放。

（3）尸体无害化处理　有条件的鸡场应建造焚尸炉或发酵池，以便处理剖检后的尸体，其地址的选择既要使用方便，又要防止病原污染环境。无条件的鸡场对剖检后的尸体要进行焚烧或深埋。

【注意】鸡体剖检方法不熟练，操作不规范、不按顺序，乱剪乱割，影响观察，易造成误诊，贻误防治时机。

2. 准备剖检器具

剖检鸡体，准备剪刀、镊子即可。根据需要还可准备手术刀、标本皿、广口瓶、福尔马林等。此外，还要准备工作服、胶鞋、橡胶手套、肥皂、毛巾、水桶、脸盆、消毒剂等。

3. 剖检

剖检病鸡最好在死后或濒死期进行。对于已经死亡的鸡只，越早剖检越好，因时间长尸体易腐败，尤其夏季，使病理变化模糊不清，失去剖检意义。如暂时不剖检的，可暂存放在 4℃冰箱内。解剖前先进行体表检查。

（1）体表检查　选择症状比较典型的病鸡作为剖检对象，解剖前先做体表检查，即测量体温，观察呼吸、姿态、精神状况、羽毛光泽、头部皮肤的颜色，特别是鸡冠和肉髯的颜色，仔细检查鸡体的外部变化并记录症状。如有必要，可采集血液（静脉或心脏采血），以备实验室检验。

（2）解剖检查　先用消毒药水将羽毛擦湿，防止羽毛及尘埃飞扬。解剖活鸡应先放血致死，方法有两种：一种可在口腔内耳根旁的颈静脉处用剪刀横切断静脉，血顺口腔流出，此法外表无伤口；另一种为颈部放血，用刀切断颈动脉或颈静脉放血。

将病死鸡的羽毛用消毒水浸泡一下。仰放在搪瓷盘上，此时应注意腹部皮下是否有腐败而引起的尸绿。用力掰开两腿，直至髋关节脱位，将两翅和两腿摊开，或将头、两翅固定在解剖板上。沿颈、胸、腹中线剪开皮肤，再从腹下部横向剪开腹部，并延至两腿皮肤。由剪开处向两侧分离皮肤（图 6-1）。

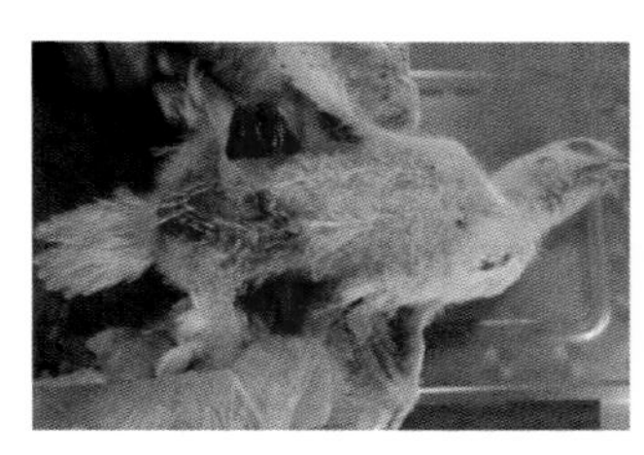
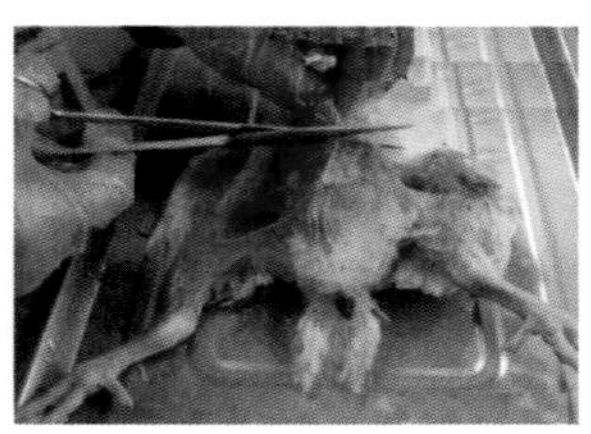

图 6-1　用力掰开两腿（左）；腹下部横向剪开腹部（右）

剥开皮肤（图 6-2）后，可看到颈部的气管、食道、嗉囊、胸腺、迷走神经以及胸肌、腹肌、腿部肌肉等。根据剖检需要，可剥离部分皮肤。此时可检查皮下是否有出血，胸部肌肉的黏稠度、颜色、是否有出血点或灰白色坏死点等。皮下检查后，在泄殖腔腹侧将腹壁横向剪开，再沿肋软骨交接处向前剪，然后一只手压住鸡腿，另一只手握龙骨后缘向上拉，使整个胸骨向前翻转露出胸腔和腹腔（图 6-2），注意胸腔和腹腔器官的位置、大小、色泽是否正常，有无内容物（腹水、渗出物、血液等），器官表面是否有冻胶状或干酪样渗出物，胸腔内的液体是否增多等。然后观察气囊，气囊膜正常为一透明的薄层，注意有无混浊、增厚或渗出物等。如果要取病料进行细菌培养，可用灭菌消毒过的剪刀、镊子、注射器、针头及存放材料的容器采取所需要的组织器官。取完材料后可进行各个脏器检查。剪开心包囊，注意心包囊是否混浊或有纤维性渗出物黏附，心包液是否增多，心包囊与心外膜是否粘连等，然后顺次取出各脏器。

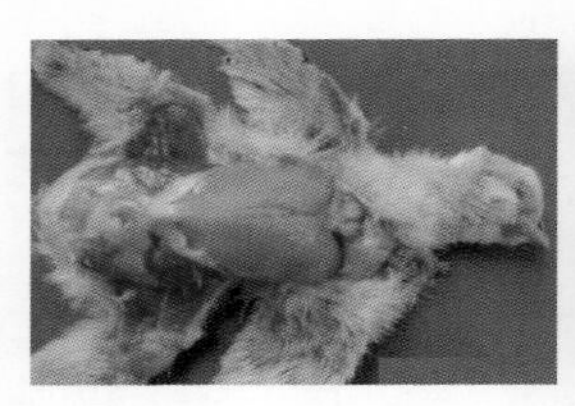
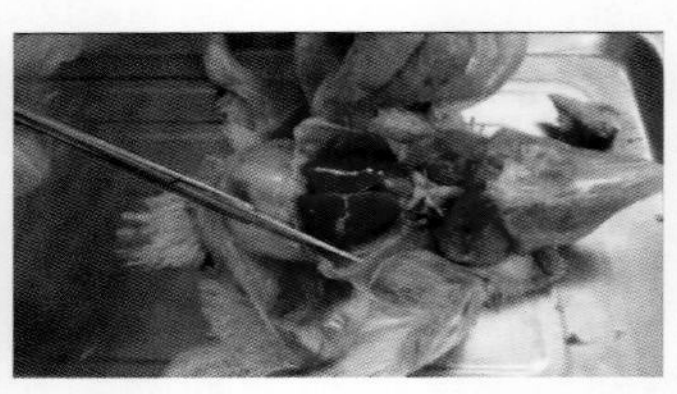

图 6-2 剥开皮肤（左）；胸骨向前翻转露出胸腔和腹腔（右）

首先把肝脏与其他器官连接的韧带剪断，再将脾脏、胆囊随同肝脏一块摘出。接着，把食道与腺胃交界处剪断，将脾胃、肌胃和肠管一同取出体腔（直肠可以不剪断）。

剪开卵巢系膜，将输卵管与泄殖腔连接处剪断，把卵巢和输卵管取出。公鸡剪断睾丸系膜，取出睾丸；用器械柄钝性剥离肾脏，从脊椎骨深凹中取出；剪断心脏的动脉、静脉，取出心脏；用刀柄钝性剥离肺脏，将肺脏从肋骨间摘出。

剪开喙角，打开口腔，把喉头与气管一同摘出；再将食道、嗉囊一同摘出；把直肠拉出腹腔，露出位于泄殖腔背面的腔上囊（法氏囊），剪开与泄殖腔连接处。腔上囊便可摘出。

剪开鼻腔。从两鼻孔上方横向剪断上喙部，断面露出鼻腔和鼻甲骨。轻压鼻部，可检查鼻腔有无内容物；剪开眶下窦。剪开眼下和嘴角上的皮肤，看到的空腔就是眶下窦。

将头部皮肤剥去，用骨剪剪开顶骨缘、颧骨上缘、枕骨后缘，揭开头盖骨，露出大脑和小脑。切断脑底部神经，大脑便可取出。

外部神经的暴露。迷走神经在颈椎的两侧，沿食道两旁可以找到。坐骨神经位于大腿两侧，剪去内收肌即可露出。将脊柱两侧的肾脏摘除，腰间神经丛便能显露出来。将鸡背朝上，剪开肩胛和脊柱之间的皮肤，剥离肌肉，即可看到臂神经。

（3）注意事项

① 剖检时间越早越好，尤其在夏季，尸体极易腐败，不利于病变观察，影响正确诊断。若尸体已经腐败，一般不再进行剖检。剖检时，光线应充足。

② 剖检前要了解病死鸡的来源、病史、症状、治疗经过及防疫情况。

③ 剖检时必须按剖检顺序观察，做到全面细致，综合分析，不可主观片面，马马虎虎。

④ 做好剖检用具和场所的隔离消毒。做好剖检尸体、血水、粪便、羽毛和污染的表土等无害化处理（放入深埋坑内，撒布消毒药和新鲜生石灰盖土压实）。同时要做好自身防护（穿戴好工作服，戴上手套）。

⑤ 剖检时，要做好记录，检查后找出其主要的特征性病理变化和一般非特征性病理变化，做出分析和比较。

4. 病理剖检诊断

（1）皮肤、肌肉　皮下脂肪小出血点见于败血症。传染性腔上囊病时，常有股内侧肌肉出血。皮肤型马立克氏病时，皮肤上有肿瘤。皮下水肿，水肿部位多见于胸腹部及两腿内侧，渗出液以胶冻样为主，渗出液颜色呈黄绿或蓝绿色，为绿脓杆菌病、硒－维生素 E 缺乏症；渗出液颜色呈黄白色的是禽霍乱；渗出液颜色呈蓝紫色为葡萄球菌病。胸腿肌肉出血，出血为点状或斑状，常见疾病有传染性法氏囊病、禽霍乱、葡萄球菌病，其中表现为肌肉的深层出血多见于禽霍乱。另外，马杜霉素中毒、维生素 K 缺乏症、磺胺类药物中毒、黄曲霉毒素中毒、包涵体肝炎、住白细胞虫病（点状出血）也可见肌肉出血。

（2）胸腹腔　胸腹膜有出血点，见于败血症。腹腔内有坠蛋时（常见于高产、好飞栖高架的母鸡），易发生腹膜炎。卵黄性腹腔（膜）炎与沙门氏菌病、大肠杆菌病、禽霍乱和葡萄球菌病有关。雏鸡腹腔内有大量黄绿色渗出液，常见于硒－维生素 E 缺乏症。

（3）呼吸系统

① 鼻腔（窦）渗出物增多。见于鸡传染性鼻炎、鸡毒支原体

病，也见于禽霍乱和禽流感。

② 气管。气管内有伪膜，为黏膜型鸡痘；有大量奶油样或干酪样渗出物，可见于鸡的传染性喉气管炎和新城疫。管壁肥厚，黏膜增多，见于鸡的新城疫、传染性支气管炎、传染性鼻炎和鸡毒支原体病；气管、喉头黏膜充血、出血，有黏液等渗出物，主要见于呼吸系统疾病。如黏膜充血，气管有渗出物为传染性支气管炎病变。喉头、气管黏膜弥漫性出血，内有带血黏液为传染性喉气管炎病变，而气管环黏膜有出血点为新城疫病变；败血性霉形体、传染性鼻炎也可见到呼吸道有黏液渗出物等病变。

③ 气囊。气囊壁肥厚并有干酪样渗出物，见于鸡毒支原体病、传染性鼻炎、传染性喉气管炎、传染性支气管炎和新城疫；附有纤维素性渗出物，常见于鸡大肠杆菌病；腹气囊有卵黄样渗出物，为传染性鼻炎的病变。

④ 肺。雏鸡肺有黄色小结节，见于曲霉菌性肺炎；雏白痢时，肺上有 1～3 毫米的白色病灶，其他器官（如心、肝）也有坏死结节；禽霍乱时，可见到两侧性肺炎；肺呈灰红色，表面有纤维素，常见于鸡大肠杆菌病。

（4）消化道　食道、嗉囊有散在小结节，提示为维生素 A 缺乏症。腺胃黏膜出血，多发生于鸡新城疫和禽流感；鸡马立克氏病时见有肿瘤。肌胃角质层表面溃疡，在成鸡多见于饲料中鱼粉和铜含量太高，雏鸡常见于营养不良；创伤，常见于异物刺穿；萎缩，发生于慢性疾病及日粮中缺少粗饲料。小肠黏膜出血，见于鸡的球虫病、鸡新城疫、禽流感、禽霍乱和中毒（包括药物中毒）及火鸡的冠状病毒性肠炎和出血综合征；卡他性肠炎，见于鸡的大肠杆菌病、鸡伤寒和绦虫、蛔虫感染；小肠坏死性肠炎，见于鸡球虫病和厌气性菌感染；肠浆膜肉芽肿，常见于鸡慢性结核、鸡马立克氏病和鸡大肠杆菌病；雏鸡盲肠溃疡或干酪样栓塞，见于雏鸡白痢恢复期和组织滴虫病；盲肠血样内容物，见于鸡球虫病；肠道出血是许多疾病急性期共有的症状，如新城疫、传染性法氏囊病、禽霍乱、葡萄球菌病、链球菌病、坏死性肠炎、绿脓杆菌病、球虫病、禽流感、中毒等；盲肠扁桃体肿胀、坏死和出血，盲肠与直肠黏膜坏死，可提示为鸡新城疫。盲肠病变主要为盲肠内有干酪样物堵塞，这种病变所提示的疾病有盲肠球虫病、组织滴虫病、副伤寒、鸡白痢；新城疫可见黏膜乳头或乳头间出血，传染性法氏囊病、螺旋体病多见肌胃与腺胃交界处黏膜出血。导致腺胃黏膜出血的疾病还有喹乙醇中毒、痢菌净中毒、磺胺类药物中毒、禽流感、包涵体肝炎等。

（5）心脏　心肌结节，主要见于大肠杆菌性肉芽肿、马立克氏病、鸡白痢、伤寒、磺胺类药物中毒。心冠脂肪有出血点（斑），可见于鸡霍乱、禽流感、鸡新城疫、鸡伤寒等急性传染病，磺胺类药物中毒也可见此症状。心肌坏死灶，见于雏鸡和大小火鸡的白痢、鸡的李氏杆菌和弧菌性肝炎；心肌肿瘤，可见于鸡马立克氏病；心包有混浊渗出物，见于鸡白痢、鸡大肠杆菌病、鸡毒支原体病。

（6）肝脏　肝脏的病变一般具有典型性。烈性病时，其他病变还未表现，在肝脏基本表现为败血性变化。肝脏病变可以区分病毒性疾病和细菌性疾病。肝脏具有坏死灶多由细菌引起，而出血点多由病毒引起。导致肝脏出现坏死点或坏死灶的疾病有禽霍乱、鸡白痢、伤寒、急性大肠杆菌病、绿脓杆菌病、螺旋体病、喹乙醇中毒、痢菌净中毒等；导致肝脏有灰白结节的疾病有马立克氏病、鸡结核、鸡白痢、白血病、慢性黄曲霉毒素中毒、住白细胞虫病。此外，注射油苗也可引起肝脏的灰白结节病变。肝脏显著肿大时，见于鸡急性马立克氏病和鸡淋巴细胞白血病；有大的灰白色结节，见于急性马立克氏病、淋巴细胞白血病、组织滴虫病和鸡结核；有散在点状灰白色坏死灶，见于包涵体肝炎、鸡白痢、禽霍乱、鸡结核等；肝包膜肥厚并有渗出物附着，可见于肝硬化、鸡大肠杆菌病和组织滴虫病。

（7）脾脏　有大的白色结节，见于急性马立克氏病、淋巴细胞白血病及鸡结核；有散在微细白点，见于急性马立克氏病、白痢、淋巴细胞白血病、鸡结核；包膜肥厚伴有渗出物附着及腹腔有炎症和肿瘤时，见于鸡的坠蛋性腹膜炎和马立克氏病。

（8）卵巢　产蛋鸡感染沙门氏菌后，卵巢发炎、变形或滤泡萎缩；卵巢水泡样肿大，见于急性马立克氏病和淋巴细胞白血病；卵巢的实质变性见于流感等热性疾病。

（9）输卵管　输卵管内充满腐败的渗出物，常见于鸡的沙门氏菌病和大肠杆菌病；由于肌肉麻痹或局部扭转，可使输卵管充塞半干状蛋块；输卵管萎缩则见于鸡传染性支气管炎和减蛋综合征；输卵管有脓性分泌物多见于禽流感。

（10）肾脏　肾脏显著肿大，见于急性马立克氏病、淋巴细胞白血病和肾型传染性支气管炎；肾内出现囊胞，见于囊胞肾（先天性畸形）、水肾病（尿路闭塞），在鸡的中毒、传染病后遗症中也可出现；肾内白色微细结晶沉着，见于尿酸盐沉着症；输尿管膨大，出现白色结石，多由中毒、维生素A缺乏症、痛风等疾病所致。导致肾脏功能障碍的疾病均可引起输尿管尿酸盐沉积，如痛风、传染性法氏囊病、维生素A缺乏症、传染性支气管炎、鸡白痢、螺旋体病等。

（11）睾丸　萎缩、有小脓肿，见于鸡白痢。

（12）腔上囊（法氏囊）增大并带有出血和水肿，发生于传染性腔上囊病的初期，然后发生萎缩；全身性滑膜支原体感染、患马立克氏病时，可使腔上囊萎缩；淋巴细胞白血病时，腔上囊常常有稀疏的、直径2～3毫米的肿瘤，此外，马杜霉素中毒也可以导致法氏囊出血性变化。

（13）胰脏　雏鸡胰脏坏死，发生于硒－维生素E缺乏症；点状坏死常见于流感和传染性支气管炎。

（14）神经系统　小脑出血、软化，多发生于幼雏的维生素缺乏症；外周神经肿胀、水肿、出血，见于鸡马立克氏病。

临床上由于疾病性质、疫苗或药物使用等条件的影响，同一疾病在不同条件下其症状也随之发生变化，而且有的鸡群可能存在并发或继发疾病的复杂情况。因此，在临床诊断时应辩证地分析病理剖检变化。患病鸡的病变不是孤立存在的，要抓住重点病变，综合整体剖检变化，同时结合鸡群饲养管理、流行病学和临床症状综合分析，才可能做出正确的临床诊断。病理剖检变化诊断见表6-2。

表 6-2 病理剖检变化诊断

部位	病理变化	可能的原因
胸骨	"S"状弯曲	维生素 D、钙和磷缺乏或比例不当
	囊肿	滑膜炎霉形体病、地面不平、肉鸡常卧地等
肌肉	过分苍白	死前放血、贫血、内出血和卡氏白细胞虫病、维生素 E 和硒缺乏、磺胺类药物中毒等
	干燥、无黏性	失水、缺水、肾病变型传染性支气管炎、痛风等
	有白色条纹	维生素 E 和硒缺乏
	出血	传染性法氏囊病、卡氏白细胞虫病、黄曲霉毒素中毒、维生素 E 和硒缺乏等
	大头针帽大小的白点	鸡卡氏白细胞虫病
	腐败	葡萄球菌病、厌气杆菌感染
腹腔	腹水过多	腹水症、肝硬化、黄曲霉毒素中毒、大肠杆菌病、硒-维生素E缺乏症、鸡白痢、副伤寒、卵黄性腹膜炎
	血液或凝血块	内出血、卡氏白细胞虫病、白血病、包涵体肝炎等
	纤维素或干酪样渗出物	大肠杆菌病、鸡败血霉形体病
气囊	混浊、有干酪样渗出物	鸡败血霉形体病、大肠杆菌病、鸡新城疫、曲霉菌病等
心脏	心肌有白色小结节	白痢、马立克氏病、卡氏白细胞虫病等
	心冠沟脂肪出血	禽出败、细菌性感染、中毒病
	心包粘连、包液混浊	大肠杆菌病、鸡败血霉形体感染等
	尿酸盐沉积	痛风
	房室间瓣膜疣状增生	丹毒
肝	肿大、有结节	马立克氏病、白血病、寄生虫病、结核病
	肿大、有点状或斑状坏死	鸡出败、白痢、黑头病、喹乙醇中毒、痢菌净中毒
	肿大、被覆渗出物，有出血点、血斑、血肿和坏死点等	大肠杆菌病、鸡败血霉形体感染、弯曲杆菌性肝炎、脂肪肝综合征
	肝硬化	慢性黄曲霉毒素中毒、寄生虫病等
	寄生虫体	吸虫病等

续表

部位	病理变化	可能的原因
脾	肿大、有结节	白血病、马立克氏病、结核
	肿大、有坏死点	鸡白痢、大肠杆菌病
	萎缩	喹乙醇中毒
胰脏	坏死	鸡新城疫、鸡流感、包涵体肝炎
胆囊	肿大、细菌性感染	大肠杆菌病、白痢等
食道	黏膜坏死	毛滴虫病、维生素A缺乏
嗉囊	积水积气、积食坚实	球虫病、毛滴虫病、异物阻塞、鸡新城疫、中毒等
腺胃	球状增厚、增大	马立克氏病、四棱线虫病
	小坏死结节	白痢、马立克氏病、滴虫病
	出血	鸡新城疫、禽流感、法氏囊病、包涵体肝炎、喹乙醇或痢菌净中毒
肌胃	白色结节	白血病、马立克氏病
	溃疡、出血	鸡新城疫、鸡法氏囊病、喹乙醇或痢菌净中毒、包涵体肝炎
小肠	充血、出血	鸡新城疫、球虫病、卡氏白细胞虫病、禽出败
	小结节	鸡白痢、马立克氏病等
	出血、溃疡、坏死	溃疡性肠炎、坏死性肠炎
	寄生虫体	线虫、绦虫等
盲肠	出血	球虫病
	出血、溃疡	黑头病
泄殖腔	水肿、充血	鸡新城疫、禽流感、寄生虫感染
	出血、坏死	肛门淋、啄癖
喉气管	充血、出血	鸡新城疫、传染性喉气管炎、禽霍乱
	有环状干酪样附着	传染性喉气管炎、慢性呼吸道病
	假膜	鸡痘
支气管	充血、出血	传染性喉气管炎、鸡新城疫、寄生虫感染等
	黏液增多	呼吸道感染
肺	结节呈肉样化	马立克氏病、白血病
	黄色、黑色结节	曲霉菌病、结核病

续表

部位	病理变化	可能的原因
肺	黄白色小结节	白痢
	充血、出血	卡氏白细胞虫病、其他感染
肾	肿大、有结节	白血病、马立克氏病
	出血	卡氏白细胞虫病、脂肪肝肾综合征、鸡法氏囊病，包涵体肝炎、中毒等
	尿酸盐沉积	传染性支气管炎、鸡法氏囊病、磺胺类药物中毒、其他中毒、痛风等
输尿管	尿酸盐沉积	传染性支气管炎、鸡法氏囊病、磺胺类药物中毒、其他中毒、痛风等
卵巢	有结节、肿大	马立克氏病、白血病
	卵泡充血、出血	白痢、大肠杆菌病、鸡出败等
输卵管	左侧输卵管细小	传染性支气管炎、停产期、禽流感
	充血、出血	滴虫病、白痢、鸡败血霉形体感染等
法氏囊	肿大	鸡新城疫、白痢、鸡法氏囊病
	出血、囊腔内渗出物增多	鸡法氏囊病、鸡新城疫
脑	脑膜充血、出血	中暑、细菌性感染、中毒
	小脑出血、软化、坏死	维生素 E 和硒缺乏
四肢	骨髓黄色	包涵体肝炎、卡氏白细胞虫病、磺胺类药物中毒
	骨质松软	钙、磷和维生素 D 等营养缺乏症
	脱腱症	锰或胆碱缺乏
	关节炎	葡萄球菌病、大肠杆菌病、滑膜霉形体病、病毒性关节炎、营养缺乏症等
	臂神经和坐骨神经肿胀	马立克氏病、维生素 B_2 缺乏症

四、组织病理学检查

通过对病变组织形态结构的观察，研究疾病的发生、发展和转归的一般规律，为疾病的正确诊断提供依据。

1. 病理学检查的病料采集

（1）取材有代表性　在一块病料中，要包括病变组织和周围的正常组织，以便于比较。

（2）刀剪要锐利　切取组织用的刀剪要锐利，尽可能不使组织受到挤压等人为损伤。

（3）病料要新鲜　最好在病鸡濒死前将鸡处死，立即取材并迅速放入固定液中，以防死后组织自溶，影响其形态。

（4）组织块要洗涤　组织块大小一般为长、宽 1～1.5 厘米，厚 0.4～0.5 厘米。切取的组织块以生理盐水洗去血污后放入 10 倍于组织块体积的 10% 福尔马林或其他固定液中。

2. 病理学检查的病料固定

将采集的病料浸入固定液中，使细胞内的物质变为不溶性（防止组织自溶和由于细菌繁殖引起的组织腐败），尽可能使组织保持原有形态结构以利保存和制片，这一过程称为固定。

固定液可分为简单固定液和混合固定液两大类。简单固定液（又称单纯固定液）是使用一种化学试剂的固定液，如乙醇、甲醛、冰醋酸等。这些简单固定液往往对细胞的某些成分固定效果好，而对另一些成分固定效果不好，因此都有局限性。混合固定液是用几种化学试剂按一定比例配制而成，由于不同试剂优缺点互补，因此可产生较好的固定效果。固定液的配制和使用见表 6-3。

表 6-3　固定液的配制和使用

名称	组成及使用
乙醇	①乙醇既有固定作用，又有脱水作用。80%、70% 乙醇可作为保存剂长期保存组织；经其他固定液固定的组织可保存在 70% 乙醇中，若长期贮存，加入少量甘油。如果检查尿酸盐结晶和保存糖类，则用 100% 乙醇固定。②乙醇固定后，组织收缩显著，从而阻止乙醇渗入到组织深部，不适用于固定大块组织，避免组织过度收缩，可选用 80% 乙醇固定数小时后，再转入 95% 乙醇中。③ 50% 以上的乙醇能溶解脂肪、类脂体和血色素，并能破坏其他多种色素，所以做脂肪、类脂体和色素检查时不能用乙醇作固定液；肝糖原制片的标本不能投入 50% 以下的乙醇中；乙醇能沉淀核蛋白和肝糖原，但沉淀物易溶于水，所以乙醇固定的标本核染色不良

续表

名称	组成及使用
甲醛	①市售37%～40%甲醛溶液。固定组织和保存标本常用10%福尔马林，即1份甲醛溶液加9份蒸馏水，甲醛含量实际仅为4%。②福尔马林穿透力强，固定均匀，并能增加组织的韧性，小组织块（1.5厘米×1.5厘米×0.2厘米）数小时即可固定完全，快速固定可加温到70～80℃，10分钟即可完成固定。短时固定标本可不经水洗直接投入乙醇中脱水，但经长期固定的标本要水洗1～2天，否则会影响染色效果。③肝、脾等多血组织经长期固定后会产生黑色素或棕色素的沉淀，欲除去这些色素沉淀，切片可于脱蜡后浸入0.5%氨水乙醇溶液（浓氨水1毫升加75%乙醇200毫升）30分钟，再用流水冲洗后进行染色。若色素沉淀仍未被洗去，则可延长在0.5%氨水乙醇溶液中的时间。④经福尔马林固定后，组织的糖类和尿酸盐结晶可被溶解，但细胞核着色甚佳
醋酸（乙酸）	因其纯品在16.7℃以下形成冰状结晶，所以又称冰醋酸。固定常用5%醋酸水溶液。醋酸不能沉淀白蛋白、球蛋白，但能沉淀核蛋白，因此对染色质或染色体的固定与染色效果很好。醋酸穿透力强，一般大小的组织只需固定1小时即可。醋酸不沉淀细胞质的蛋白质，所以不会使固定的组织硬化，并可抵消乙醇固定所引起的组织高度收缩和硬化。因此，醋酸常与乙醇配成混合固定液。醋酸固定后的组织不必水洗，可直接投入50%或70%乙醇中
Bouin氏液	①组成成分：苦味酸饱和水溶液75份，40%甲醛25份，冰醋酸5份。② Bouin氏液穿透力强，组织收缩小而且不会变硬、变脆。小组织块只需固定数小时，一般动物组织固定12～24小时。固定后的组织经水洗12小时即可投入乙醇中脱水。组织中残留的少量苦味酸并不影响染色
Camoy氏液	①组成成分：无水乙醇6份，冰醋酸1份，氯仿3份。② Camoy氏液中的无水乙醇可固定细胞质，冰醋酸则固定染色质，同时可防止由乙醇所引起的组织的高度硬化和收缩。此液穿透力强，小组织块只需固定1～2小时，且不需水洗，可直接投入95%乙醇中脱水。Camoy氏液适用于DNA的固定

3. 脱水、透明、浸蜡和包埋

（1）脱水、透明和浸蜡

① 脱水。经过固定和水洗的组织含大量水分，而水与石蜡是不能互溶的，所以在浸蜡、包埋前必须将组织中的水分脱去。常用的脱水剂有乙醇、正丁醇、叔丁醇等。组织在脱水前应修成长、宽为1.8厘米、厚度为0.2～0.3厘米的小块。

脱水时间应根据组织种类和体积大小的不同灵活掌握。致密的、大块的组织以及脂肪组织或疏松的纤维组织应适当延长脱水时间，特别是在95%乙醇中的时间。只有脱净水分、溶去脂肪，石蜡才能渗入脂肪细胞和纤维组织中去。如脱水不尽，二甲苯则不能浸入组织，石蜡就不可能很好地渗到组织中去，也就不可能做出高质量的切片。

如需做糖原和尿酸盐结晶染色的切片标本，组织经无水乙醇固定后，不经过水洗和低浓度乙醇脱水的过程，只需更换一次无水乙醇进行脱水即可。

② 透明。由于乙醇与石蜡不能互溶，组织在脱水后，浸蜡前经过一个既与乙醇互溶又与石蜡互溶的媒剂，以便石蜡浸到组织中去。由于组织经媒剂作用后显示透明状态，因此习惯上将这一过程称为透明。

二甲苯是常用的透明剂，但其对组织收缩性强，易使组织变脆，所以组织在二甲苯中的时间不宜过长，一般以组织透明为度。实际操作中一般两次更换二甲苯，有时甚至三次，每次时间为10～15分钟。次数的多少、时间的长短应视具体情况而定。

③ 浸蜡。经透明的组织在熔化的石蜡中浸渍，称为浸蜡。浸蜡过程是石蜡渗入组织取代二甲苯的过程。这一过程中一般应三次更换石蜡。第一步常加入少量二甲苯或低熔点石蜡，第二步使用熔点较高的硬蜡，第三步可直接用包埋石蜡浸渍。整个浸蜡过程一般需要3小时左右。浸蜡时间要视组织的种类、大小的不同和温度的高低而定。时间过长会使组织脆硬，切片破碎，过短则浸蜡不足，难以做出高质量的切片。

浸蜡用的石蜡，其熔点一般要求在52～56℃，应用时根据气候和室温进行选择，夏天宜采用高熔点石蜡，冬天则要用低熔点石蜡。

以乙醇为脱水剂的脱水、透明和浸蜡程序如下：

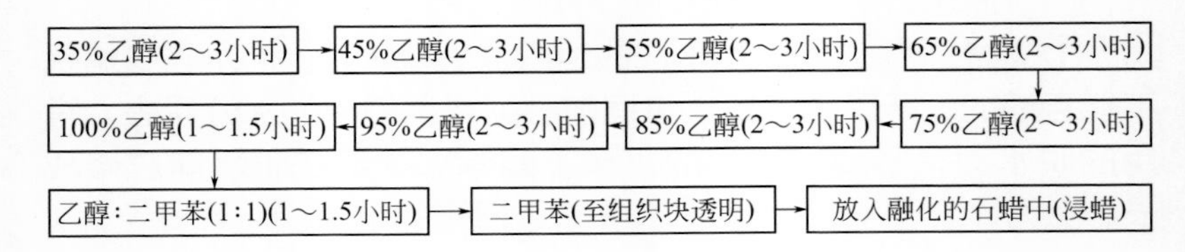

（2）包埋　将经过固定、脱水、透明和浸蜡的组织用石蜡或火棉胶包埋起来，使组织获得一定的硬度和韧度，以便于切片，这一过程称为包埋。病理诊断最常用的是石蜡包埋法，现介绍如下：

将熔化的石蜡倾入高 1～1.5 厘米的组织包埋金属框或叠好的纸筐内，将浸蜡的组织块用经过加温的镊子迅速放入包埋框或纸筐的石蜡中，组织块切面朝下，放平放正。待石蜡凝固后，将包埋框或纸筐打开，除组织周围留下少许石蜡外，组织周围多余的石蜡用刀片切除。

石蜡包埋应注意以下两点：一是包埋蜡和镊子温度不能过高，否则会烫坏组织，影响诊断；二是包埋蜡的温度应与组织块的温度相同，否则会造成组织块与周围石蜡脱裂。

包埋蜡的熔点一般要求在 56℃左右，炎热季节应选用熔点较高的石蜡，寒冷季节则宜选用低熔点石蜡。硬组织最好用较高熔点石蜡，柔软的组织则应选用低熔点石蜡。

4. 切片

（1）切片过程

① 修块。将包有组织的石蜡块修切成方形或长方形，将经过修切的蜡块粘到大小适中的方形木块（台木）上。将蜡块的底部加热至表层石蜡熔化，然后迅速将蜡块粘到经过加热的台木上，在蜡块的四周略烫一下，将蜡块粘牢后安装到切片机上。以便切片时形成蜡带。在正式切片之前，先将蜡块用切片机修齐、修平，直到组织全部暴露于切面时，再将调节器调至需要的厚度正式切片。

② 切片。石蜡切片常用的切片机为转轮切片机，也可以使用滑走式切片机。转轮切片机每转一圈切下一张薄片。一般病理切片要求切片厚度为 4～6 微米，石蜡切片可以切到 2 微米甚至 1 微米。切片时要用力均匀，使切下的切片完整而且能连成带状。

③ 展片和贴片。用干燥毛笔将切片从切片刀上取下放入 45℃左右的温水中，光亮面向下平摊于水面之上。用镊子将切片上的皱褶细心地张开，切片则因水温展平在水面上。用镊子或解剖针将每张切片分开，取完整而无皱褶的切片贴附于经过处理的

载玻片上，方向要摆正，最好放于载玻片中间偏左的位置上，以便右边贴标签。

④ 烤片。烤片的目的是将切片与载玻片之间的水分除去。烤片的温度一般不超过 60℃，可将载玻片放在烤片台上烤干；也可将载片放入载片盒中，然后将载片盒打开，竖放或斜放入温度适宜的温箱中烤干。烤片的时间一般为 24～48 小时，时间过短染色时易出现脱片。

（2）切片过程中的注意事项

① 切片方面。首先切片刀要锋利，刀口无损，切片才能完整。如果切片刀有缺口，切片会出现断裂、破碎和不完整。如果刀口太钝，切片会自动卷起来或出现皱褶，也不能形成连续的带状。切片刀的倾角以 20°～30°为宜，过大则切片上卷不能成带，过小则切片皱起。切片机的各个零件和螺丝要旋紧，否则会产生震动，影响切片质量。切片时应用力均匀，切过度硬化的组织更应如此，以防止由于震动形成空洞。

切片前最好将切片刀和蜡块冷冻，这样可增加石蜡硬度、减少切片的皱褶，这在夏季和秋季切片时尤为重要。

②载玻片的处理。病理组织学诊断使用的载玻片应先用洗衣粉洗净，再放入 95% 或无水乙醇中浸泡，使用前用真丝绸布擦干。为使切片与载玻片粘贴牢固，常使用蛋白甘油作粘贴剂。取新鲜蛋清，用竹筷等打成液状，经纱布滤到量杯中，加等量甘油与之混匀，再加少量麝香草酚或石炭酸防腐即成。载玻片黏附切片前，先用手指涂布一层蛋白甘油，涂布应薄而均匀，太厚则影响切片的染色。蛋白甘油一般 4℃保存，每隔 1～2 个月重配一次。

5. 染色

通常将切片的染色方法分为两类：一类是普通染色法，即常用的苏木素 - 伊红染色法，简称 H.E. 染色法；另一类为特殊染色法，例如脂肪染色法、糖原染色法、黏液染色法等。

常用的苏木素 - 伊红染色法（H.E. 染色法）介绍如下。

H.E. 染色基本过程包括脱蜡、复水、染色以及脱水、透明、封固等。

（1）脱蜡与复水

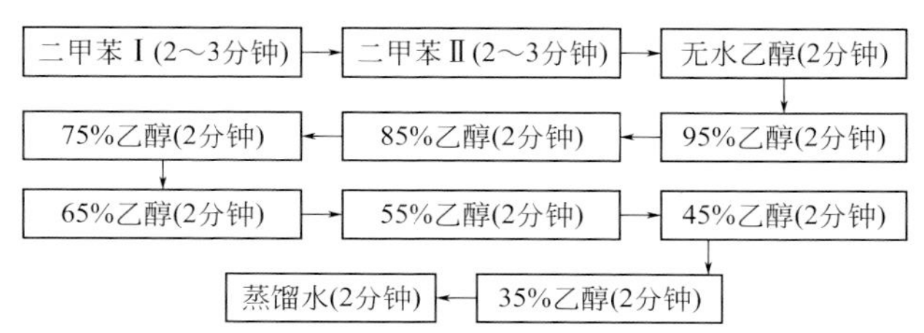

（2）染色

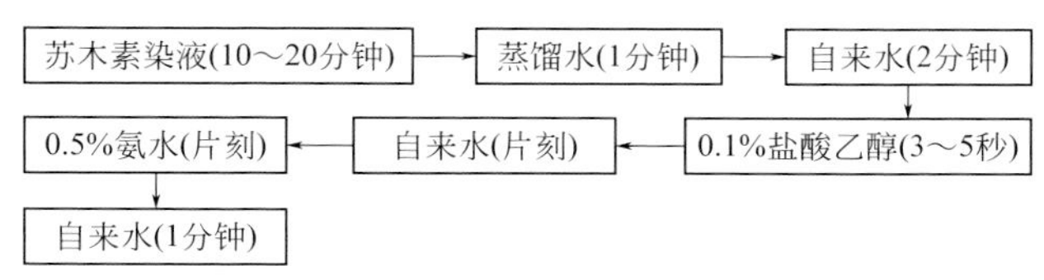

（3）脱水、透明

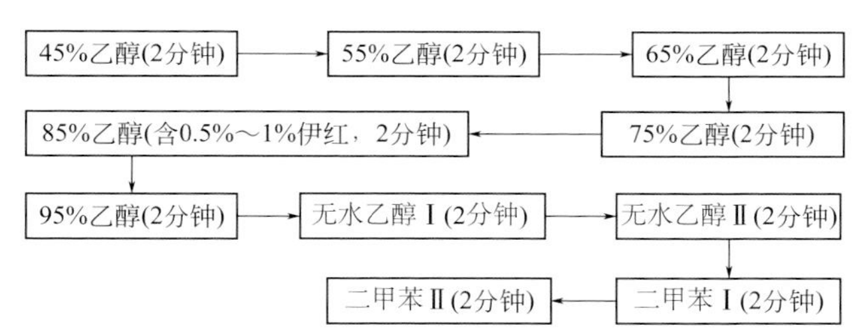

（4）封固　取适量光学树脂滴于组织片上，将经过清洗的盖玻片覆于组织片上并摆正位置。将制好的切片置温箱中干燥，在切片的右端贴上标签，注明动物及组织名称、染色方法等。

第二节　微生物学检测技术

一、病料采集

微生物学检测需要的病料应在实验室采集，不同部位或组织的病料采集方法如下。

1. 脓液及渗出液

用灭菌注射器无菌抽取未破溃脓肿液（如是开放的化脓灶或鼻腔里可用灭菌棉拭子蘸取脓液）或组织渗出液，置于灭菌试管（或灭菌小瓶）内。

2. 内脏

在病变较严重的部位，用灭菌剪刀无菌采取一小块（一般1～2 厘米），置于灭菌的平皿、试管或小瓶中。

3. 血液、血清

（1）全血　用灭菌注射器采取 4 毫升血液立即放入盛有 1 毫升 4% 枸橼酸钠的灭菌试管中，转动混合片刻即可。

（2）心血　采取心血通常先用烧红的铁片或刀片在心房处烙烫其表面，然后将灭菌尖刀烘烫并刺一小孔，再用灭菌注射器吸取血液，置于灭菌试管中。

（3）血清　由心脏或翅静脉无菌采血 1～2 毫升，置于灭菌试管中，待血液凝固并析出血清后，将血清吸出放于另一试管或灭菌瓶中，并于每毫升血清中加 3% 石炭酸水溶液 1 滴，用于防腐。

4. 卵巢及卵泡

无菌采取有病变的卵巢及卵泡。

5. 粪便

应采取新鲜有血或黏液的部分，最好采取正排出的粪便，收集在灭菌小瓶中。

二、涂片镜检

采用有显著病变的不同组织器官涂片、染色、镜检。对于一些有特征性的病原体如巴氏杆菌、葡萄球菌、钩端螺旋体、曲霉菌等可通过采集病料直接涂片镜检而做出确诊。但对大多数传染病来说，只能提供进一步检查的线索和依据。涂片的制备和染色方法如下：

1. 涂片的制备

（1）玻片准备　载玻片应该清洁、透明而无油渍，滴上水后，能均匀展开。如有残余油渍，可按下列方法处理：滴上95%的酒精2~3滴，用洁净纱布擦拭，然后在酒精灯火焰上轻轻通过几次。若上法仍未能去除油渍，可再滴上1~2滴冰醋酸，再在酒精灯火焰上轻轻通过。

（2）涂片　液体材料（如液体培养物、血液、渗出液），可直接用灭菌接种环取一环材料，置于玻片中央，均匀地涂布成适当大小的薄层；固体材料（如菌落、脓、粪便等），则应先用灭菌接种环取少量生理盐水或蒸馏水，置于玻片中央，然后再用灭菌接种环取少量固体，在液体中混合，均匀涂布成适当大小的薄层；组织脏器材料，先用镊子夹住局部，然后用灭菌的剪刀取1小块，夹出后将其新鲜切面在玻片上压印或涂抹成一薄层。

如有多个样品同时需要制成涂片，只要染色方法相同，也可以在同一张玻片上，先用蜡笔划分成若干小方格，每方格涂抹一种样品。需要保留的标本片，应贴标签，注明菌名、材料、染色方法和制片日期等。

（3）干燥　上述涂片，均应让其自然干燥。

（4）固定　有火焰固定和化学固定两种固定方法。火馅固定：将干燥好的涂片涂面向上，以其背面在酒精灯上来回通过数次，略做加热固定。化学固定：干燥涂片用甲醇固定。

2. 染色液的制备

（1）革兰氏染色液的配制

① 结晶紫染液。甲液：结晶紫2克，95%酒精20毫升；乙液：草酸铵0.8克，蒸馏水80毫升。先将甲液稀释5倍，加20毫升，再加乙液80毫升，混合即成。此液可较久储存。

② 革兰氏碘溶液。碘片1克，碘化钾2克，蒸馏水300毫升。先将碘化钾加入3~5毫升的蒸馏水中溶解后再加碘片，用

力摇匀，使碘片完全溶解后再加蒸馏水至足量（直接将碘片与碘化钾加入蒸馏水中，则碘片不能溶解）。革兰氏碘溶液不能久藏，1 次不宜配制过多。

③ 复染剂。番红（沙黄）复染液：2.5% 番红纯酒精溶液 10 毫升，蒸馏水 90 毫升，混合即成；碱性复红复染液：碱性复红 0.1 克，蒸馏水 100 毫升。

（2）瑞氏染色液的配制　瑞氏染色剂粉 0.1 克，纯粹白甘油 1 毫升，中性甲醇 60 毫升。置染料于一干净的乳钵内，加甘油后研磨至细末，再加入甲醇使其溶解。溶解后盛于棕色瓶中，经 1 周后，过滤，装于中性的棕色瓶中，保存于暗处。该染色剂保存时间愈久，染色的色泽愈鲜。

3. 染色和镜检

（1）革兰氏染色　将已干燥的涂片用火焰固定。在固定好的涂片上，滴加草酸铵结晶紫染色液，经 1～2 分钟，水洗。加革兰氏碘溶液于涂片上媒染，作用 1～3 分钟，水洗。加 95% 酒精于涂片上脱色，约 30 秒，水洗。加稀释石炭酸复红（或沙黄水溶液）复染 10～30 秒，水洗。吸干或自然干燥，镜检可见：革兰氏阳性菌呈蓝紫色，革兰氏阴性菌呈红色。

（2）瑞氏染色法　涂片自然干燥后，滴加瑞氏染色液，为了避免很快变干，染色液可稍多加些，或者看情况补充滴加。经 1～3 分钟再加约与染色液等量的中性蒸馏水或缓冲液，轻轻晃动玻片，使与染液混匀。约经 5 分钟，直接用水冲洗（不可先将染液倾去），吸干或烘干，镜检可见：细菌为蓝色，组织、细胞等物呈其他颜色。

三、病原的分离培养与鉴定

可用人工培养的方法将病原从病料中分离出来，细菌、真菌、霉形体和病毒需要用不同的方法分离培养，例如使用普通培养基、特殊培养基、细胞、鸡胚和敏感动物等，对已分离出来的病原，还需要做形态学、理化特性、毒力和免疫学等方面的鉴定，以确定致病病原物的种属和血清型等。

第三节　寄生虫学检测技术

一些鸡的寄生虫病临床症状和病理变化是比较明显和典型的，有初诊的意义，但大多数鸡寄生虫病生前缺乏典型的特征，往往需要通过实验室检查，从粪便、血液、皮肤、羽毛、气管内容物等被检材料中发现虫卵、幼虫、原虫或成虫之后才确诊。

一、粪便虫卵和幼虫的检查

鸡的许多寄生虫，特别是多数的蠕虫类，多寄生于宿主的消化系统或呼吸系统。虫卵或某一个发育阶段的虫体，常随宿主的粪便排出。因此，通过对粪便的检查，可发现某些寄生虫病的病原体。

1. 直接涂片法

吸取清洁常水或 50% 甘油水溶液，滴于载玻片上，用小棍挑取少许被检新鲜粪便，与水滴混匀，除去粪渣后，加盖玻片，镜检蠕虫、吸虫、绦虫、线虫、棘头虫的虫卵或球虫的卵囊等。

2. 饱和溶液浮集法

适用于绦虫和线虫虫卵及球虫卵囊的检查。在一杯水内放少许粪便，加入 10～20 倍的饱和食盐溶液，边搅拌边用两层纱布或细网筛，将粪水过滤到另一圆柱状玻璃杯内，静止 20～30 分钟后，用有柄的金属圈蘸取粪水液膜并抖落在载玻片上，加盖玻片镜检。

3. 反洗涤沉淀法

适用于吸虫卵及棘头虫卵等的检查。取少许粪便，放在玻璃杯内，加 10 倍左右的清水，用玻璃棒充分搅匀，再用细网筛或纱布过滤到另一玻璃杯内，静置 10～20 分钟，将杯内的上层液吸去，再加清水，摇匀后，静置或离心，如此反复数次，待上层液透明时，弃去上层清液，吸取沉渣，做涂片镜检。

4. 幼虫检查法

适用于随粪便排出的幼虫（如肺线虫）或各组织器官中幼虫的检查。将固定在漏斗架上的漏斗下端接一根橡皮管，把橡皮管下端接在一离心管上。将粪便等被检物放在漏斗的筛网内，再把40℃的温水徐徐加至浸没粪便等物为止。静置 1～3 小时后，幼虫从粪便中游出，沉到管底，经离心沉淀后，镜检沉淀物寻找幼虫。

二、螨虫检查

从患部刮取皮屑进行镜检。刮取皮屑时应选择病变部和健康部交界处，先剪毛，然后用外科刀刮取皮屑，刮到皮肤微有出血痕迹为止。将刮取物收集到容器内（一般放入试管内），加 1% 氢氧化钠（或氢氧化钾）溶液至试管 1/3 处，加热煮到将开未开反复数次，静置 20 分钟或离心，取沉淀物镜检，也可将病料置载玻片上，滴加几滴煤油，再用另一载玻片盖上，将载玻片搓动，使皮屑粉碎透明，即可镜检或将皮屑铺在黑纸上，微微加温，可见到螨虫在皮屑中爬动。为了判断螨虫是否存活，可将螨虫在油镜下观察，活虫体可见到其体内有淋巴液在流动。

三、蛲虫卵检查

蛲虫卵产在肛门周围及其附近的皮肤上，检查时刮取肛门周围及其皮肤上的污垢进行镜检。用一牛角药匙或边缘钝圆的小木铲蘸取 5% 甘油水溶液，然后轻轻地在肛门周围皱褶、尾底部、会阴部皮肤上刮取污垢，直接涂片法镜检。

第四节 鸡群抗体检测技术

一、凝集反应

当颗粒性抗原与其相应抗血清混合时，在有一定浓度的电解质环境中，抗原凝集成大小不等的凝集块，叫作凝集反应。凝集反应广泛地应用于疾病的诊断和各种抗原性质的分析。既可用已知免疫血清来检查未知抗原，又可用已知抗原检测特异性抗体。

1. 玻片凝集反应

玻片凝集反应是一种定性试验。将含有已知抗体的诊断血清（适当稀释）与待检悬液各一滴在玻片上混合，数分钟后，如出现颗粒体或絮状凝集，即为阳性反应。也可用已知的抗原悬液，检测待检血清中是否存在相应的抗体，如鸡白痢全血（或血清）平板凝集试验。

（1）材料

① 平板凝集抗原。用鸡白痢沙门氏菌培养物加甲醛溶液杀菌制成（每毫升含菌 100 亿），抗原静置时呈乳白色或微带黄色，瓶底有灰白色沉淀物，振荡后呈均匀混浊的悬浮液（由兽医生物药品厂生产，应保存在 8～10℃冷暗干燥处）。

② 阴、阳血清。由兽医生物药品厂生产。阳性血清凝集价应不低于 1∶1600（++）。

③ 生理盐水、载玻片、毛细吸管。

（2）操作方法

① 全血平板凝集试验操作。先将抗原充分振荡均匀，用滴管吸取抗原 1 滴（约 0.05 毫升），垂直滴在玻板上，随即用针头刺破被检鸡的翅静脉或鸡冠，用铂耳环取血液 1 满环（约 0.02 毫升）放于抗原滴中，并用铂耳环搅拌均匀，静置判定结果，每次试验，均需作阴、阳性血清对照（在 20℃以上的室温内进行）。

② 血清平板凝集试验操作。在玻板上，滴加被检血清（被检血清的制备：用三棱针刺破翅下静脉，用细塑料管引流血液至

6～8 厘米长，在火焰下将管一端烧融封口，标明鸡号，置 37℃温箱中 2 小时，待血清析出后用 100 转 / 分离心 3～5 分钟，剪断烧融的一端，再将血清倒入塑料板孔中）和抗原各 1 滴（约 0.05 毫升），用牙签或塑料管头将抗原和被检血清充分混合（在 10℃以上的室温内进行）。

（3）结果判定

① 全血平板凝集结果判定。抗原与血液混合后，在 2 分钟内出现明显凝集或块状凝集的为阳性反应；呈现均匀一致的微颗粒或在边缘形成有细絮状物等，均为阴性。如结果不够清晰，可将玻片放于低倍显微镜下观察。

② 血清平板凝集结果判定。观察 30～60 秒，凝集者为阳性，否则为阴性。

2. 试管凝集试验

试管凝集试验为一种定量试验，用已知抗原检查血清中有无特异抗体，并测定其相对含量。如鸡霉形体病的试管凝集试验检测抗体。

（1）材料

① 抗原。系用国际标准“S6”株败血性霉形体，用牛心汤培养基制成的凝集反应平板染色抗原，应在 2～15℃冷暗处保存，防止冻结。使用 pH 7.0 含 0.25% 石炭酸缓冲生理盐水稀释 20 倍。

② 被检血清。采自被检鸡翅静脉血，分离血清，方法见平板血清凝集试验。

③ 器材。小试管，吸管。

（2）操作方法　取抗原 1 毫升、被检血清 0.08 毫升加入第一管，混合均匀，然后，从第一管取 0.5 毫升加入第二管，再加生理盐水 0.5 毫升做倍数比稀释，依次稀释到 1：100。将稀释好的试管放入冰箱过夜，第二天取出观察结果。霉形体试管凝集试验操作见表 6-4。

（3）结果判定　当凝集价在 1：25 或以上发生凝集时，可判为阳性，1：25 以下者为阴性。通常以能产生明显凝集（++）的血清大稀释倍数作为该血清的凝集效价。

表 6-4 霉形体试管凝集试验操作 单位：毫升

项目	试管 1	试管 2	试管 3	试管 4	试管 5
抗原	1				
血清	0.08	0.5	0.5	0.5	弃去 0.5
生理盐水		0.5	0.5	0.5	
稀释倍数	1 ∶ 12.5	1 ∶ 25	1 ∶ 50	1 ∶ 100	

3. 红细胞凝集抑制试验

在间接凝集试验中，动物红细胞是最好的载体颗粒。这不仅因为红细胞表面几乎能吸附任何抗原，并且用致敏红细胞检测抗体时，其敏感性也最高。因此，利用红细胞作载体进行的间接血凝试验在血清学检验中常用。

（1）材料

① 抗原。选择对红细胞凝集作用强的鸡新城疫弱毒苗株接种于鸡胚，收获尿囊液和羊水制备抗原或从有关单位购买抗原。

② 1% 红细胞悬液。采取非免疫的健康鸡血液，用生理盐水反复洗涤 3～5 次，每次以 3000 转 / 分离心 5～10 分钟，将沉淀的红细胞用生理盐水稀释成 1% 的悬液。

③ 被检血清。采用被检鸡新鲜血液分离的血清，方法见平板血清凝集试验。

④ 生理盐水。灭菌的生理盐水或 pH 7.0～7.2 的磷酸缓冲液。

（2）操作方法

① 红细胞凝集试验。小试管 9 支标好号码于试管架上，第 1 管加入 0.9 毫升生理盐水，其余各管各加入 0.5 毫升。第 1 管加入抗原 0.1 毫升，用吸管稀释均匀后，再吸取 0.5 毫升注入第 2 管，同样第 2 管的血清与生理盐水混匀后吸取 0.5 毫升注入第 3 管。如此依次稀释直至第 8 管。自第 8 管吸出 0.5 毫升弃去。第 9 管不加抗原，只加生理盐水。这样抗原的稀释倍数分别是 1 : 10、1 : 20、1 : 40、1 : 80…1 : 1280。然后再向各个不同

稀释倍数的抗原管中，加入 1% 鸡红细胞 0.5 毫升，充分振荡后，置于 20～30℃温箱中，15 分钟后检查结果。

抗原的凝集效价为能使 1% 鸡红细胞完全凝集的最大稀释倍数。如果在第 5 管仍能凝集，则凝集效价为 1∶160；如果凝集至第 6 管，则凝集效价为 1∶320。

②红细胞凝集抑制试验。将被检血清按表 6-5 稀释成不同倍数，即第一管加生理盐水 0.4 毫升，以后各管加 0.25 毫升。第一管加被检血清 0.1 毫升，稀释混匀后吸出 0.25 毫升加入第二管，如此至第八管，混匀后吸出 0.25 毫升弃去。第九管不加血清，作为抗原对照；第十管不加抗原，作为血清对照。然后向各管加入 4 个血凝单位的抗原 0.25 毫升（若测定的抗原凝集效价为 1∶160 时，即 160÷4 为 1∶40）充分振荡后，在室温静置 5～6 分钟，再加入 1% 红细胞 0.5 毫升，20～30℃ 15 分钟即可判定结果。

表 6-5　红细胞凝集抑制试验操作术式

项目	试管 1	试管 2	试管 3	试管 4	试管 5	试管 6	试管 7	试管 8	试管 9	试管 10
血清稀释倍数	1∶5	1∶10	1∶20	1∶40	1∶80	1∶160	1∶320	1∶640	抗原对照	血清对照
生理盐水 / 毫升	0.4	0.25	0.25	0.25	0.25	0.25	0.25	0.25	0.5	0.25
被检血清 / 毫升	0.1	0.25	0.25	0.25	0.25	0.25	0.25	0.25	弃去	0.25
抗原 / 毫升	0.25	0.25	0.25	0.25	0.25	0.25	0.25	0.25	0.25	
1% 红细胞液 / 毫升	0.5	0.5	0.5	0.5	0.5	0.5	0.5	0.5	0.5	0.5
判定结果	−	−	−	−	+	+	+	+	+	−

（3）结果判定　判定时首先检查对照各管是否正确，若正确则证明操作无误。

① 红细胞凝集：红细胞分散在管底周围呈现颗粒状凝集者为阳性“+”。

② 无凝集或凝集抑制：红细胞集中于管底呈圆盘状为阴性“-”。

③ 凝集抑制价：被检血清最大稀释倍数而抑制红细胞凝集者为该血清的凝集抑制价（红细胞凝集抑制价在 1∶20 以上者，判定为阳性反应）。

4. 微量红细胞凝集试验

微量红细胞凝集和抑制试验是鉴定病毒和诊断病毒性疾病的重要方法之一。许多病毒能够凝集某些种类动物（如鸡、鹅、豚鼠和人）的红细胞。正黏病毒和副黏病毒是最主要的红细胞凝集性病毒，其他病毒如被膜病毒、细小病毒、某些肠道病毒和腺病毒等也有凝集红细胞的作用。禽病实践中，目前最常用作鸡新城疫、禽流感和减蛋综合征的诊断。

（1）材料

① 器材。“V”型 96 孔微量滴定板、微量混合器、塑料采血管、50 微升移液管。

② 稀释液。pH 7.0～7.2 磷酸缓冲盐水（PBS：NaCl 170 克，KH_2PO_4 13.6 克，NaOH 3.0 克，加蒸馏水至 1000 毫升高压灭菌，4℃保存，使用时做 20 倍稀释）。

③ 浓缩抗原。由指定单位提供，也可用弱毒苗作检测抗原。

④ 红细胞。采成年健康鸡血，用 20 倍量洗涤 3～4 次，每次以 2000 转 / 分离心 3～4 分钟，最后一次 5 分钟，用 PBS 配成 0.5% 悬液。

⑤ 血清。标准阳性血清，由指定单位提供。

⑥ 被检血清。每群鸡随机采 20～30 份血样，分离血清。先用三棱针刺破翅下静脉，随即用塑料管引流血液至 6～8 厘米长。将管一端烧融封口，待凝固析出血清后以 1000 转 / 分离心 5 分钟，剪断塑料管，将血清倒入一块塑料板小孔中。若需较长时间保存，可在离心后将凝血一端剪去，滴融化石蜡封口，于 4～8℃保存。

（2）操作方法

① 微量血凝试验。“V”型血凝板的每孔中滴加 PBS 0.05

毫升，共滴4排。吸取1：5稀释抗原滴加于第1列孔，每孔0.05毫升，然后由左至右顺序倍比稀释至第11列孔，再从第11列孔各吸0.05毫升弃之。最后一列不加抗原作对照。于每孔中加入0.5%红细胞悬液0.05毫升，置微型混合器上振荡1分钟，或以手持血凝板绕圈混匀。放室温（18～20℃）下30～40分钟，根据血凝图像判定结果。以出现完全凝集的抗原最大稀释度为该抗原的血凝滴度，每次4排重复，以几何均值表示结果。

计算出含4个血凝单位的抗原浓度。计算公式为：抗原应稀释倍数＝血凝滴度/4。

② 微量血凝抑制试验。在96孔“V”型板上进行，用50微升移液管加样和稀释。先取PBS 0.05毫升，加入第1孔，再取浓度为4个血凝单位的抗原依次加入3～12孔，每孔0.05毫升，第2孔加浓度为8个血凝单位的抗原0.05毫升。用稀释器吸被检血清0.05毫升于第1孔（血清对照）中，挤压混匀后吸0.05毫升于第二孔，依次倍比稀释至第12孔，最后弃去0.05毫升。

置室温（18～20℃）下作用20分钟。用稀释器滴加0.05毫升红细胞悬液于各孔中，振荡混匀后，室温下静置30～40分钟，判定结果。每次测定应设已知滴度的标准阳性血清对照。

（3）结果判定　在对照出现正确结果的情况下，以完全抑制红细胞凝集的最大稀释度为该血清的血凝抑制滴度。

二、琼脂扩散试验

琼脂免疫扩散试验（AGD）又称为琼脂免疫扩散，或简称为琼脂扩散、琼扩（AGP），是抗原抗体在凝胶中所呈现的一种沉淀反应。抗体在含有电解质的琼脂凝胶中相遇时，便出现可见的白色沉淀线，这种沉淀线是一组抗原抗体的特异性复合物。如果凝胶中有多种不同抗原抗体存在时，便依各自扩散速度的差异，在适当部位形成独立的沉淀线，因此广泛地用于抗原成分的分析。琼脂扩散试验分为单相扩散和双相扩散两个基本类型。将抗体或抗原一方混合于琼脂凝胶中，另一方（抗原或抗体）直接接触或扩散于其中者，称为单相扩散；使抗原和抗体双方同时在琼脂凝胶中扩散而相遇成线者，称为双相扩散。禽病诊断实践中，双相扩散更为常用，如鸡传染性法氏囊病、鸡马立克氏病、禽流感、鸡传染性脑脊髓炎等病的诊断。

AGP 的主要优点是简便、微量、快速、准确，根据出现沉淀带的数目、位置以及相邻两条沉淀带之间的融合、交叉、分枝等现象，即可了解该复合抗原的组成。AGP 可以用于病原体的抗体监测和病原感染的流行病学调查。

1. 单向琼脂扩散试验

（1）材料　诊断血清、待测血清（如鸡血清）、参考血清和其他（生理盐水、琼脂粉、微量进样器、打孔器、玻璃板、湿盒等）。

（2）方法

① 将适当稀释（事先滴定）的诊断血清与预溶化的 2% 琼脂在 60℃水浴预热数分钟后等量混合均匀制成免疫琼脂板。

② 在免疫琼脂板上按一定距离（1.2～1.5 厘米）打孔，见图 6-3。

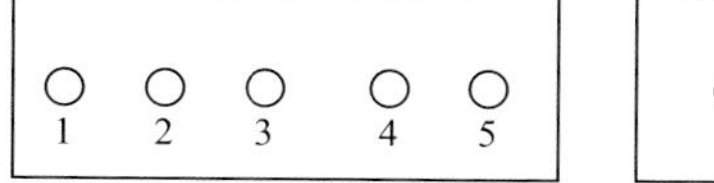

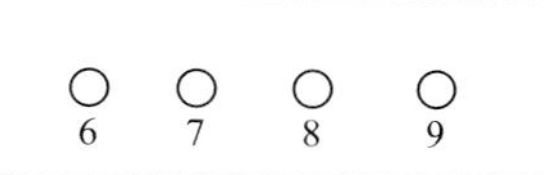

图 6-3　单向琼脂扩散试验抗原孔位置示意图
（1～5 孔加参考血清，6～7 孔加待检血清）

③ 向孔内滴加 1∶2、1∶4、1∶8、1∶16、1∶32 稀释的参考血清及 1∶10 稀释的待检血清，每孔 10 微升，此时加入的抗原液面应与琼脂板一平，不得外溢。

④ 已经加样的免疫琼脂板置湿盒中 37℃温箱扩散 24 小时。

⑤ 测定各孔形成的沉淀环直径（毫升），用参考血清各稀释度测定值绘出标准曲线，再由标准曲线查出被检血清中免疫球蛋白的含量。

2. 双向琼脂扩散试验

（1）材料　阳性血清（系冻干制品，可以购买，使用时用蒸馏水恢复到原分装量)、待测血清、琼脂抗原(系冻干制品，可以购买，使用时用蒸馏水恢复到原分装量)、生理盐水、琼脂粉、载玻片、打孔器、微量进样器等。

(2)方法

① 取一清洁载玻片，倾注 3.5~4.0 毫升加热熔化的 1% 食盐琼脂制成琼脂板。

② 凝固后，用直径 3 毫米打孔器打孔，孔间距为 5 毫米。孔的排列方式如图 6-4 所示。

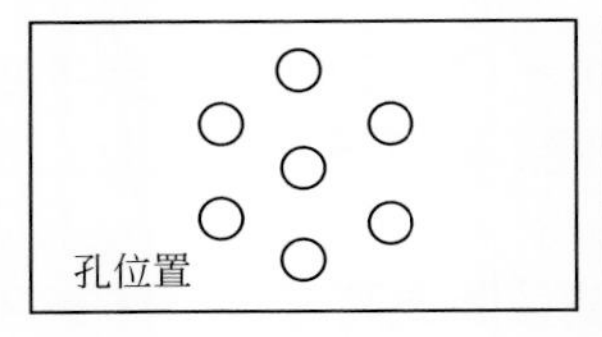

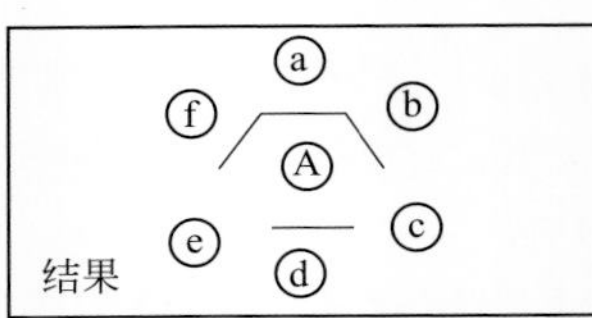

图 6-4 双向琼脂扩散试验孔的位置及结果示意图
(A：琼脂抗原，a、c、e：被检材料，b、d、f：阳性对照)

③ 用微量进样器于中央孔加琼脂抗原，分别将各被检血清按顺序在周边孔中每隔一孔加一样品。向余下的孔内加入阳性血清。加样时勿使样品外溢或在边缘残存小气泡，以免影响扩散结果。

④ 加样后的琼脂板收入湿盒内，置 37℃温箱中扩散 24~48 小时。

(3)结果观察　若凝胶中抗原抗体是特异性的，则形成抗原 - 抗体复合物，在两孔之间出现一清晰致密白色的沉淀线，为阳性反应。若在 72 小时仍未出现沉淀线则为阴性反应。实验时至少要做一阳性对照。出现阳性对照与被检样品的沉淀线发生融合，才能确定待检样品为真正阳性。

三、酶联免疫吸附试验

ELISA 是酶联免疫吸附测定的简称，它是继免疫荧光和放射免疫技术之后发展起来的一种免疫酶技术。ELISA 分析法是一种应用连接有酶标抗体作为指示剂的抗原 - 抗体反应系统。抗原或抗体与酶以化学方式结合后，仍保持各自的生物学活性，遇相应的抗体或抗原后，形成酶标记的抗原－抗体免疫复合物。在一定底物参与下，产生可以观测的有色物质，色泽的深浅与所检测的抗原或抗体含量成正比。因此，可以通过比色测定，计算出参与反应的抗原或抗体的含量。该法具有高敏、快速和可大批量检测的优点，现已广泛应用于禽病的临床诊断中。

1. 材料及试剂

（1）器材　40 孔或 96 孔聚丙乙烯平底反应板，微量加样器，酶标检测仪等。

（2）抗体　多克隆抗体或单克隆抗体，但单克隆抗体可大大降低非特异性反应。用于包被聚丙乙烯平底板的抗体应是提纯的 IgG，并应具有较高的免疫活性。酶标记的抗体（第二抗体）需要高效价的提纯品。

（3）抗原　包被聚丙乙烯板的抗原可用物理或化学方法从感染组织或细胞培养物中提取。抗原应具有较高的免疫活性，并能测出低浓度抗体，而且能够牢固地吸附在固相载体上，不丧失免疫活性。

（4）酶和底物　用于抗体或抗原标记的酶具有分子量小、特异性强、活性高、稳定性好等优点。目前应用最多的是辣根过氧化物酶，其次是碱性磷酸酶，另外还有 β－半乳糖苷酶等。底物作为供氢体存在，应用较广的有邻苯二胺（OPD）、3,3- 二氨基联苯胺（BAB）等。

2. ELISA 间接法操作要点

ELISA 间接法是将已知抗原吸附（又称包被）于固相载体，孵育后洗去未吸附的抗原，随后加入含有特异性抗体的被检血清，作用后洗除未起反应的物质，加入酶标记的同种球蛋白（如被检血清是鸡血清，就需用抗鸡球蛋白），作用后再洗涤，加入酶底物。底物被分解后出现颜色反应，用酶标仪测定其吸光值（OD）。

（1）固相载体的选择　聚苯乙烯微量反应板以及 PVC 塑料

软板的吸附效果与塑料的类型、表面性质、生产加工工艺等有关，使用前应进行预试验，选择出性能良好的固相载体。一般情况下，固相载体用标准阴、阳性抗体或抗原孔测定的光密度差值要大，相差 10 倍以上才属合格。

（2）预试验　正式检测前，必须进行预试验以确定酶结合物、包被抗原或抗体的最适浓度和底物的最适反应时间等。

① 酶结合物的确定。以 pH 9.6 的碳酸盐缓冲液将 IgG 稀释至 100 微克 / 毫升，加入固相载体的每一孔中进行包被，洗涤后将酶结合物以 1：200、1：400、1：800……做系列稀释，依次加入各孔，每一稀释度加 2 孔。反应后加底物显色，读取吸光值结果，以能产生光吸收值为 1.0 的稀释度为结合物的最适浓度。

② 包被蛋白质浓度的确定。酶结合物浓度确定后，应测定包被抗体或抗原的蛋白质最适浓度。将欲包被的蛋白质用 pH 9.6 的碳酸盐缓冲液做 1：10、1：20、1：40……系列稀释，以每一稀释度包被固相载体的 2 个孔，然后进行常规 ELISA 操作。最后以能产生光吸收值为 1.0 的稀释度为包被蛋白质的最适浓度。

③ 底物最适作用时间的确定。以最适稀释度抗原和酶结合物进行试验，加入底物后在不同时间终止反应，即可确定最适反应时间。

（3）包被　将抗原或抗体吸附于固相载体表面的过程称为包被。

① 包被液的 pH。通常为 pH 9.5～9.6 的 0.1 摩尔 / 升的碳酸盐缓冲液，用于稀释抗原或抗体。如 pH 较低，则吸附时间延长；pH 低于 6.0 时，非特异性吸附增加。

② 吸附时间与温度。一般为 4℃过夜，也可采用 37℃吸附 1～5 小时。

③ 蛋白质浓度。在 96 孔或 40 孔聚苯乙烯板孔中，每孔加入量一般为（0.1～100）微克 / 毫升。浓度过高或过低，会影响检测结果。

（4）洗涤　ELISA 试验中，每一步都必须洗涤。先将各孔液体甩干，再加洗涤液充满各孔，静置 3～5 分钟，如此重复 3 次，然后再甩干，立即加入下一步试剂。目前使用较多的是含有

0.1% 吐温 -20 的 0.01 摩尔 / 升 pH 7.4 的 PBS。

（5）封阻　又称封闭，抗原或抗体包被后，载体表面仍可能有未吸附蛋白质的空白位点，会造成下一步的非特异性吸附，有必要对包被后的载体进行处理，以封闭可能存在的空白位点。常用封阻液有 1%～3% 牛血清白蛋白、10% 牛血清或马血清等。加入封阻液后，37℃吸附 2 小时后洗涤。

（6）结果判定　可采用目测法进行定性判断，采用酶标检测仪可定量测定，如 P/N 比法，即被检样品（P）的吸光值和阴性标准样品（N）平均吸光值之比，以大于某一比值（一般为≥ 2）为阳性。

第五节　常见中毒病的检验

一、食盐中毒的检验

1. 饲料中食盐含量测定方法

用普通天平称取被检饲料样品 5 克，将样品置坩埚内，在电炉上充分炭化（即烧尽有机质，余下炭灰）。将炭灰移入容量瓶，加蒸馏水至 100 毫升，浸 2 小时以上，用滤纸过滤，再用移液管取滤液 10 毫升，置于三角瓶内，加重铬酸钾指示剂 1 滴，然后用 0.1 摩尔 / 升的硝酸银溶液滴定，至出现砖红色为止。计量硝酸银溶液的消耗量。

计算方法：以每毫升 0.1 摩尔 / 升的硝酸银溶液的消耗量相当于 5.845 克食盐计算食盐含量。计算公式为：

$$\frac{\text{滴定消耗的体积}\times 5.845}{\text{样品质量}}=\text{样品含食盐的百分数}$$

2. 嗉囊、腺胃、肌胃内容物含氯量测定

取可疑食盐中毒病死鸡的嗉囊或腺胃或肌胃中的内容物 25 克，放于烧杯中，加 200 毫升蒸馏水放置 4～5 小时，其间振荡

数次，然后向该液内加蒸馏水 200 毫升，滤纸过滤。取滤液 25 毫升，加 0.1% 刚果红溶液 5 滴作指示剂，再用 0.1mol/L 的硝酸银溶液徐徐滴定，至开始出现沉淀且液体呈轻微透明为止。

计算公式：食盐含量的百分率 = 消耗的硝酸银溶液的体积 ×0.234

二、棉籽饼中毒的检验

棉籽饼是产棉地区的主要饲料之一。棉籽饼中含有有毒的物质棉酚，如不进行去毒处理，不注意喂量和喂法，易引起鸡的中毒。一般棉籽饼中含棉酚量为 0.034%～0.287%。饲料中含棉酚量达 0.04%～0.05% 时就可引起中毒。

1. 定性检验

将棉籽饼磨碎，取其细粉末少许，加硫酸数滴，若有棉酚存在即变为红色（应在显微镜下观察）。若将该粉末在 97℃下蒸煮 1～1.5 小时后，则反应呈阴性。将棉籽饼按上法蒸煮后，再用乙醚浸泡，然后回收乙醚，浓缩，用上法检查，出现同样结果。

2. 定量检验

通常用三氯化锑比色法。游离棉酚和三氯化锑在氯仿溶液中生成红色化合物，游离棉酚的含量与色泽强度呈正比，据此可进行比色定量。

（1）试剂

① 盐酸（分析纯）。

② 醋酸酐（分析纯）。

③ 氢氧化钠（分析纯）。

④ 饱和三氯化锑溶液。取 30 克研碎的三氯化锑，用少量氯仿洗涤一次，在洗后的结晶中加入氯仿 100 毫升，猛烈振摇后放置，密闭保存，用时取上清液。

⑤ 棉酚标准溶液。准确称取精制棉酚 5 毫克于 50 毫升容量瓶中，加氯仿溶解至刻度。1 毫升相当于 0.1 毫克棉酚（称 1 号液）。

将1号液稀释成10倍后制成2号液，其浓度为1毫升相当于0.01毫克棉酚。

（2）操作方法

① 标准曲线制备。吸取2号标准液0毫升、0.5毫升、1.0毫升、2.0毫升（相当于棉酚0微克、5微克、10微克、20微克）和1号标准液0.4毫升、0.8毫升、1.2毫升、1.6毫升、2.0毫升（相当于棉酚40微克、80微克、120微克、160微克、200微克），分别置于9个10毫升具栓比色管中，各管分别加入醋酐数滴、饱和三氯化锑溶液5毫升，并加氯仿至刻度，混匀，密塞放置20～30分钟进行光电比色（波长5～20纳米）。以棉酚含量为横坐标，光密度为纵坐标，绘成标准曲线。

② 样品分析。精密称取棉籽油0.1克（或磨碎通过60目筛的油渣或棉籽粉）于10毫升具栓比色管中，加氯仿至刻度，再加浓盐酸1毫升，充分振摇，放置过夜，弃去酸液、氯仿液供检。取氯仿液1毫升于10毫升具栓比色管中（甲管，即样品管）；同时另取1毫升于盛有5毫升氯仿的分液漏斗中，加15%氢氧化钠溶液5毫升，充分振摇、放置分层，将氯仿层通过装有无水硫酸钠的漏斗滤入10毫升具栓比色管中（乙管，即空白管）。甲、乙管分别加入醋酐、饱和三氯化锑溶液5毫升，再加氯仿至刻度，混匀，放置20～30分钟后，在520纳米波长下测定光密度值。

③ 计算方法。

$$棉酚含量（克/100克）=\frac{标准曲线上查得样品棉酚的含量}{\frac{样品重\times 1}{10}}\times\frac{100}{1000}$$

式中，标准曲线上查得样品棉酚含量，即根据样品比色时的光密度值，在曲线上查得的棉酚质量；10指提取样品时加入氯仿的体积；1指样品显色时，取样品提取液之体积；1000是毫克换算成克时除以1000。

三、有机磷农药中毒的简易检验法

将待检饲料或嗉囊、腺胃、肌胃中的内容物用苯浸提，分出提取液，经过滤、吹干，残留物用适量乙醇溶解后作检液。

取检材的提取液经蒸发所得到的残留物，加适量水溶解，放入小烧杯中，将预先准备好的昆虫放入20～30个，同时用清水作对照试验，观察昆虫是否死亡。如有有机磷农药存在，昆虫很快死亡。做实验用的小虫可就地取材。

四、敌鼠及其钠盐中毒的检验

原理是敌鼠及其钠盐与三氯化铁在无水乙醇中反应呈红色。取饲料或腺胃、肌胃或嗉囊内容物50～100克放于三角瓶中，加水调成粥状，加稀盐酸酸化，用乙醚提取3次，合并乙醚液。乙醚液再用1%焦磷酸钠或磷酸氢二钠水溶液提取3次，合并水溶液提取液，经稀盐酸酸化后，再用氯仿提取3次，合并氯仿液经无水硫酸钠脱水后，氯仿挥发，残渣供检验用。取供检残渣，加无水乙醇1.5毫升溶解，加1%三氯化铁溶液1滴，如显红色，则为敌鼠或敌鼠钠盐阳性反应。

五、某些常用药物的中毒检验

药物中毒的检验一般靠临床诊断，根据用药量及中毒症状和剖检变化不难做出诊断，实验室诊断只是一个辅助指标。

1. 磺胺类药物中毒的检验

常用重氮反应检测中毒鸡的血液。其操作方法如下：取血液1毫升，加入5%三氯醋酸试剂10毫升，振荡5分钟；滤过（或离心），吸取上清液9毫升，加入0.5%亚硝酸钠试剂1毫升，充分混合后，再加0.5%麝香草酚试液（用20%氢氧化钠溶液作溶媒）2毫升，如含磺胺，振荡后即成橙黄色。

2. 土霉素中毒的检验

取药液、胃内容物或剩余饲料加蒸馏水振摇后，取水层分成4份备用。取水液1份，加过量硫酸，有土霉素则显深红色，加蒸馏水稀释后，转变为黄色。取水液数滴加稀盐酸 2 滴（稀盐酸：取盐酸 23.5 毫升，加蒸馏水稀释至 100 毫升）、对二甲氨基苯甲醛 1 滴（对二甲氨基苯甲醛试液配制：取对二甲氨基苯甲醛 2 克，溶于硫酸 4 毫升中，加蒸馏水 1 毫升），如为土霉素，则生成蓝绿色沉淀。

第七章 鸡场疾病的防治技术

鸡场要有效控制疾病，一是必须树立“预防为主”和“养防并重”的观念，建立综合防控体系，减少疾病发生；二是及时发现，科学诊治，将疾病消灭在萌芽状态，提高治愈率，降低疾病的危害性。

第一节　鸡场的生物安全措施

鸡场疾病控制的有效策略是生物安全措施，生物安全措施主要包括隔离卫生、消毒、增强抵抗力、免疫接种和药物防治。

一、隔离卫生管理

1. 做好隔离

（1）选好场址并合理规划布局　鸡场要远离市区、村庄和居民点，远离屠宰场、畜产品加工厂等污染源，周围有林地、河流、山川等作为天然屏障（图7-1）；根据地势和主导风向分区规划。不同日龄段的鸡群分别养在不同区域，并相互隔离，或在不同场内饲养。各区之间可绿化或隔离墙隔离，避免各区人员互串，鸡舍之间要保持一定间距（图7-2）。

图7-1　鸡场位置

（2）鸡场隔离消毒　车辆和循

环使用的集蛋箱、蛋盘进入鸡场前应彻底消毒，以防带入疾病。最好使用一次性集蛋箱和蛋盘，场大门口设车辆消毒设施。

图 7-2　鸡场分区规划

① 进入场区的车辆要进行车轮消毒和车体喷雾消毒（图 7-3）。

图 7-3　车辆消毒

② 鸡场谢绝人员参观，不可避免时，应严格按防疫要求消毒后方可进入（图 7-4）。

③ 禁止其他养殖户、鸡蛋收购商和死鸡贩子进入鸡场，病鸡和死鸡经疾病诊断后应深埋，并做好消毒工作，严禁销售和随处乱丢。

图 7-4　雾化中的人员通道（左）；更衣室紫外线灯消毒（右）

④ 鸡场周围有围墙。饲料塔设在鸡场围墙的内侧，饲料可以通过饲料车直接注入饲料塔内，车辆不用进入鸡场（图 7-5）。

⑤ 饲养人员工作前要对手进行清洗和消毒（图 7-6）。

（3）采用全进全出的饲养制度　“全进全出”使得鸡场能够做到净场和充分的消毒，切断了疾病传播的途径，从而避免患病鸡只或病原携带者将病原传染给日龄较小的鸡群。

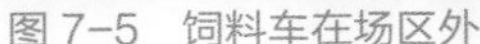
图 7-5　饲料车在场区外

图 7-6　手的消毒

（4）到洁净的种鸡场订购雏鸡　种鸡场污染严重，引种时也会带来病原微生物，特别是我国现阶段种鸡场过多，管理不善，净化不严，更应高度重视。到环境条件好、管理严格、净化彻底、信誉度高、有种畜种禽经营许可证的种鸡场订购雏鸡，避免引种带来污染。

2. 搞好卫生

（1）保持鸡舍和鸡舍周围环境卫生　及时清理鸡舍的污物、污水和垃圾，定期打扫鸡舍顶棚和设备用具的灰尘，每天进行适量的通风，保持鸡舍清洁卫生；不在鸡舍周围和道路上堆放废弃物和垃圾。

（2）保持饲料和饮水卫生　饲料不霉变，不被病原污染，饲喂用具勤清洁消毒；饮用水符合卫生标准（人可以饮用的水鸡也可以饮用），水质良好，饮水用具要清洁，饮水系统要定期消毒。

（3）废弃物要无害化处理　详见第四章第三节内容。

（4）灭鼠杀虫　详见第四章第三节内容。

二、增强机体抵抗力

疾病的发生是致病力和抵抗力之间的较量，抵抗力强于致病力，就不会引起疾病发生。

三、消毒

鸡场消毒就是将养殖环境、养殖器具、动物体表、进入的人员或物品、动物产品等存在的微生物全部或部分杀灭或清除掉的方法。消毒的目的在于消灭被病原微生物污染的场内环境、鸡体表面及设备器具上的病原体，切断传播途径，防止疾病的发生或蔓延。

1. 消毒的方法

（1）机械性清除

图 7-7　高压水枪冲洗地面

① 用清扫、铲刮、冲洗等机械方法清除降尘、污物及沾染的墙壁、地面以及设备上的粪尿、残余的饲料、废物、垃圾等，这样可除掉 70% 的病原，并为药物消毒创造条件（图 7-7）。

② 适当通风，特别是在冬、春季，可在短时间内迅速降低舍内病原微生物的数量，加快舍内水分蒸发，保持干燥，可使除芽孢、虫卵以外的病原失活，起到消毒作用。

（2）物理消毒法

① 紫外线。利用太阳中的紫外线或安装波长为 280～240 纳米紫外线灭菌灯（图 7-8）可以杀灭病原微生物。一般病毒和非芽孢的菌体，在阳光直射下，只需要几分钟到 1 小时就能被杀死。即使是抵抗力很强的芽孢，在连续几天的强烈阳光下反复暴晒也可变弱或被杀死。利用阳光消毒运动场及移出舍外的、已清洗的设备与用具等，既经济又简便。

图 7-8　紫外线灭菌灯

② 高温。高温消毒主要有火焰、煮沸与蒸汽等形式。利用酒精喷灯的火焰杀灭地面、耐高温网面上的病原微生物，但不能对塑料、木制品和其他易燃物品进行消毒。消毒时应注意防火。另外对有些耐高温的芽孢（破伤风梭状芽孢、炭疽杆菌芽孢），使用火焰喷射靠短暂高温来消毒，效果难以保证。蒸汽可进行灭

菌，设备主要有手提式下排气式压力蒸汽灭菌锅和高压灭菌器（图 7-9）。

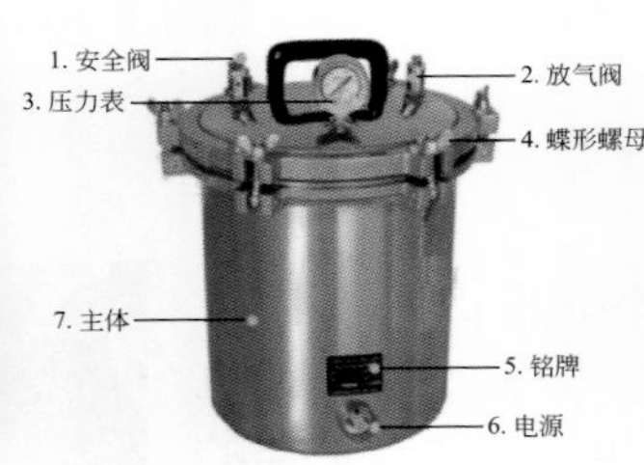

图 7-9　酒精喷灯（左）；手提式下排气式压力蒸汽灭菌锅（中）；高压灭菌器（右）

（3）化学药物消毒　利用化学药物杀灭病原微生物以达到预防感染和传染病的传播和流行的方法。使用的化学药品称化学消毒剂。此法在养鸡生产中是最常用的方法。

图 7-10　粪便堆积发酵

（4）生物消毒法　指利用生物技术将病原微生物杀灭或清除的方法，如粪便的堆积进行需氧或厌氧发酵产生一定的高温可以杀死粪便中的病原微生物（图 7-10）。

2. 化学消毒剂的使用方法

化学消毒剂的使用方法见表 7-1。

表 7-1　化学消毒剂的使用方法

浸泡法	主要用于消毒器械、用具、衣物等。一般洗涤干净后再行浸泡，药液要浸过物体，浸泡时间以长些为好，水温以高些为好。在鸡舍进门处消毒槽内，可用浸泡药物的草垫或草袋对人员的靴鞋消毒
喷洒法	喷洒地面、墙壁、舍内固定设备等，可用细眼喷壶；对舍内空间消毒，则用喷雾器。喷洒要全面，药液要喷到物体的各个部位
熏蒸法	适用于可以密闭的鸡舍。这种方法简便、省事，对房屋结构无损，消毒全面，鸡场常用。常用的药物有福尔马林（40% 的甲醛水溶液）、过氧乙酸水溶液。为加速蒸发，常利用高锰酸钾的氧化作用

续表

气雾法	气雾粒子是悬浮在空气中的气体与液体的微粒，直径小于200纳米，分子量极轻，能悬浮在空气中较长时间，可到处漂移穿透到鸡舍内的所有部位及其空隙。气雾是消毒液倒进气雾发生器后喷射出的雾状微粒，是消灭气携病原微生物的理想办法。全面消毒鸡舍空间，每立方米用5%的过氧乙酸溶液2.5毫升喷雾

3. 常用的化学消毒剂

常用化学消毒剂的特性见表7-2。

表7-2　常用化学消毒剂的特性

类型	概述	机制	产品	效果
含氯消毒剂	是指在水中能产生具有杀菌作用的活性的次氯酸的一类消毒剂，包括有机含氯消毒剂和无机含氯消毒剂	氧化作用（氧化微生物细胞使其丧失生物学活性），氯化作用（与微生物蛋白质形成氮-氯复合物而干扰细胞代谢），新生态氧的杀菌作用（次氯酸分解出具极强氧化性的新生态氧杀灭微生物）	优氯净、强力消毒净、速效净、消洗液、消佳净、84消毒液、二氯异氰尿酸和三氯异氰尿酸复方制剂	杀灭肠杆菌、肠球菌、结核分枝杆菌、金色葡萄球菌，对新城疫、传染性法氏囊病有效
氧化剂类消毒剂	氧化剂是一些含不稳定结合态氧的化合物	分解后产生的各种自由基，如巯基、活性氧衍生物等破坏微生物的通透性屏障、蛋白质、氨基酸、酶和DNA等，最终导致微生物死亡	过氧化氢（双氧水）、臭氧（三原子氧）、高锰酸钾	过氧化氢可快速灭活多种微生物，过氧乙酸可杀灭多种细菌，臭氧可杀灭细菌繁殖体、病毒、真菌和枯草杆菌黑色变种芽孢及原虫和虫卵
醛类消毒剂	醛类消毒剂是使用最早的一类化学消毒剂，包括甲醛和戊二醛	可与菌体蛋白质中的氨基结合，使其变性或使蛋白质分子烷基化，与细胞壁脂蛋白发生交联，与细胞磷壁酸中的酯联残基形成侧链，封闭细胞壁，阻碍微生物对营养物质的吸收和废物的排出	戊二醛、甲醛、丁二醛、乙二醛和复合制剂	杀灭细菌、芽孢、真菌和病毒

续表

类型	概述	机制	产品	效果
碘伏消毒剂	包括碘及碘为主要成分制成的各种制剂	碘的正离子与酶系统中蛋白质的氨基酸起亲电取代反应，使蛋白质失活；碘的正离子具氧化性，能氧化膜联酶中的硫氢基，成为二硫键，破坏酶活性	强力碘、威力碘、PVP-I、89-型消毒剂、喷雾灵	杀死细菌、真菌、芽孢、病毒、结核杆菌、阴道毛滴虫、梅毒螺旋体、沙眼衣原体、艾次病病毒和藻类
表面活性剂	表面活性剂又称清洁剂或除污剂。生产中常用阳离子表面活性剂，其抗菌广谱，对细菌、真菌和病毒均具有杀灭作用	吸附到菌体表面，改变细胞渗透性，溶解损伤细胞使菌体破裂，胞内容物外流；表面活性物在菌体表面浓集，阻碍细菌代谢，使细胞结构紊乱；渗透到菌体内使蛋白质发生变性和沉淀；破坏细菌酶系统	新洁尔灭、度米芬、百毒杀、凯威1210、消毒净	对各种细菌有效，对常见病毒如马立克氏病病毒、新城疫病毒、猪瘟病毒、传染性法氏囊病病毒、口蹄疫病毒均有良好的效果。对无囊膜病毒消毒效果不好
复合酚类消毒剂	含酚41%～49%、醋酸22%～26%的复合酚制剂，是我国生产的一种新型、广谱、高效消毒剂	它通过使微生物原浆蛋白质变性，沉淀或使氧化酶、去氢酶、催化酶失去活性而产生杀菌或抑菌作用	菌毒敌、消毒灵、农乐、畜禽安、杀特灵等	对细菌、真菌和带膜病毒具有灭活作用，对多种寄生虫卵也有一定杀灭作用。对人畜有毒，且气味滞留，常用于空舍消毒
其他消毒剂	醇类消毒剂	使蛋白质变性沉淀；快速渗透过细菌胞壁进入菌体内，溶解破坏细菌细胞；抑制细菌酶系统，阻碍细菌正常代谢	乙醇、异丙醇	可快速杀灭多种微生物，如细菌繁殖体、真菌和多种病毒，但不能杀灭细菌芽孢
	双胍类消毒剂	破坏细胞膜，抑制细菌酶系统，直接凝集细胞质	洗必泰	广谱抑菌作用，对细菌繁殖体杀灭作用强，但不能杀灭芽孢、真菌和病毒

续表

类型	概述	机制	产品	效果
其他消毒剂	强碱	由于氢氧根离子可以水解蛋白质和核酸，使微生物结构和酶系统受到损害，同时可分解菌体中的糖类而杀灭细菌和病毒	氢氧化钠、氢氧化钾、生石灰	可杀灭细菌、病毒和真菌，腐蚀性强
	重金属类消毒剂	重金属指汞、银、锌等，其盐类化合物能与细菌蛋白结合，使蛋白质沉淀而发挥杀菌作用	硫柳汞	高浓度可杀菌，低浓度时仅有抑菌作用
	高效复合消毒剂	首先分解或穿透覆盖病原微生物表面的异物，然后非特异性地诱导微生物运动，吸引和包裹病原，借助其通透能力溶解病原细胞的胞膜、胞壁或病毒囊膜或与病原细胞某分子结合	高迪 -HB（由多种季铵盐、络合盐、戊二醛、非离子表面活性剂、增效剂和稳定剂组成）	消毒杀菌作用广谱高效，对各种病原微生物有强大的杀灭作用；作用机制完善；超常稳定；使用安全，应用广泛

4. 鸡场的消毒程序

（1）场区入口的消毒　场区入口设置有车辆消毒池和人员消毒室。消毒池内的消毒液可以使用消毒作用时间长的复合酚类或氢氧化钠（3%～5% 溶液），最好再设置喷雾消毒装置，喷雾消毒液可用 1：1000 的氯制剂。人员消毒室设置淋浴装置、熏蒸衣柜和场区工作服，进入人员必须淋浴，换上清洁消毒好的工作衣帽和胶鞋后方可进入，工作服不准穿出生产区，定期更换清洗消毒。进入场区的所有物品、用具都要消毒。

（2）日常消毒　工作人员进入鸡舍和饲喂前都要进行消毒。工作人员工作前要洗手消毒，消毒后 30 分钟内不要用清水洗手；场区及鸡舍周围每周消毒 1～2 次，可以使用 5%～8% 的火碱溶液或 5% 的甲醛溶液进行喷洒（图 7-11）。特别要注意鸡场道路和鸡舍周围的消毒。发生疫情时对场区道路、鸡舍周围进行消毒（图 7-12）。

图 7-11　洗手消毒和场区消毒

图 7-12　发生疫情时进行消毒

饲喂、饮水用具每周洗刷消毒一次，炎热季节应增加次数，饲喂雏鸡的开食盘或塑料布，正反两面都要清洗消毒。可移动的食槽和饮水器放入水中清洗，刮除食槽上的饲料结块，放在阳光下暴晒。固定的食槽和饮水器，应彻底水洗刮净、干燥，用常用阳离子清洁剂或两性清洁剂消毒，也可用高锰酸钾、过氧乙酸和漂白粉溶液等消毒，如可使用 5% 漂白粉溶液喷洒消毒。拌饲料的用具及工作服每天用紫外线照射一次，照射时间 20～30 分钟。其他用具和医疗器械必须先冲洗后再煮沸消毒。

（3）鸡舍消毒　鸡群淘汰或转群后，将鸡舍内可以移出的设备用具移到舍外进行清洁、消毒。然后对鸡舍进行彻底全面消毒。先清理鸡舍内的粪便、垃圾和污染物质，清理后进行全面彻底的清扫。清扫顺序是屋顶、墙壁、设备以及舍内地面。为减少粉尘，清扫前可以用消毒药物喷雾（图 7-13）。清理、清扫后用高压水枪将鸡舍的屋顶、墙壁、可以冲洗的设备及地面等舍内的角角落落冲洗干净，不留一点污浊物（图 7-14）；冲洗待干燥后用 5%～8% 的火碱溶液喷洒地面、墙壁、屋顶、笼具、饲槽等 2～3 次（图 7-15），用清水洗刷饲槽和饮水器。其他不易用水冲洗和火碱消毒的设备可以用其他消毒液涂擦。将移出的设备移入舍内安装好，熏蒸消毒。能封闭的鸡舍，最后用甲醛和高锰酸钾进行熏蒸消毒。每立方米空间用福尔马林 28 毫升、高锰酸钾 14 毫升（污染严重的鸡舍可用 42 毫升福尔马林和 21 克高锰酸钾）熏蒸 24～48 小时待用（图 7-16）。地面饲养时，进鸡前可以在地面撒一层新鲜的生石灰，对地面进行消毒，也有利于地面干燥（图 7-17）。

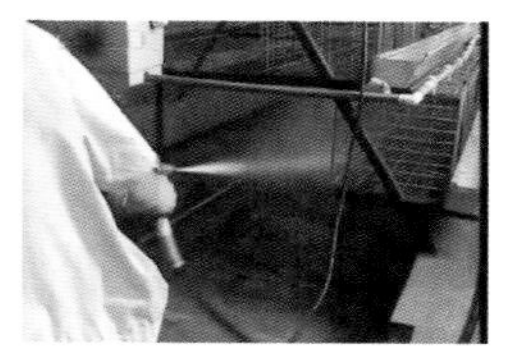

图 7-13　清理鸡舍的粪便垃圾和污染物质（左、中）；清理、清扫后用高压水枪冲洗笼具、地面和墙体等（右）

图 7-14　冲洗舍内饲喂、饮水设备（左）；舍外冲洗饲喂等设备（中、右）

图 7-15　冲洗待干燥后用 5%～8% 的火碱溶液喷洒

图 7-16　熏蒸消毒（左：药物；右：熏蒸）

图 7-17　地面撒布新鲜生石灰

（4）带鸡消毒　即在鸡舍有鸡时，用消毒药物对鸡舍进行消毒。带鸡消毒可以对鸡舍进行彻底的全面消毒，降低鸡舍空气中的粉尘、氨气，夏季有利于降温和减少热应激死亡。平常每周带鸡消毒 1~2 次，发生疫病期间每天带鸡消毒 1 次。选用高效、低毒、广谱、无刺激性的消毒药，如 0.3% 过氧乙酸或 0.05%~0.1% 百毒杀等，见图 7-18。

图 7-18　带鸡消毒

【注意】冬季寒冷，不要把鸡体喷得太湿，可以使用温水稀释。

（5）饮水消毒　临床上常见的饮水消毒剂多为氯制剂、碘制剂和复合季铵盐类等，但季铵化合物只适用于 14 周龄以下禽饮用水的消毒，不能用于产蛋禽。消毒药可以直接加入蓄水箱或水箱中，用药量应以最远端饮水器或水槽中的有效浓度达该类消毒药的最适饮水浓度为宜。鸡喝的是经过消毒的水而不是消毒药水，任意加大水中消毒药物的浓度或长期使用，除可引起急性中毒外，还可杀死或抑制肠道内的正常菌群，影响饲料的消化吸收，对鸡的健康造成危害，另外影响疫苗防疫效果。饮水消毒应该是预防性的，而不是治疗性的，因此消毒剂饮水要谨慎。在饮水免疫的前后 3 天，千万不要在饮水中加入消毒剂。

（6）垫料消毒　使用碎草、稻壳或锯屑作垫料时，须在进雏前 3 天用消毒液（如博灭特 2000 倍液、10% 百毒杀 400 倍液、新洁尔灭 1000 倍液、强力消毒王 500 倍液、过氧乙酸 2000 倍液）进行掺拌消毒。这不仅可以杀灭病原微生物，而且还能补充育雏器内的湿度，以维持适合育雏需要的湿度。垫料消毒的方法是取两根木椽子，相距一定距离，将农用塑料薄膜铺在上面，在薄膜上铺放垫料，掺拌消毒液，然后将其摊开（厚约 3 厘米）。

采用这种方法，不仅可维持湿度，而且是一种物理性的防治球虫病措施。同时也便于育雏结束后，将垫料和粪便无遗漏地清除至舍外；进雏后，每天对垫料还需喷雾消毒 1 次。湿度小时，可以使用消毒液喷雾；清除的垫料和粪便应集中堆放，如无可疑传染病时，可用生物自热消毒法。如确认某种传染病时，应将全部垫料和粪便深埋或焚烧。

（7）兽医器械及用品的消毒　兽医诊疗器械及用品是直接与畜禽接触的物品，用前和用后都必须按要求进行严格的消毒。根据器械及用品的种类和使用范围不同，其消毒方法和要求也不一样。一般对进入畜禽体内或与黏膜接触的诊疗器械，如手术器械、注射器及针头、胃导管、导尿管等，必须经过严格的消毒灭菌；对不进入动物组织内也不与黏膜接触的器具，一般要求去除细菌的繁殖体及亲脂类病毒。各种诊疗器械及用品的消毒方法见表 7-3。

表 7-3　各种诊疗器械及用品的消毒方法

消毒对象	消毒药物及方法
体温计	先用 1% 过氧乙酸溶液浸泡 5 分钟，然后放入 1% 过氧乙酸溶液中浸泡 30 分钟
注射器	0.2% 过氧乙酸溶液浸泡 30 分钟，清洗，煮沸或高压蒸汽灭菌（注意：针头用肥皂水煮沸消毒 15 分钟后，洗净，消毒后备用；煮沸时间从水沸腾时算起，消毒物应全部浸入水内）
各种塑料接管	将各种接管分类浸入 0.2% 过氧乙酸溶液中，浸泡 30 分钟后用清水冲净；接管用肥皂水刷洗，清水冲净，烘干后分类高压灭菌
托盘、方盘、弯盘（搪瓷类）	将其分别浸泡在 1% 漂白粉清液中 1 小时，再用肥皂水刷洗、清水冲净后备用；漂白粉清液每 2 周更换 1 次，夏季每周更换 1 次
污物敷料桶	将桶内污物倒出后，用 0.2% 过氧乙酸溶液喷雾消毒，放置 30 分钟；用碱水或肥皂水将桶刷洗干净，用清水洗净后备用（注意：污物敷料桶每周消毒 1 次，桶内倒出的污物、敷料须消毒处理后回收或焚烧处理）
污染的镊子、止血钳等金属器材	放入 1% 肥皂水中煮沸消毒 15 分钟，用清水将其冲净后，再煮沸 15 分钟或高压灭菌后备用

续表

消毒对象	消毒药物及方法
锋利器械（刀片及剪、针头等）	浸泡在1∶1000新洁尔灭水溶液中1小时，再用肥皂水刷洗，清水冲净，揩干后浸泡于1∶1000新洁尔灭溶液的消毒盒中备用。注意：被脓、血污染的镊子、钳子或锐利器械应先用清水刷洗干净，再进行消毒；洗刷下的脓、血水按每1000毫升加入过氧乙酸原液10毫升计算（即1%浓度），消毒30分钟后才能弃掉；器械使用前，应用0.85%灭菌生理盐水淋洗
硅胶管	将硅胶管拆去针头，浸泡在0.2%过氧乙酸溶液中，30分钟后用清水冲净；再用肥皂水冲洗管腔后，用清水冲洗，揩干（注意：拆下的针头按注射器针头消毒处理）
手套	将手套浸泡在0.2%过氧乙酸溶液中，30分钟后用清水冲洗，再将手套用肥皂水清洗，清水漂净后晾干（注意：手套应浸没于过氧乙酸溶液中，不能浮于药液表面）
手术衣、帽、口罩等	将其分别浸泡在0.2%过氧乙酸溶液中30分钟，用清水冲洗，肥皂水搓洗，清水洗净晒干，高压灭菌备用（注意：口罩应与其他物品分开洗涤）
创巾、敷料等	污染血液的，先放在冷水或5%氨水内浸泡数小时，然后在肥皂水中搓洗，最后用清水漂净；污染碘酊的，用2%硫代硫酸钠溶液浸泡1小时，清水漂洗、拧干，浸于0.5%氨水中，再用清水漂净；经清洗后的创巾、敷料分包，高压灭菌备用；被传染性物质污染时，应先消毒后洗涤，再灭菌
运输车辆、其他工具车或小推车	每月定期用去污粉或肥皂粉将推车擦洗干净；污染的工具车类，应及时用浸有0.2%过氧乙酸的抹布擦洗，30分钟后再用清水冲净。推车等工具类应经常保持整洁，清洁与污染的车辆应互相分开

四、免疫接种

免疫接种通常是使用疫苗和菌苗等生物制剂作为抗原接种于家禽体内，激发抗体产生特异性免疫力。

1. 疫苗选择及使用

疫苗是将病毒（或细菌）减弱或灭活，失去原有致病性而仍具有良好的抗原性，用于预防传染病的一类生物制剂，接种动物后能产生主动免疫，产生特异性免疫力。

（1）疫苗种类及特点　见表7-4。

表 7-4　疫苗种类及特点

种类	概述	优点	缺点
活疫苗（弱毒苗）	将活的病毒或细菌毒力减弱或使其丧失，并保持良好的免疫原性，用这种活的、变异的病原微生物制成的疫苗称为活疫苗。当其接种后进入鸡只体内可以繁殖或感染细胞，既能增加相应抗原量，又可延长和加强抗原刺激作用	①产生免疫快；②免疫效力好；③免疫接种方法多；④免疫期长；⑤可用于紧急预防	①存在散毒和造成新疫源的问题，如鸡新城疫中等毒力活疫苗（系）、传染性喉气管炎活疫苗等；②某些弱毒活疫苗可以引起家禽发生免疫抑制，对其他抗原物质的免疫应答反应降低，如选用毒力较强的法氏囊中等毒力活疫苗可以引起雏鸡的法氏囊损伤而导致免疫抑制；③外源病毒污染，如使用非鸡胚生产的疫苗，不能很好地控制外源性病毒感染，尤其是经蛋传播的某些疾病如禽白血病、鸡传染性贫血、网状内皮组织增生症等疾病病原，可以由于疫苗的接种引起鸡群的感染；④弱毒活疫苗存在毒力返祖的潜在危险，如果研制的疫苗没有经过严格的科学检验，遗传性状不稳定，则会引起毒力返强，造成严重后果
死疫苗（灭活苗）	选用免疫原性强的细菌、病毒等人工方法培养后，用物理或化学方法将其灭活，使其丧失传染性而保留免疫原性制成的疫苗称为死疫苗	①安全性好，不散毒；不存在返祖或返强现象；②便于运输和保存；③对母源抗体的干扰作用不敏感；④适于多毒株或多菌株制成的多价苗	①不能产生局部黏膜免疫；②引起细胞介导免疫能力较弱；③用量大，成本高；④免疫途径单一，必须注射；⑤需要免疫佐剂（凡能非特异地通过物理或化学方式与抗原结合而增强其特异免疫性的物质均称为免疫佐剂）来增强灭活苗的免疫反应；⑥由于灭活苗不能在体内增殖和复制，因而需要 2 ～ 3 周才能刺激机体产生免疫力；⑦生产周期长

（2）疫苗的选择和使用　疫苗选择和使用影响免疫效果，选择优质疫苗并科学使用。购买的疫苗应是国家指定的有生产批文的兽药生物制品生产单位经检验证明免疫性好的疫苗。不同生产单位生产的疫苗，免疫效果可能会有差异，选购时要注意生产单位。要检查疫苗，有瓶签和说明书，不过期，瓶完好无损，瓶塞不松动，瓶内疫苗性状与说明书一致时才能购买，否则不能购买（图 7-19）。运输前妥善包

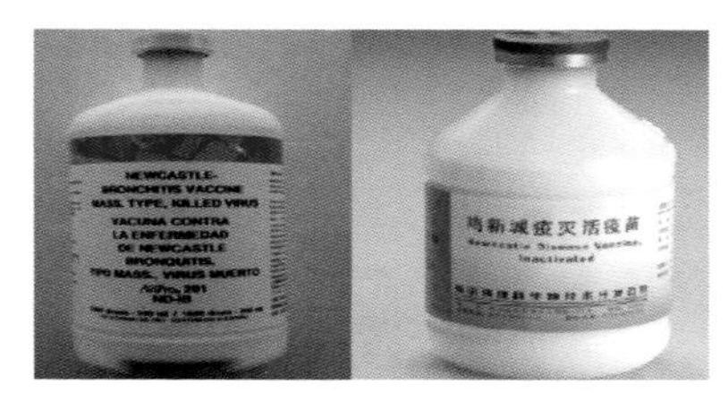

图 7-19　附有说明且封闭良好的疫苗

装，防止碰破流失，运输中避免高温和日晒，应在低温下冷链运送。量大时用冷藏车运送，量小时用装有冰块的冷藏盒运送（图7-20）；疫苗运达目的地后要尽快放入冰箱内保存，疫苗摆放有序。活疫苗冷冻保存，灭活苗冷藏保存。疫苗要有专人负责，并登记造册，月底盘点。保证冰箱供电正常；对需要特殊稀释的疫苗，应用指定的稀释液，如马立克氏病疫苗有专用稀释液，其他的疫苗一般可用生理盐水或蒸馏水稀释（图7-21）。

图7-20　疫苗包装和运输

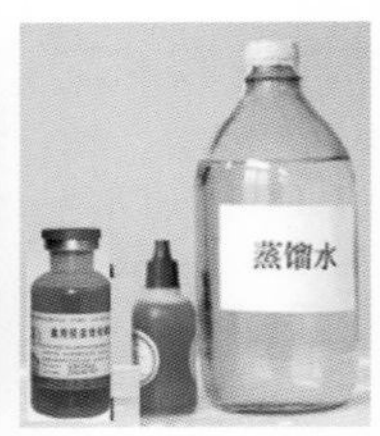

图7-21　疫苗的保存（左）和专用稀释液（右）

【注意】疫苗使用前要检查名称、有效期、剂量、封口是否严密、是否破损和吸湿等。无真空和潮解的疫苗禁用，瓶塞有松动、瓶破裂、药品的色泽和性状与说明不符等不得使用。稀释过程中一般应分级进行，对疫苗瓶一般应用稀释液冲洗2～3次，疫苗放入稀释器皿中要上下振摇，力求稀释均匀；稀释好的疫苗应尽快用完，尚未使用的疫苗也应放在冰箱或冰水桶中冷藏；对于液氮保存的马立克氏病疫苗的稀释，则应严格按生产厂家提供的操作程序执行。

2. 免疫接种方法及注意事项

（1）饮水免疫

① 特点。饮水免疫避免了逐只抓捉，可减少劳力和应激，但影响的因素较多，免疫效果不太确切。

② 操作方法。将疫苗稀释于饮水中，让鸡饮用获得需要的疫苗剂量（图 7-22）。稀释用水为凉开水或蒸馏水，水温要低。水中不应含有任何能灭活疫苗病毒或细菌的物质。稀释疫苗所用的水量应根据鸡的日龄及当时的室温来确定，使疫苗稀释液在 1～2 小时内全部饮完。

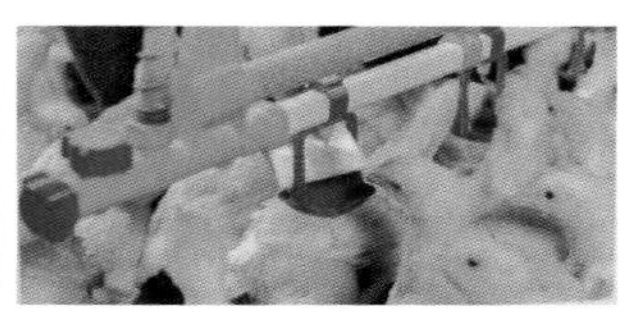

图 7-22　将脱脂牛奶或疫苗保护剂与稀释疫苗的水混合均匀（左）；将稀释好疫苗的水加注到饮水系统内或饮水器中（中）；水中加入染色剂，能看到饮水系统末端鸡饮到带颜色的疫苗水（右）

【注意】一是选用高效的活毒疫苗。二是饮水免疫期间，饲料中也不应含有能灭活疫苗病毒和细菌的药物。三是饮水中加入 0.1% ～ 0.3% 的脱脂乳或山梨糖醇，以保护疫苗的效价。四是供给含疫苗的饮水之前 2 ～ 4 小时应停止饮水供应（视天气而定），可使每一只鸡在短时间均能摄入足够量的疫苗。五是为使鸡群得到均匀的免疫效果，饮水器应充足，使鸡群三分之二以上的鸡只同时有饮水的位置。六是饮水器不得置于直射阳光下，如风沙较大时，饮水器应全部放在室内。七是夏季天气炎热时，饮水免疫最好在早上完成。

饮水免疫时稀释疫苗的参考用水量见表 7-5。

表 7-5　饮水免疫时稀释疫苗的参考用水量　　单位：毫升 / 只

日龄	蛋用鸡	肉用鸡	日龄	蛋用鸡	肉用鸡
5 ～ 15	5 ～ 10	5 ～ 10	61 ～ 120	30 ～ 40	40 ～ 50
16 ～ 30	10 ～ 20	10 ～ 20	120 以上	40 ～ 45	50 ～ 55
31 ～ 60	20 ～ 30	20 ～ 40	—	—	—

（2）点眼滴鼻

① 特点。操作得当，效果比较确实，尤其对一些预防呼吸道疾病的疫苗，免疫效果较好。但这种方法需要较多的劳动力，对鸡也会造成一定应激，操作上稍有马虎，则往往达不到预期的目的。

② 操作方法。一只手握鸡，一只手拿滴管，用滴管吸取疫苗，滴入鸡的眼睛或鼻孔内 1～2 滴。滴管的滴嘴距鸡只鼻孔、眼睛 0.5～1 厘米。在滴入疫苗之前，应把鸡的头颈摆成水平位置（一侧眼鼻向上，另一侧向下），并用一根手指按住向地面一侧的鼻孔，在将疫苗液滴加到眼或鼻上以后，应稍停片刻，待疫苗液确已吸入后再将鸡轻轻放回地面（图 7-23）。

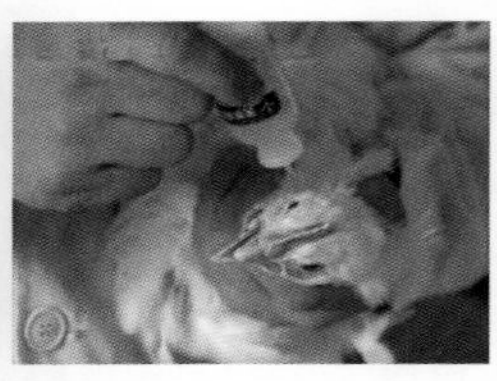

图 7-23 滴鼻（左）；点眼（右）

【注意】一是稀释液必须用蒸馏水或生理盐水，最低限度应用冷开水，不要随便加入抗生素。二是稀释液的用量应尽量准确，最好根据自己所用的滴管事先滴试，确定每毫升多少滴，然后再计算实际使用疫苗稀释液的用量。三是一次一手只能抓一只鸡，保证疫苗被吸收。四是注意做好已接种和未接种鸡之间的隔离，以免走乱。五是最好在晚上接种，如天气阴凉也可在白天适当关闭门窗后，在稍暗的光线下抓鸡接种，以减少应激。六是做好免疫卫生管理，免疫前洗手，免疫后的空瓶和已进行稀释但未使用的疫苗焚烧处理，滴瓶用蒸馏水清洗干净后使用沸水蒸煮 15 分钟干燥放置。

（3）肌内或皮下注射

① 特点。肌内或皮下注射免疫接种的剂量准确、效果确实，但耗费劳力较多，应激较大。

② 操作方法。多采用连续注射器进行注射。皮下注射的部位一般选在颈部背侧，肌内注射部位一般选在胸肌或肩关节附近的肌肉丰满处。颈部皮下注射时，针头方向应向后向下，针头方向与颈部纵轴基本平行。插入深度为雏鸡 0.5～1 厘米，大鸡 1～2 厘米；胸部肌内注射时，针头方向应与胸骨稍有角度，插入深度为雏鸡 0.5～1 厘米，大鸡 1～2 厘米。在将疫苗液推入后，针头应慢慢拔出，以免疫苗液漏出（图 7-24～图 7-26）。

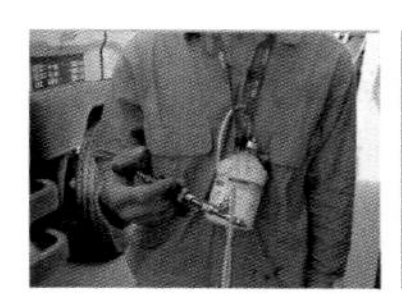
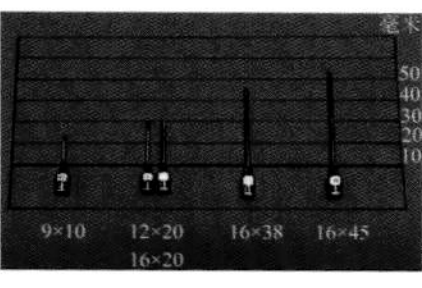

图 7-24　连续注射器及针头规格

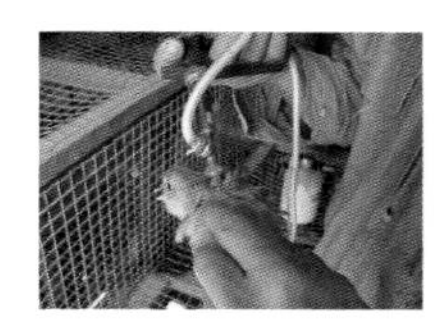

图 7-25　颈部和胸部皮下注射

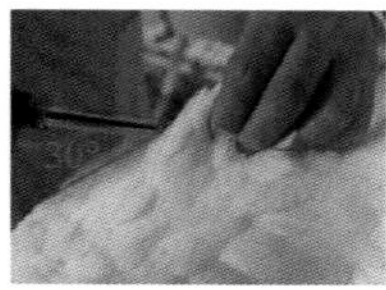

图 7-26　胸部肌内注射及扎入角度

【注意】一是疫苗稀释液应是经消毒而无菌的，一般不要随便加入抗菌药物。二是疫苗的稀释和注射量应适当，量太小则操作时误差较大，量太大则操作麻烦，一般以每只 0.2～1 毫升为宜。三是使用连续注射器注射时，应经常核对注射器刻度容量和实际容量之间的误差，以免实际注射量偏差太大。四是注射器及针头用前均应消毒，在注射过程中，应边注射边摇动疫苗瓶，力求疫苗的均匀。五是在接种过程中，应先注射健康群，

再接种假定健康群，最后接种有病的鸡群。六是关于是否一只鸡一个针头及注射部位是否消毒的问题，可根据实际情况而定，但吸取疫苗的针头和注射鸡的针头则绝对应分开，尽量注意卫生以防止经免疫注射而引起疾病的传播或引起接种部位的局部感染。

（4）气雾

① 特点。气雾免疫可节省大量的劳力，如操作得当，效果甚好，尤其是对呼吸道有亲嗜性的疫苗效果更佳，但气雾也容易引起鸡群的应激，尤其容易引起慢性呼吸道病的暴发。

② 操作方法。使用气雾机进行气雾免疫。将稀释好的疫苗放入气雾机内，对鸡群进行气雾，使鸡的呼吸道受到疫苗颗粒的刺激而获得抗体（图 7-27）。实施气雾时，气雾机喷头在鸡群上空 50～80 厘米处，对准鸡头来回移动喷雾，使气雾全面覆盖鸡群，以气雾后鸡的头背部羽毛略有潮湿为宜。免疫时严格控制雾滴的大小，雏鸡用雾滴的直径为 30～50 微米，成鸡为 5～10 微米。

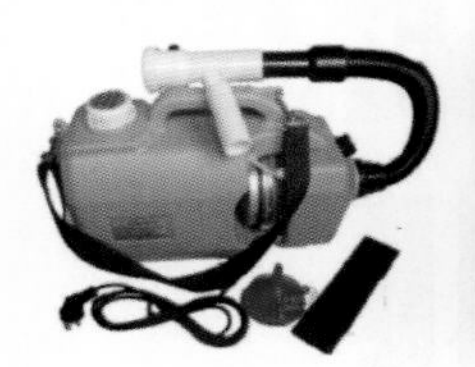

图 7-27　气雾机（左）；气雾免疫（右）

【注意】一是气雾前应对气雾机的各种性能进行测试，以确定雾滴的大小、稀释液用量、喷口与鸡群的距离（高度）、操作人员的行进速度等，以便在实施时参照进行。二是选择高效疫苗，疫苗的稀释应用去离子水或蒸馏水，不得用自来水、开水或井水，稀释液中应加入 0.1% 的脱脂乳或 3%～5% 甘油。三是稀释液的用量因气雾机、鸡群的饲养密度而异，应严格按说明书推荐用量使用。四是气雾前后几天内，在饲料或饮水中添加适当的抗菌药物，预防慢性呼吸道病的暴发。五是气雾期间，应关闭鸡舍所有门窗，停止使用风扇或抽气机，在停止喷雾 20～30 分钟后，才可开启门窗和启动风扇（视室温而定）。六是鸡舍内温度应适宜，温度太低或太高均不适宜进行气雾免疫，如气温较高，可在晚间较凉快时进行。七是鸡舍内的相对湿度对气雾免疫也有影响，一般要求相对湿度在 70% 左右最为合适。

（5）皮下刺种

① 特点。免疫确切，但耗费劳力较多，应激较大。

② 操作方法。拉开一侧翅膀，抹开翼翅上的绒毛，刺种者将蘸有疫苗的刺种针从翅膀内侧对准翼膜用力快速穿透，使针上的凹槽露出翼膜（图 7-28）。在接种后 6～8 天，接种部位可见到或摸到 1～2 个谷粒大小的结节，中央有一干痂。若结节大且有干酪样物，则表明有污染；若无反应出现，则可能是由于鸡群已有免疫力，或接种方法有误、疫苗保存运输不当、曾受阳光暴晒或受热，以及疫苗本身质量问题。一般至少应有 2% 的鸡只有局部红肿反应现象。

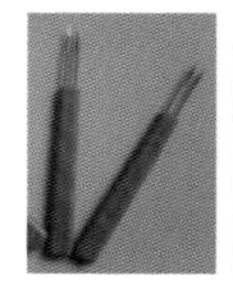

图 7-28　刺种针及刺种

【注意】一是蘸取疫苗时，必须保证刺种针的针槽内充满疫苗液，出瓶时将针在瓶口擦一下，将多余疫苗擦去。二是在针刺过程中，要避免针槽碰上羽毛以防疫苗溶液被擦去，也应避免刺伤骨头和血管。三是为防止传播疾病，每刺种完一群鸡要更换刺种针。四是免疫完成后，疫苗瓶要深埋或烧掉。

3. 免疫程序

鸡场根据本地区、本场疫病发生情况（疫病流行种类、季节、易感日龄）、疫苗性质（疫苗种类、方法、免疫期）和其他情况制订适合本场的一个科学免疫计划，称作免疫程序。各种类型鸡的参考免疫程序见表7-6～表7-11。

表7-6 蛋鸡的参考免疫程序

日龄	疫苗	接种方法
1	马立克氏病疫苗	颈部皮下或肌内注射
7～10	新城疫+传染性支气管炎弱毒苗（H_{120}）	滴鼻或点眼
	复合新城疫+多价传染性支气管炎灭活苗	皮下或肌内注射
14～16	传染性法氏囊病弱毒苗	饮水
18～20	支原体冻干苗	点眼（疫区使用）
25	新城疫Ⅱ系或Ⅳ系+传染性支气管炎弱毒苗（H_{52}）	气雾、滴鼻或点眼
	鸡流感灭活苗	皮下注射0.3毫升/只
30～35	传染性法氏囊病弱毒苗	饮水
	鸡痘疫苗	翅内侧刺种或皮下注射
40	传染性喉气管炎弱毒苗	点眼
50	传染性鼻炎油苗	肌内注射
60	支原体油苗	肌内注射（疫区使用）
90	传染性喉气管炎弱毒苗	点眼
100	大肠杆菌本地株油苗（或自家苗）	肌内注射（疫区使用）
110～120	新城疫+传染性支气管炎+减蛋综合征油苗	肌内注射
	禽流感油苗	皮下注射0.5毫升/只
	鸡痘弱毒苗	翅内侧刺种或皮下注射
320～350	鸡流感油苗	皮下注射0.5毫升/只
	新城疫Ⅰ系	肌内注射

表7-7 种鸡的参考免疫程序

日龄	疫苗	接种方法
1	马立克氏病疫苗	颈部皮下或肌内注射
7～10	新城疫+传染性支气管炎弱毒苗（H_{120}）	滴鼻或点眼
	复合新城疫+多价传染性支气管炎灭活苗	皮下或肌内注射
14～16	传染性法氏囊病弱毒苗	饮水
20～25	新城疫Ⅱ系或Ⅳ系+传染性支气管炎弱毒苗（H_{52}）	气雾、滴鼻或点眼
	鸡流感灭活苗	皮下注射0.3毫升/只

续表

日龄	疫苗	接种方法
30 ～ 35	传染性法氏囊病弱毒苗	饮水
	鸡痘疫苗	翅内侧刺种或皮下注射
40	传染性喉气管炎弱毒苗	点眼
60	新城疫Ⅰ系	肌内注射
80	传染性喉气管炎弱毒苗	点眼
90	传染性脑脊髓炎弱毒苗	饮水
110 ～ 120	新城疫 + 传染性支气管炎 + 减蛋综合征油苗	肌内注射
	禽流感油苗	皮下注射 0.5 毫升 / 只
	传染性法氏囊病油苗	肌内注射 0.5 毫升 / 只
	鸡痘弱毒苗	翅内侧刺种或皮下注射
280	新城疫 + 传染性法氏囊病油苗	肌内注射 0.5 毫升 / 只
320 ～ 350	鸡流感油苗	皮下注射 0.5 毫升 / 只
	新城疫Ⅰ系	肌内注射

表 7-8　肉鸡的参考免疫程序（一）

日龄	疫苗	接种方法
1	马立克氏病疫苗	皮下或肌内注射
7 ～ 10	新城疫 + 传染性支气管炎弱毒苗（H_{120}）	滴鼻或点眼
14 ～ 16	传染性法氏囊病弱毒苗	饮水
25	新城疫Ⅱ系或Ⅳ系+传染性支气管炎弱毒苗（H_{52}）	气雾、滴鼻或点眼
	禽流感灭活苗	皮下注射 0.3 毫升 / 只
25 ～ 30	传染性法氏囊病弱毒苗	饮水

注：目前我国的肉仔鸡大多不接种马立克氏病疫苗和禽流感苗，具有较大风险。

表 7-9　肉鸡的参考免疫程序（二）

日龄	疫苗	接种方法
7 ～ 10	新城疫 + 传染性支气管炎弱毒苗（H_{120}）	饮水
14 ～ 16	传染性法氏囊病弱毒苗	饮水
25	新城疫Ⅱ系或Ⅳ系+传染性支气管炎弱毒苗（H_{52}）	饮水
25 ～ 30	传染性法氏囊病弱毒苗	饮水

注：这是目前我国肉鸡生产中许多小型肉鸡场的免疫程序，免疫途径单一，免疫效果难以保证，风险很大。

表 7-10 土种鸡和蛋肉兼用鸡的参考免疫程序

日龄	疫苗	接种方法
1	马立克氏病疫苗	皮下或肌内注射
7～10	新城疫＋传染性支气管炎弱毒苗（H_{120}）	滴鼻或点眼
	复合新城疫＋多价传染性支气管炎灭活苗	颈部皮下注射 0.3 毫升 / 只
14～16	传染性法氏囊病弱毒苗	饮水
20～25	新城疫Ⅱ系或Ⅳ系＋传染性支气管炎弱毒苗（H_{52}）	气雾、滴鼻或点眼
	禽流感灭活苗	皮下注射 0.3 毫升 / 只
30～35	传染性法氏囊病弱毒苗	饮水
40	鸡痘疫苗	翅膀内侧刺种或皮下注射
60	传染性喉气管炎弱毒苗	点眼
80	新城疫Ⅰ系	肌内注射
90	传染性喉气管炎弱毒苗	点眼
110～120	传染性脑脊髓炎弱毒苗（土蛋鸡不免疫）	饮水
	新城疫＋传染性支气管炎＋减蛋综合征油苗	肌内注射
	禽流感油苗	皮下注射 0.5 毫升 / 只
	传染性法氏囊病油苗（土用蛋鸡不免疫）	肌内注射 0.5 毫升 / 只
280	鸡痘弱毒苗	翅膀内侧刺种或皮下注射
320～350	新城疫＋传染性法氏囊病油苗（土蛋鸡不接种传染性法氏囊病苗）	肌内注射 0.5 毫升 / 只
	禽流感油苗	皮下注射 0.5 毫升 / 只

表 7-11 散养商品土鸡的参考免疫程序

日龄	疫苗	接种方法	剂量	备注
1	马立克氏病疫苗	皮下注射	1～1.5 头份	孵化室内进行，强制免疫
5	鸡传染性支气管炎活疫苗（H_{120}）	滴鼻、滴眼	1 头份	
7	鸡痘弱毒冻干疫苗	刺种	1 头份	夏秋季使用（6～10 月）
10	鸡传染性法氏囊病弱毒疫苗	饮水	2 头份	

续表

日龄	疫苗	接种方法	剂量	备注
14	新城疫Ⅳ系弱毒疫苗（克隆 30 更合适）	饮水	2 头份	强制免疫
15	禽流感油乳制灭活疫苗（H_5、H_9）	皮下注射	0.3 毫升	强制免疫
20	鸡传染性法氏囊病弱毒疫苗	饮水	2 头份	
30	新城疫 LaSota 系或Ⅱ系	饮水	2 头份	强制免疫
34	禽流感油乳制灭活疫苗（H_5、H_9）	肌内注射	0.3 ～ 0.5 毫升	强制免疫
45	传染性支气管炎弱毒疫苗（H_{52}）	饮水	2 头份	
60（100）	鸡新城疫Ⅰ系弱毒疫苗	肌内注射	1 头份	若放养周期为 180 日龄的，此次注射可推迟到 100 日龄

注：各饲养者应根据鸡的品种、饲养环境、防疫条件、抗体监测等制订出适合当地实际的免疫程序。

五、药物保健

药物保健方案参考表 7-12、表 7-13。

表 7-12　肉鸡药物保健方案

日龄	药物保健方案
1 ～ 10	入舍后，每 50 千克水 5g 维生素 C 或速补 -14 加 5% 糖饮水。每 100 千克水阿米卡星 8 ～ 10 克，连用 3 ～ 5 天，然后，每 100 千克水氟苯尼考 5 ～ 8 克，或硫酸新霉素 0.05% 饮水（或 0.02% 拌料），连用 3 ～ 5 天，可防治鸡白痢和大肠杆菌病
10 ～ 30	磺胺嘧啶或磺胺甲基嘧啶或磺胺二甲基嘧啶，饲料中添加 0.5%，饮水中可用 0.1% ～ 0.2%，连续使用 5 天后，停药 3 天，再继续使用 2 ～ 3 次；泰乐菌素 0.05% ～ 0.1% 饮水或罗红霉素 0.005% ～ 0.02% 饮水，连用 7 天，可防治大肠杆菌病和慢性呼吸道病
15 日龄至出栏前 1 周	每千克饲料氯苯胍 30 ～ 33 毫克或硝苯酰胺 125 毫克或杀球灵 1 毫克混饲，连用 5 ～ 7 天，停药 5 天，再使用，或几种药物交替使用

表 7-13　蛋鸡药物保健方案

类型	用药目的	用药方案
雏鸡	预防应激，防治白痢和大肠杆菌病、慢性呼吸道病	① 1 ～ 4 日龄，每 50 千克水 5 克维生素 C 加 5% 糖饮水，缓解路途疲劳和入舍应激；7 ～ 12 日龄饮水中添加速补 -14 或速补 -18 加维生素 K_3 预防断喙应激和出血；免疫接种前后在饮水或饲料中添加维生素 C 或速溶多维缓解应激。② 1 ～ 5 日龄 0.01% 氧氟沙星饮水或 1.5% 阿米卡星或氟苯尼考饮水，然后使用土霉素 0.02% ～ 0.05% 拌料，连用 5 天，可预防沙门氏菌病和大肠杆菌病。③ 30 ～ 50 日龄，磺胺类药物，如磺胺间甲氧嘧啶（SMM）或磺胺对甲氧嘧啶（SMD）0.05% ～ 0.1% 拌料，连用 7 天，然后用 0.05% ～ 0.1% 泰乐菌素饮水或 0.005% ～ 0.02% 罗红霉素饮水，连用 7 天，可预防大肠杆菌病和慢性呼吸道病。④ 15 ～ 42 日龄以后使用抗球虫药物（3 ～ 5 种药预防量交替使用）
育成鸡	防治呼吸道疾病、蛔虫病、绦虫病、霍乱、球虫病、组织滴虫病	①接种传染性喉气管炎疫苗后 3 ～ 5 天、转群、称重等应激发生时易发生慢性呼吸道病，采用强力霉素加支原康预防和治疗。② 40 ～ 110 日龄，氯苯胍 30 ～ 33 毫克 / 千克混饲，连用 7 天；硝苯酰胺（球痢灵）混饲，预防浓度为 125 毫克 / 千克，连用 5 ～ 7 天；杀球灵 1 毫克 / 千克混饲连用 5 ～ 7 天（几种药交替使用效果良好）。③ 60 ～ 70 日龄左旋咪唑拌料（每千克体重 25 毫克）驱虫一次，饲料中拌入清瘟败毒散预防病毒性呼吸道病；60 日龄后每 1000 千克饲料中添加杆菌肽锌 15 ～ 100 克，连续饲喂防禽霍乱；105 日龄左右，丙硫苯咪唑拌料（每千克体重 30 毫克）驱虫一次。④ 5 月龄，驱鸡绦虫，每千克体重硫双二氯酚 150 毫克拌料，一次喂给；驱鸡蛔虫，每千克体重左旋咪唑 20 ～ 25 毫克拌料，一次喂给；污染场在 1 月龄和 5 月龄各进行一次驱鸡绦虫和蛔虫。⑤免疫接种、转群移舍和其他应激时要在饮水或饲料中添加维生素 C 或速溶多维缓解应激
产蛋鸡	防治输卵管炎、腹泻、慢性呼吸道病、霍乱、大肠杆菌病、呼吸道病	①刚开产的鸡易发生输卵管炎，0.01% 阿莫西林或 0.01% 氨苄青霉素饮水，或氧氟沙星（0.01%）饮水，连续使用 4 天；速补加黄芪多糖饮水，连续饮用 5 ～ 7 天，可预防输卵管疾病。②开产后注意防腹泻，蛋鸡开产前要减少各种不良应激，光照增加要缓慢，用优质饲料，提高饲养管理方式；开产前后用消炎药物预防肠道炎症并做好肠道驱虫工作；饲料中加入腐殖酸钠、酵母粉、益生素和中草药制剂；金维他 + 鱼肝油 + 复合维生素 B 饮水，连用 7 ～ 10 天。③开产后每 1 ～ 2 个月饲料中添加 1.2% ～ 1.5% 黄连止痢散，连用 5 天，预防腹泻；交替使用 0.01% 阿莫西林、0.01% 氨苄青霉素或氧氟沙星饮水，预防输卵管炎；2% 百喘宁或 1% ～ 2% 克呼散，连用 5 ～ 6 天，预防呼吸道疾病。④在产蛋期，每 1000 千克饲料中添加杆菌肽锌 40 ～ 50 克或喹乙醇 30 ～ 40 克，连续饲喂；应激反应时需要连续补充维生素 3 ～ 5 天；产蛋期注意维生素 A、维生素 D、维生素 E 和 B 族维生素的补充

第二节　常见病防治

一、传染性疾病

1. 禽流感

禽流感又称欧洲鸡瘟或真性鸡瘟，是由 A 型流感病毒（病毒不仅血清型多，而且自然界中带毒动物多、毒株易变异）引起的一种急性、高度接触性和致病性传染病。根据其致病性可分为高致病性禽流感、低致病性禽流感和无致病性禽流感三大类。

（1）临床症状　病鸡精神沉郁，体温升高。排黄白，黄绿或石灰水样粪便。蛋皮色浅，蛋壳变薄，破蛋多，产蛋下降（图 7-29）。呼吸声促，有痰鸣音。肿头，眼睛周围浮肿，肉垂肿胀、出血和坏死，鸡冠发紫、出血、坏死。病鸡腿部出血，有出血点或出血斑。有神经症状、倒地、麻痹（图 7-30）。

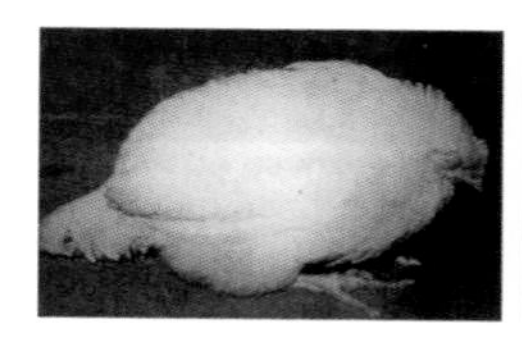
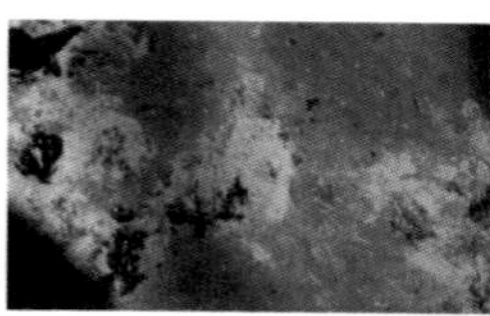
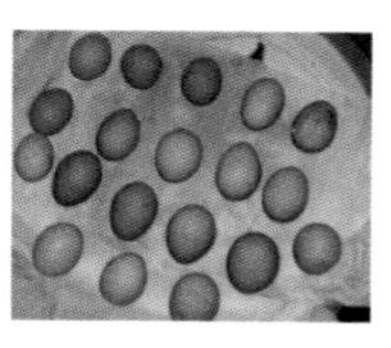

图 7-29　体温升高到 43℃以上、昏睡（左）；粪便稀薄，带黄绿色黏液（中）；蛋壳质量差（右）

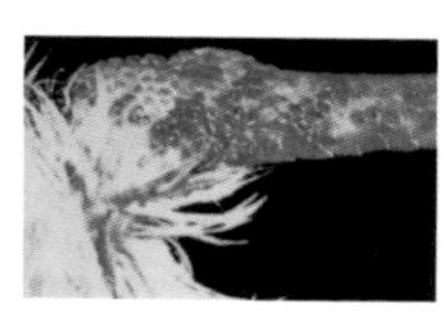

图 7-30　病鸡冠、髯发紫，眼肿（左 1、左 2）；病鸡腿部出血（右 2）；病鸡神经症状（右 1）

（2）病理变化　腺胃肿胀，乳头出血、溃疡。肌胃肌层出血，内膜易剥离，皱褶处有出血斑，肠道和泄殖腔严重出血（图 7-31）。食道黏膜出血，胰脏出血，心冠脂肪不同程度出血，气管黏膜出血（图 7-32）。病鸡子宫黏膜水肿，发生输卵管炎。病

鸡发生卵黄性腹膜炎（图7-33）。

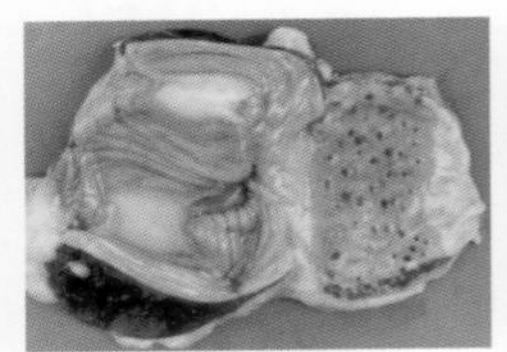
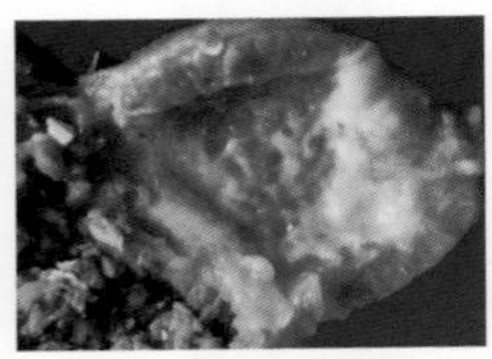
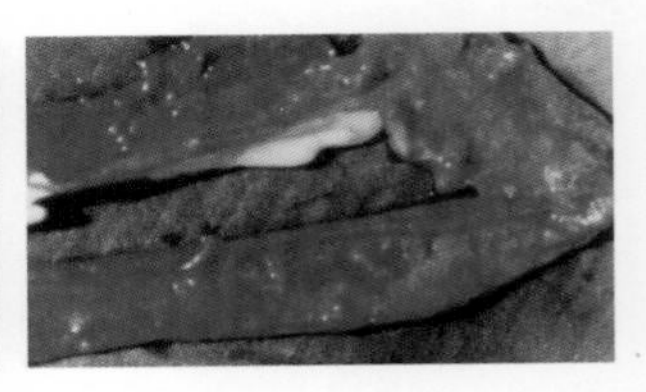

图7-31　患病鸡腺胃乳头出血（左）；腺胃乳头出血、溃疡，黏膜上附有脓性分泌物（中）；小肠黏膜充血严重，呈红色（右）

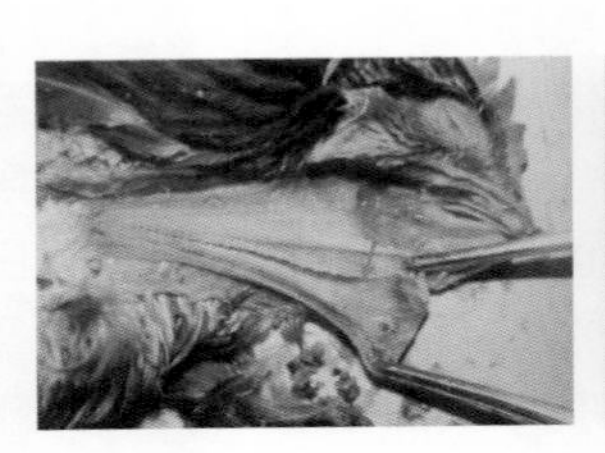
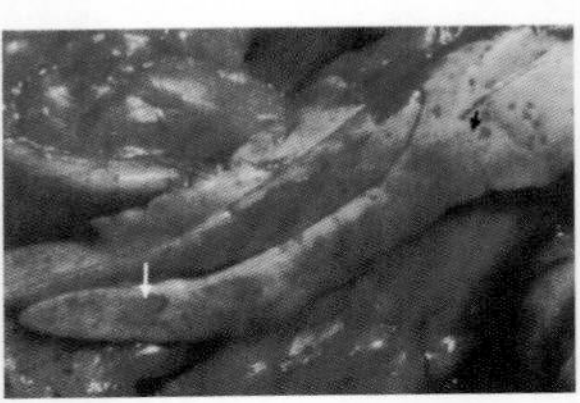

图7-32　病鸡喉头、气管充血和出血，管腔内有大量黏性和干酪样分泌物（左）；病鸡胰腺出血，散在有黄白色小坏死灶（右）

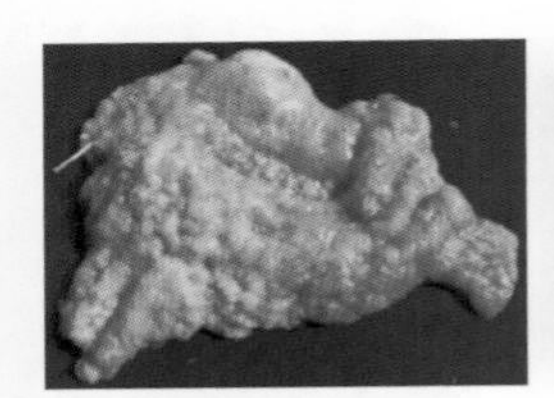
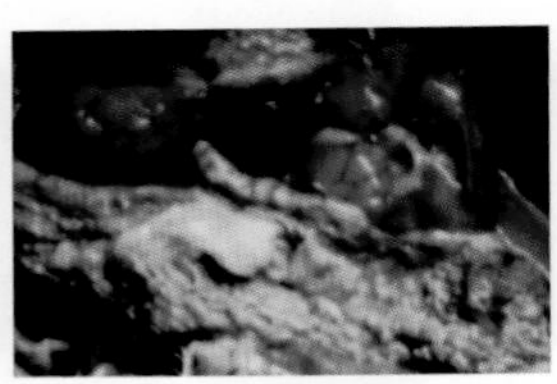

图7-33　病鸡输卵管子宫黏膜水肿（左）；病鸡输卵管内有灰白黏液样或脓性渗出物或干酪样凝块（中）；病鸡卵黄变性、坏死，发生卵黄性腹膜炎（右）

（3）诊断　实验室病原分离鉴定和血清学试验可确诊。血清学检查是诊断禽流感的特异性方法。

（4）防制措施

① 加强隔离卫生管理。

② 免疫接种。免疫程序：首免5～15日龄，每只0.3毫升，颈部皮下注射；二免50～60日龄，每只0.5毫升；三免开产前进行，每只0.5毫升；产蛋中期的40～45周龄可进行四免。

③ 发病后的措施。鸡发生高致病性禽流感应坚决执行封锁、隔离、消毒、扑杀等措施；如发生中低致病力禽流感时，每天可

用过氧乙酸、次氯酸钠等消毒剂 1～2 次带鸡消毒并使用抗病毒药物、抗菌药物、营养增强剂等进行治疗。

2. 鸡新城疫

鸡新城疫（亚洲鸡瘟）是由副黏病毒引起的一种主要侵害鸡和火鸡的急性、高度接触性和高度毁灭性的疾病。临床上表现为呼吸困难、下痢、神经症状、黏膜和浆膜出血，常呈败血症。

（1）临床症状　病鸡精神沉郁，食欲废绝，缩颈、闭目和嗜睡，张口呼吸，痰鸣音，排黄绿色稀粪。蛋壳质量差，颜色变白（图 7-34）。病程长者出现神经症状（图 7-35）。

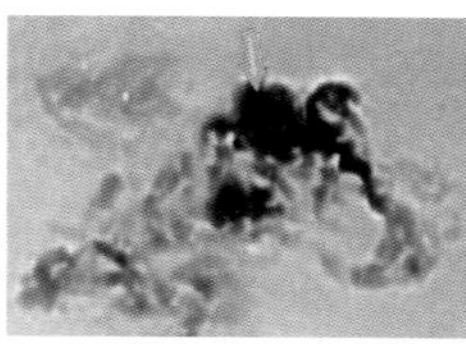

图 7-34　病鸡精神不振，高度沉郁（左）；严重腹泻，排黄绿色稀粪，有时混有血液（中）；产软壳蛋，颜色变白（右）

图 7-35　病鸡腿脚麻痹，呈观星状（左）；病鸡扭颈、转圈（右）

（2）病理变化　病鸡腺胃乳头出血，腺胃表面有大量黏液，腺胃充血、出血，腺胃与食管处有黄色溃疡灶（图 7-36）；病鸡肠道出血、肿胀，外观可见出血斑，肠末端出血，回肠黏膜和盲肠扁桃体出血、坏死（图 7-37）；气管黏膜出血；鸡卵泡变形、出血和破裂；心肌、心冠脂肪出血等；非典型新城疫的肠道病变，一般在十二指肠的降部 1/2 处、卵黄蒂下 2～5 厘米处，盲肠端相对应的回肠有溃疡灶，严重者直肠黏膜有散在的针头样溃疡灶（图 7-38）。

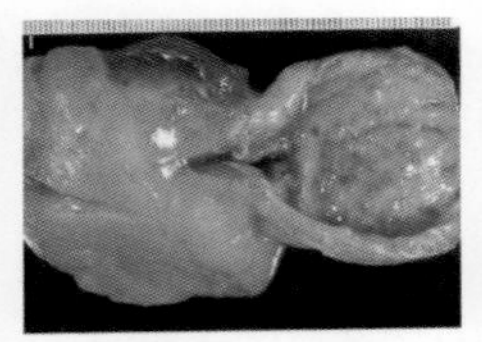
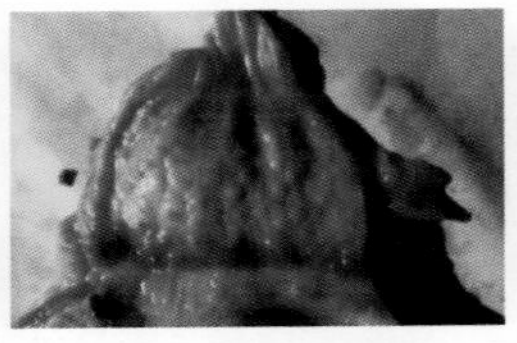
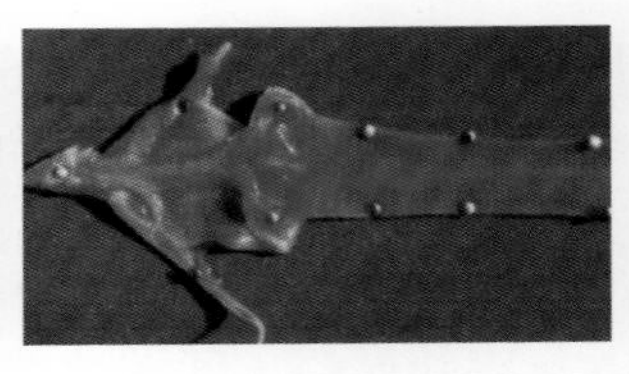

图 7-36　腺胃乳头出血，表面有大量黏液（左）；腺胃与肌胃交界处有出血带（中）；喉头和气管黏膜充血和出血（右）

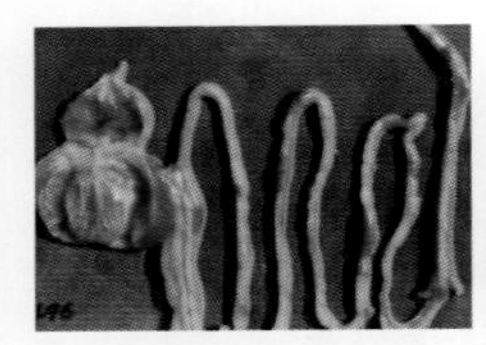

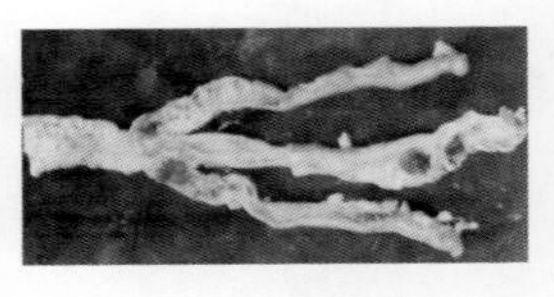

图 7-37　腺胃、肌胃出血，肠各集腺处出血、肿胀，呈枣核形溃疡（左）；十二指肠黏膜出血、溃疡，形成岛屿状坏死溃疡灶，其表面覆盖黄色分泌物（中）；直肠出血，盲肠扁桃体出血、溃疡（右）

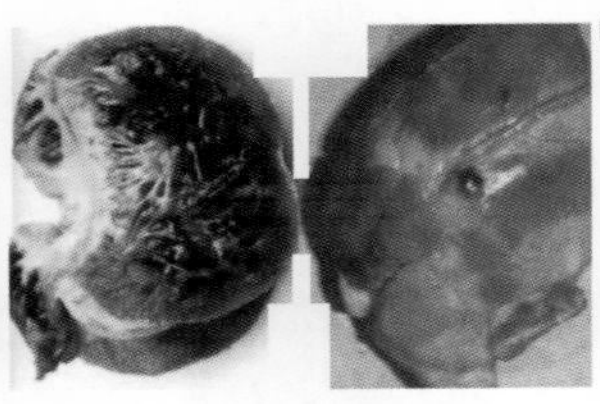
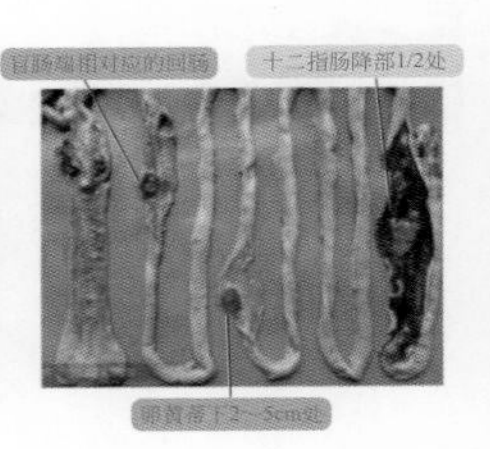

图 7-38　鸡卵泡变形、出血和破裂（左）；病鸡心内外膜出血（中）；非典型新城疫肠道典型病变（右）

（3）诊断　利用病毒分离鉴定、血清学方法、直接的病毒抗原检测等实验室手段确诊。注意与禽流感、传染性支气管炎、传染性喉气管炎、慢性呼吸道病、禽霍乱鉴别诊断。

（4）防制

① 科学管理。加强饲养管理，做好生物安全工作。

② 科学免疫接种。首免时间要适宜，最好通过检测母源抗体水平或根据种鸡群免疫情况来确定。没有检测条件的一般在 7～10 日龄首免，使用弱毒活苗滴鼻、点眼。由于新城疫病毒毒力变异，可以选用多价的新城疫灭活苗和弱毒苗配合使用，效果更好。

③ 发病后的措施。发生新城疫时，最好用 4 倍量 Ⅰ 系苗饮

水，每月 1 次，直至淘汰。或用Ⅳ系、Ⅱ系苗作 2～3 倍肌注，使其尽快产生坚强免疫力（如与禽流感混合感染，应先治疗禽流感，再疫苗接种）。或在发病早期注射抗新城疫血清、卵黄抗体（每千克体重 2～3 毫升），可以减轻症状和降低死亡率。

3. 传染性法氏囊病

鸡传染性法氏囊病（IBD）是一种主要危害雏鸡的免疫抑制性传染病，是由传染性囊病病毒引起鸡的一种急性、高度接触性传染病。OIE 将其列为 B 类疫病。

（1）临床症状　2～10 周龄多发，病雏鸡精神不振，缩头、翅膀下垂，羽毛蓬乱，水样白色稀粪，肛门周围粘满污粪（图 7-39）；发病突然，发病率高，呈特征性尖峰式死亡，痊愈快（图 7-40）。

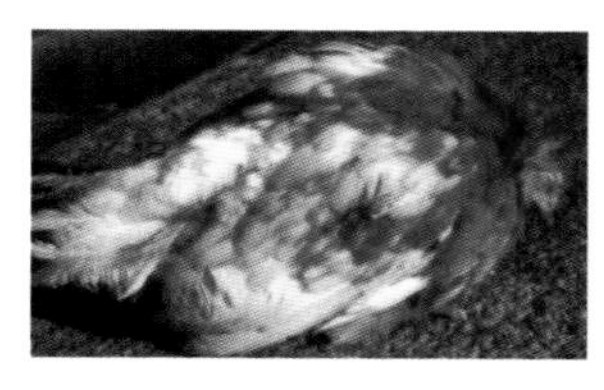

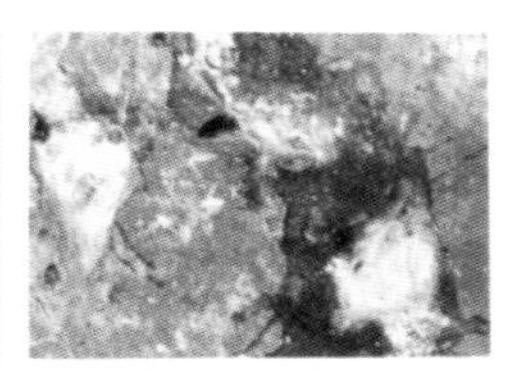

图 7-39　病雏鸡精神不振，缩头、翅膀下垂，羽毛蓬乱，嗜睡（左）；羽毛逆立、畏寒、发抖，衰竭（中）；排米汤样白色稀粪（右）

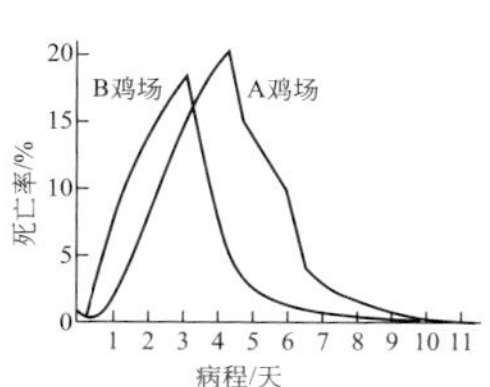

图 7-40　急性感染造成大批死亡（左）；传染性法氏囊病的死亡曲线呈尖峰状，死亡高峰在 3～4 天（图为两个鸡场的死亡曲线）（右）

（2）病理变化　发病初期，法氏囊肿大，内有黄色透明胶冻液，囊内皱褶水肿、出血。胸肌、大腿呈条状或斑点状出血（图 7-41）；病鸡肾脏肿大、苍白，输尿管和肾小管内充满尿酸盐，外观呈灰白色花纹状，（图 7-42）；腺胃、肌胃出血；有的法氏囊肿大，外被黄色透明的胶冻物（图 7-43）。

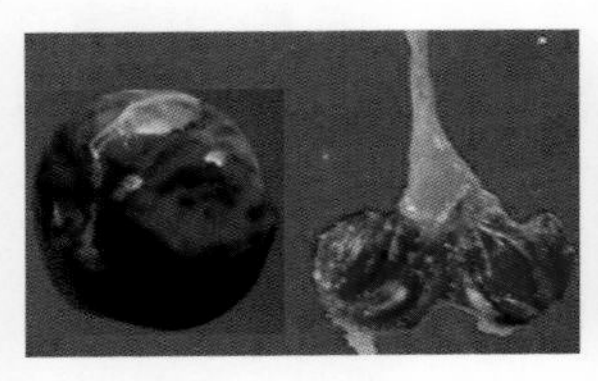
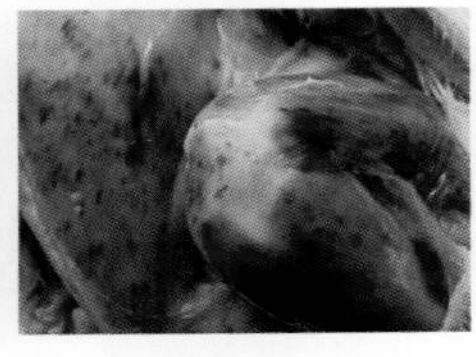
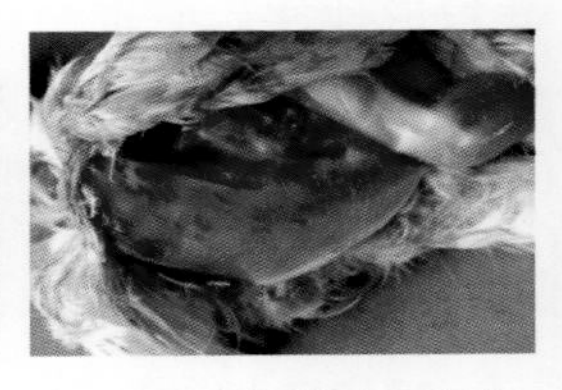

图 7-41　病鸡法氏囊肿大、出血，外观呈紫红色葡萄状，切面可见皱褶增宽、充血、出血、坏死（左）；病鸡腿内侧肌内有条状或斑状出血（中）；病鸡脱水，肌肉干燥无光，胸肌有出血条纹和斑状出血（右）

图 7-42　病死鸡花斑肾，法氏囊肿大（左）；病鸡肾脏肿大，肾小管和输尿管内充满灰白色尿酸盐（中）；病鸡肝脏灰土色，腿部肌肉出血（右）

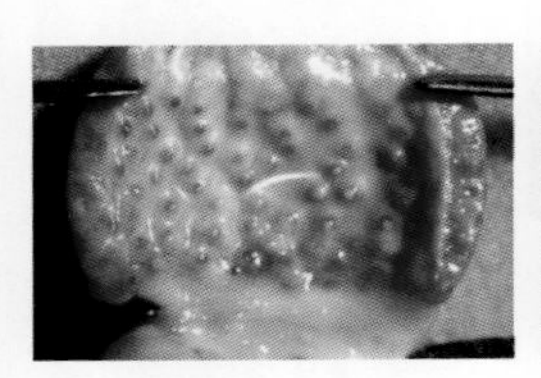
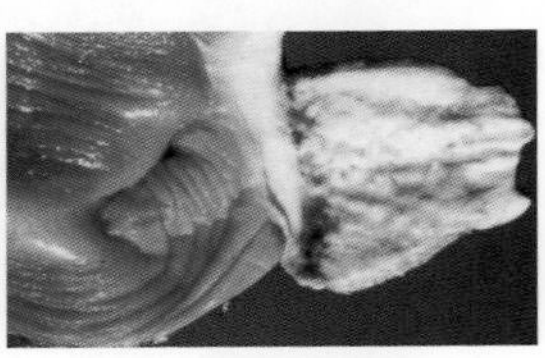
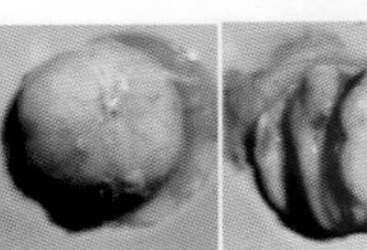

图 7-43　腺胃乳头呈点状或环状出血（左）；肌胃与腺胃交界处有出血点或出血带（中）；有的病鸡法氏囊严重水肿，外被黄色透明的胶冻物，切面呈柠檬黄色（右）

（3）诊断　根据该病的流行病学、临床症状（迅速发病、高发病率、有明显的尖峰死亡曲线和迅速康复）和肉眼病理变化可初步做出诊断，确诊需根据病毒分离鉴定及血清学试验。注意与肺脑型鸡新城疫感染、传染性支气管炎肾病变型、包涵体肝炎、淋巴细胞白血病、鸡马立克氏病、肾病、磺胺药物中毒、真菌中毒、葡萄球菌病、大肠杆菌病鉴别诊断。

（4）防制

① 加强隔离和消毒。

② 免疫接种。10～18 日龄传染性法氏囊病多价弱毒苗滴口或饮水；间隔 10 天后传染性法氏囊病多价中等毒力弱毒苗 1.5

羽份饮水。种鸡在 18～20 周和 40～42 周分别注射灭活苗 0.5 毫升。流行严重地区在首免时或间隔 1 周后注射 0.25～0.3 毫升多价灭活苗。

③ 发病后的措施。保持适宜的温度（气温低的情况下适当提高舍温），每天带鸡消毒，适当降低饲料中的蛋白质含量。注射高免卵黄：20 日龄以下 0.5 毫升 / 只，20～40 日龄 1.0 毫升 / 只，40 日龄以上 1.5 毫升 / 只。病重者再注射一次。与新城疫混合感染，可以注射含有新城疫和法氏囊抗体的高免卵黄。水中加入防治大肠杆菌病的药物和利尿药物。

4. 传染性喉气管炎

传染性喉气管炎（ILT）是由鸡传染性喉气管炎病毒引起的鸡的一种急性呼吸道传染病，典型的症状是病鸡呼吸困难、喘气、咳嗽、咳出血样渗出物，病理变化主要集中在喉和气管，表现为喉和气管黏膜肿胀、出血并形成糜烂。

（1）临床症状　病鸡呼吸困难，伸颈，张口呼吸、流眼泪，发出“咯咯”叫声，后期有强咳动作，时常咳出血痰；喉部瘀血（图 7-44）。

图 7-44　病鸡头颈伸直，张口呼吸，常发出啰音（左）；病鸡剧烈甩头或呈痉挛性咳嗽，常咳出血性分泌物，多因窒息死亡（中）；病鸡喉部瘀血（右）

（2）病理变化　病鸡喉头和气管黏膜肥厚、充血，有黄色干酪样物质；病鸡喉头黏膜出血，有的在气管内形成血栓（图 7-45）。

（3）诊断　通过吉姆萨染色和气管接种易感鸡、鸡胚绒毛尿囊膜或尿囊腔等方法可以确诊。注意与传染性支气管炎、支原体感染、传染性鼻炎、鸡新城疫、黏膜性鸡痘、维生素 A 缺乏症等鉴别诊断。

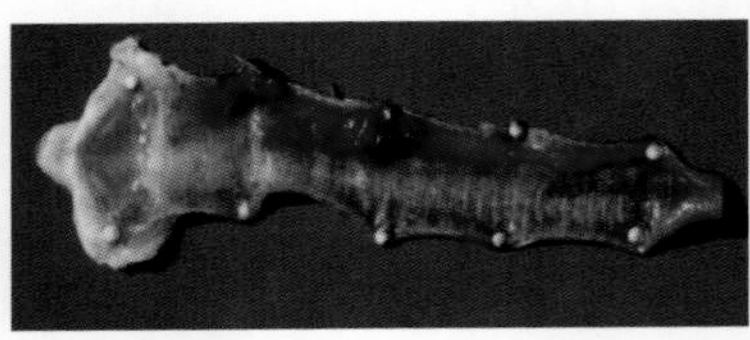

图 7–45 喉头黏膜肿胀、出血，并有干酪样分泌物（左）；喉头黏膜严重出血（右）

（4）防制

① 加强卫生管理。

② 免疫接种。本地区没有本病流行的情况下，一般不主张接种。如果免疫，首免在 28 日龄左右，二免在 70 日龄左右，使用弱毒疫苗，免疫方法常用点眼法。鸡群接种后可产生一定的疫苗反应，轻者出现结膜炎和鼻炎，严重者可引起呼吸困难，甚至死亡，因此所使用的疫苗必须严格按使用说明进行。在使用疫苗的前后 2 天内可以使用一些抗菌药物。

③ 发病后的措施。无特效药物。确诊后可以立即采用弱毒苗紧急接种，同时，使用抗菌药物防止继发感染。或用中草药制剂（方剂：麻黄、杏仁、厚朴、陈皮各 150 克，苏子、半夏、前胡、桑白皮、木香各 3000 克，甘草 50 克，煎水供 1000 只成年鸡饮服）治疗。使用通喉散、氯化铵（0.2%）饮水。

5. 传染性支气管炎

鸡传染性支气管炎是由冠状病毒科冠状病毒属的鸡传染性支气管炎病毒引起的一种鸡的急性、高度接触性传染病，不但会引起鸡只死亡，而且临诊型感染和亚临诊型感染（常被忽视）均会导致生产性能下降，饲料报酬降低。常继发或并发霉形体感染、大肠杆菌病、葡萄球菌病等，加之该病病原的血清型多（有呼吸型、肾型、腺胃型、生殖道型和肠型），新的血清型不断出现，给诊断和防治带来较大难度，给养鸡业造成巨大损失。

（1）临床症状　病鸡精神不振，伸颈，张口呼吸，带有锣音，翼下垂。患肾型传染性支气管炎的病鸡羽毛逆立，精神萎靡，排米汤样白色稀粪（图 7-46）；蛋鸡产蛋下降，异常蛋增多，蛋白稀薄，见图 7-47。

图 7-46　病雏鸡张口呼吸（左）；病鸡羽毛逆立，精神萎靡（中）；排米汤样白色稀粪，粪便不成形，尿酸盐增多（右）

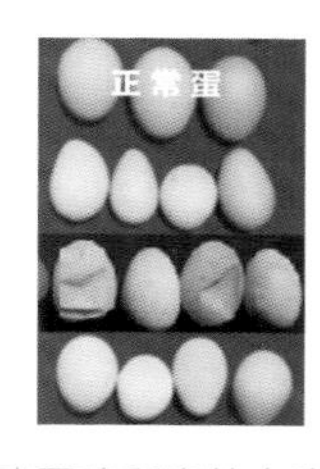

图 7-47　发病蛋鸡所产的白壳蛋、沙壳蛋、畸形蛋、软壳蛋、小蛋（左）；病鸡产的蛋蛋白稀薄如水（右）

（2）病理变化　呼吸型气管黏膜出血；病鸡卵巢变形，卵泡膜充血、出血，输卵管萎缩、变细、变短、囊肿（图 7-48）。传染性支气管炎病毒在鸡体内复制可以使胚胎发育受损，病鸡气管和支气管内有水样或黏稠透明的黄白色渗出物（图 7-49）。肾型病鸡肾肿大，苍白，呈槟榔花纹状或肾肿大，褪色，尿管变粗，内有白色的尿酸盐沉着。腺胃型腺胃肿大，乳头界限不清（图 7-50）。

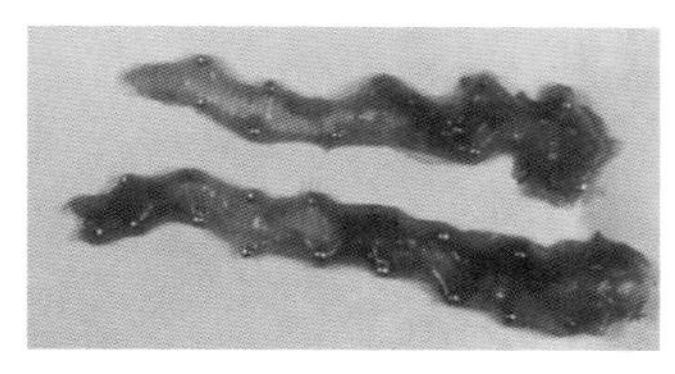
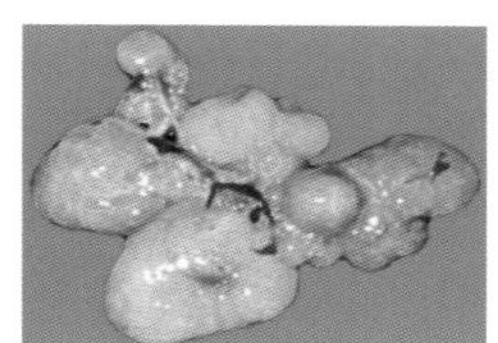
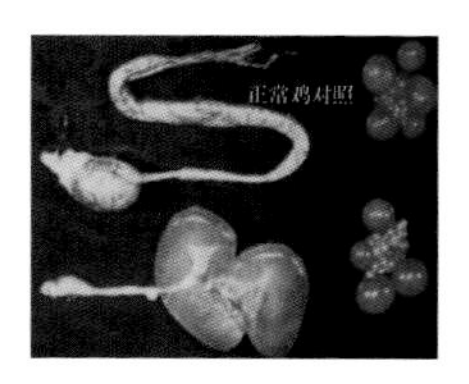

图 7-48　呼吸型气管黏膜点状或条状出血（左）；产蛋鸡卵巢变形，卵泡膜充血、出血、液化（右）

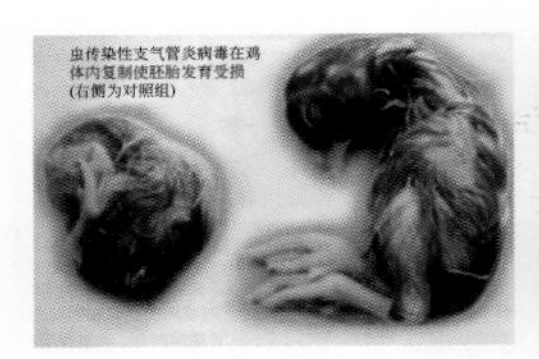

图 7-49　受损的胚胎（左）；病鸡气管内的渗出物（右）

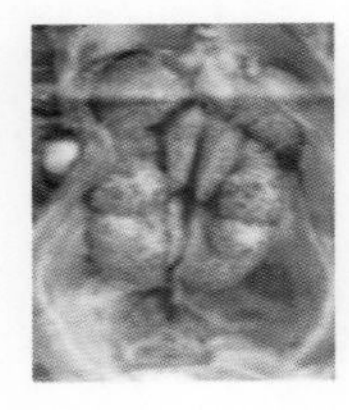

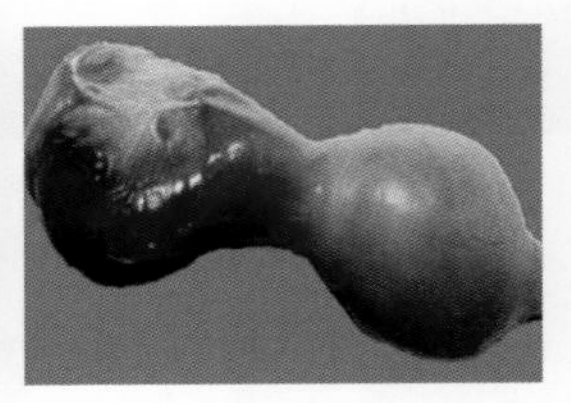

图 7-50　肾脏肿大，呈槟榔花纹状（左）；尿管变粗，内有白色的尿酸盐沉着（中）；腺胃型病鸡的腺胃肿大（右）

（3）诊断　根据病毒分离鉴定及血清学试验确诊。注意与新城疫、传染性喉气管炎、传染性鼻炎、减蛋综合征的区别。传染性支气管炎的呼吸道症状比传染性喉气管炎和慢性呼吸道病轻微和短暂，不像传染性鼻炎及传染性喉气管炎有眼肿；蛋壳质量与减蛋综合征有相似变化，但减蛋综合征蛋内质量无明显变化；新城疫病情严重，在雏鸡中可以见到神经症状。

（4）防制

① 加强管理和卫生。

② 免疫接种。7～10 日龄首免，H_{120}+HK(肾型)1 羽份点眼、滴鼻，同时可注射含有肾型传染性支气管炎和腺胃性传染性支气管炎病毒的油乳剂多价灭活苗 0.3 毫升 / 只；25～30 日龄 H_{52} 疫苗 1.5 羽份点眼、滴鼻或饮水或气雾；110～130 日龄注射多价传染性支气管炎病毒的油乳剂灭活苗 0.5 毫升 / 只。

③ 发病后的措施。饲料中加入 0.15% 的病毒灵和支喉康（或咳喘灵），连用 5 天，或用百毒唑（内含病毒唑、金刚乙胺、增效因子等）饮水（每 100 千克水 10 克），每千克饲料麻黄冲剂 1 克。饮水中加入肾肿灵或肾消丹等利尿保肾药物 5～7 天；饮水中加入速溶多维或维康等缓解应激，提高机体抵抗力。同时要加强环境和鸡舍消毒，雏鸡阶段和寒冷季节要提高舍内温度。

6. 马立克氏病

鸡马立克氏病是由鸡马立克氏病病毒引起的一种淋巴组织增生性疾病，具有很强的传染性，以引起外周神经、内脏器官、肌肉、皮肤、虹膜等部位发生淋巴细胞样细胞浸润并发展为淋巴瘤为特征。

（1）临床症状　本病的潜伏期很长，种鸡和产蛋鸡常在16～22周龄（现在有报道发病提前）出现临诊症状，也可迟至24～30周龄或60周龄以上。马立克氏病的症状随病理类型（神经型、皮肤型和内脏型）不同而异，但各型均有食欲减退、生长发育停滞、精神萎靡、软弱、进行性消瘦等共同特征。神经型马立克氏病病鸡的腿和翅麻痹、瘫痪，呈劈叉状；皮肤型马立克氏病病鸡皮肤上有大小不等的肿瘤（图7-51）。

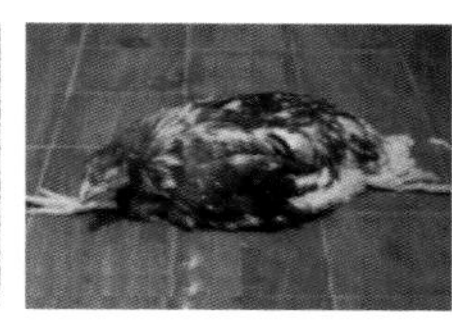
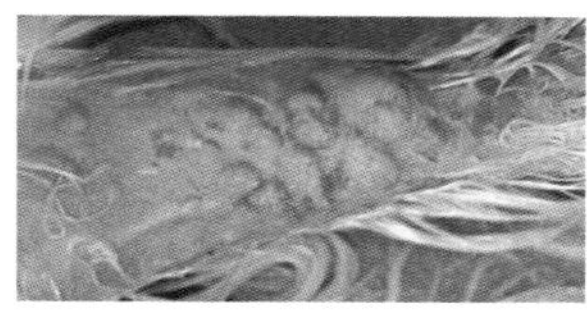

图7-51　神经型马立克氏病病鸡腿麻痹（左）；劈叉状腿（中）；腿部皮肤肿瘤（右）

（2）病理变化　病鸡的肝、脾肿大、变硬，病鸡的肝、脾上有较多的肿瘤结节（图7-52）；病鸡心脏、胰脏表面有较大的白色结节肿瘤；神经型马立克氏病神经肿大（图7-53）。

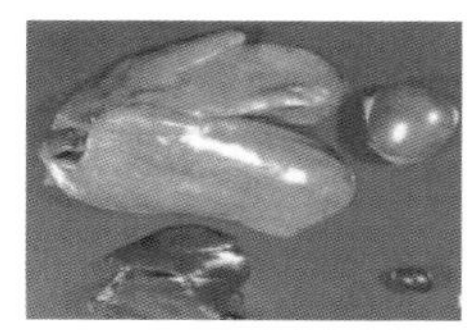
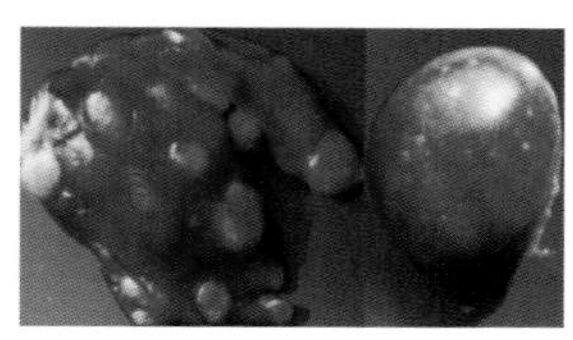

图7-52　肝、脾肿大、变硬（左。注：下面是正常的肝、脾）；肝、脾上的肿瘤结节（右）

（3）诊断　采用病毒分离、细胞培养、琼脂扩散、荧光抗体法、ELISA以及核酸探针等方法确诊。注意与淋巴细胞白血病鉴别诊断。

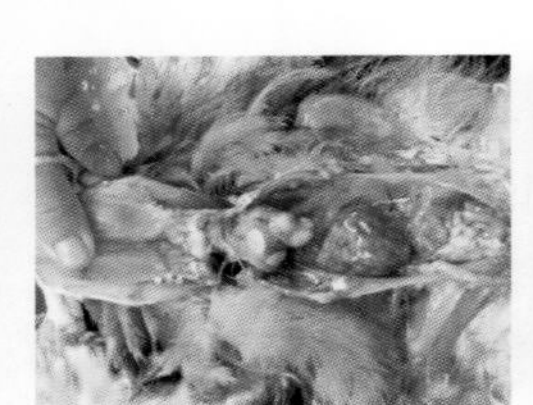
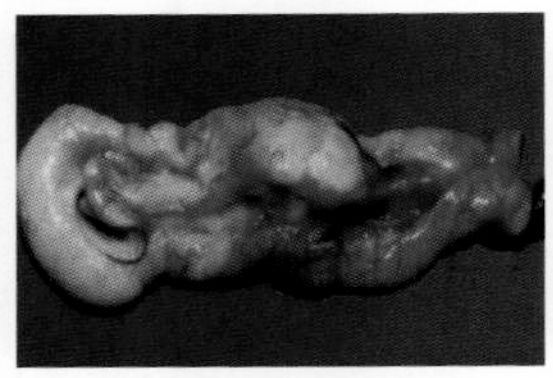
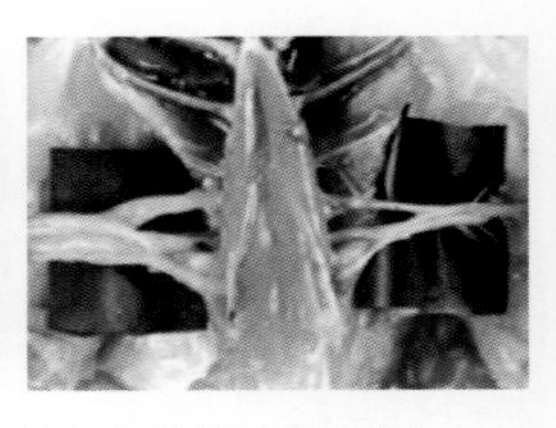

图 7-53　心脏表面的白色结节肿瘤（左）；胰脏表面的白色结节肿瘤（中）；神经型马立克氏病神经肿大（右）

（4）防制

① 加强环境消毒和饲养管理。

② 免疫接种。1 日龄雏鸡用鸡马立克氏病“814”弱毒疫苗或鸡马立克氏病弱毒双价（CA126+SB1）疫苗。14 日龄左右进行二免。

③ 发病后的措施。发病后无治疗药物。

7. 鸡痘

鸡痘是由痘病毒科禽痘病毒属禽痘病毒引起的一种缓慢扩散、高度接触性传染病，特征是在无毛或少毛的皮肤上有痘疹，或在口腔、咽喉部黏膜上形成白色结节。产蛋鸡感染使产蛋量下降，如果并发其他疾病，或营养不好，卫生条件差，可以引起较多的死亡，幼龄雏鸡病情严重，更易死亡。

（1）临床症状　有皮肤型、黏膜型和混合型鸡痘。皮肤型常见无毛部位的鸡冠、肉垂、嘴角、眼睑和耳上长出白色、表面凸凹、粗糙不平的小结痂，小结痂相互连接为大结痂。长在眼睑上的结痂可使上下眼睑连接而造成眼瞎。鸡痘初期鸡冠和肉髯上有许多灰白色糠麸样物质，见图 7-54。黏膜型在口腔、咽喉黏膜上长出痘痂或干酪样坏死灶，严重可堵塞咽喉和食道，致呼吸困难或吞咽困难而死亡。

（2）病理变化　皮肤型鸡痘的特征性病变是局灶性表皮和其下层的毛囊上皮增生，形成结节。结节起初表现湿润，后变为干燥，外观呈圆形或不规则形，皮肤变得粗糙，呈灰色或暗棕色。结节干燥前切开切面出血、湿润，结节结痂后易脱落，出现瘢痕。

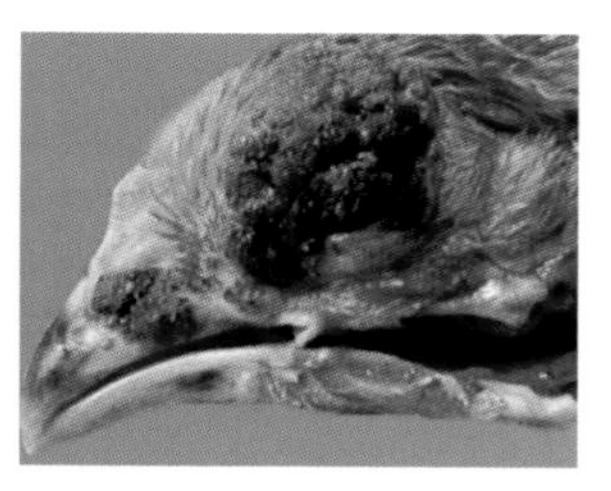

图 7-54　鸡冠和肉髯上有许多灰白色糠麸样物质（左）；嘴角、脸部痘痂（中）；痘痂连接造成的瞎眼（右）

黏膜型鸡痘病变出现在口腔、鼻、咽、喉、眼或气管黏膜上。黏膜表面稍微隆起白色结节，以后迅速增大，并常融合而成黄色、奶酪样坏死的伪白喉或白喉样膜，将其剥去可见出血糜烂，炎症蔓延可引起眶下窦肿胀和食管发炎。病鸡的喉头、气管黏膜处有黄白色痘状结节，痘斑不易剥离（图 7-55）。

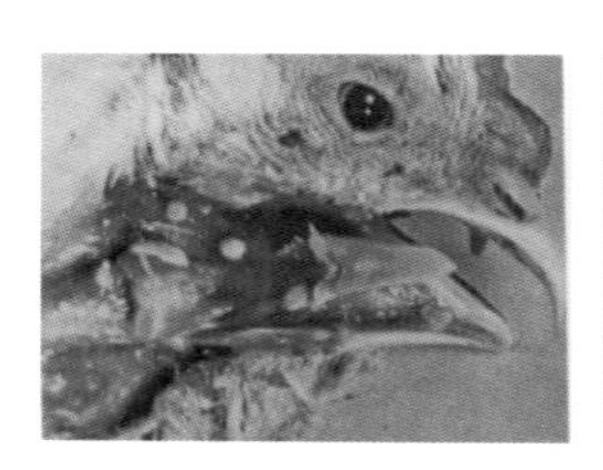
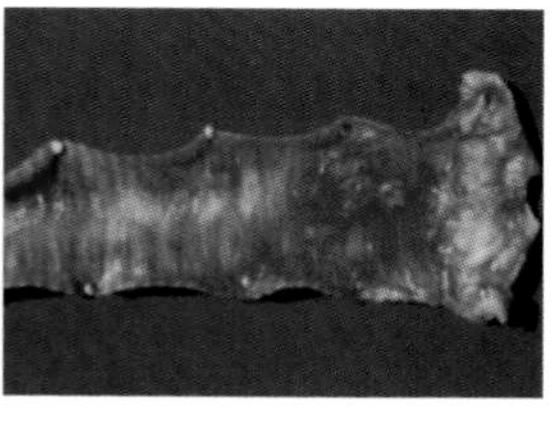

图 7-55　病鸡口腔、喉、气管表面有干酪样坏死灶（左）；喉头、气管黏膜处有黄白色痘状结节（右）

（3）诊断　皮肤型和混合型根据皮肤表面典型痘疹可确诊。单纯的黏膜型或眼肿大者，诊断较为困难，需要进行接种易感鸡、接种鸡胚或血清学试验等实验室检查确诊。注意与生物素缺乏（皮肤型鸡痘易与生物素缺乏相混淆，生物素缺乏时，因皮肤出血而形成痘痂，其结痂小，而鸡痘结痂较大）、传染性鼻炎（黏膜型鸡痘易与传染性鼻炎相混淆，传染性鼻炎时上下眼睑肿胀明显，用磺胺类药物治疗有效，黏膜型鸡痘时上下眼睑多黏合在一起，眼肿胀明显，用磺胺类药物治疗无效）鉴别诊断。

（4）防制

① 免疫接种。使用鸡痘鹌鹑化弱毒疫苗翼翅刺种。

② 发病后的措施。目前尚无特效治疗药物，主要采用对症疗法，以减轻病鸡的症状和防止并发症。发生鸡痘后也可视鸡日龄的大小，紧急接种新城疫Ⅰ系或Ⅳ系疫苗，以干扰鸡痘病毒的复制，达到控制鸡痘的目的。

8. 减蛋综合征

减蛋综合征是由一种腺病毒引起的能使产蛋鸡产蛋量下降的病毒性传染病。

（1）临床症状　突然发生产蛋量大幅度下降，比正常下降20%～30%，甚至下降50%以上，产蛋量下降可持续4～10周，然后逐渐恢复，产蛋率曲线下降呈“马鞍”形（图7-56）；蛋壳质量差（图7-57）。

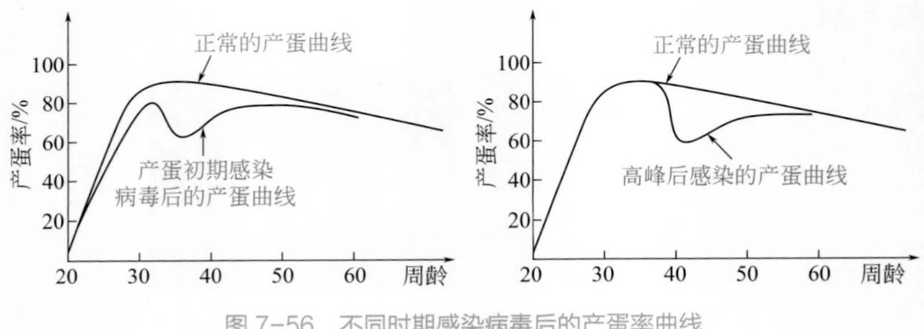

图7-56　不同时期感染病毒后的产蛋率曲线

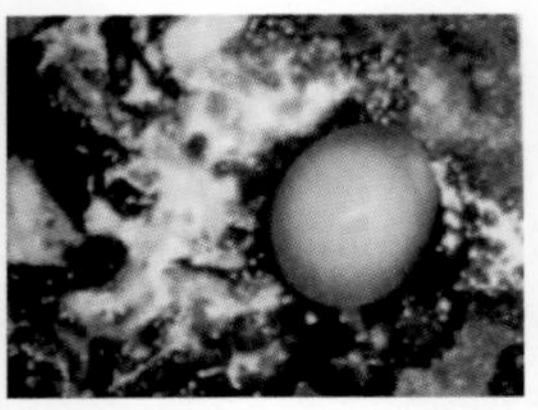

图7-57　发病鸡群产软壳蛋、沙壳蛋，蛋壳变薄、变脆（左）；粪便中出现较多的无壳蛋（右）

（2）病理变化　仅见个别患病鸡在发病期输卵管水肿，时久则见输卵管和卵巢萎缩（图7-58）。

（3）诊断　根据鸡群产蛋高峰时，突然发生不明原因的群体性产蛋下降，同时伴有畸形蛋，蛋壳质量下降，剖检时见有生殖道病变，临床也无特殊表现时可以诊断本病。要确诊时应进一步做病毒分离和鉴定，以及血凝抑制试验、病毒中和试验、酶联免疫吸附试验、免疫荧光试验等。注意与传染性支气管炎（鸡群有病态表现，病鸡有明显的呼吸系统症状，蛋清稀如水）、鸡脑脊髓炎（病鸡群可能有神经症状，产蛋下降，蛋重变小，蛋壳颜色不变）相区别。

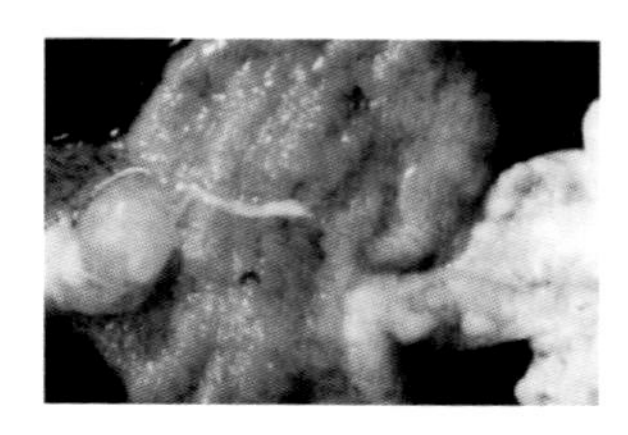
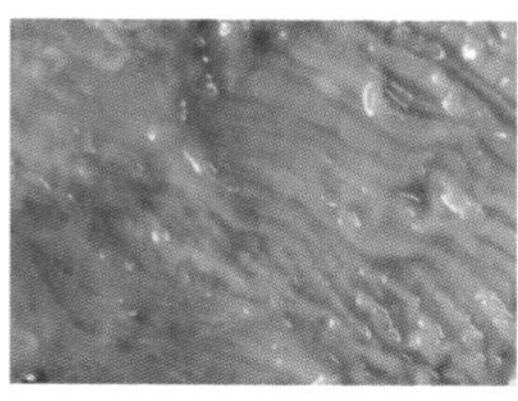

图 7-58　病鸡输卵管、子宫部水肿，似水泡状（左）；输卵管水肿、充血（右）

（4）防制

① 免疫接种。减蛋综合征油佐剂灭活苗和 ND-EDS（76）二联油佐剂灭活苗效果良好。产蛋鸡于 14～16 周龄免疫，15 天后产生免疫力，4～5 周抗体水下达到高峰，免疫期 1 年。

② 发病后的措施。本病尚无有效治疗方法。

9. 鸡脑脊髓炎

鸡传染性脑脊髓炎（流行性震颤）是一种主要侵害雏鸡的病毒性传染病，以共济失调和头颈震颤为主要特征。母鸡感染后产蛋量急剧下降。

（1）临床症状　主要见于 3 周龄以内的雏鸡，最初表现迟钝，不愿走动，继而有神经症状的病雏鸡出现，步态不稳、共济失调。常侧向一侧，有些病鸡发生头颈震颤；精神不振，偏瘫，头颈部羽毛逆立；成年鸡感染，可引起一过性产蛋下降，降幅为 5%～10%，1 周左右后迅速上升，无其他明显表现。脑脊髓炎康复鸡虹膜颜色变浅，瞳孔扩大，失明（图 7-59）。

（2）病理变化　病鸡可见的肉眼变化是腺胃的肌层有细小的灰白区，小脑水肿或出血。脑脊髓炎康复鸡虹膜颜色变浅，形成白内障（图 7-60）。

图 7-59　病鸡迟钝，不愿走动（左）；病鸡步态不稳、共济失调，偏瘫，头颈部羽毛逆立（中）；康复鸡虹膜颜色变浅，瞳孔扩大，失明（右）

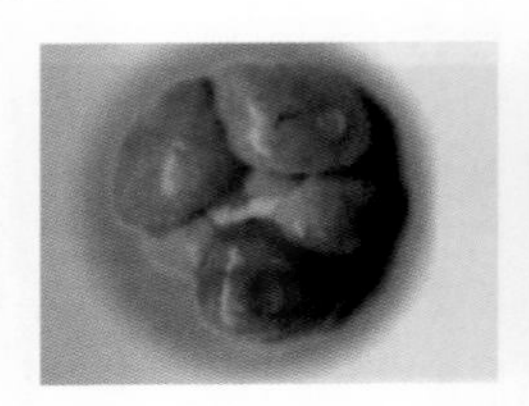

图 7-60　小脑脑膜出血（左）；康复鸡虹膜变化（右。注：右面为正常）

（3）诊断　病毒分离、荧光抗体试验、琼脂扩散试验及酶联免疫吸附试验可确诊。注意与新城疫（神经症状、呼吸症状、绿色稀粪、产蛋下降、内脏出血）、马立克氏病（神经症状、贫血、内脏肿瘤）、脑软化症（神经症状、小脑切面出血、脑软化）、维生素 B_1 缺乏症（神经症状、颈向后仰、弯曲）相区别。

（4）防制

① 免疫接种。目前有活毒疫苗（10 周以上鸡，但不能迟于开产前 4 周接种疫苗）和灭活疫苗（适用于无脑脊髓炎病史的鸡群，可于种鸡开产前 18～20 周接种）可以接种。

② 发病后的措施。本病尚无有效的治疗方法。雏鸡发病，一般是将发病鸡群扑杀并做无害化处理。成年鸡群发病，没有明显的病态症状，只是产蛋率降低，一段时间后即可恢复，并且产蛋率仍能达到较高的水平。

10. 病毒性关节炎

病毒性关节炎是一种由呼肠孤病毒引起的鸡的重要传染病。病毒主要伤害关节滑膜、腱鞘和心肌，引起足部关节肿胀，腱鞘发炎，继而使腓肠腱断裂，病鸡关节肿胀、发炎，行动不便，不愿走动或跛行，采食困难，生长停滞。常发生于 2～16 周龄的肉鸡，6～7周龄肉用仔鸡发生最多，14～18周龄的种鸡也可发生，但产蛋母鸡不发生。

（1）临床症状　病鸡逐渐出现跛行，行走时呈蹒跚步态，严重时完全不能站立，卧地不起（图7-61）。病鸡因采食和饮水困难而日渐消瘦，贫血，发育迟滞，少数逐渐衰竭而死。种鸡群或蛋鸡群受感染后，产蛋量可下降10%～15%。也有报道种鸡群感染后种蛋受精率下降，这可能是病鸡因运动功能障碍而影响正常的交配所致。

图7-61　跛行（左）和卧地不起的病鸡（中、右）

（2）病理变化　病鸡跗关节肿胀，按压有波动感，切开皮肤可见到关节上部腓肠肌水肿，滑膜内经常有充血或点状出血，关节腔内含有淡黄色或血样渗出物。皮下有淡黄色胶冻状水肿（图7-62）。肌腱肿胀、出血，严重的肌腱脱落、断裂，关节腔内有少量草黄色或血色渗出物。慢性病例关节腔内的渗出物较少，腱鞘硬化和粘连，在跗关节远端关节软骨上出现凹陷的点状溃烂，然后变大、融合，延伸到上方的骨质，关节表面纤维软骨膜过度增生（图7-63）。

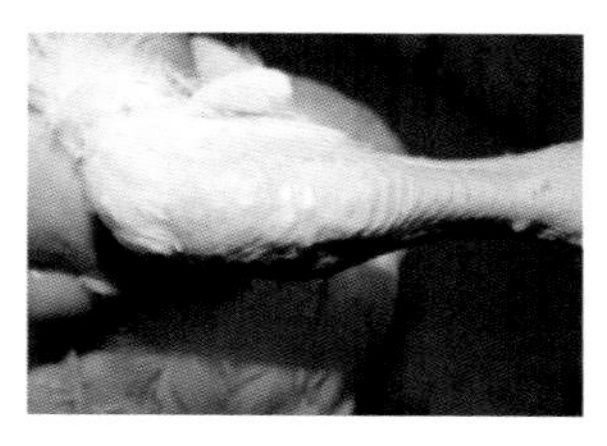
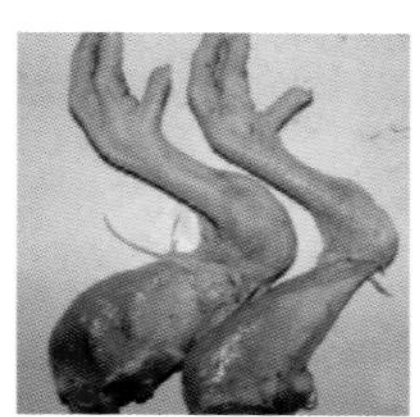

图7-62　跗关节肿胀（左）；关节上部腓肠肌水肿（中）；
皮下有淡黄色胶冻状物质（右）

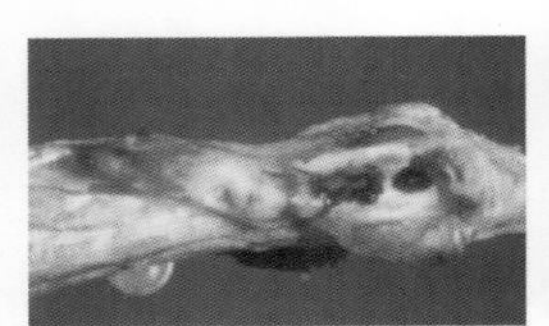
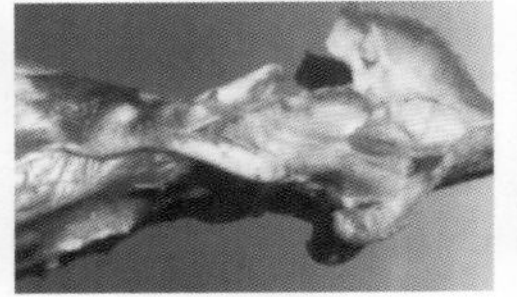
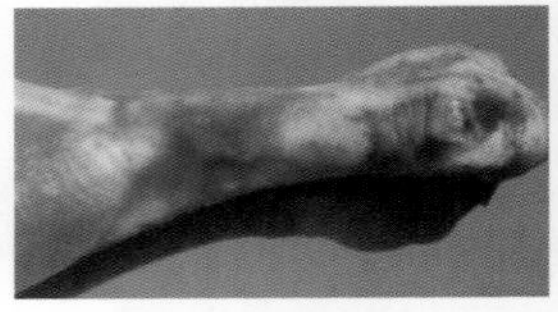

图 7-63　肌腱肿胀、出血（左）；肌腱断裂（中）；
慢性病例关节软骨糜烂，骨膜增厚（右）

（3）防制

① 加强卫生防疫措施和改善鸡群饲养管理条件，特别是要喂给全价饲料，并采用全进全出制，定期检疫，淘汰阳性鸡。

② 免疫接种。国内尚无有效疫苗，国外生产出了弱毒苗和灭活苗两类。由于呼肠孤病毒的血清型很多，每种毒株的抗原性有限，所以必须制备多价疫苗，才能产生更广泛的保护力。目前，美国已经用 1733 和 2408 毒株研制出抗原性较强的疫苗，并用于种鸡的预防接种。

③ 发病后的措施。对已发病的鸡群，应及时淘汰病鸡。定期用 0.3% 过氧乙酸等溶液带鸡消毒。空舍后彻底清洗、消毒和用福尔马林熏蒸处理后，闲置 3 周再进新鸡。

11. 鸡包涵体肝炎

鸡包涵体肝炎是由鸡腺病毒中的鸡腺病毒引起的急性传染病，主要特征是肝脏肿大、脂肪变性、出血和肝细胞中出现核内包涵体。临床多见 4～8 周龄的鸡发病，尤肉鸡多发，产蛋鸡多发于 17 周龄以后。感染过传染性法氏囊病病毒的鸡易发。

（1）临床症状　本病潜伏期短，一般不超过 4 天。病鸡表现精神沉郁，羽毛散乱，无光泽，呆立，翼下垂，下痢，粪便呈白色水样；贫血、黄疸和衰竭，通常无前驱症状而突然死亡，发病 3～5 天死亡率最高，发病较轻的病鸡在 2～3 天后也可恢复正常。成年蛋鸡产蛋下降，蛋壳质量差（图 7-64）。

（2）病理变化　剖检病死鸡肝脏病变最明显，肝脏肿大，呈黄褐色或淡黄色，质地脆弱，显示脂肪变性，被膜下有许多出血点或出血斑，伴发有灰白色坏死灶。胆囊肿胀、充盈（图 7-65）；脾肿大、出血。肾肿大，色泽变淡，表面散发点状出血，肾小管内有尿酸盐沉着，输尿管变粗。皮下、胸肌、腿肌、心外膜及肠管等处广泛性出血（图 7-66）。法氏囊萎缩。

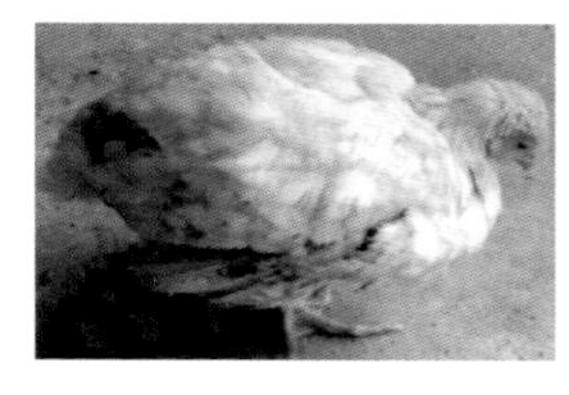

图 7-64　病鸡精神沉郁（左）；水样白色稀粪（中）；蛋壳质量差（右）

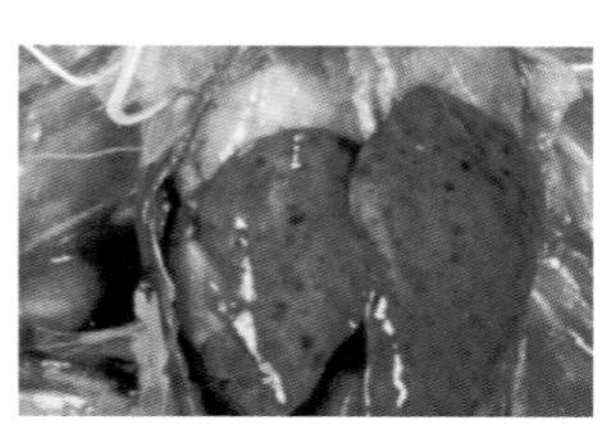
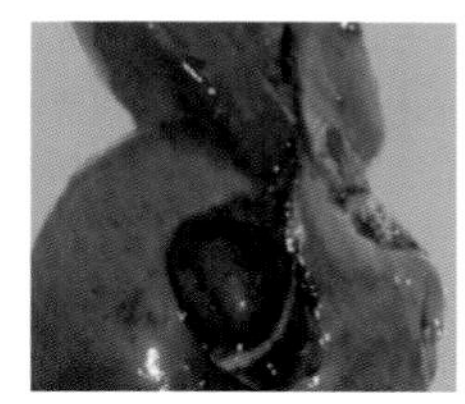

图 7-65　病鸡肝脏上有出血斑，肿大、质脆（左）；病鸡肝脏被膜下有弥漫性出血点（中）；病鸡胆囊肿胀（右）

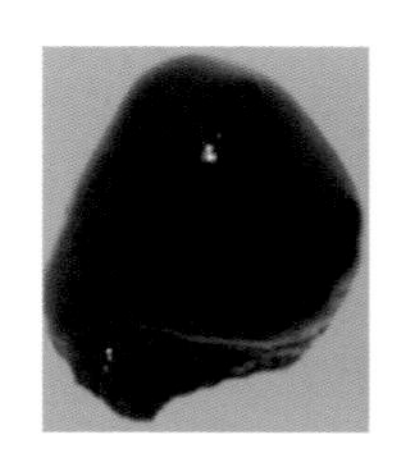
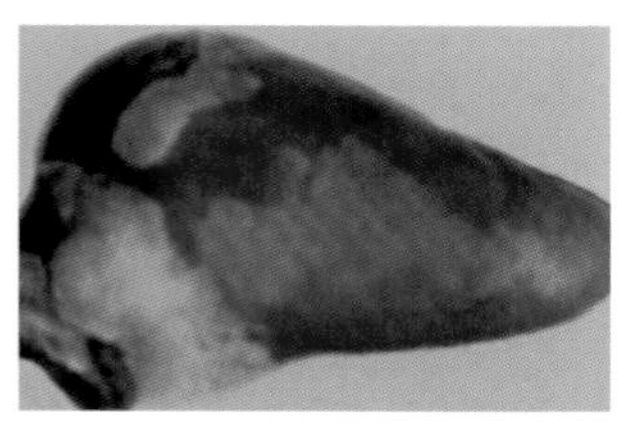

图 7-66　脾脏肿大、出血，呈深褐色（左）；心肌褪色，冠状脂肪充血、出血（右）

（3）诊断　通过显微镜检查、鸡胚卵黄囊接种等可确诊。注意与传染性法氏囊病（传染性法氏囊病突出的是法氏囊病变而无明显的肝脏病变）、球虫病（球虫病无胸部和腿部肌肉出血点或出血斑、肝肿胀等病变）、传染性脑脊髓炎、鸡弧菌性肝炎等疾病相区别。

（4）防制　目前对鸡包涵体肝炎尚无有效治疗方法。雏鸡饲料中加入适量抗生素，可减少并发细菌感染，降低死亡率。此外，结合补充维生素 C 和维生素 K 及微量元素铁、铜和钴合剂，可促进贫血的恢复。

12. 鸡传染性贫血病

鸡传染性贫血病是由鸡传染性贫血病毒（归类于圆环病毒科，病毒在 50% 的酚中作用 5 分钟、在 5% 次氯酸 37℃ 2 小时失去感染力，福尔马林和含氯制剂可用于消毒）引起的，雏鸡以再生障碍性贫血和全身性淋巴组织萎缩为特征的传染病。各种年龄的鸡均可感染，自然感染常见于 2～4 周龄的雏鸡，不同品种的雏鸡都可感染发病，肉鸡比蛋鸡敏感，公鸡比母鸡易感，既可垂直传播，也可水平传播。该病是免疫抑制性疾病，经常合并、继发和加重病毒、细菌和真菌性感染，危害较大。国内外的病原分离和血清学调查结果表明，鸡传染性贫血病可能呈世界性分布，我国许多鸡场（特别是一些肉鸡场）的鸡群都被本病原感染。由鸡传染性贫血病诱发的疾病而造成的经济损失已成为一个严重问题。

（1）临床症状　雏鸡多在 2 周龄内发病，有母源抗体的多在 3～6 周龄发病。唯一特征性症状是贫血。病鸡表现为精神沉郁，行动迟缓，虚弱，羽毛松乱，喙、肉髯、面部皮肤和可视黏膜苍白；生长发育不良，体重下降；临死前还可见到腹泻。血液稀薄如水，血细胞比容值降到 20% 以下（正常值在 30% 以上，降到 27% 以下便为贫血）（图 7-67）。翅部出血（图 7-68）。感染后 20～28 天存活的鸡可逐渐恢复正常。

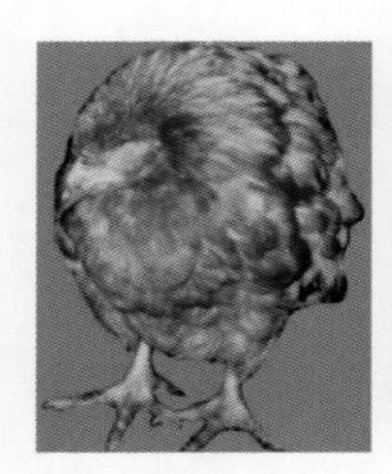

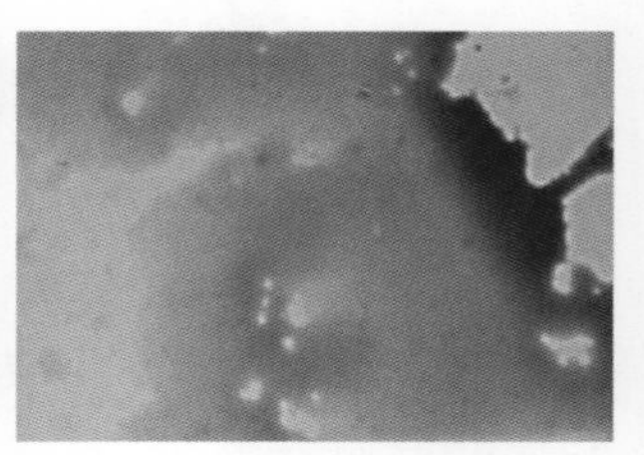

图 7-67　病鸡精神不振（左）；鸡冠苍白、贫血（中）；血液凝固不良（右）

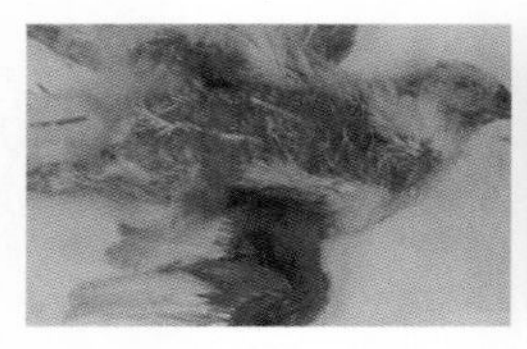
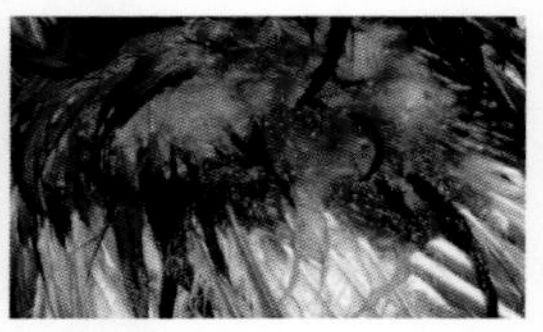

图 7-68　翅皮下出血呈蓝色（左）；翅部出血性皮炎（右）

（2）病理变化　骨髓萎缩是在病鸡所见到的最特征性病变，大腿骨的骨髓呈脂肪色、淡黄色或粉红色。在有些病例，骨髓的颜色呈暗红色。病鸡贫血、消瘦，肌肉与内脏器官苍白、贫血；肝脏和肾脏肿大，褪色，或淡黄色；血液稀薄，凝血时间延长。有的病例法氏囊体积缩小，在许多病例的法氏囊的外壁呈半透明状态，以至于可见到内部的皱襞（图 7-69）。有时可见到腺胃黏膜出血和皮下与肌肉出血（图 7-70）。若有继发细菌感染，可见到坏疽性皮炎，肝脏肿大呈斑驳状以及其他组织的病变。

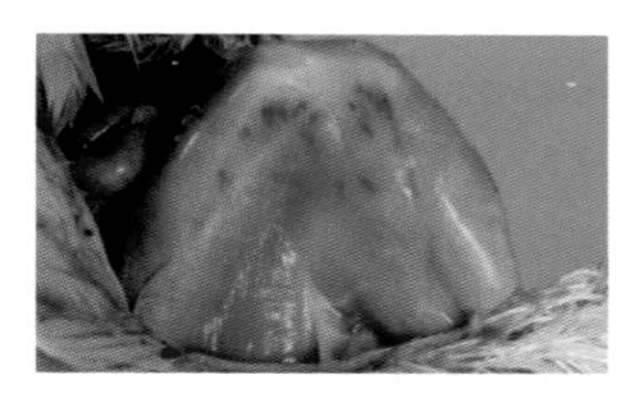

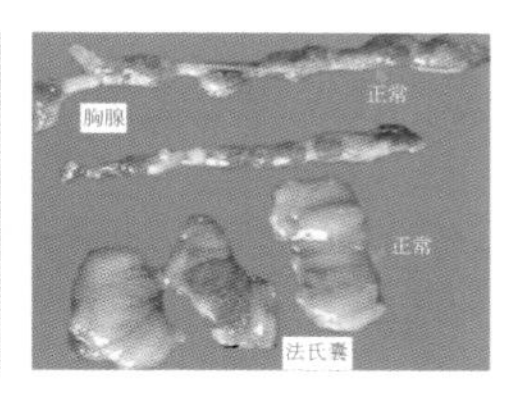

图 7-69　腿部条状或斑状出血（左）；全身肌肉苍白、广泛性出血（中）；胸腺、法氏囊缩小（右）

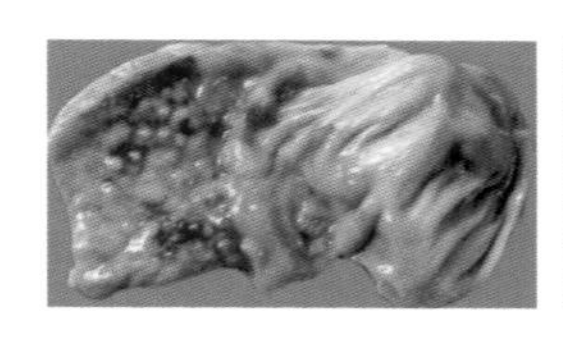
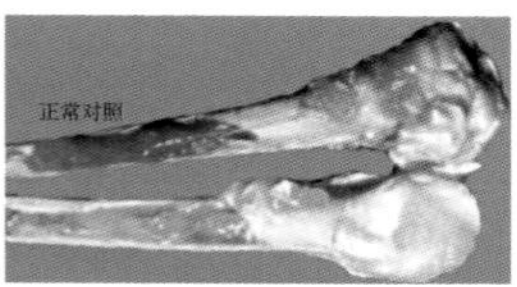

图 7-70　腺胃黏膜出血并有灰白色脓性分泌物（左）；骨髓呈粉红色或黄白色（右）

（3）诊断　根据流行病学特点、临床表现和病理变化可初步诊断，确诊需实验室进行病原学和血清学检查。

（4）防制

① 加强饲养管理和保持卫生。加强和重视鸡群日常饲养管理及兽医卫生措施，防止由环境因素及其他传染病导致的免疫抑制。及时接种鸡传染性法氏囊病疫苗和马立克氏病疫苗。本病目前尚无特异的治疗方法。通常可用广谱的抗生素控制与鸡传染性贫血病相关的细菌继发感染。

② 免疫接种。目前国外有两种商品活疫苗，一是由鸡胚生产的有毒力的鸡传染性贫血病病毒活疫苗，可通过饮水途径免疫，对种鸡在 13～15 周龄进行免疫接种，可有效地防止亲代发病，

本疫苗不能在产蛋前3～4周免疫接种，以防止通过种蛋传播病毒；二是减毒的鸡传染性贫血病病毒活疫苗，可通过肌肉、皮下或翅膀对种鸡进行接种，这是十分有效的。如果后备种鸡群血清学呈阳性反应，则不宜进行免疫接种。

③ 加强检疫，防止从外引入带毒鸡而将本病传入健康鸡群。

④ 发病后的措施。无有效治疗方法。

13. 鸡传染性矮小综合征

鸡传染性矮小综合征也称传染性发育迟缓综合征、鸡苍白综合征、营养吸收不良综合征，病原因子尚未定论。其主要特征是肉用仔鸡发育迟缓或停滞、腿软、鸡冠和胫部苍白，羽毛生长不良，造成鸡只增重低和饲料效益差。最早出现在4日龄，8～12日龄病死率增加，最高达15%。1～3周龄对生长发育影响特别明显。

（1）临床症状　以鸡体矮小、精神不振、羽毛生长不良和腿瘸为特征。病鸡腹部膨胀、腹泻，排出黄褐色黏液性粪便，步态不稳，羽毛生长不良、蓬乱、无光泽，病鸡不活泼，外观呈球形，腿软弱无力和跛行，采食困难，消化不良，粪中有较多未消化的饲料碎片，体重比正常鸡轻30%～40%。

（2）病理变化　病死鸡腺胃增大，胀满。肌胃缩小并有糜烂和溃疡。肠道肿胀，肠壁变薄而脆，有出血性卡他性肠炎，肠道内有未消化的饲料。局灶性心肌炎和心包液增加，法氏囊、胸腺和胰萎缩。大腿部皮肤色素消失，大腿骨骨质疏松或坏死和断裂。

（3）诊断　确诊需进行病原分离和鉴定。注意与其他原因，如饲料、营养消化不良、霉菌毒素、磺胺药物中毒等引起上述类似症状的疾病区别诊断。

（4）防制　至今尚未取得较满意的防治措施。发病后，每吨饲料中添加硫酸铜0.35千克，提高饲料能量水平、含硫氨基酸水平和脂肪含量。改善管理水平和卫生条件，严格执行全进全出制，每批之间实施彻底的清洁方案，有利于该病的控制。

14. 肉用鸡蓝翅病

该病是2～4周龄肉用仔鸡发生的一种急性疾病，死亡率高时可达 60%。因为病鸡的翅膀皮内、皮下和肌肉发生斑点状出血和水肿，翅膀皮肤出现特征性的深蓝色，故称该病为蓝翅病。蓝翅病多发生于肉用仔鸡群中，仅少数见于产蛋鸡和肉用种鸡群。一般在 11～16 日龄时开始发病，日死亡率急剧增加，在暴发前一天可见有些鸡开始啄翅膀，17～21 日龄鸡的死亡率最高，到 23～26 日龄时死亡率开始下降，并恢复正常。多数暴发流行的鸡群是种鸡传递的。该病可能由疾病诱发因子发生反应的遗传因子所引起，而这种疾病诱发因子不一定具有传染性。另外，从病因学上还要考虑饲料中是否有对免疫器官有损害作用的一些毒素，特别是霉菌毒素。

患鸡精神沉郁，以胸部着地，闭目，羽毛蓬松，全身颤抖，在 2 小时内死亡。死鸡尸体上出现不同程度的皮肤病变，有淤血和出血。病变最常见于翅膀的皮肤上，也可出现在腿、趾、颌下和胸部。皮肤出血常扩散到下面的肌肉。其他病变是脾脏变小、颜色变淡，胸腺也变小。

目前关于本病的其他情况尚待进一步研究。

15. 慢性呼吸道病

慢性呼吸道病是由霉形体引起的一种接触传染性呼吸道病，以呼吸发出啰音、咳嗽、流鼻涕和窦部肿胀为特征。

（1）临床症状　病鸡先是流稀薄或黏稠鼻液，打喷嚏，鼻孔周围和颈部羽毛常被沾污。其后炎症蔓延到下呼吸道即出现咳嗽，呼吸困难，呼吸有气管啰音等症状。病鸡食欲不振，体重减轻，消瘦。病鸡眼睑部、眶下窦肿胀、发硬，结膜潮红，结膜内有大量的浆液性渗出物，眼角内有泡沫渗出物（图 7-71）；滑液囊支原体病鸡趾关节肿大，翅关节周围滑液囊肿大，内有灰白色渗出物（图 7-72）。

（2）病理变化　鼻腔、气管、支气管和气囊中有渗出物，气管黏膜常增厚。有时能见到一定程度的肺炎病变（图 7-73）。胸部和腹部气囊变化明显，早期为气囊轻度混浊、水肿，表面有增生的结节病灶，外观呈念珠状。随着病情的发展，气囊增厚，囊腔内有大量干酪样渗出物（图 7-74）。

图 7-71　病鸡眶下窦肿胀（左）；眼角内有泡沫渗出物（中）；肉髯和面部肿胀（右）

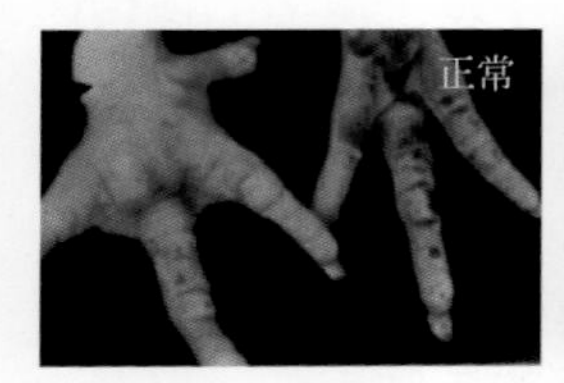

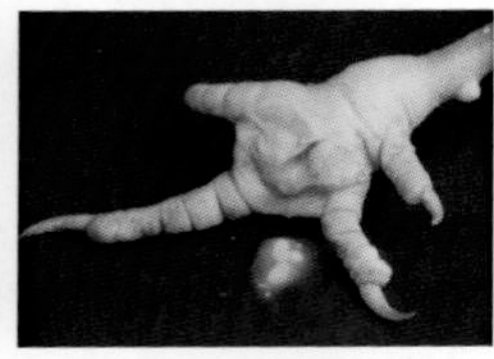
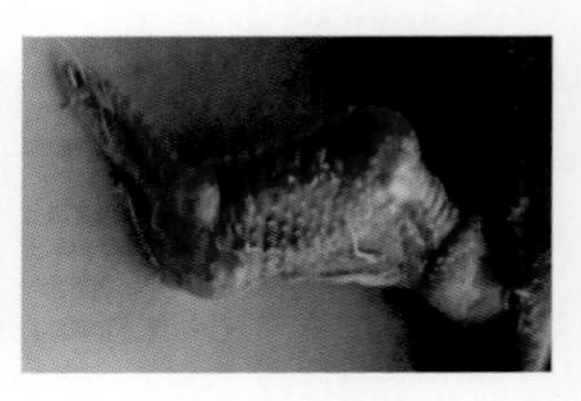

图 7-72　病鸡趾关节肿大（左）；切开有大量胶冻样渗出物（中）；
翅关节周围滑液囊肿大（右）

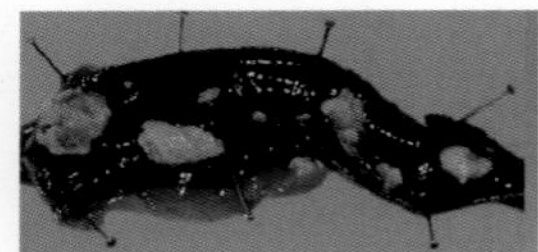
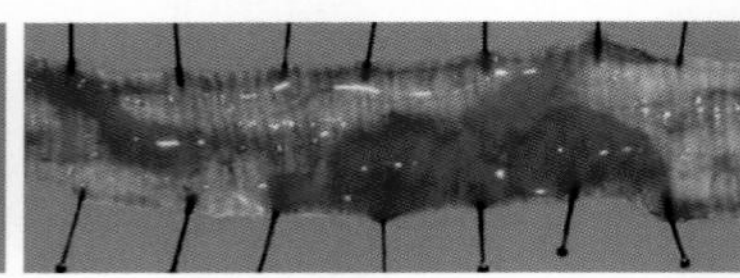
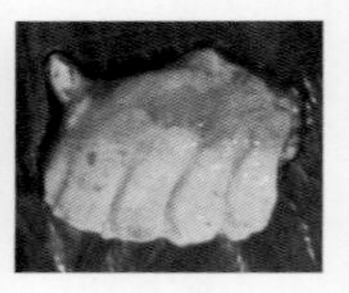

图 7-73　气管内干酪样物质（左）；喉头和气管内有大量灰白色或
红褐色黏液或干酪样物质（中）；肺组织肉变（右）

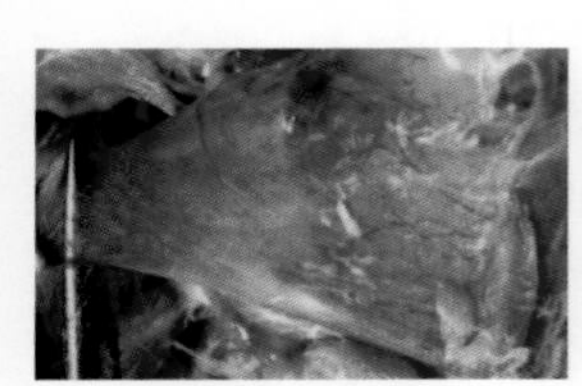

图 7-74　败血支原体病鸡气囊病变（左图：气囊增厚、混浊，有黄色干酪物；
中图：腹腔内有泡沫样液；右图：气囊混浊、增厚，囊腔内有白色干酪样物）

（3）诊断　确诊必须做病原分离鉴定或血液凝聚试验或酶联免疫吸附试验。注意与禽流感、传染性鼻炎（气囊一般不发生病变）、传染性支气管炎（传播快，气管充血，上皮脱落）、传染性喉气管炎（气管黏膜发生出血性炎症，表面有一种凝固的干酪样物质）、黏膜性鸡痘以及维生素缺乏症等相区别。

（4）防制

① 加强管理。雏鸡洁净，保持适宜环境条件，搞好局部免疫和呼吸道黏膜的保护。

② 发病后的措施。罗红霉素、链霉素的剂量：成年鸡肌内注射 20 万单位 / 只，5~6 周龄幼鸡为 5 万 ~8 万单位 / 只，早期治疗效果很好，2~3 天即可痊愈。大群治疗时，可在饲料中添加土霉素 0.4%，连喂 1 周；或每升水支原净 120~150 毫克饮用 1 周。氟哌酸对本病也有疗效。

16. 鸡传染性鼻炎

鸡传染性鼻炎是由鸡嗜血杆菌和副鸡嗜血杆菌所引起鸡的急性呼吸系统疾病，主要症状为鼻腔与鼻窦发炎，流鼻涕，脸部肿胀和打喷嚏。

（1）临床症状　一般常见症状为鼻孔先流出清液以后转为浆液性分泌物，有时打喷嚏，呼吸困难，伸颈、甩头。脸肿胀，眼结膜炎、眼睑肿胀，呆立，缩头（图 7-75）。食欲及饮水减少，或有下痢，体重减轻。脸部及肉髯皮下水肿，单侧眼睑肿胀，眼裂闭合，结膜内有大量黏性分泌物，鼻孔有分泌物。

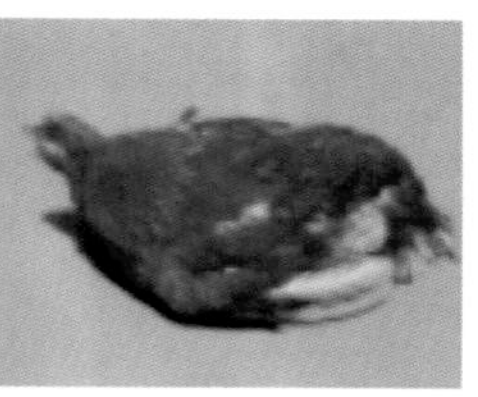
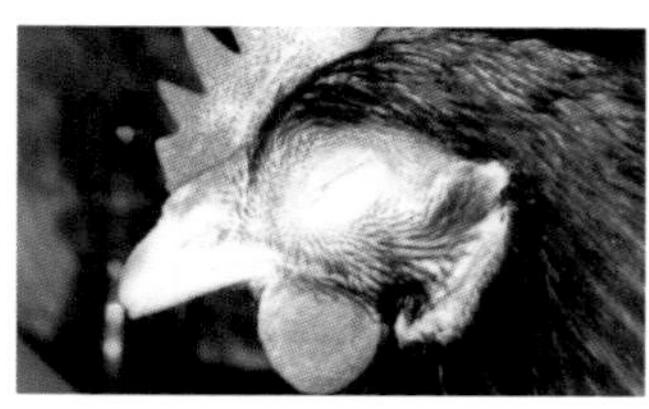

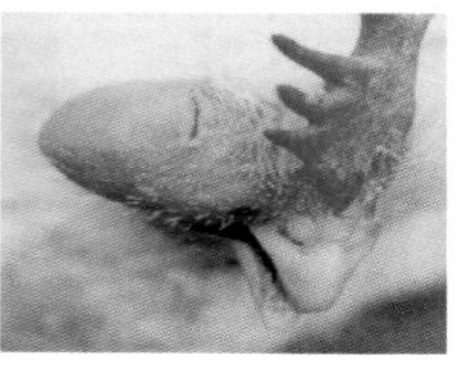

图 7-75　病鸡精神沉郁，张口呼吸（左上、上中）；病鸡多呈单侧面部、眼眶周围肿胀（右上）；鼻孔和结膜有分泌物（左下）；病鸡一侧鼻窦高度肿大如鸽蛋大小，使眼部被挤压移位，眼组织受破坏，失明（右下）

（2）病理变化　鼻腔和窦黏膜呈急性卡他性炎，黏膜充血、肿胀，表面覆有大量黏液，窦内有渗出物凝块，后成为干酪样坏死物（图 7–76）。严重时可见气管黏膜炎症，偶有肺炎及气囊炎。产蛋鸡发病时卵黄变形、易破裂（图 7–77）。

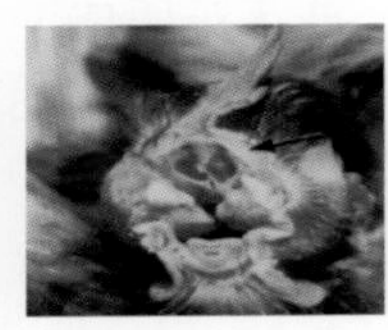
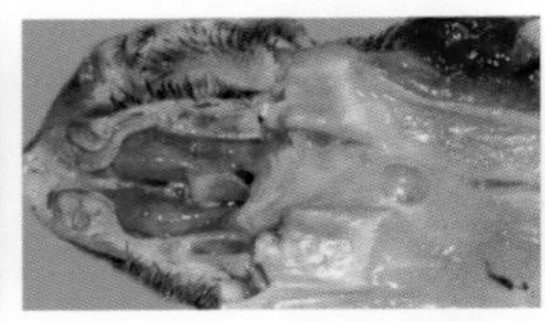
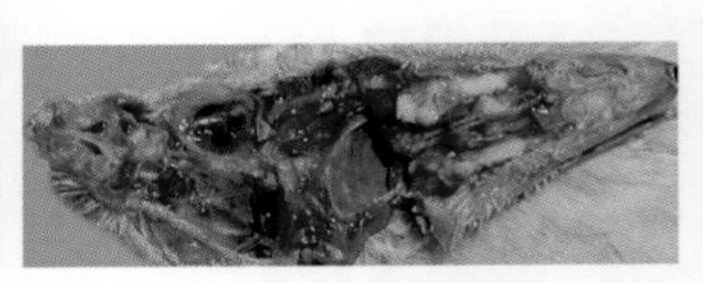

图 7–76　鼻黏膜水肿，鼻腔有黄色干酪样物（左）；病鸡鼻黏膜水肿、充血、出血（中）；病程长者，窦内有干酪样渗出物（右）

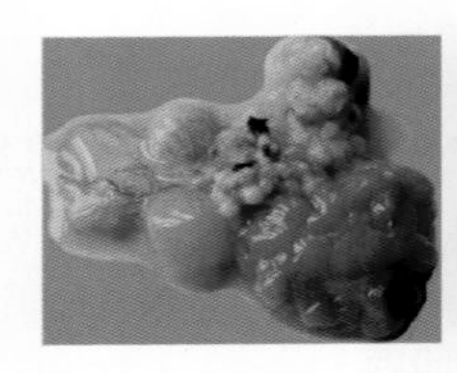
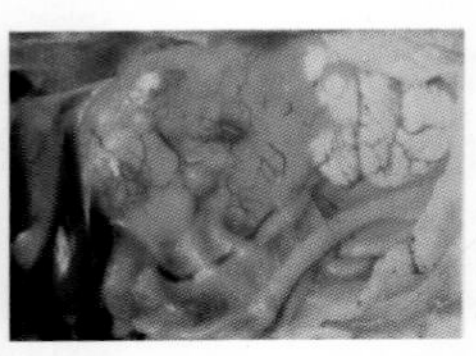

图 7–77　产蛋鸡卵泡变形、出血、易破裂

（3）诊断　细菌的分离培养、鉴定，血清学试验和动物接种。注意与传染性支气管炎、传染性喉气管炎、支原体感染、禽流感的区别。

（4）防制

① 加强饲养管理。

② 免疫接种。参照免疫程序。污染鸡群免疫时要使用 5～7 天抗生素，以防带菌鸡发病。

③ 发病后的措施。发病后及早使用药物治疗，磺胺类药物和抗生素效果良好。当鸡群食欲尚好时，饲料中添加 0.05%～0.1% 的复方磺胺嘧啶，连用 5 天；当鸡采食量减少但还能饮水时，链霉素（成鸡每只 15 万～20 万国际单位）、庆大霉素（每只 2000～3000 国际单位）等连续饮用 3 天。

17. 大肠杆菌病

大肠杆菌病是由大肠杆菌的某些致病性血清型菌株引起的疾病总称。

（1）临床症状和病理变化

① 急性败血型。急性败血型病鸡不显症状而突然死亡，或症状不明显。部分病鸡离群呆立、或拥挤打堆，羽毛逆立，食欲减退或废绝，排黄绿白色稀粪，肛门周围羽毛污染，发病率和死亡率较高，主要病变是纤维性心包炎、肝周炎和腹膜炎。病鸡心包炎，心包增厚，心包腔内集聚大量的灰白色炎性渗出物，与心肌相粘连；病鸡肝脏肿大，瘀血，外有黄白色包膜（纤维素性渗出物），腹部有黄色纤维素膜（图 7-78）。

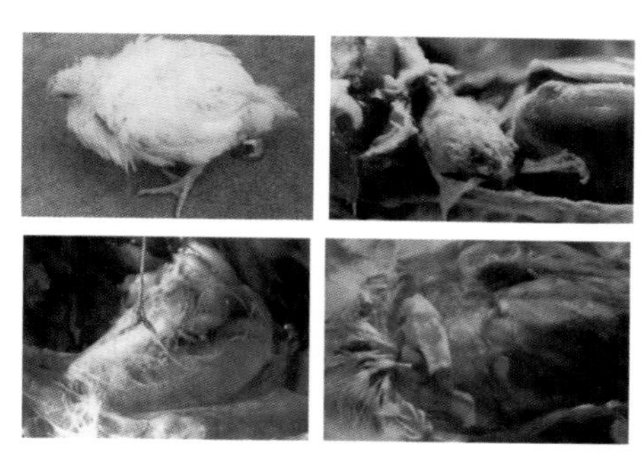

图 7-78　病鸡食欲减退或废绝，排黄绿白色稀粪（左上）；心包炎（右上）；病鸡腹气囊混浊增厚，有纤维素渗出物（左下）；病鸡肝周炎（右下）

② 蛋黄囊炎和脐炎。雏鸡的蛋黄囊、脐部及周围组织的炎症，出现卵黄吸收不良、脐部愈合不全、腹部膨大下垂等异常变化（图 7-79）。

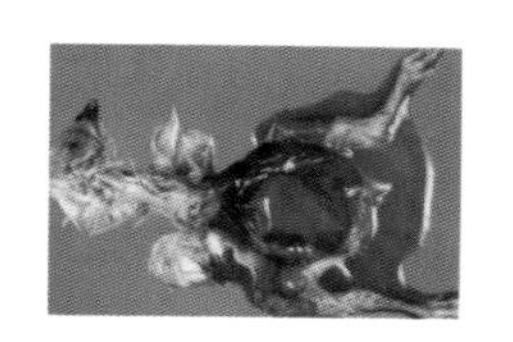

图 7-79　病鸡腹部膨大，卵黄呈黄褐色，易破裂

③ 大肠杆菌性肉芽肿。病鸡内脏器官上产生典型的肉芽肿，肝脏上有坏死灶，病鸡在肠系膜上形成肉芽肿，胃、肠浆膜和肠系膜上有大量表面光滑、灰白色的大肠杆菌性肉芽肿，大肠杆菌肉芽肿病鸡的心、十二指肠、胰脏都有肉芽肿病灶（图 7-80）。

④ 全眼球炎。舍内污浊、大肠杆菌含量高、年龄小的幼雏易发。全眼球炎有时出现在其他症状出现的后期，多为一侧性，少数为两侧性。眼睑封闭，外观肿胀，里面蓄积脓液或干酪样物，眼球发炎（图 7-81）。部分病鸡肝脏大，有心包炎。

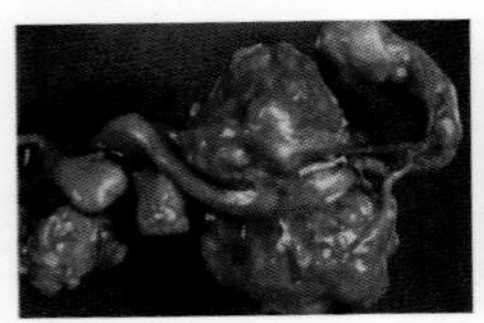
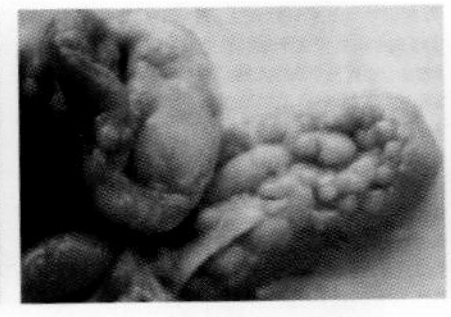
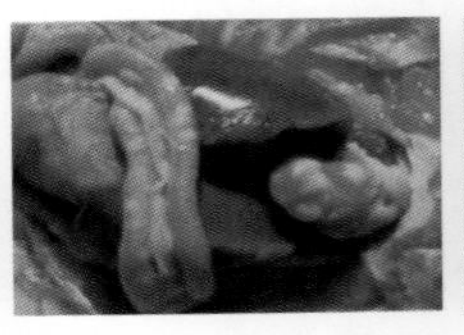
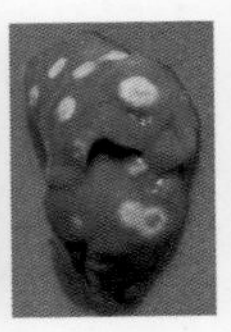

图 7-80　肠系膜上的肉芽肿（左 1）；肠浆膜和肠系膜上的肉芽肿（左 2）；十二指肠、胰脏上的肉芽肿（右 2）；肝上的肉芽肿（右 1）

图 7-81　大肠杆菌病眼炎

⑤ 卵黄性腹膜炎。又称“蛋子瘟”，输卵管常因感染大肠杆菌而产生炎症，炎症产物使输卵管伞部粘连，漏斗部的喇叭口在排卵时不能打开，卵泡因此不能进入输卵管而跌入腹腔，引发本病。病、死母鸡，外观腹部膨胀、重坠，剖检可见腹腔积有大量卵黄，卵黄变性凝固，肠道或脏器间相互粘连（图 7-82）。

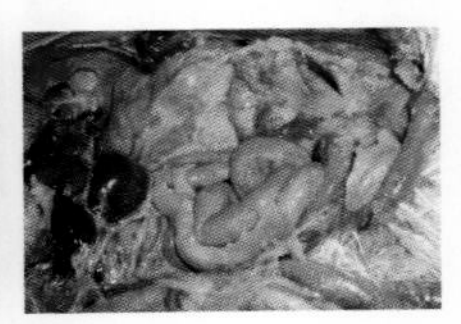

图 7-82　卵泡破裂，腹腔内充满卵黄液（左）；引起腹膜炎，卵黄凝固（右）

⑥ 输卵管炎。多见于产蛋期母鸡，输卵管充血、出血，或内有大量分泌物，产生畸形蛋和内含大肠杆菌的带菌蛋，严重者减蛋或停止产蛋（图 7-83）。

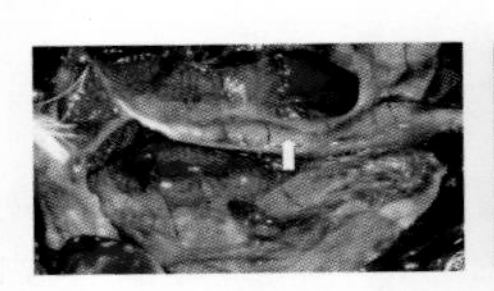

图 7-83　病鸡输卵管膨大，内有灰白色干酪样渗出物（左）；输卵管形成囊肿（右）

⑦ 生殖器官病。患病母鸡卵泡膜充血，卵泡变形，局部或整个卵泡红褐色或黑褐色，有的硬变，有的卵黄变稀。有的病例卵泡破裂，输卵管黏膜有出血斑和黄色絮状或块状的干酪样物；公鸡睾丸膜充血，交媾器充血、肿胀。

⑧ 肠炎。肠黏膜充血、出血，肠内容物稀薄并含有黏液血性物，有的腿麻痹，有的病鸡后期眼睛失明。

（2）诊断　根据临床症状和病理变化初步诊断，确诊需要进行菌株分离。

（3）防制

① 预防措施。做好隔离卫生工作，严格控制饲料和饮水的卫生和消毒，做好其他疫病的免疫，保持舍内清洁卫生和空气良好，减少应激；采用本地区发病鸡群的多个菌株或本场分离的菌株制成的大肠杆菌病灭活苗（自家苗）进行免疫接种有一定的预防效果。

② 发病后的措施。大肠杆菌对多种抗生素、磺胺类和呋喃类药物都敏感。由于易产生抗药性，使用时最好进行药敏试验。每100 千克水加 8～10 克阿米卡星，自由饮用 4～5 天，或每 100千克水加 8～10 克氟苯尼考，自由饮用 3～4 天，治疗效果较好。

18. 鸡白痢

鸡白痢是由鸡沙门氏菌引起的一种常见和多发的传染病。

（1）临床症状　种蛋感染一般在孵化后期或出雏器中可见到已死亡的胚胎和垂死的弱雏鸡，出壳后表现衰弱、嗜睡、腹部膨大、食欲丧失，绝大部分经 1～2 天死亡。出壳后感染的雏鸡，多在孵出后几天才出现明显症状，2～3 周大量死亡。病雏鸡精神不振，腹泻（图 7-84）；左侧跗关节肿大，瘫痪，眼睛呈云雾状混浊，失明；引发肺炎，出现呼吸困难（图 7-85）；40～80 天的青年鸡也可感染。病程可拖延 20～30 天；成年鸡白痢多是由雏鸡白痢的带菌者转化而来的，呈慢性或隐性感染，一般不见明

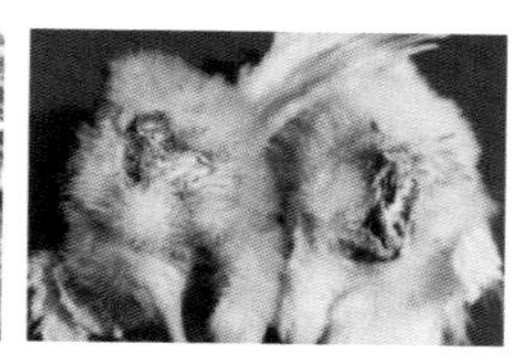

图 7-84　病雏鸡精神沉郁，不食，绒毛松乱，两翼下垂，缩头颈，闭眼昏睡（左）；病雏鸡排灰白色稀粪（中）；排稀薄如糨糊状粪便，肛门周围绒毛被粪便污染，有时堵塞肛门不能排粪（右）

显的临床症状。

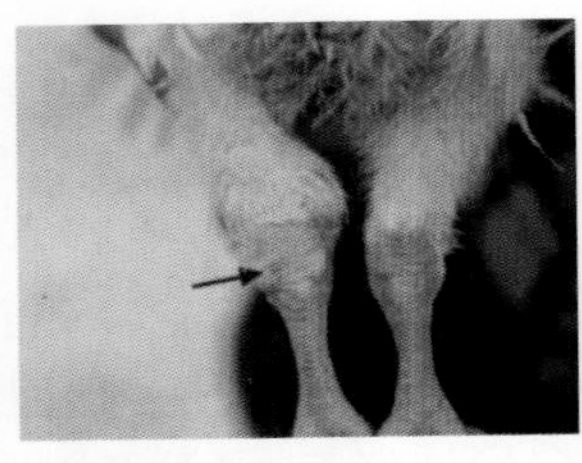
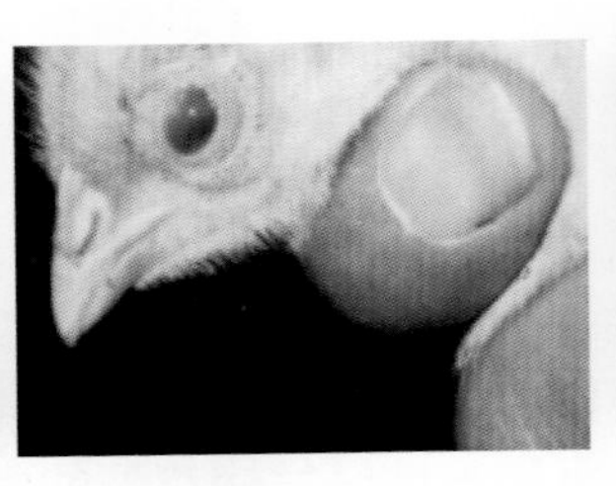

图 7-85　病雏鸡左侧跗关节肿大（左）；病雏鸡眼睛呈云雾状混浊，失明（中）；白痢引起肺炎时雏鸡出现的呼吸困难（右）

（2）病理变化　病鸡肝脏肿大、出血，有灰白色细小坏死点，肌胃有病灶（图 7-86）；盲肠肿胀，肠管有白色病灶。肝脏肿大（图 7-87）；成年鸡白痢卵巢、卵泡变性、变形、坏死，有卵黄性腹膜炎（图 7-88）。

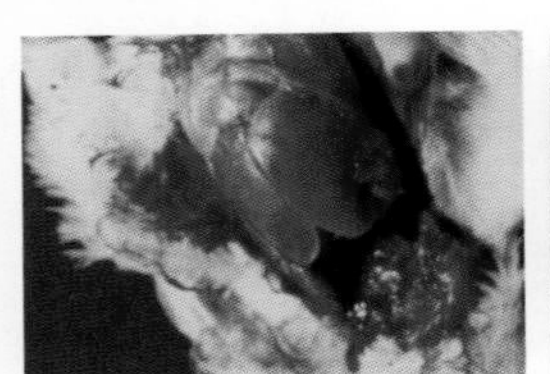
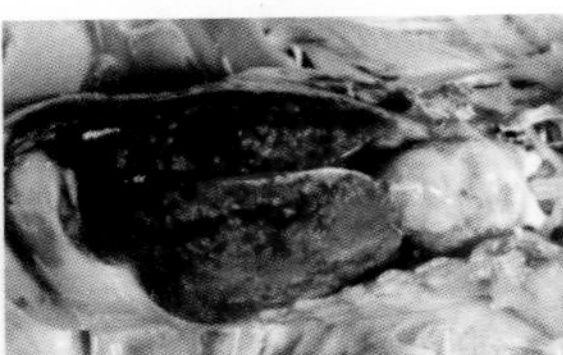
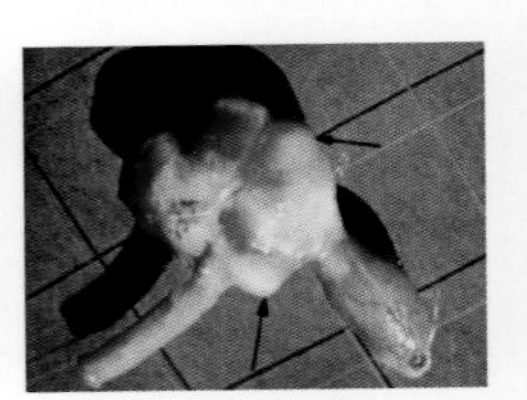

图 7-86　病鸡的肝脏肿胀、出血，呈斑驳样（左）；病鸡肝脏有坏死灶，心包炎（中）；肌胃上出现白色病灶（右）

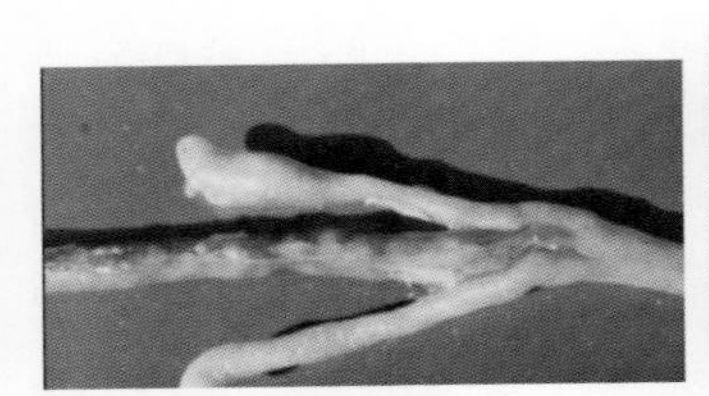
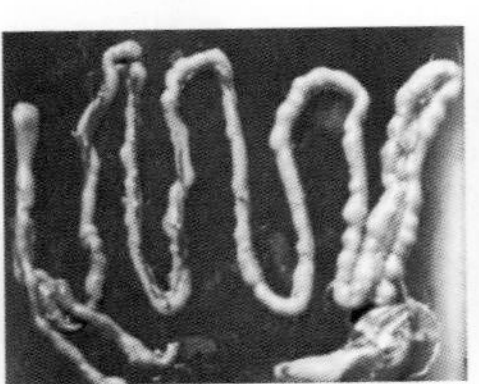
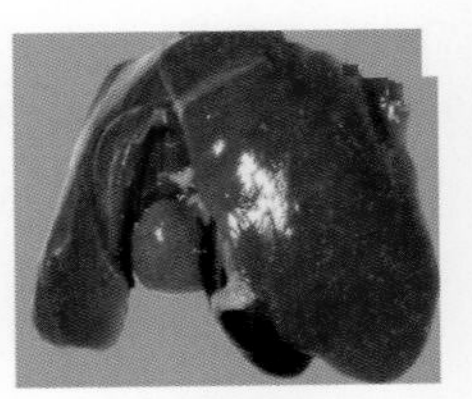

图 7-87　病雏鸡盲肠肿胀（左）；病鸡肠管上有白色病灶、隆起（中）；病雏鸡肝脏表面有大量灰白色坏死点（右）

（3）诊断　血液凝集试验和细菌分离鉴定可以确诊。注意与伤寒和副伤寒、曲霉菌病（肺脏病变与白痢相似，但气囊上有小结节，显微镜下可见到真菌孢子）的区别。

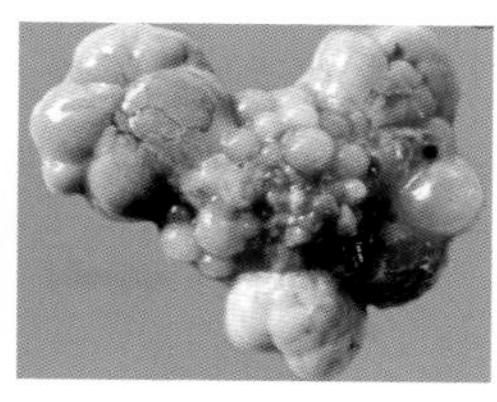

图 7-88　成年鸡白痢卵泡变性、坏死（左）；卵泡萎缩、变形，呈灰绿色（中）；卵泡萎缩、变形，呈土黄色（右）

（4）防制

① 加强检疫卫生。种鸡场利用血清学试验，剔除阳性反应的带菌者；做好种蛋、孵化过程和雏鸡入舍前后的消毒工作；保持适宜的温度和卫生，使用抗菌药物或微生态制剂预防。

② 发病后的措施。磺胺嘧啶、磺胺甲基嘧啶和磺胺二甲基嘧啶为首选药，在饲料中添加不超过 0.5%，饮水中可用 0.1%～0.2%，连续使用 5 天后，停药 3 天，再继续使用 2～3 次。其他抗菌药均有一定疗效。

19. 禽霍乱

禽霍乱（禽巴氏杆菌病、禽出血性败血症）是由多杀性巴氏杆菌引起的多种禽类的传染病。本病常呈现败血性症状，发病率和死亡率很高，但也常出现慢性或良性经过。

（1）临床症状　最急性型突然死亡，晚上和肥胖鸡多见。病鸡无特殊病变，有时只能看见心外膜有少许出血点。急性型为常见。病鸡主要表现为精神沉郁，羽毛松乱，缩颈闭眼，头缩在翅下，不愿走动，离群呆立。病鸡常有腹泻，排出黄色、灰白色或绿色的稀粪。体温升高到 43～44℃，减食或不食，渴欲增加。呼吸困难，口、鼻分泌物增加。冠和髯变紫色，有的病鸡肉髯肿胀（图 7-89），有热痛感，产蛋鸡停止产蛋。最后发生衰竭，昏迷而死亡，病程短的约半天，长的 1～3 天。慢性型见图 7-90。

（2）病理变化　最急性型病变不明显，急性型心脏出血，肝脏肿大，肝表面散布有许多灰白色、针头大的坏死点（具有特征性病变）（图 7-91）。病鸡腺胃与肌胃交界处有出血斑。病鸡心肌和冠状沟脂肪有出血点和出血斑。肺脏出血，卵巢出血、坏死

（图 7-92）。

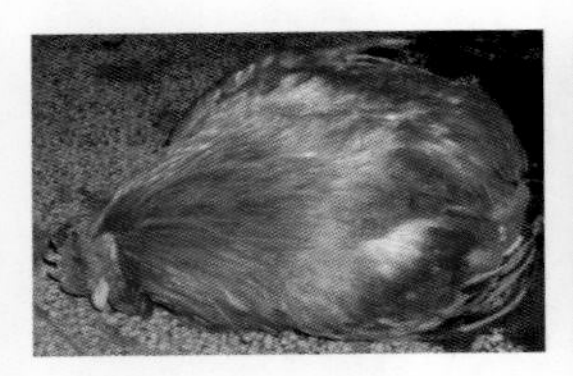

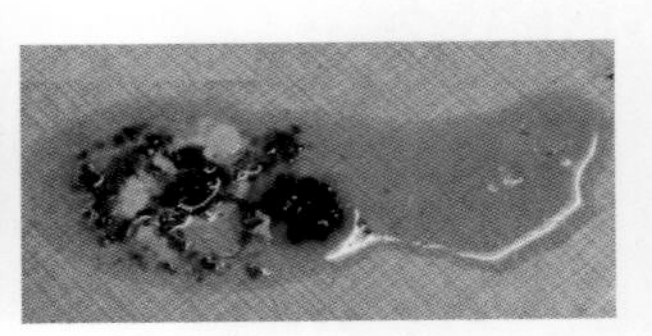

图 7-89　最急性型禽霍乱通常无前驱症状，突然倒地、拍翅、抽搐、挣扎，迅速死亡（左）；急性型突然发病，厌食，冠紫（中）；病鸡排黄白色或黄绿色稀粪（右）

图 7-90　慢性型禽霍乱公鸡的肉髯肿胀，变硬（左）；精神沉郁，呼吸困难，关节肿大，不愿走动（右）

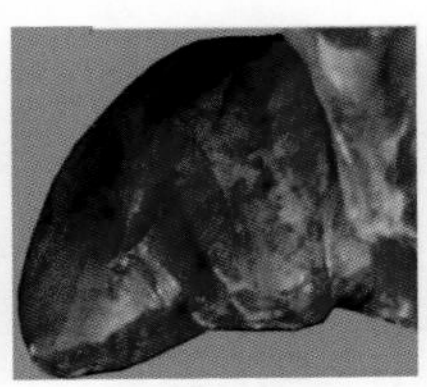
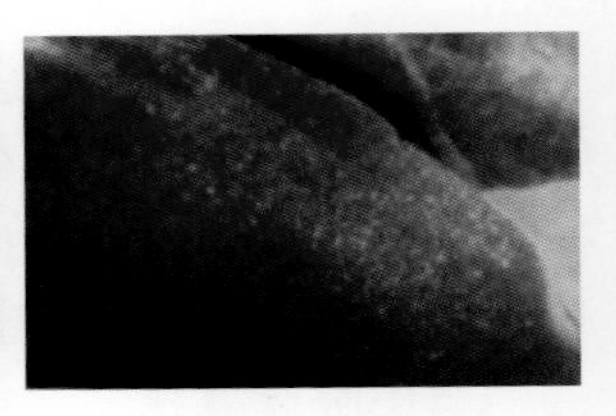

图 7-91　最急性型病变不明显，母鸡输卵管内有完整的蛋（左）；急性型整个心脏有弥漫性的出血点，心包有大量积液（中）；肝脏肿大、质脆，呈棕色或黄棕色，有针尖大小灰白色坏死灶（右）

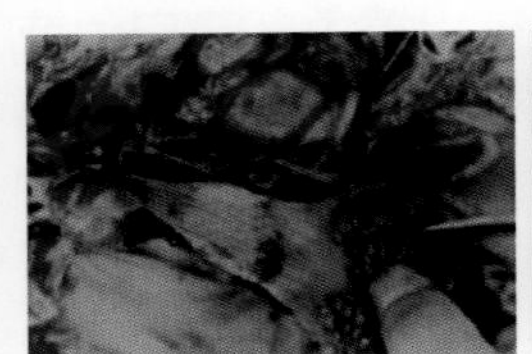
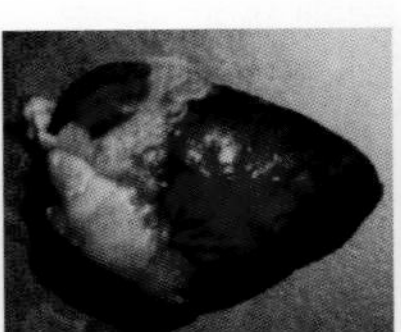

图 7-92　腺胃与肌胃交界处有出血斑（左 1）；心肌和冠状沟脂肪有出血点和出血斑（左 2）；肺脏高度瘀血、出血和水肿（右 2）；卵泡出血、坏死（右 1）

（3）诊断　取病鸡血涂片，肝脾触片经美蓝、瑞氏或吉姆萨染色，如见到大量两极浓染的短小杆菌，有助于诊断。进一步的诊断须经细菌的分离培养及生化反应。注意与新城疫（只感染鸡，用抗菌药物治疗无效果）鉴别诊断。

（4）防制

① 预防措施。加强饲养管理，严格隔离、卫生和消毒制度，每吨饲料中添加 40～45 克喹乙醇或杆菌肽锌。

② 发病后的措施。及时采取封闭、隔离和消毒措施，加强对鸡舍和鸡群的消毒；有条件的地方应通过药敏试验选择有效药物全群给药。土霉素（0.1%～0.2%）或磺胺二甲基嘧啶（0.2%～0.4%）拌料，连用 3～4 天；或每千克饲料喹乙醇 0.2～0.3 克拌料，连用一周（或每千克体重 30 毫克，每日饲喂一次，连用 3～4 天）。对病鸡按每千克体重青霉素水剂 1 万单位肌内注射，每天 2～3 次。

20. 鸡曲霉菌病

鸡曲霉菌病是由曲霉菌（主要是烟曲霉，其次是黑曲霉、黄曲霉和土曲霉）引起的一种传染病。幼鸡多发且呈急性群发性，发病率和死亡率都很高，成鸡则为散发，其主要特征是在呼吸器官组织中发生炎症并形成肉芽肿结节。

（1）临床症状　雏鸡呈急性经过，初期精神沉郁，翅下垂，闭目呆立一隅，随后出现呼吸困难、喘气，病鸡头颈伸直，张口呼吸（图 7-93）。后期病鸡迅速消瘦，下痢。若病原侵害眼睛，可能出现一侧或两侧眼睛发生灰白混浊，也可能引起一侧眼肿胀，结膜囊有干酪样物。若食道黏膜受损时，则吞咽困难。少数鸡由于病原侵害脑组织，引起共济失调、角弓反张、麻痹等神经

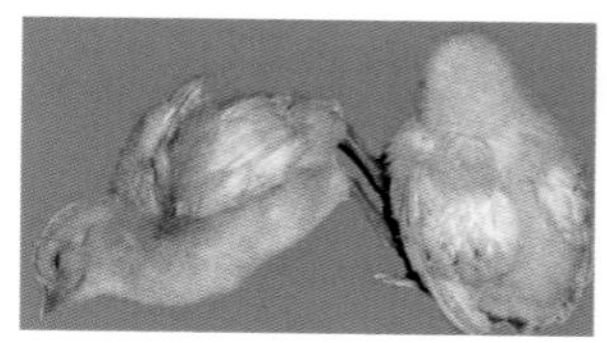

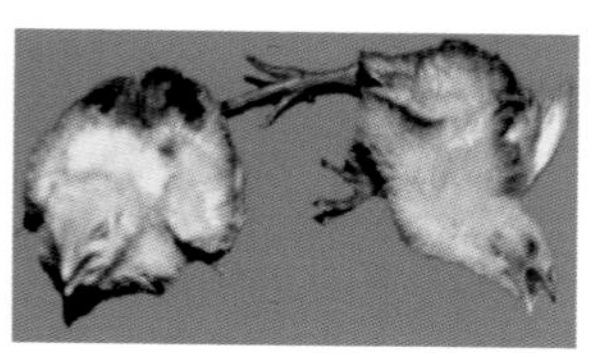

图 7-93　病鸡精神沉郁，翅下垂，倒地，向后弯曲（左）；呼吸困难，喘气，头颈伸直，张口呼吸（右）

症状。一般发病后 2～7 天死亡，慢性者可达 2 周以上，死亡率一般为 5%～50%。若曲霉菌污染种蛋及孵化后，常造成孵化率下降，胚胎大批死亡。成年鸡多呈慢性经过，引起产蛋下降，病程拖延数周，死亡率不定。

（2）病理变化　特征病变主要见于肺和气囊。肺脏可见典型的霉菌结节，从粟粒到绿豆大小不等，结节呈灰白色、黄白色或黄色（图 7-94）。腹膜和浆膜上有结节（图 7-95）。

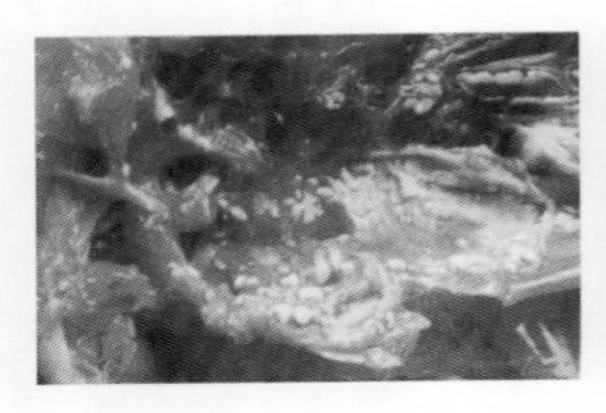
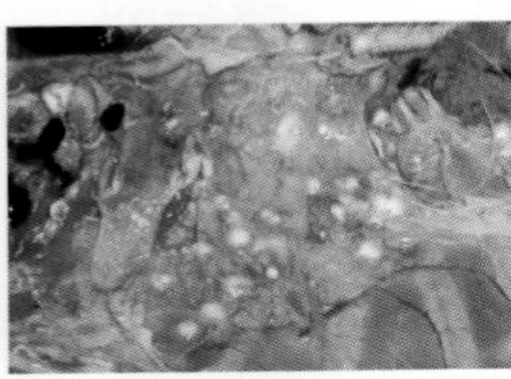
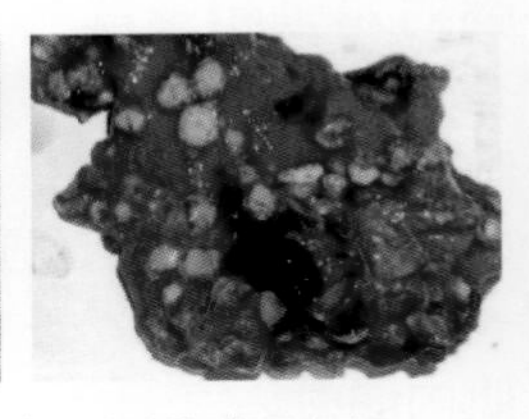

图 7-94　病鸡气囊上布满白色蘑菇状霉菌结节（左）；肺脏浆膜面大小不一的结节（中）；肺脏上霉菌病灶融合成的团块（右）

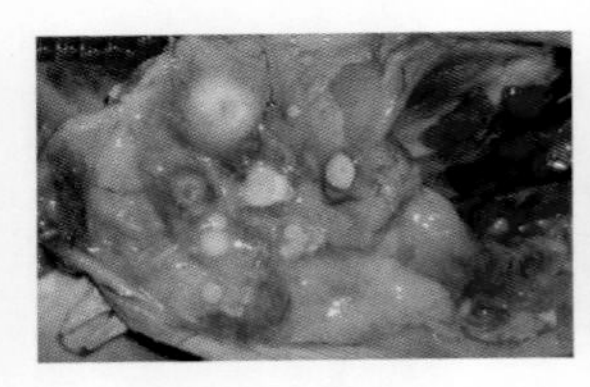

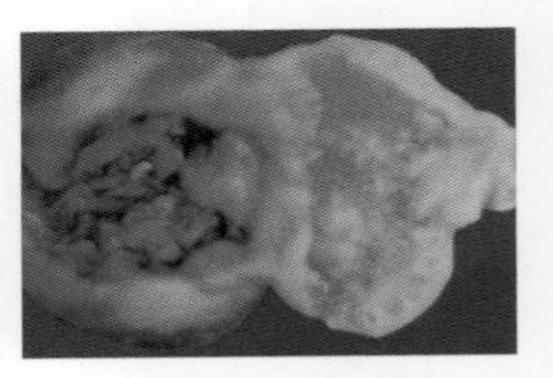

图 7-95　病鸡腹膜上散布着黄白色霉菌结节（左）；病鸡内脏浆膜上散布着黄白色霉菌结节（中）；病鸡的腺胃壁增厚，乳头肿胀（右）

（3）诊断　根据发病特点（饲料、垫草的严重污染、发霉，幼鸡多发且呈急性经过）、临床特征（呼吸困难）、剖检病理变化（在肺、气囊等部位可见灰白色结节或霉菌斑块）等，做出初步诊断，确诊需进行微生物学检查和病原分离鉴定。

（4）防制

① 预防措施。应防止饲料和垫料发霉，使用清洁、干燥的垫料和无霉菌污染的饲料，避免鸡接触发霉堆放物，改善鸡舍通风和控制湿度，减少空气中霉菌孢子的含量。为了防止种蛋被污染，应及时收蛋，保持蛋库与蛋箱卫生。

② 发病后的措施。及时隔离病雏，清除污染霉菌的饲料与垫

料，清扫鸡舍，喷洒 1 ： 2000 的硫酸铜溶液，换上不发霉的垫料。严重病例扑杀淘汰，轻症者可用 1 ： 2000 或 1 ： 3000 的硫酸铜溶液饮水，连用 3～4 天，可以减少新病例的发生，有效地控制本病的继续蔓延。制霉菌素，成鸡每只 15～20 毫克、雏鸡 3～5 毫克，混于饲料喂服 3～5 天，有一定疗效。病鸡用碘化钾口服治疗，每升水加碘化钾 5～10 克，具有一定疗效。

21. 绿脓杆菌病

绿脓杆菌病是由绿脓杆菌（是一种能运动的革兰氏阴性杆菌，单在或成双，有时呈短链）感染引起的鸡的传染病，主要危害 10 日龄以内的雏鸡。许多鸡场由于注射马立克氏病疫苗而感染绿脓杆菌。本病一年四季均可发生，以冬季多见。

（1）临床症状　本病的病程比较短，病鸡临床表现多呈急性经过，精神沉郁，饮食废绝，体温升高达 43℃，腹部膨胀，手压软而无弹性，排白色、绿色或褐色稀便，肛门水肿外翻，其周围被粪便污染，被毛蓬乱，闭目，站立不稳，死亡率可达 70%～90%（图 7-96）。

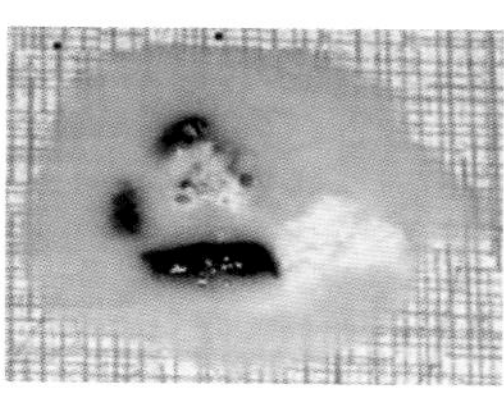
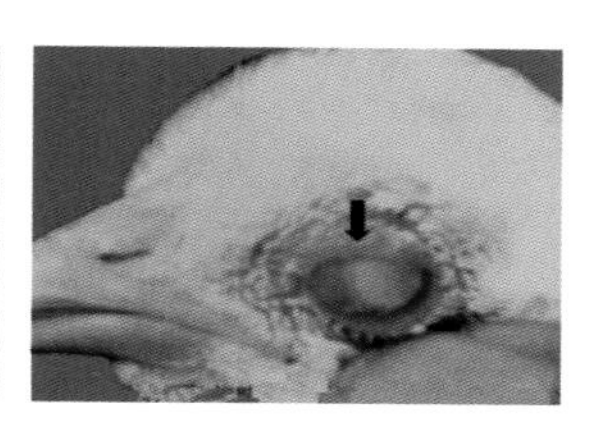

图 7-96　败血性体温升高，精神不振（左）；粪便呈白色黏液样（中）；部分病例角膜或眼前房混浊（右）

（2）病理变化　病死雏鸡，皮下特别是头部周围皮下有浆液浸润，肝轻度肿大，包膜下有小坏死灶（图 7-97）。心包混浊、肥厚，外膜有纤维素性渗出物，肾脏肿大、淤血；卡他性、出血性肠炎，肠黏液增多，或混有血液；关节肿大，关节液混浊、增多。

【注意】雏鸡患铜绿假单胞菌病，往往发生在注射马立克氏病疫苗后的当天深夜或第二天；发病急，且死亡率高，可根据疫病的流行病学特点、症状和病理变化做出初步诊断。

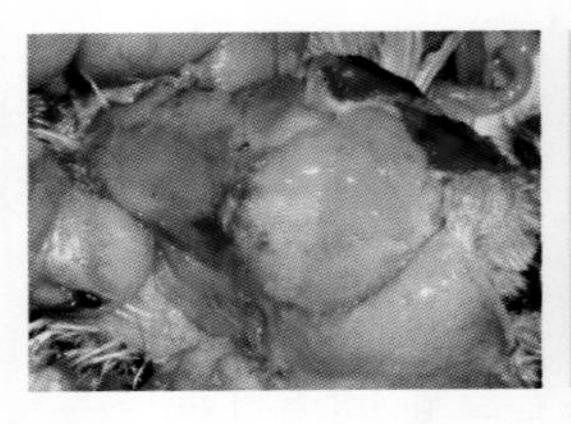
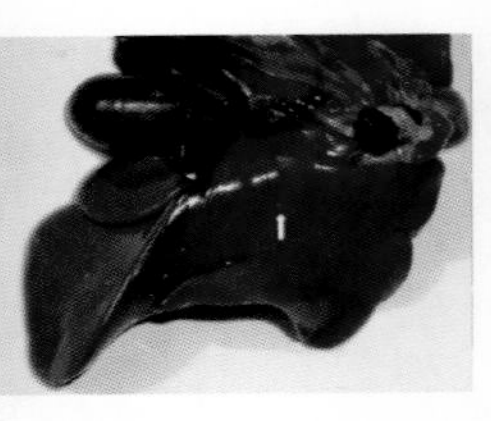

图 7–97 注射部位皮下胶冻样浸润（左）；肝脏肿大、出血，胆囊扩张（右）

（3）诊断 进行细菌分离鉴定。

（4）防制

① 预防措施。搞好孵化的消毒卫生工作。孵化用的种蛋在孵化之前可用福尔马林熏蒸后再入孵。对孵出的雏鸡进行马立克氏病疫苗注射，一定要注意针头的消毒卫生。

② 发病后的措施。一旦暴发本病，选用高敏药物，如庆大霉素、妥布霉素、新霉素、多黏菌素、阿米卡星进行紧急注射或饮水治疗，可很快控制疫情。

22. 坏死性肠炎

坏死性肠炎是由厌氧性梭状芽孢杆菌（C 型魏氏梭菌）引起的一种急性传染病。坏死性肠炎在 4～8 周龄雏鸡中仅呈散发，但多发于肉用仔鸡。变更饲喂计划、环境应激、饲养密度过大以及其他应激时可能引起本病发生。

（1）临床症状 病鸡表现精神沉郁，眼闭合，羽毛逆立，食欲减退，排出黄褐色糊状粪，有时染有血液，肛门周围的羽毛常被污染，粘有黄绿色、黄褐色稀粪（图 7–98）。慢性者体重减轻，排灰白色流动状软便，逐渐衰弱而死亡。

（2）病理变化 C 型魏氏梭菌感染初期，病鸡十二指肠黏膜增厚、肿胀，肠黏膜上形成一层厚厚的浅黄色纤维性假膜，好像麸皮一样，易于剥离；肠道内容物有大量的气泡和许多未消化的饲料颗粒（图 7–99）；有的病例在肠壁上有大小不一的出血斑点，像花布一样；感染后期肠黏膜发生坏死，新鲜的病死鸡尸体打开腹腔后，即可闻到一般疾病少有的尸体腐败的臭味。肠道表面呈污灰色、黑褐色或污黑色、蓝绿色，肠黏膜脱落。严重者肠壁上有一层致密的伪膜，肠道内有气泡或混有褐色糊状物，有腥臭味（图 7-100）。

图 7-98　病鸡精神沉郁，排出黄褐色糊状粪（左）；肛门周围的羽毛被污染（右）

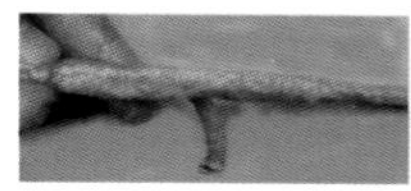

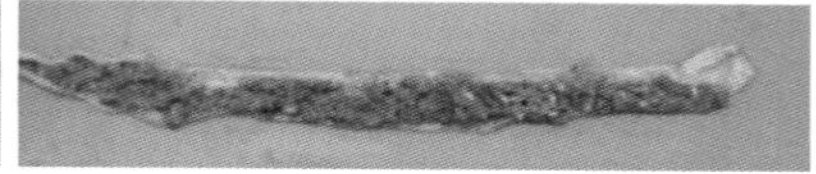

图 7-99　病鸡十二指肠黏膜上的假膜（左）；肠道内容物的气泡（中）；未消化的饲料颗粒（右）

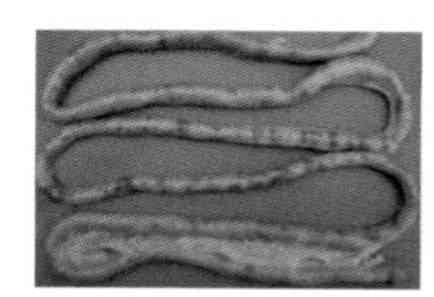
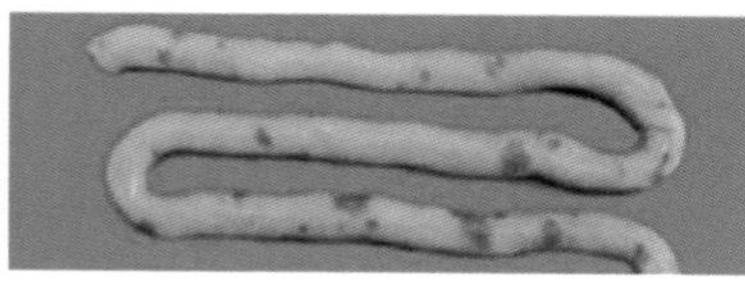
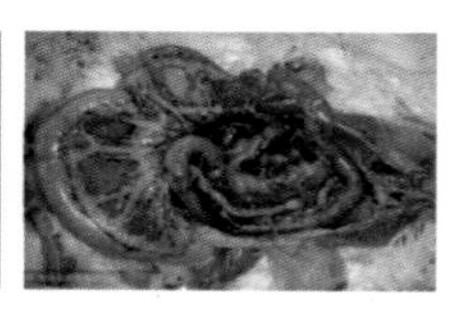

图 7-100　病鸡肠壁上的出血斑点（左、中）；打开腹腔后有尸体腐败的臭味（右）

（3）诊断　取肠损伤部位的刮取物抹片染色可见有大量的革兰氏阳性菌，并且只有在厌氧培养时才能分离到本菌。注意与球虫病鉴别。球虫病时，增生的肠黏膜直接涂片镜检，可见多数球虫卵囊。有时坏死性肠炎与球虫病混合感染，这时在抹片上可同时见到细菌和球虫卵囊。

（4）防制

① 预防措施。避免饲喂污染的饲料。如动物蛋白、肉骨粉及鱼粉易受芽孢杆菌污染，贮藏不好就会造成大量细菌增生、繁殖，引起发病，应经常监测。在饲料或饮水中加入青霉素、四环素类、杆菌肽、林可霉素（洁霉素）等抗生素预防或治疗。

② 发病后的措施。水溶性杆菌肽锌、林可霉素、青霉素饮水，连用3~4天，可以减少发病率和死亡率。但停药后仍可发生。

23. 鸡伤寒

鸡伤寒是由鸡伤寒沙门氏菌（革兰氏阴性、短小、无鞭毛、无芽孢和无荚膜的杆菌，不能运动，抵抗力不强，一般消毒药物和直射阳光均能很快将其杀死）引起鸡的败血性传染病，呈急性或慢性经过。主要侵害 3 月龄以上的鸡，病情的急缓、发病率和死亡率的高低，因鸡群不同而有很大差异。对鸡和火鸡的危害小于鸡白痢。本病遍及世界各国。

（1）临床症状　潜伏期一般为 4~7 天。雏鸡发病时与鸡白痢相似，成鸡发病时，最急性者常无明显症状而突然死亡。急性经过者表现精神沉郁，羽毛蓬乱，食欲消失，口渴增加，体温升高，呼吸加快，排黄绿色水样或泡沫状粪便。有些患病鸡共济失调，发病后 3~5 天死亡。自然发病死亡率差异较大，10%~50% 或更高。慢性经过者表现贫血、冠髯苍白、皱缩，个别发紫。食欲减少，交替出现腹泻、便秘。病程 8 天以后，死亡较少，多成为带菌鸡（图 7-101）。

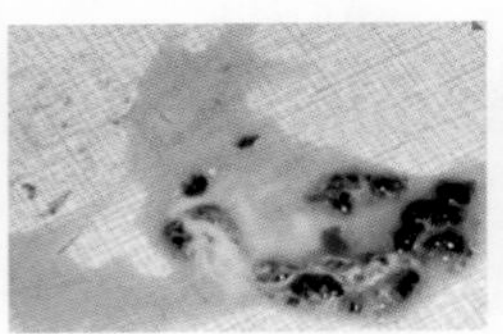

图 7-101　急性型病鸡精神沉郁（左）；病鸡排淡黄色或黄绿色稀粪（中）；慢性病鸡贫血、冠髯苍白（右）

（2）病理变化　最急性病鸡眼观病变不明显。急性病例常见肝、脾、肾充血、肿大。亚急性和慢性病例的特征性病变是肝脏肿大，充血变红，呈青铜色（暗黄绿色），表面有灰白色坏死点，胆囊肿大，充满绿色油状胆汁（图 7-102）。心肌表面常有灰白色坏死点，病程较长的发生心包炎，心包膜增厚和心外膜粘连。肠道呈卡他性炎症，内容物黏稠，含大量胆汁。脾脏肿大，质脆易碎，呈暗紫色。母鸡卵巢中一部分正在发育均卵泡充血、变色和变性，引起腹膜炎。公鸡睾丸可见大小不等的坏死病灶（图7-103）。

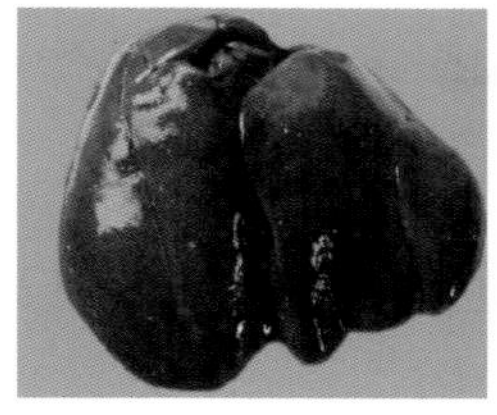
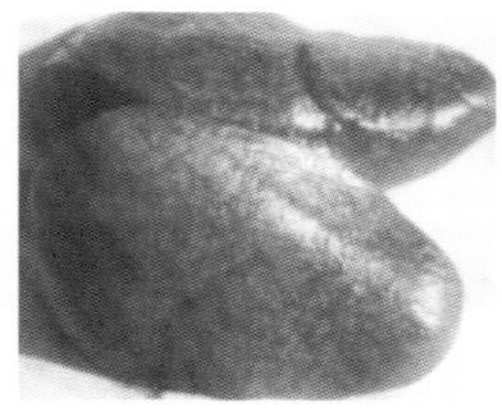
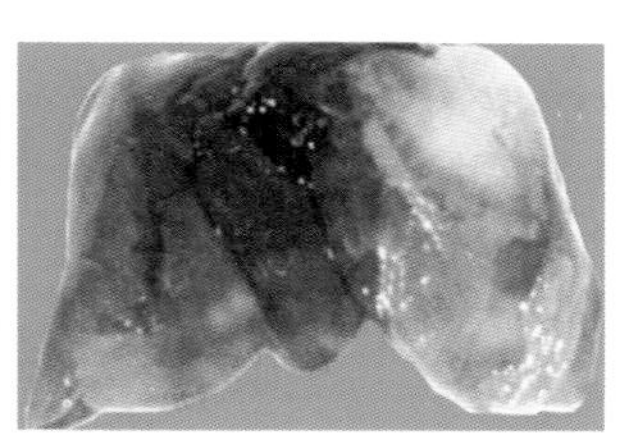

图 7-102　肝脏病变

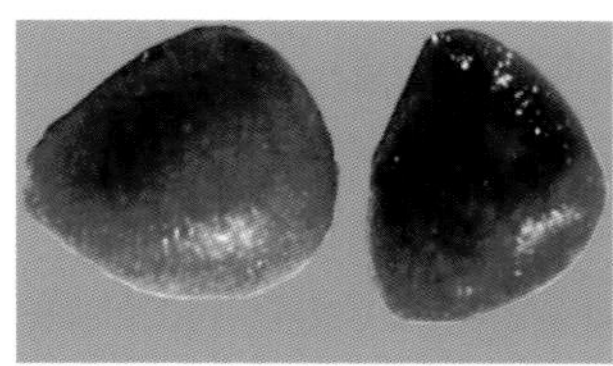
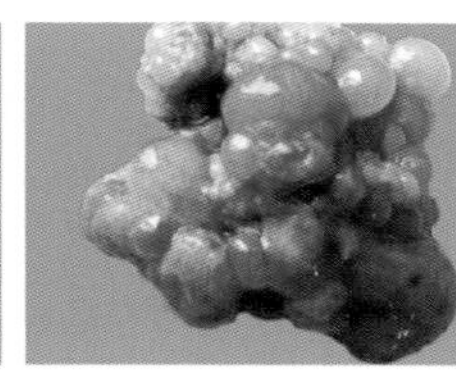
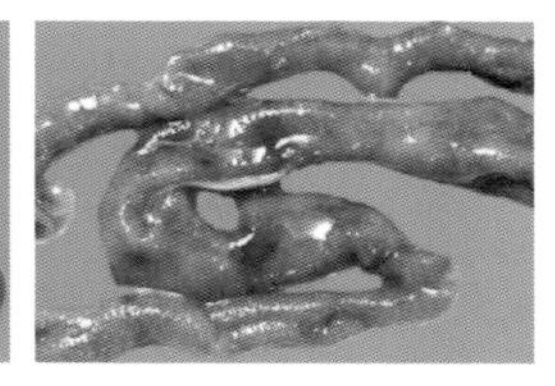

图 7-103　脾脏病变（左）；卵巢病变（中）；肠道病变（右）

（3）诊断　确诊需要细菌分离和鉴定，特别是对于雏鸡发病，较难与鸡白痢区分，更要依靠细菌学诊断。用鸡伤寒多价抗原与病鸡全血或血清做平板凝集试验，可检出阳性鸡。但由于鸡伤寒沙门氏菌与鸡白痢沙门氏菌具有共同的 O 抗原，所以检出的阳性鸡很难分清是鸡白痢还是鸡伤寒，也许两种病同时存在。注意与鸡霍乱和新城疫相区别。

（4）防制

① 预防措施。加强种蛋和孵化、育雏用具的清洁和消毒。每次孵化前，孵化室及所有用具要用甲醛消毒，对引进的鸡要注意隔离及检疫。平时加强饲养管理，鸡舍及一切用具要做好清洁消毒，料槽和饮水器每天清洗一次，并防止被鸡粪污染。

② 发病后的措施。发生本病时，要隔离病鸡，对濒死鸡、死鸡及鸡群的排泄物要深埋或焚烧。对鸡舍、运动场和所有用具用消毒剂消毒，每日一次，连续 1 周。防止鸟、鼠等进入鸡舍。药物治疗。根据药敏试验，选用最佳药物。一般情况下，磺胺类药物（如复方敌菌净、磺胺二甲氧嘧啶等）有良好疗效，土霉素有

中等疗效。每升水中加氟苯尼考 0.1～0.15 克，使用 5～7 天。

24. 鸡副伤寒

鸡副伤寒是指由鞭毛能运动的沙门氏菌（这些沙门氏菌已分离出的有 150 多种，引起鸡发病的主要是鼠伤寒沙门氏菌、肠炎沙门氏菌、鸭沙门氏菌和乙型副伤寒杆菌等十几种）所致的疾病的总称。幼雏多表现为急性热性败血症，与鸡白痢相似；成鸡一般呈慢性经过或隐性感染。本病不仅可以造成各种幼龄家鸡大批死亡，而且由于其慢性性质和难于根除，给养鸡业造成损失。同时具有公共卫生意义，因为人类很多沙门氏菌感染的暴发都与产品中存在的副伤寒沙门氏菌有关。人类食用带有副伤寒病菌的畜禽产品，能引起急性胃肠炎和败血症。

（1）临床症状　急性暴发时在孵化器就出现死亡，或出壳几天死亡，可不显症状。雏鸡表现精神沉郁，消瘦，翅、脚麻痹，头向后倾，显著厌食，饮水增加，水泻样下痢，肛门粘有粪便，畏寒怕冷（图 7-104）。病程 2～3 周。成鸡慢性副伤寒无明显症状，有时轻度腹泻，消瘦，产蛋减少。

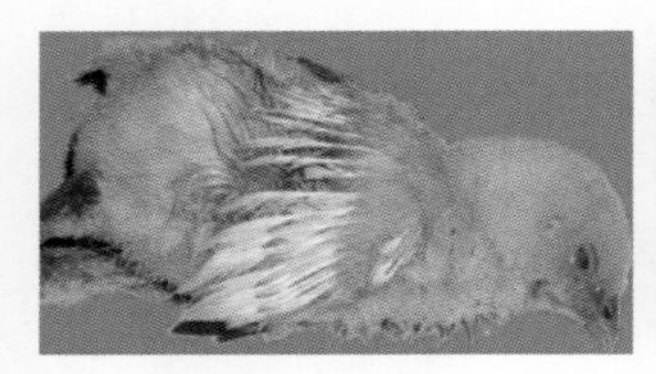
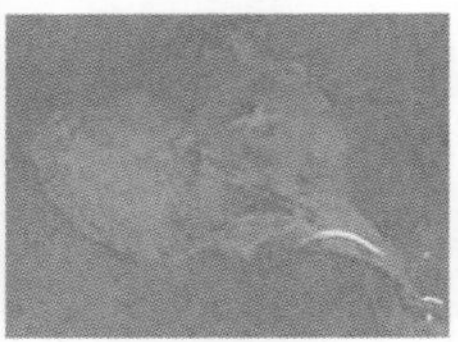
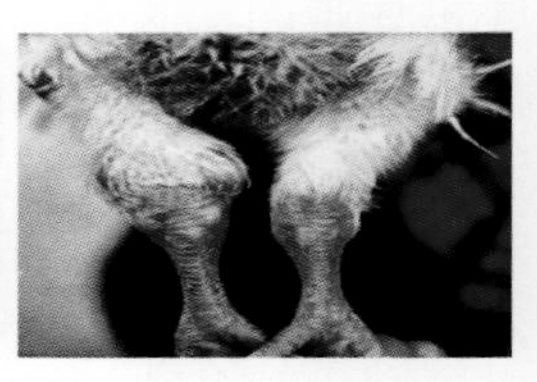

图 7-104　最急性经过雏鸡，一般看不到症状突然死亡（左）；病鸡排白色水样粪便（中）；病鸡关节炎性肿胀（右）

（2）病理变化　雏鸡出壳后不久即死亡的无明显病变。10 日龄以后病死的，可见肝、脾、肾淤血、肿大，肝脏表面有条纹状或针尖状出血和灰白色坏死点，胆囊扩张，充满胆汁。心包炎，心包膜和外膜发生粘连，心包液增多，呈黄色。盲肠内常有淡黄色干酪样物，小肠有出血性炎症（图 7-105）。成鸡慢性副伤寒的主要病变为肠黏膜有溃疡或坏死灶，肝、脾、肾不同程度肿大，母鸡卵巢有慢性白痢的病变。

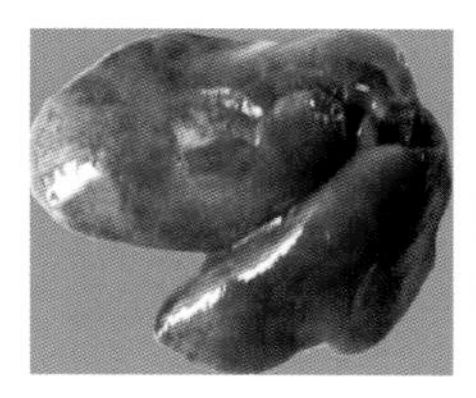
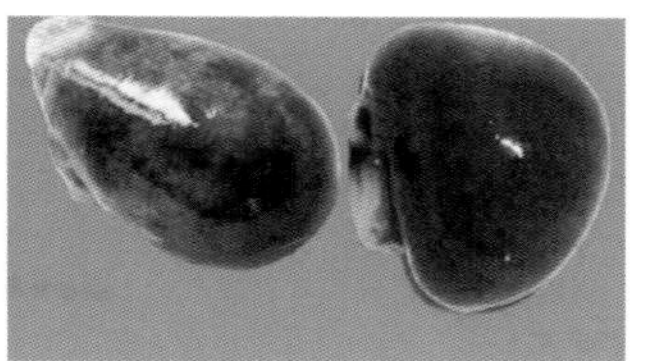
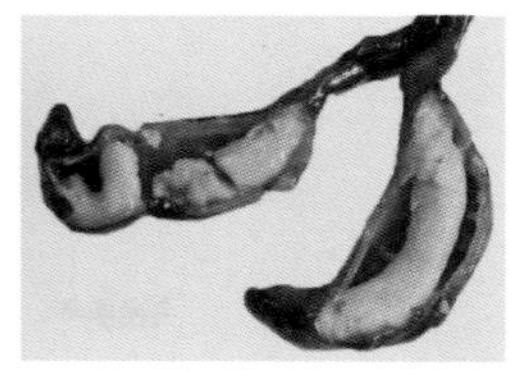

图 7-105　肝脏病变（左）；脾脏病变（中）；盲肠内有干酪样栓子（右）

（3）诊断　确诊须经过病原菌的分离和鉴定。注意与鸡白痢（鸡白痢则排白色稀粪，一般表现呼吸困难，盲肠内常有淡黄色的豆腐渣样物堵塞，心肌、肺脏无坏死结节）、鸡伤寒（特征性病变是肝脏呈古铜色，肝脏表面及心肌上有栗粒状坏死灶）鉴别诊断。

（4）防制　参见鸡伤寒。

25. 链球菌病

鸡链球菌病（嗜眠症）是由一定血清型的链球菌（C 群链球菌中的兽疫链球菌和 D 群链球菌中的粪链球菌及肠球菌等，球形，呈链状排列，无鞭毛，无芽孢，有荚膜）引起的急性或慢性传染病。各品种、年龄鸡均可感染，无明显季节性。一般认为鸡链球菌病是继发性的、散发性的。该病在世界各地均有发生，死亡率在 0.5%～50%。

（1）临床症状　急性病例仅见几分钟的抽搐，无明显的临床症状。病程较长者，可出现高热和下痢，常有麻痹现象。慢性病例食欲减少，羽毛蓬松，头藏于翅下，闭眼，昏迷，呼吸困难，有时高度昏睡，冠及肉髯苍白（图 7-106）。持续性下痢，很快消瘦，并出现腹膜炎、输卵管炎，产卵停止。病愈鸡可长期带菌，急性病例死亡率可达 50%，慢性者较低。

图 7-106　慢性病例精神沉郁（左）；冠及肉髯苍白（右）

（2）病理变化　皮下、全身浆膜水肿、出血，心包、腹腔有浆液性、出血性或纤维素性炎症。肺充血、出血，脾、肾肿大而出血。肝脏脂肪变性并有坏死灶。输卵管炎、卵黄性腹膜炎或出血性肠炎（图 7-107）。有些病例还可见到关节炎、肝周炎，慢性病例主要变化为肠炎、心内膜炎等。

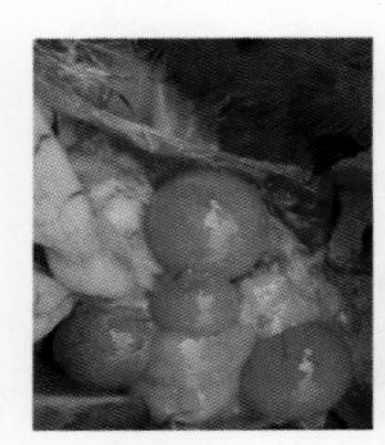
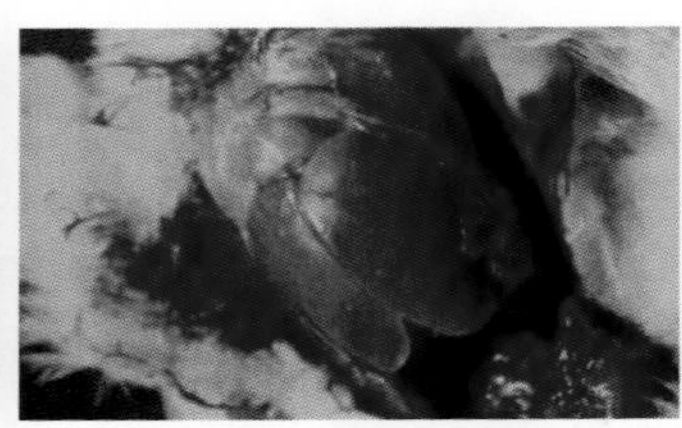

图 7-107　病鸡卵黄性腹膜炎（左）；纤维素性心包炎、肝周炎（中）；出血性肠炎（右）

（3）诊断　显微镜检查和细菌分离鉴定。注意与鸡白痢、大肠杆菌病和慢性禽霍乱的区别，其鉴别方法主要也是病原学的诊断。

（4）防制

① 预防措施。本病应采取综合性措施，注意改善饲养管理，增强鸡的体质，加强卫生、消毒制度，出现病鸡及时隔离。

② 发病后的措施。可用土霉素或四环素按 0.04%～0.08% 拌料，连喂 3～5 天；或用磺胺嘧啶按 0.2%～0.4% 拌料，连用 3 天；或用青霉素，每只鸡 1 万～5 万单位饮水，连用 3～5 天。急性病例效果较好，慢性病例则疗效较差，建议淘汰处理。

26. 葡萄球菌病

鸡葡萄球菌病是由致病性葡萄球菌（主要是金黄色葡萄球菌；抵抗力较强，以 3%～5% 石炭酸的消毒效果较好，也可用过氧乙酸消毒）引起的一种急性或慢性非接触性传染病。以 1.5～3 月龄的幼鸡多见，常呈急性败血症。育成鸡和成鸡常为慢性、局灶性感染。以雨季、潮湿季节发生较多。

（1）临床症状　根据病程可将本病分为急性和慢性两种，急性病例中除少数往往未见明显症状而突然发生急性败血症死亡外，多数可见精神沉郁，不食，腹泻，关节炎及关节周围炎，胸腹部皮下水肿，内含血液，外观呈紫黑色，脱毛或破溃流出血水。有时翅膀发生坏疽，或在体表各部发生大小不一的出血性坏死，形成紫黑色结痂，病程3～6天。慢性者主要表现关节炎，跗、肘、趾等关节发炎、肿胀，关节僵硬，跛行、步态不稳，喜蹲厌动，结膜发炎，有时龙骨发生浆液性滑膜炎，食欲减少，生产性能下降，渐进性消瘦，衰竭，最后死亡。病程可达2～3周。康复者增重缓慢，在相当长时间内仍有跛行现象，死亡率一般在20%以下（图7-108）。临诊病型有急性败血型、脐炎型、关节炎型、其他病型（如眼球炎、骨髓炎、耳炎、浮肿性或化脓性皮炎、腱鞘炎、胸囊肿和心内膜炎等）。

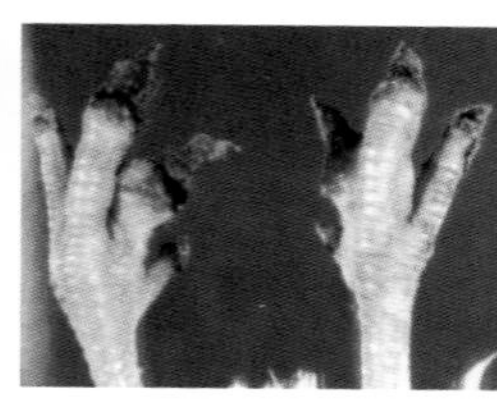

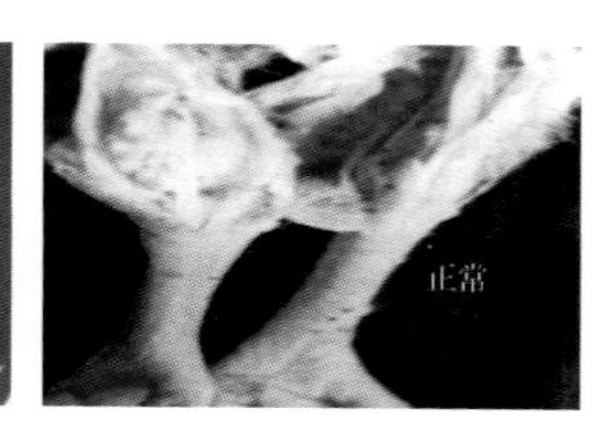

图7-108　有的病鸡翅膀浮肿性皮炎，皮下出血（左）；病鸡脚尖干性坏疽（中）；病鸡腱鞘有脓性渗出物（右）

（2）病理变化

① 急性败血型。主要病变是皮下、浆膜、黏膜水肿、充血、出血或溶血，有棕黄色或黄红色胶样浸润，特别是胸骨柄处肌肉呈弥漫性出血斑或条纹状出血。实质脏器充血、肿大，肝呈淡紫红色，有花纹斑。肝、脾有白色坏死点。输尿管有尿酸盐沉积。心冠状脂肪、腹腔脂肪、肌胃黏膜等出血、水肿，心包有黄红色积液，个别病例有肠炎变化。肺部出血（图7-109）。

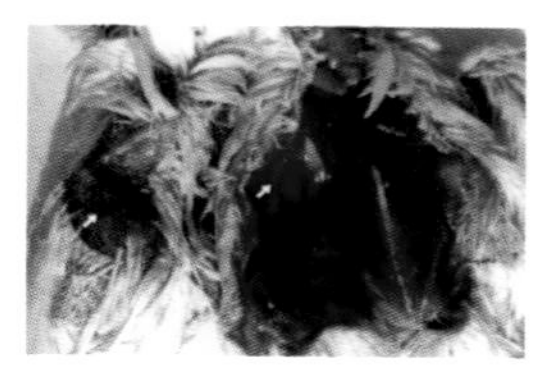

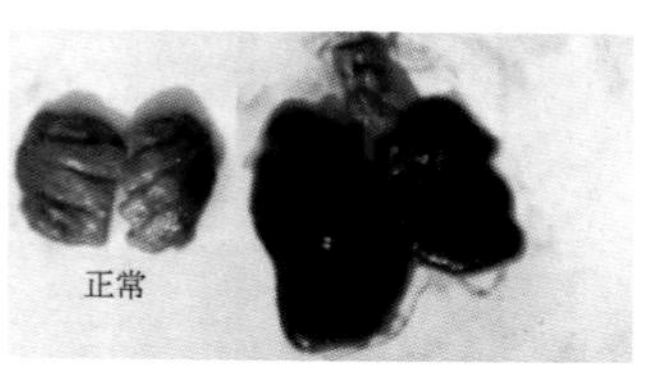

图7-109　病鸡翅膀、胸部皮下出血、发紫、液化、溶血（左）；肺部病变（右）

② 脐炎型。脐部肿胀、膨大，呈紫红色或紫黑色，有暗红色水肿，时间稍久则为脓性干涸坏死。肝脏有出血点，卵黄吸收不全，呈黄红色或黑灰色。

③ 关节炎型。主要表现关节肿大，滑膜增厚，充血、出血，关节腔内有渗出液，有时含有纤维蛋白，病程长者则发生干酪样坏死（图 7-110）。

④ 其他。如结膜炎或失明病例，往往在眼内有脓性或干酪样物。有的体表各部可见化脓性或坏疽性皮炎，若有鸡病混合感染时，则皮肤和眼部病变更严重（图 7-111）。

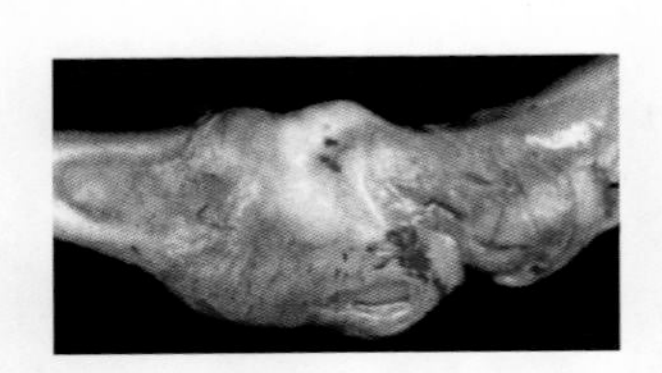

图 7-110　腓肠肌腱基部和关节肿大

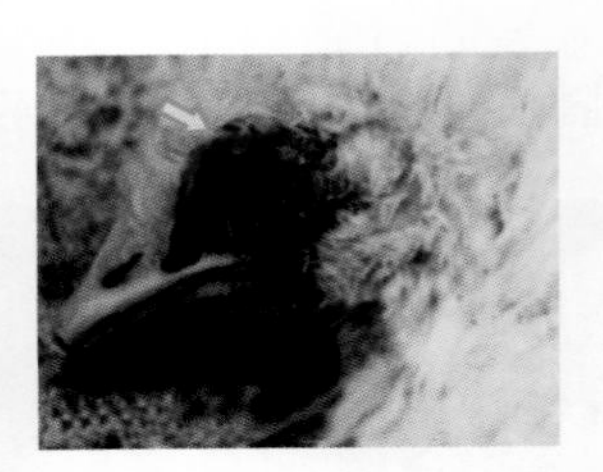

图 7-111　眼部病变

（3）诊断　根据本病的流行特点（有外伤因素存在、卫生条件差、管理不善等）、特征表现（败血症、皮炎、关节炎和脐炎等）及病变（皮肤、关节发炎、肿胀、化脓、坏死、结痂等），可以初步诊断。确诊则依赖于用病变部位脓汁或渗出液及血液等涂片镜检或分离培养，并进一步做生化试验、凝固酶试验、动物试验等对病原进行鉴定。注意与坏疽性皮炎、病毒性关节炎、滑膜霉形体病和硒缺乏症等相区别。

（4）防制

① 加强饲养管理，建立严格的卫生制度，减少鸡体外损的发生。饲喂全价饲料，要保证适当的维生素和矿物质。鸡舍应通风，保持干燥，饲养密度要适宜，防止拥挤。搞好鸡舍及鸡群周围环境的清洁卫生和消毒工作，定期对鸡舍用 0.2% 次氯酸钠或 0.3% 过氧乙酸进行带鸡喷雾消毒。

② 免疫接种。在疫区预防本病可试用葡萄球菌病多价菌苗，21～24 日龄雏鸡皮下注射 1 毫升 / 只（含菌 60 亿 / 毫升），半

月产生免疫力，免疫期约 6 个月。

③ 发病后的措施。病鸡应隔离饲养。可从病死鸡分离出病原菌后做药敏试验，选用敏感的药物对病鸡群进行治疗，无此条件时，可选择新霉素、卡那霉素或庆大霉素进行治疗。中草药治疗。方剂 1：黄芩、黄连叶、焦大黄、黄柏、板蓝根、茜草、大蓟、车前子、神曲、甘草各等份加水煎汤，取汁拌料，按每只鸡每天 2 克生药计算，每天一剂，连用 3 天，对急性鸡葡萄球菌病有治疗效果。方剂 2：鱼腥草、麦芽各 90 克，连翘、白及、地榆、茜草各 45 克，大黄、当归各 40 克，黄柏 50 克，知母 30 克，菊花 80 克，粉碎混匀，按每只鸡每天 3.5 克拌料，4 天为一疗程，对鸡葡萄球菌病有很好的治疗效果。

二、寄生虫病

1. 球虫病

鸡球虫病是一种或多种球虫寄生于鸡肠道黏膜上皮细胞内引起的一种急性流行性原虫病。雏鸡的发病率和致死率均较高。病愈的雏鸡生长受阻，增重缓慢；成年鸡多为带虫者，影响增重和产蛋。鸡球虫的生活史见图 7-112。

（1）临床症状　急性型病程多为 2～3 周，多见于雏鸡。雏鸡死亡率在 50% 以上；慢性型多见于 2～4 月龄的青年鸡或成年鸡，临床症状不明显，只表现为轻微腹泻，粪中常有较多未消化的饲料颗粒。病程可至数周或数月，病鸡足和翅常发生轻瘫，间歇性下痢，偶有血便，但死亡较少（图 7-113、图 7-114）。

（2）病理变化　病鸡小肠壁增厚，肠内有大量血凝块，肿胀，外表可见大量出血点（图 7-115），病鸡盲肠肿胀、臌气，肠壁有大量出血点，内出血严重，慢性型肠壁增厚、苍白，内有脓性内容物（图 7-116）。

（3）诊断　生前用饱和盐水漂浮法或粪便涂片查到球虫卵囊，或死后取肠黏膜触片或刮取肠黏膜涂片查到裂殖体、裂殖子或配子体，均可确诊为球虫感染。但由于鸡的带虫现象极为普遍，因此，是否为由球虫引起的发病和死亡，应根据临诊症状、流行病学资料、病理剖检情况和病原检查结果进行综合判断。

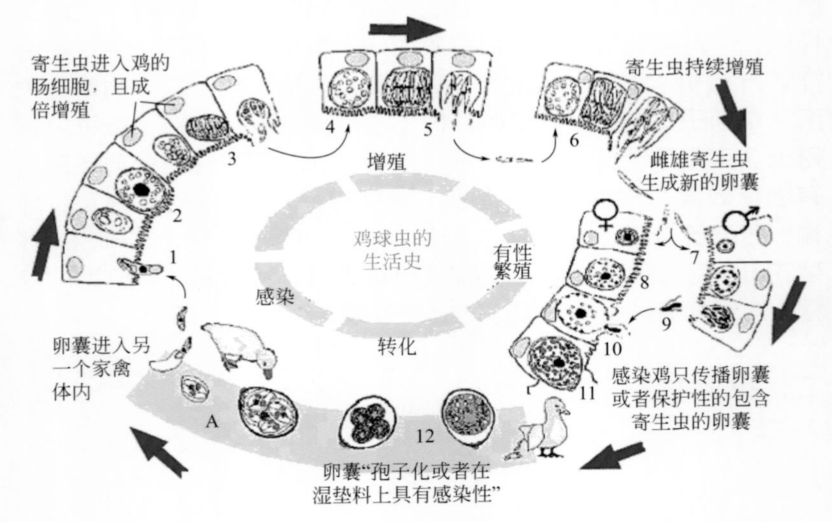

图 7-112　鸡球虫的生活史

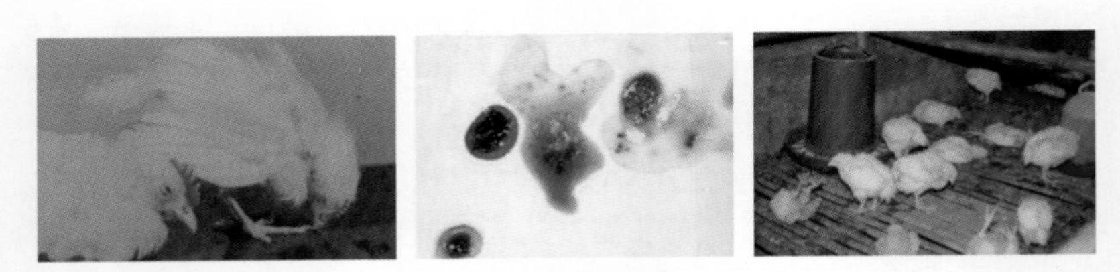

图 7-113　急性型病雏鸡初期精神沉郁，羽毛松乱，缩颈闭眼，不喜活动，食欲减退，泄殖腔周围羽毛为稀粪所粘连（左）；发病中期出现带血粪便（中）；发病后期，运动失调，翅膀轻瘫，食欲废绝，冠、髯及可视黏膜苍白（右）

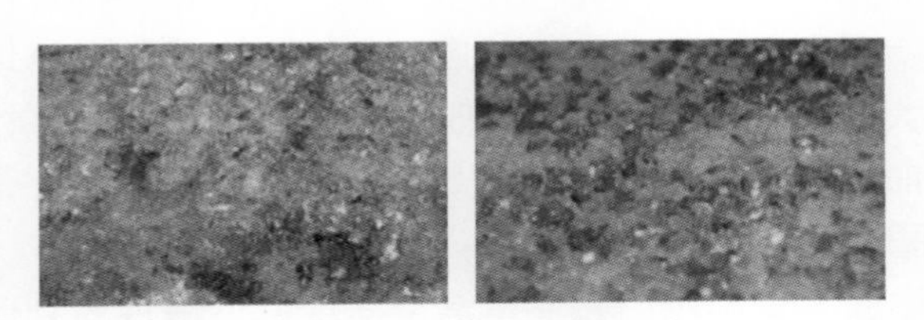

图 7-114　发病后期排棕红色肉状血便（左）；慢性球虫病病鸡粪中常有较多未消化的饲料颗粒（右）

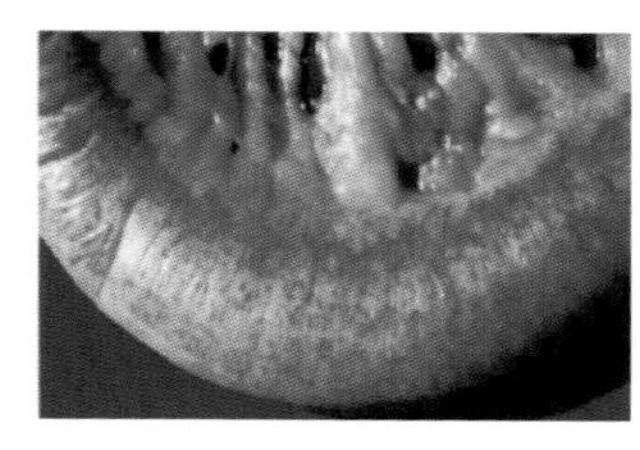
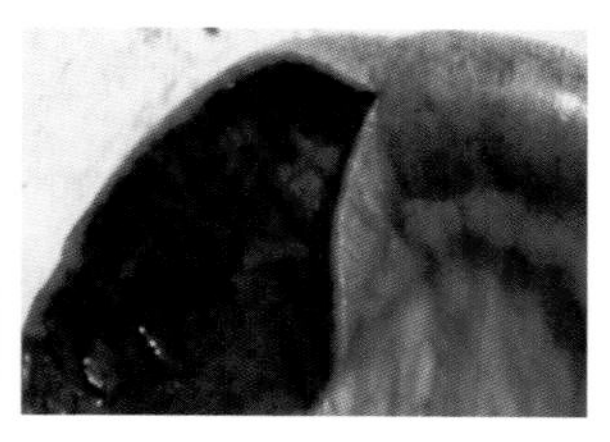
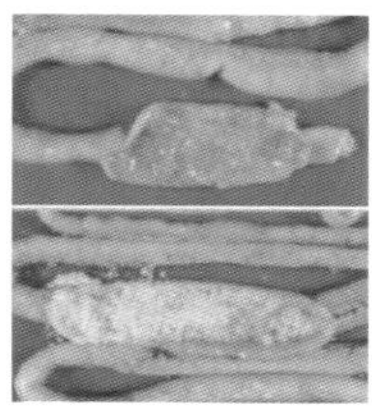

图 7-115　毒害艾美耳球虫主要侵害小肠中段，病鸡小肠高度肿胀、表面大量出血点（左）；毒害艾美耳球虫引起小肠肠壁增厚，内有大量血凝块（中）；巨型艾美耳球虫主要侵害小肠中段，引起肠管扩张，肠壁增厚，肠内容物呈淡灰色、淡褐色或淡红色，有时混有小血块，内有特征性的大卵囊（右）

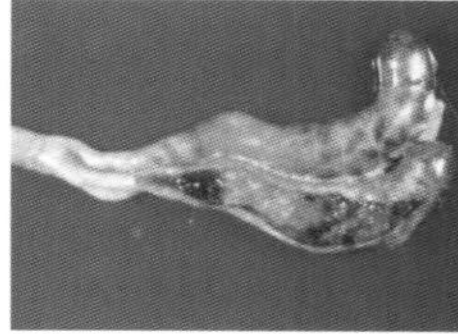
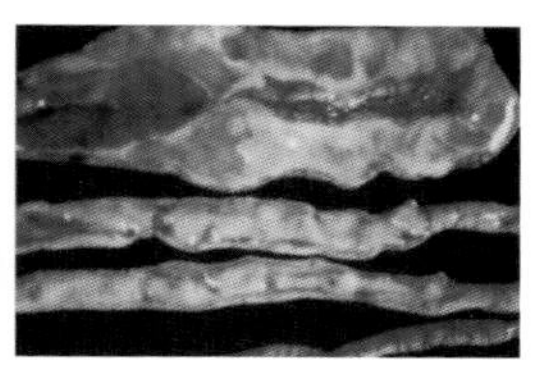

图 7-116　柔嫩艾美耳球虫致病力最强，引起盲肠肿胀、臌气，肠壁有大量出血点（左）；柔嫩艾美耳球虫引起肠壁内出血严重，有大量血液（中）；慢性型肠壁增厚（右）

（4）防制

① 加强饲养管理。保持鸡舍干燥、通风和鸡场卫生，定期清除粪便，堆放、发酵以杀灭卵囊。定期对设备、用具消毒。补充足够的维生素 K 并给予 3~7 倍推荐量的维生素 A 可加速病鸡的康复。成鸡与雏鸡分开喂养，以免带虫的成年鸡散播病原导致雏鸡暴发球虫病。

② 药物防治。治疗球虫病的时间越早越好，因球虫的危害在裂殖期，若不晚于感染后 96 小时，则可降低雏鸡的死亡率。磺胺间二甲氧嘧啶，按 0.1% 混于水中，连用 2 天；或按 0.05% 混于水中，连用 4 天，休药期为 1 天。或氨丙啉，按 0.03% 混于水中，连用 3 天，休药期为 5 天。或磺胺氯吡嗪，按 0.012%~0.024% 混入饮水，连用 3 天，无休药期。或百球清，2.5% 溶液，按 0.0025% 混入饮水，连续饮用 3 天。

【注意】药物预防是防治球虫病的重要手段。最优秀的药物预防方案是确保鸡群免于暴发球虫病，又使球虫感染处于低水平，使鸡体产生免疫力。球虫病的预防用药程序是：雏鸡从 13～15 日龄开始，在饲料或饮水中加入预防用量的抗球虫药物，一直用到上笼后 2～3 周停止，选择 3～5 种药物交替使用，效果良好。

2. 组织滴虫病

组织滴虫病（盲肠肝炎或黑头病）是由组织滴虫感染引起的鸡和火鸡的一种原虫病，以肝的坏死和盲肠溃疡为特征，易发生在温暖潮湿的夏秋季节。2～17 周龄的鸡最易感；成年鸡也可感染，但呈隐性感染，成为带虫者。鸡群过分拥挤，鸡舍和运动场不清洁，饲料中营养缺乏，尤其是维生素 A 缺乏，都可诱发和加重本病。组织滴虫的生活史见图 7-117。

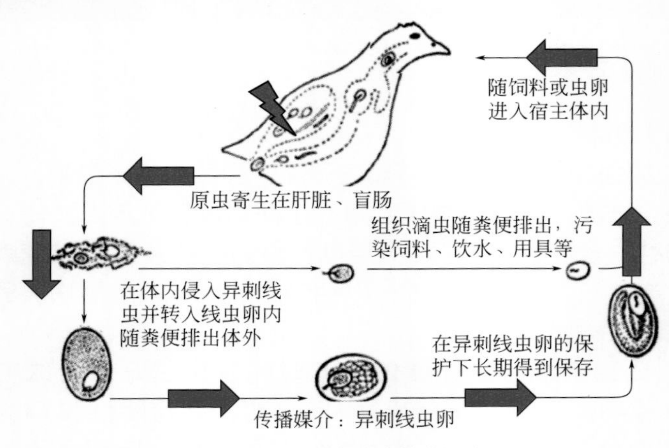

图 7-117　组织滴虫的生活史

（1）临床症状　本病的潜伏期一般为 15～20 天，最短的为 3 天。病鸡精神委顿，食欲不振，缩头，羽毛松乱，翅膀下垂，身体蜷缩，畏寒怕冷，腹泻，排出淡黄色或淡绿色稀粪。急性的严重病鸡，排出的粪便带血或完全是血液。有些鸡的头皮常呈紫蓝色或黑色（图 7-118）。本病的病程一般为 1～3 周，3～12 周的小鸡死亡率高达 50%。康复鸡的粪便中仍然含有原虫。成年鸡很少呈现临诊症状。

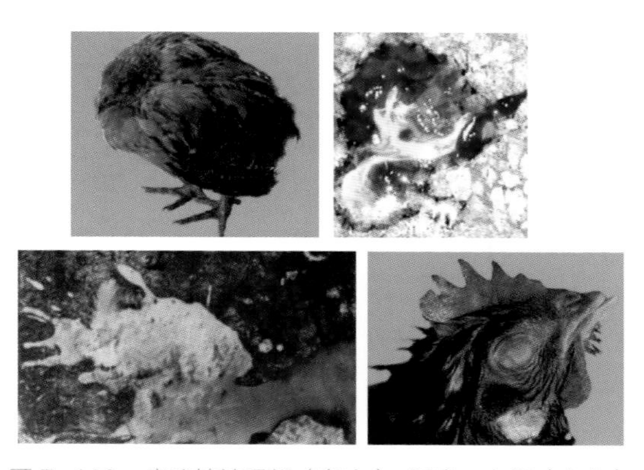

图 7-118 病鸡精神委顿（左上）；下痢，血便（右上）；排黄白色石灰水样粪便（左下）；冠、髯蓝紫色（右下）

（2）病理变化 组织滴虫病的损害常限于盲肠和肝脏。盲肠的一侧或两侧发炎、坏死，肠壁增厚或形成溃疡，有时盲肠穿孔，引起全身性腹膜炎。盲肠表面覆盖有黄色或黄灰绿色渗出物，并有特殊恶臭。有时这种黄灰绿色干硬的干酪样物充塞盲肠腔，呈多层的栓子样（图 7-119）。外观明显肿胀并混杂有红灰黄等颜色。有的慢性病例，这些盲肠栓子可能已被排出体外。肝脏出现颜色各异、不整、圆形稍有凹陷的溃疡病灶，通常呈黄灰色，或是淡绿色。溃疡灶的大小不等，但一般为 1～2 厘米的环形病灶，也可能相互融合成大片的溃疡区（纽扣状坏死灶，见图 7-120）。大多数感染群，通常只有剖检足够数量的病死鸡只，才能发现典型病理变化。

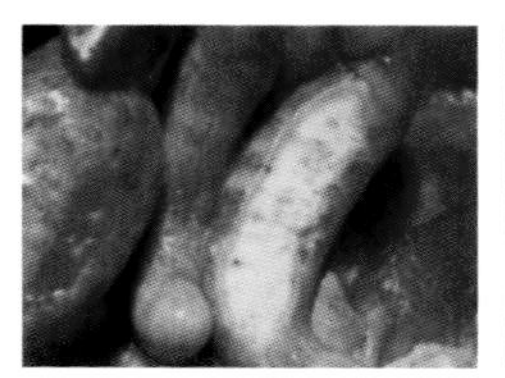

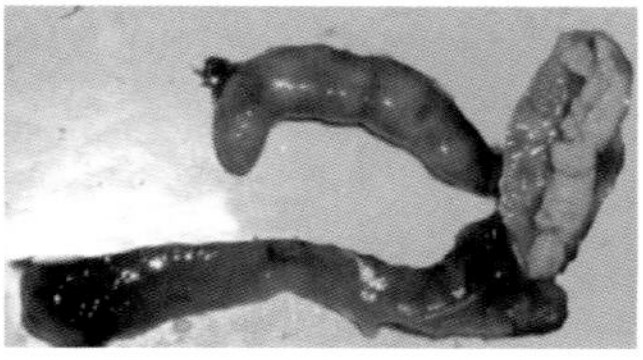

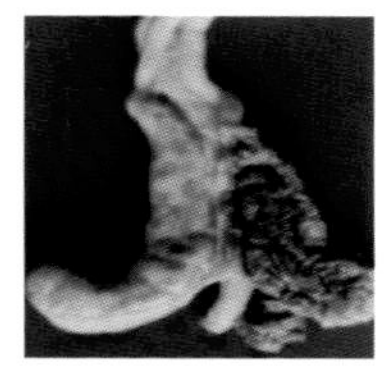

图 7-119 病鸡盲肠增粗、肿胀，内有白色干酪样栓塞，穿孔

（3）诊断 肝脏和盲肠典型病理变化可以初步确诊。从剖检

的鸡只取病理变化边缘刮落物做涂片，能够检出其中的病原体或在染色处理较好的肝病理变化组织切片中，通常可以发现组织滴虫，从而可以确诊。

图 7-120　肝脏的纽扣状坏死灶

（4）防制

① 预防措施。在进鸡前，必须清除鸡舍杂物并用水冲洗干净，严格消毒。严格做好鸡群的卫生管理，饲养用具不得混用，饲养人员不能串舍，免得互相传播疾病。及时检修供水器，定期移动饲料槽和饮水器的位置，以减少这些地区湿度过高和粪便堆积。用驱虫净定期驱除异刺线虫，每千克体重用药 40～50 毫克，直到 6 周龄为止。

② 发病后的措施。可用二甲硝基咪唑（达美素） 按每天每千克体重 40～50 毫克投药，如为片剂、胶囊剂可直接投喂；如为粉剂可混料，连续 3～5 天，之后剂量改为每千克体重 25～30 毫克，连喂 2 周。或卡巴砷，预防浓度 150～200 毫克 / 千克混料，治疗浓度为 400～800 毫克 / 千克混料，7 天一个疗程。或 4- 硝基苯砷酸，预防浓度 187.5 毫克 / 千克混料，治疗浓度为 400～800 毫克 / 千克混料。或甲硝基羟乙唑（灭滴灵）按 0.05% 浓度混水，连用 7 天，停药 3 天后再用 7 天。或呋喃唑酮 400 毫克 / 千克混料，连喂 7 天为一疗程。

【注意】治疗时应补充维生素 K_3，以阻止盲肠出血；补充维生素 A，促进盲肠和肝组织的恢复。

3. 鸡住白细胞原虫病

鸡住白细胞原虫病是血孢子虫亚目的住白细胞原虫（卡氏住白细胞原虫、沙氏住白细胞原虫和休氏住白细胞原虫 3 种，我国已发现了前 2 种；卡氏住白细胞原虫是毒力最强、危害最严重的一种）引起的急性或慢性血孢子虫病，又叫鸡白冠病、鸡出血性病。南方 4～10 月份、北方 7～9 月份多发，3～6 周龄的雏鸡危害严重，育成鸡发病后死亡率较低，产蛋鸡出现一定死亡率。

（1）临床症状　病鸡精神沉郁，食欲消失，伏地不动，鸡体消瘦，鸡冠苍白，感染一段时间后会出现咳血（图 7-121），腹泻，粪便青绿色，脚软或轻瘫。大多数鸡病死前抽搐和痉挛，个别鸡死亡前口流黏液或口鼻出血；产蛋鸡产蛋减少或停产，病程可长达 1 个月。

图 7-121　病鸡鸡冠发白（左）；病鸡白冠，感染多日后从肺部咳出血液（右）

（2）病理变化　病鸡血液稀薄，颜色较淡，不易凝固；肌肉色泽苍白，胸腿肌肉、胰脏、肠管外表面和心肝、脾脏表面及腹部皮下脂肪表面有许多粟粒大小的出血小结节，界限明显；肝脏肿大，有时出现白色小结节；脾脏肿大 2～4 倍，有出血斑点和灰白色小结节，并与周围组织界限清楚；有的病死鸡腹腔有血凝块或黄色混浊的腹水（图 7-122）。

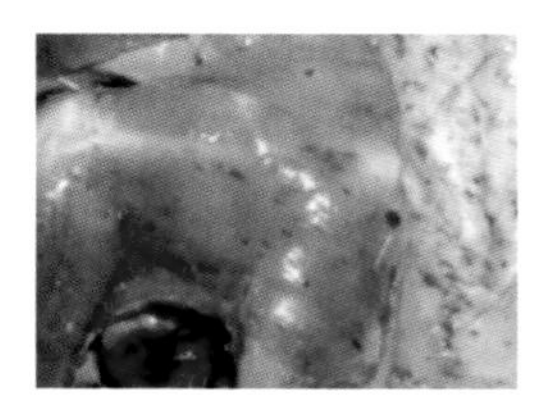
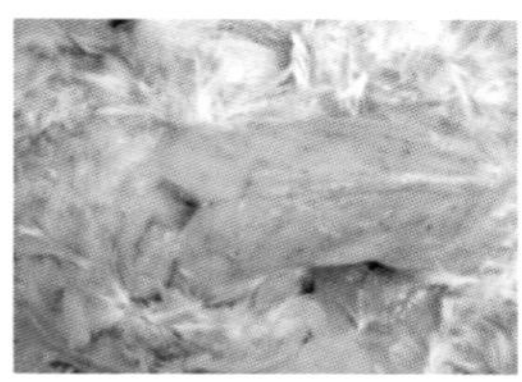
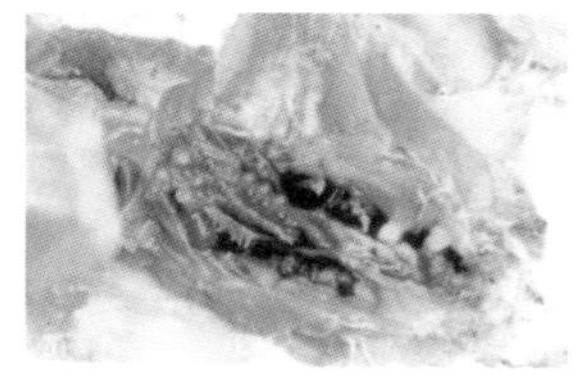

图 7-122　病鸡腿肌出血（左）；病鸡胸肌出血（中）；
病鸡肾脏广泛出血，形成血肿（右）

（3）诊断　用血液和肝脏制成涂片，经瑞氏或吉姆萨染色，显微镜检查，可以见到一些血细胞内含有住白细胞原虫的配子体，这些细胞形态改变；肝、脑组织的病理切片常发现巨型裂殖体或小的裂殖体。

（4）防制

① 预防措施。一是杀灭媒介昆虫。在 6～10 月份流行季节对鸡舍内外喷药消毒，如用 0.03% 的蝇毒磷进行喷雾杀虫。也

可先喷洒 0.05% 除虫菊酯，再喷洒 0.05% 百毒杀，既能抑杀病原微生物，又能杀灭库蠓等有害昆虫。消毒时间一般选在傍晚 6：00～8：00，因为库蠓在这一段时间最为活跃。如鸡舍靠近池塘，屋前、屋后杂草矮树较多，且通风不良时，库蠓繁殖较快，因此建议在 6 月份之前在鸡舍周围喷洒草甘膦除草，或铲除鸡舍周围杂草。同时要加强鸡舍通风。鸡舍门可安装门帘，窗户和进气口安装纱网。纱窗上喷洒 6%～7% 的马拉硫磷或 5% 的 DDT 等药物，可杀灭库蠓等吸血昆虫，经处理过的纱窗能连续杀死库蠓 3 周以上。二是药物预防。鸡住白细胞原虫的发育史为 22～27 天，因此可在发病季节前 1 个月左右，开始用有效药物进行预防，一般每隔 5 天，投药 5 天，坚持 3～5 个疗程，这样比发病后再治疗能起到事半功倍的效果。常用有效药物有：复方泰灭净 30～50 毫克 / 千克混饲，痢特灵粉 100 毫克 / 千克拌料，乙胺嘧啶 1 毫克 / 千克混饲，磺胺喹噁啉 50 毫克 / 千克混饲或混水和可爱丹 125 毫克 / 千克混饲。三是增强鸡体抵抗力。加强鸡舍的通风换气，降低饲养密度，降低舍内温度；适当提高饲料的营养浓度，增加维生素用量；添加抗应激剂；做好夏季易发生的传染病和其他寄生虫病的综合防制。

② 发病后的措施。选用复方泰灭净，按 100 毫克 / 千克混水或按 500 毫克 / 千克混料，连用 5～7 天；或血虫净，按 100 毫克 / 千克混水，连用 5 天，有效率 100%，治愈率 99.6%；或克球粉，按 250 毫克 / 千克混料，连用 5 天；或氯本胍，按 66 毫克 / 千克混料，连用 3～5 天。选用上述药物治疗，病情稳定后可按预防量继续添加一段时间，以彻底杀灭鸡体的白细胞虫体。

【提示】可采取综合用药。鸡群发病时，水溶性泰灭净通过饮水投服，按 0.05% 的浓度，连用 3～5 天，此药特效且对产蛋无不良影响。同时在饲料中拌入复方敌菌净，每千克饲料 60～120 毫克，用 3～5 天；对严重的病鸡，肌注复方磺胺嘧啶，每只鸡 0.05～0.10 克，同时投服敌菌净 30～50 毫克 / 只。然后把鸡放到安静的环境中让其自由活动。用药 3 天后病情可得到控制，5 天停止死亡，8 天恢复正常。

【注意】药物治疗的同时，在饲料中加入维生素 C 以减少应激，促进伤口愈合，加入维生素 K 以维持鸡体正常的凝血功能，加入维生素 A 以维持鸡体内管道等上皮组织的完好性，还可添加硫酸铜、硫酸亚铁和维生素 E，添加量是正常需要量的 2～4 倍，能提高治疗效果。

4. 鸡蛔虫病

鸡蛔虫病是由鸡蛔虫（鸡蛔虫是鸡线虫最大的一种，虫体黄白色，像豆芽菜的基杆，雌虫大于雄虫，见图 7-123）寄生于小肠内所引起的鸡的一种线虫病，主要侵害小鸡，成年鸡成为带虫者。感染源为受感染性虫卵污染的饲料、饮水或蚯蚓，感染性虫卵抵抗力较强，土壤中可存活 6～6.5 个月，阳光直射 1～1.5 小时死亡。当饲料缺乏维生素 A 或维生素 B 时易患蛔虫病，潮湿温暖季节容易感染。

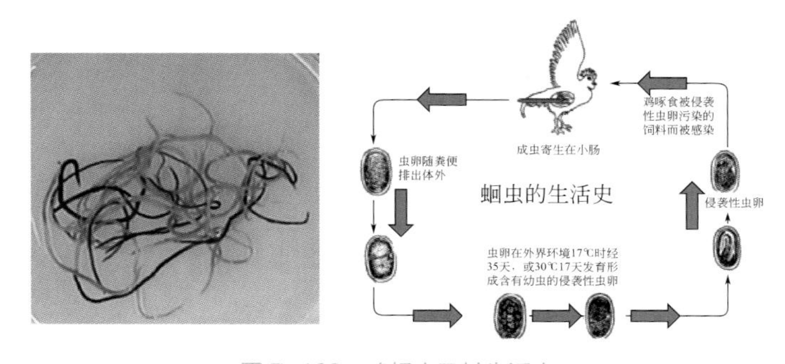

图 7-123　鸡蛔虫及其生活史

（1）临床症状　感染鸡生长不良，精神萎靡，行动迟缓，羽毛松乱，贫血，食欲减退，异食、下痢，粪中常见蛔虫排出（图 7-124）。

（2）病理变化　剖检时，小肠内见有许多淡黄色豆芽梗样的线虫，雄虫长 50～76 毫米，雌虫长 65～110 毫米。粪便检查可发现蛔虫卵（图 7-125）。

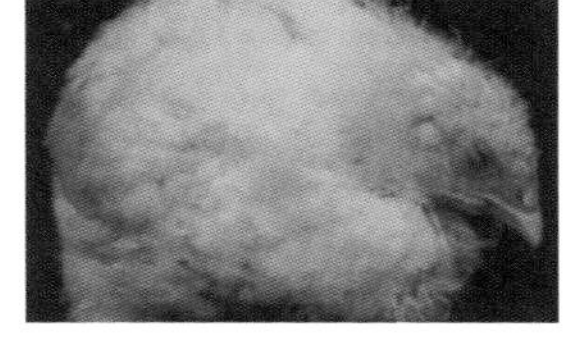

图 7-124　病鸡精神不振

（3）防治措施　及时清除积粪和垫料，清洗消毒饮水器和饲料槽；不同日龄的鸡分开饲养，定时驱虫；发病后可用驱蛔灵、驱虫净、左旋咪唑、硫化二苯胺等药物治疗。

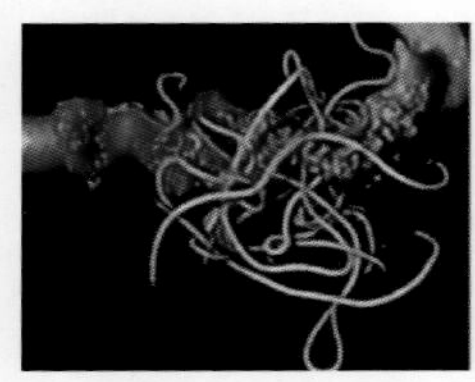
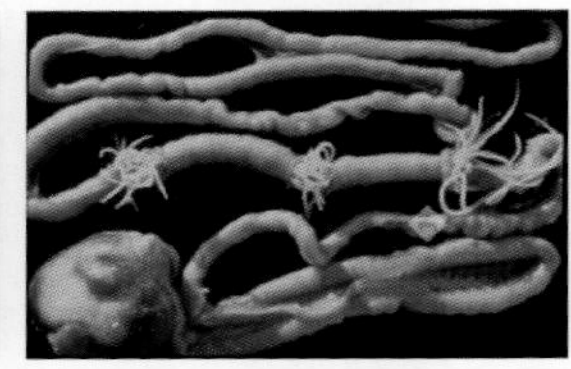
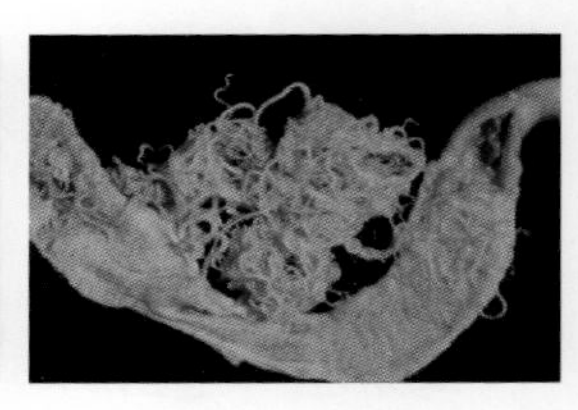

图 7-125　蛔虫侵害鸡的肠管（左）；蛔虫堵塞鸡的肠管（中）；病鸡肠管中的线虫（右）

5. 鸡绦虫病

鸡绦虫（最为常见的鸡绦虫是属于戴文科的赖利属和戴文属的四种绦虫，即四角赖利绦虫、棘沟赖利绦虫、有轮赖利绦虫和节片戴文绦虫）寄生在鸡的小肠，主要是十二指肠内。鸡大量感染绦虫后，常表现贫血，消瘦，下痢，产蛋减少甚至停止，幼鸡即使轻度感染，亦易诱发其他疾病造成死亡。

（1）临床症状　轻度感染可能没有临床症状。严重感染呈现消化障碍，粪便稀薄或混有淡黄色血样黏液，有时便秘。病鸡精神不振，黏膜苍白或黄疸，而后变蓝色。呼吸困难，产蛋量减少甚至停止。雏鸡的生长发育迟缓，常致死亡。节片戴文绦虫病的病程在幼鸡很快，在成年鸡较缓，可持续数周至数月之久。病鸡经感染后 8 天，便开始出现精神萎靡、行动迟缓、呼吸加快、羽毛蓬乱的症状（图 7-126）。

（2）病理变化　剖检时除发现虫体外，还可见尸体消瘦，肠黏膜肥厚，有时肠黏膜上有出血点，肠管内有许多黏液，常发出恶臭。可视黏膜贫血和黄疸。棘沟赖利绦虫病鸡解剖后，见十二指肠黏膜由于幼小虫体寄生所形成的结节，在结节的中央有黍粒大小火山口状的凹陷，凹陷内可找到虫体或黄褐色疣状凝乳样栓塞物，以后此类凹陷变成大的疣状溃疡（图 7-127）。

（3）防制

① 预防措施。预防雏鸡感染该病，可将雏鸡单独放入清洁的

禽舍和运动场上饲养，对新购入的鸡也应事先进行隔离检查，如有该病存在，必须驱虫后经 3～7 天再合群。注意不使雏鸡与中间宿主接触，并防止中间宿主吞食绦虫卵。在鸡舍附近，主要是在运动场上应填塞蚁穴，定期用敌百虫进行舍内外灭蝇、灭虫，翻耕运动场，并撒布草木灰等。在鸡绦虫流行的地区，应根据各种病原发育史的不同，进行定期的预防性成虫期前驱虫。雏鸡应当饲养在未放过鸡的牧场。

图 7-126　病鸡精神不振，食欲减退，不喜运动，两翅下垂，羽毛蓬乱，黏膜苍白

图 7-127　棘沟赖利绦虫引起鸡肠道黄色结节和溃疡

② 发病后的措施。硫双二氯酚（别丁）按每千克体重 150～200 毫克，混于饲料中喂给，小鸡可适量酌减。丙硫苯咪唑按每千克体重 20 毫克，拌料饲喂。吡喹酮按每千克体重 10 毫克，一次口服，为首选药物。

三、中毒

1. 食盐中毒

（1）病因　饲料配合时食盐用量过大，或使用的鱼粉中有较高盐量，配料时又添加食盐；限制饮水不当；或饲料中其他营养物质，如维生素 E、Ca、Mg 及含硫氨基酸缺乏，而增加食盐中毒的敏感性。

（2）临床症状　病鸡的临床表现为燥渴而大量饮水和惊慌不安的尖叫。口鼻内有大量的黏液流出，嗉囊软肿，排水样稀粪。运动失调，时而转圈，时而倒地，步态不稳，呼吸困难，虚脱，抽搐，痉挛，昏睡而死亡。

（3）病理变化　剖检可见皮下组织水肿，食道、嗉囊、胃肠黏膜充血或出血，腺胃表面形成假膜；血黏稠、凝固不良；肝肿大，肾变硬、色淡。病程较长者，还可见肺水肿，腹腔和心包囊中有积水，心脏有针尖状出血点。

（4）诊断　过量摄取食盐史且鸡群燥渴而大量饮水，可初步诊断。测定病鸡内脏器官及饲料中盐分含量确诊。

（5）防治

① 预防。严格控制饲料中食盐的含量，尤其是幼鸡。一是严格检测饲料原料鱼粉或其副产品的盐分含量；二是配料时加的食盐颗粒要细，混合要均匀；三是平时要保证充足的新鲜洁净饮用水。

② 治疗。发现中毒后立即停喂原有饲料，换成无盐或含盐量低且易消化的饲料至康复；供给病鸡 5% 的葡萄糖或红糖水以利尿解毒，病情严重者另加 0.3%～0.5% 醋酸钾溶液饮水，可逐只灌服。中毒早期服用植物油缓泻可减轻症状。

2. 磺胺类药物中毒

（1）病因　鸡对磺胺类药物比较敏感，剂量过大或疗程过长等可引起中毒，如 4 周龄以下雏鸡较为敏感，采食含 0.25%～1.5% 磺胺嘧啶的饲料 1 周或口服 0.5 克磺胺类药物后，即可呈现中毒表现。

（2）临床症状　急性中毒主要表现为兴奋不安、厌食、腹泻、痉挛、共济失调、肌肉颤抖、惊厥，呼吸加快，短时间内死亡。慢性中毒（多见于用药时间太长）表现为食欲减退，鸡冠苍白，羽毛松乱，渴欲增加；有的病鸡头面部呈局部性肿胀，皮肤蓝紫色；时而便秘，时而下痢，粪呈酱色，产蛋鸡产蛋量下降，有的产薄壳蛋、软壳蛋，蛋壳粗糙、色泽变淡。

（3）病理变化　以主要器官均有不同程度的出血为特征，皮下、冠、眼睑有大小不等的斑状出血。胸肌是弥漫性斑点状或涂刷状出血，肌肉苍白或呈透明样淡黄色，大腿肌肉散在有鲜红色出血斑（图 7-128）；血液稀薄，凝固不良；肝肿大、淤血，呈紫红或黄褐色，表面可见少量出血斑点或针头大的坏死灶，坏死灶中央凹陷呈深红，周围灰色；肾肿大，土黄色，表面有紫红色出血斑。输尿管变粗，充满白色尿酸盐；腺胃和肌胃交界处黏膜有陈旧的紫红色或条状出血，腺胃黏膜和肌胃角质膜下有出血点等。

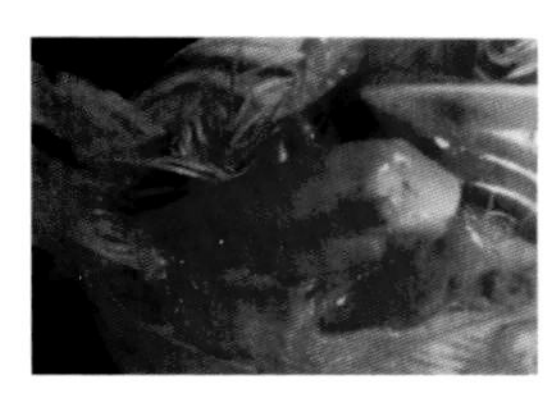
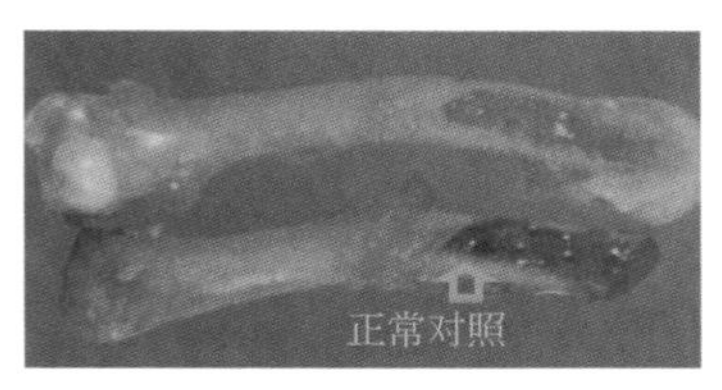

图 7-128　磺胺类药物中毒腿部的出血斑（左）；病鸡骨髓褪色、黄染（右）

（4）诊断　根据用药史，结合临床症状、病理剖检见出血性病理变化可做出诊断，如需要可对病鸡血样进行定性、定量分析（重氮化偶合比色法测定），即可确诊。

（5）防治措施

① 预防措施。严格掌握用药剂量及时间，一般用药不超过 1 周。拌料要均匀，可适当配以等量的碳酸氢钠，同时注意供给充足饮水；1 周龄以内雏鸡、体质弱的鸡或即将开产的蛋鸡应慎用；临床上应选用含有增效剂的磺胺类药物（如复方敌菌净、复方新诺明等），其用量小，毒性也较低。

② 发现中毒。应立即停药并供给充足饮水，口服或饮用 1%～5% 碳酸氢钠溶液，可配合维生素 C 制剂和维生素 K_3 进行治疗。中毒严重的鸡可肌注维生素 B_{12} 1～2 微克或叶酸 50～100 微克。

3. 马杜霉素（杜球、抗球王）中毒

（1）原因　饲料混合不均匀；联合使用药物，如马杜霉素与红霉素、泰妙菌素以及磺胺二甲氧嘧啶、磺胺喹噁啉、磺胺氯哒嗪合用等；重复用药等。

（2）临床症状　病初精神不振，吃料减少，羽毛松乱，饮水量增加，排水样稀粪，蹲卧或站立，走路不稳，继之症状加重，鸡冠、肉髯发绀或呈紫黑色。精神高度沉郁或昏迷，脚软瘫痪，匍匐在地或侧卧，两腿向后直伸、排黄白色水样稀粪增多，明显

失水消瘦，部分鸡死前发生全身性痉挛。

（3）病理变化　剖检死鸡呈侧卧，两腿向后直伸，肌肉明显失水，肝脏暗红色或黑红色，无明显肿大，胆囊多充满黑绿色胆汁，心外膜有小出血斑点，腺胃黏膜充血、水肿，肠道水肿、出血，尤以十二指肠为重，肾肿大、瘀血，有的有尿酸盐沉积。

（4）诊断　根据饲料中含马杜霉素浓度大大超过 6 毫克 / 千克安全有效量，结合中毒症状可确诊。

（5）防治

① 预防措施。马杜霉素和饲料混合时，采用粉料配药，逐级稀释法混合，使马杜霉素和饲料充分混匀；查明所用抗球虫药的主要成分，避免重复用药或与其他聚醚类药物同时使用，造成中毒；购买饲料时要查询饲料中是否加有马杜霉素；使用马杜霉素治疗球虫病时，严格按照说明书上的使用方法及用量，不要随意加大使用剂量；在使用溶液剂饮水给药时，要注意热天鸡只的饮水量大，适当降低饮水中的药物浓度，以免造成摄入过量而引起中毒。

② 治疗措施。立即停喂含有马杜霉素的饲料，饮服水溶性多维电解质溶液（如苏威多维），并按 5% 浓度加入葡萄糖及 0.05% 维生素粉，对排除毒物、减轻症状、提高鸡的抗病力有一定效果，用中药绿豆、甘草、金银花、车前草等煎水，供中毒家禽自由饮用。中毒严重的鸡只隔离饲养，在口服给药的同时，每只皮下注射含 50 毫克维生素 C 的 5% 葡萄糖生理盐水 5～10 毫升，每日 2 次。但中毒量大者仍不免死亡。

4. 黄曲霉毒素中毒

黄曲霉毒素中毒是鸡的一种常见的中毒病，该病由发霉饲料中霉菌产生的毒素引起。主要特征是危害肝脏，影响肝功能，肝脏变性、出血和坏死，腹水，脾肿大及消化障碍等，并有致癌作用。

（1）病因　黄曲霉菌是一种真菌，广泛存在于自然界，在温暖潮湿的环境中最易生长繁殖，其中有些毒株可产生毒力很强的黄曲霉毒素。当各种饲料成分（谷物、饼类等）或混合好的饲料污染这种霉菌后，便可引起发霉变质，并含有大量黄曲霉毒素。

鸡食入这种饲料可引起中毒，其中以幼龄的鸡，特别是2～6周龄的雏鸡最为敏感，饲料中只要含有微量毒素，即可引起中毒，且发病后较为严重。

（2）临床症状和病理变化　2～6周龄雏鸡敏感，表现沉郁，嗜睡，食欲不振，消瘦，贫血，鸡冠苍白，虚弱，尖叫，排淡绿色稀粪，有时带血，腿软不能站立，翅下垂。成鸡耐受性稍高，多为慢性中毒，症状与雏鸡相似，但病程较长，病情和缓，产蛋减少或开产时间推迟，个别可发生肝癌，呈极度消瘦的恶病质而死亡。

急性中毒，剖检可见肝充血、肿大、出血及坏死，色变淡呈灰白色，胆囊充盈。肾苍白、肿大。胸部皮下、肌肉有时出血。慢性中毒时，常见肝硬化，体积缩小，颜色发黄，并有白色点状或结节状病灶。个别可见肝癌结节，伴有腹水。心肌色淡，心包积水。胃和嗉囊有溃疡，肠道充血、出血。

（3）诊断　根据本病的症状和病变特点，结合病鸡有食入霉败饲料史，可做出初步诊断。确诊需要依靠实验室检查，即检测饲料、死鸡肠内容物中的毒素或分离出饲料中的霉菌。

（4）防治　平时搞好饲料保管，注意通风，防止发霉。不用霉变饲料喂鸡。为防止发霉，可用福尔马林对饲料进行熏蒸消毒。

目前对本病还无特效解毒药，发病后应立即停喂霉变饲料，更换新料，饮服5%葡萄糖水。用2%次氯酸钠对鸡舍内外进行彻底消毒。中毒死鸡要销毁或深埋，不能食用。鸡粪便中也含有毒素，应集中处理，防止污染饲料、饮水和环境。

5. 棉籽饼中毒

（1）病因　棉籽经处理提取棉籽油后，剩下的棉籽饼是一种低廉的蛋白质饲料，如果棉籽蒸炒不充分，加工调制不好，棉酚不能完全被破坏，吃过多这种棉籽饼可引起中毒。棉酚系一种血液毒和原浆毒，对神经、血管均有毒性作用，可引起胃及肾脏严重损坏。

（2）临床症状和病理变化　病鸡食欲消失，消瘦，四肢无力，抽搐。冠和髯发绀，最后呼吸困难，衰竭而死。剖检有明显的肠炎，肝、肾退行性变化。肺水肿，心外膜出血，胸腹腔积液。

（3）防治　用棉籽饼喂鸡时，应先脱毒再用，雏鸡最好不超过 3%，成鸡不超过 7%。鸡群中毒时，应立即停喂棉籽饼，并对症治疗。

四、营养代谢病

1. 痛风

鸡痛风是一种蛋白质代谢障碍引起的高尿酸血症，其病理特征为血液尿酸水平增高，尿酸盐在关节囊、关节软骨、内脏、肾小管及输尿管中沉积。病因见表 7-14。

表 7-14　痛风病的病因

高蛋白日粮	给鸡群饲喂超过饲养标准的高蛋白日粮或者肉用种鸡不采取限饲措施都会使鸡食入过量的蛋白质。蛋白质饲料中含有大量的核酸，核酸有核糖核酸（RNA）和脱氧核糖核酸（DNA）两种。核酸的基本成分是磷酸、戊糖和碱基。核酸在核酸酶的作用下水解为单核苷和磷酸，核苷在核苷酶的作用下水解为碱基（嘌呤、嘧啶）和戊糖。嘌呤经水解、氧化成为尿酸。因为禽类和人类缺少尿酸酶，尿酸不能进一步氧化而成为嘌呤代谢的终产物经尿排出，给肾脏机能造成压力
高钙日粮	用高钙的产蛋母鸡日粮喂种公鸡，这样的鸡群，种公鸡常发生痛风。有许多种鸡场为了改善蛋壳质量，常常超标准添加钙剂（石灰石粉），石灰石粉含有较多的钠和镁，这些钠和镁可与尿酸结合形成尿酸盐，尿酸盐的溶解度较小，给肾脏的排泄造成困难，使其在体内各器官沉积，造成痛风
维生素 A 缺乏	饲料中长期缺乏维生素 A，可使肾小管和输尿管上皮增生、角化、脱落，与尿酸盐粘在一起堵塞管腔，使尿酸盐排泄减少而引起痛风
肾脏损伤	在禽类，尿酸占尿氮的 80% 以上，它们通过肾小管分泌而排泄。肾小管损伤，机能下降时可使尿酸分泌减少，产生进行性高尿酸血症，导致尿酸盐结晶在实质器官浆膜表面沉积。因此，凡是能引起肾脏损伤和肾机能障碍的所有因素均可引起痛风的发生。例如，各种可损伤肾脏的物质（磺胺类药物、碳酸氢钠、草酸、霉玉米、汞、铅、酒精等）皆可引起肾机能障碍；一些传染病和寄生虫病（肾型传染性支气管炎、传染性法氏囊病、雏鸡白痢、产蛋下降综合征、球虫病、盲肠肝炎等）均可引起肾炎，使肾脏的排泄机能发生障碍，都可能会继发或并发痛风

续表

遗传因素	遗传性痛风主要起因于肾小管膜转运机制选择性先天缺陷所致的尿酸排泄减少，导致血液中尿酸浓度增高，尿酸经肾外途径排泄并析出尿酸盐结晶，而造成痛风性关节炎，如新汉普夏鸡就携带有相关痛风的遗传基因

（1）临床症状　病鸡主要表现精神不振，有时突然发惊、鸣叫，食欲减退或废绝，腹泻，排白色黏液状稀便。病鸡趾部肿胀变形。有的病鸡行走困难，不能站立，膝关节肿大（图 7-129）。

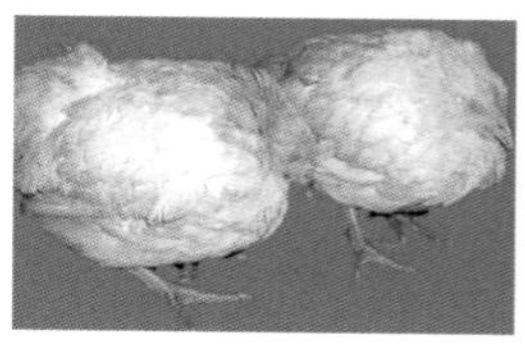
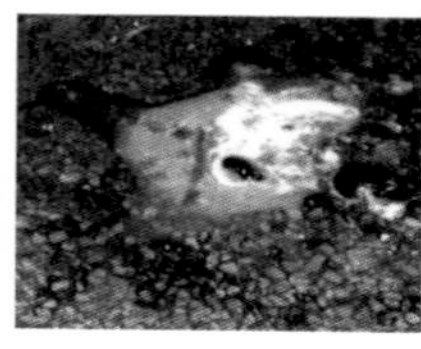
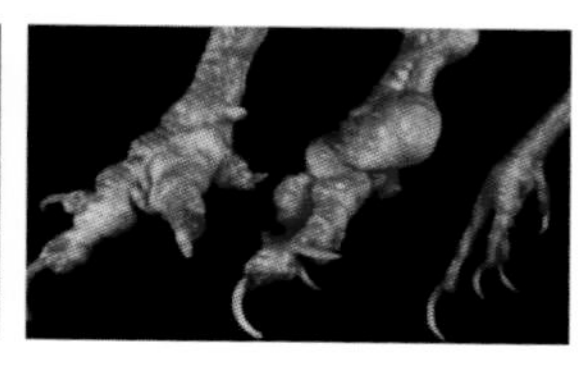

图 7-129　病鸡全身消瘦、贫血（左）；病鸡排稀粪（中）；病鸡趾部肿胀变形（右。注：最右侧为正常）

（2）病理变化　内脏型痛风在胸膜、腹膜、肺、心包、肝、脾、肾、肠及肠系膜的表面散布许多石灰样的白色尖屑状或絮状物质（图 7-130、图 7-131）。关节型痛风切开肿胀关节，可流出浓厚、白色黏稠的液体，滑液含有大量由尿酸、尿酸铵、尿酸钙形成的结晶，沉着物常常形成一种所谓“痛风石”。

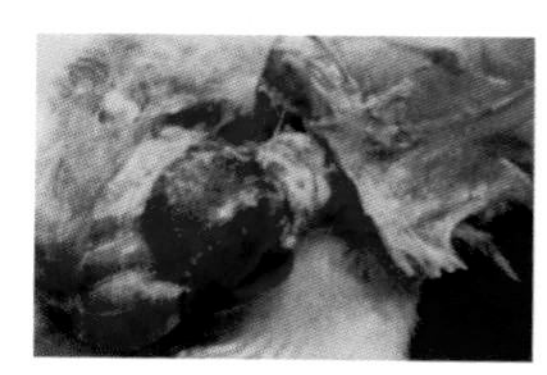

图 7-130　病鸡心脏、肝脏、腹腔等表面的白色石灰样物质（左）；脾脏白色灶状结节（中）；病鸡关节囊内有尿酸盐沉积物（右）

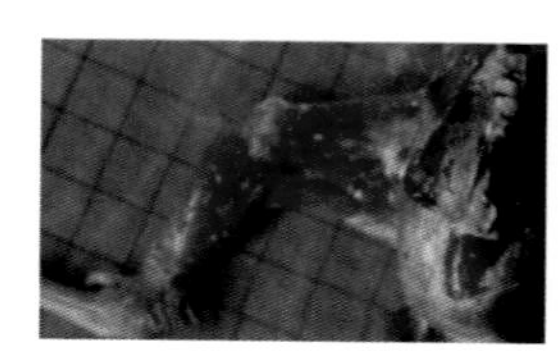

图 7-131　病鸡肌肉内沉积有灰白色尿酸盐（左）；胸膜、腹膜、肠系膜等都有灰白色尿酸盐（右）

（3）诊断　采病鸡血液检测尿酸的量，以及采取肿胀关节的内容物进行化学检查，呈紫脲酸铵阳性反应，显微镜观察见到细针状和禾束状尿酸钠结晶或放射形尿酸钠结晶，即可进一步确诊。

（4）防治

① 预防措施。加强饲料管理，防止饲料霉变；饲料中蛋白质和钙含量添加适宜；科学用药和加强饲养管理，减少疾病发生。

② 发病后的措施。鸡群发生痛风后，首先要降低饲料中蛋白质含量，适当给予青绿饲料。并立即投以肾肿解毒药，按说明书进行饮水投服，连用 3～5 天，严重者可增加一个疗程。

2. 鸡脂肪肝综合征

鸡脂肪肝综合征是产蛋鸡的一种营养代谢病。

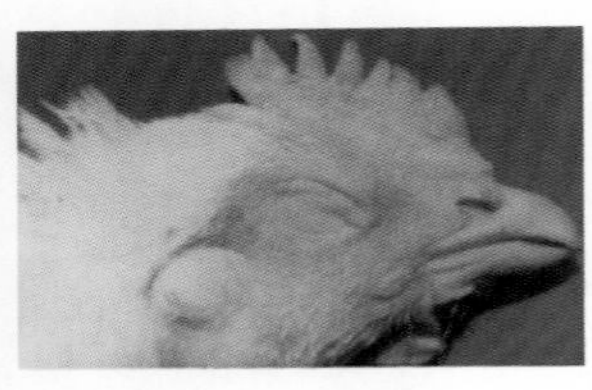

图 7-132　病鸡嗜睡，鸡冠、肉髯凉

（1）临床症状　严重的病鸡嗜睡、瘫痪，体温 41.5～ 42.8℃，进而鸡冠、肉髯及脚变冷（图 7-132），可在数小时内死亡，一般从发病到死亡 1～2 天。

（2）病理变化　肝脏肿大，边缘钝圆，呈黄色油腻状，表面有出血点和白色坏死灶，质度极脆，易破碎如泥样，用刀切时，在刀的表面下有脂肪滴附着；病死鸡肝破裂而发生内出血，肝脏上有血凝块（图 7-133）。皮下、腹腔及肠系膜均有大量的脂肪沉积。

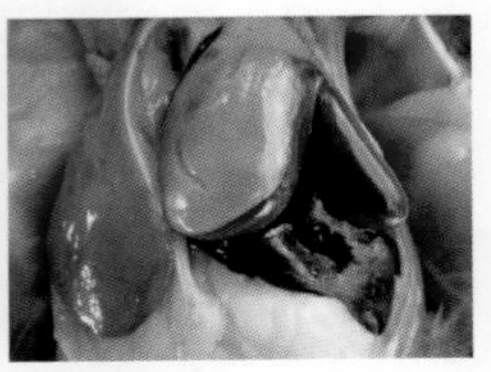

图 7-133　病死鸡全身肌肉苍白，肝脏肿大，呈黄色油腻状（左）；病死鸡肝破裂（右）

（3）防制

① 预防措施。保持适宜的能量水平和活动量，适当提高日粮

蛋氨酸、胆碱和维生素 E 等嗜脂因子含量；避免鸡霍乱、黄曲霉毒素中毒等病的发生，防止引起肝脏的脂肪变性。

② 发病后的措施。每吨饲料中加入氯化胆碱 1000 克、蛋氨酸 500 克、维生素 E 5500 国际单位和维生素 C 500 克，使用 3 周，病情能够控制。

3. 笼养蛋鸡产蛋疲劳症

笼养蛋鸡产蛋疲劳症是笼养母鸡特有的营养代谢病。

（1）临床症状　鸡群中有 5%～10% 的鸡表现出临床症状，产蛋鸡多出现在产蛋高峰期间。笼养蛋鸡疲劳症与产蛋鸡缺钙有关。高产的母鸡受害最大，瘫鸡最多。平养条件下，因有足够的运动量，未见此病。肌肉松弛、腿麻痹、骨质疏松脆弱。鸡翅膀下垂，腿麻痹，不能正常活动，出现脱水，消瘦而死亡（图 7-134）。

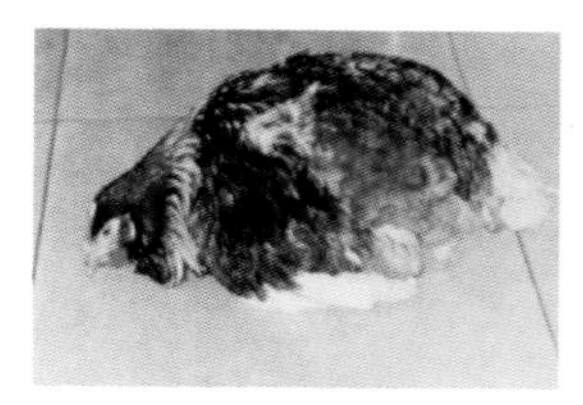

图 7-134　病鸡腿麻痹，不能正常活动

（2）病理变化　剖检可见肋骨处呈串珠状，第 4～5 椎骨可能骨折。

（3）防治　每天每只鸡应保证钙的总供给量为 3.3～4.2 克。除正常日粮外，下午让鸡自由采食贝壳或石灰石碎粒。每千克饲料含维生素 D 32500 国际单位。避免饲料被黄曲霉污染。如果出现病鸡，应立即在饲料中添加维生素 D_3 和骨粉大群饲喂。

4. 恶食癖

恶食癖又叫啄癖、异食癖或同类残食症，是指啄肛、啄趾、啄蛋、啄羽等恶癖，大小鸡都可发生，以群养鸡多见。啄肛癖危害最大，常将被啄者致死。

（1）病因　恶食癖发生的原因很复杂，主要有四方面：一是饲养管理不善。如鸡群密度过大，由于拥挤使其形成烦躁、好斗性格；成年母鸡因产蛋箱、窝太少、简陋或光线太强，产蛋后不能较好休息使子宫难以复位或鸡过肥胖子宫复位时间太久，红色的子宫在外边裸露引起啄癖发生。二是饲料营养不足。如食盐缺乏，鸡就寻求咸味食物，引起啄肛、啄肉。缺乏蛋氨酸、胱氨酸时，鸡就会啄毛、啄蛋，特别是高产鸡群。某些矿物质和维生素缺乏、饲料粗纤维含量太低或限饲时，处于饥饿状态等，都易发生本病。三是一些外寄生虫病。如虱、螨等因局部发痒，而致使鸡只不断啄叼患部，甚至破溃出血，引起恶食癖。四是遗传因素。白壳蛋鸡啄癖的发生率较高，特别是刚开产的新母鸡，啄肛引起病残和死亡较多，而褐壳蛋鸡较少。

（2）防制

① 预防措施。雏鸡在 7～10 日龄进行断喙，育成阶段再补断一次。上喙断 1/2，下喙断 1/3，雏鸡上下喙一齐切，断喙的雏鸡到成年喙呈浑圆形，短而弯曲。保持适宜环境。平养鸡舍产蛋前要将产蛋箱或窝准备好，每 4～5 只母鸡设置一个产蛋箱，样式要一致。产蛋箱宽敞，使鸡伏卧其内不露头尾，并放置于较安静处。饲养密度不宜过大，光照不要太强。饲料营养全面。饲料中的蛋白质、维生素和微量元素要充足，各种营养素之间要平衡。

② 发生时的措施。可将蔬菜、瓜果或青草吊于鸡群头顶，以转移其注意力。啄肛严重时，可将鸡群关在舍内暂时不放，换上红灯泡，糊上红窗纸，使鸡看不出肛门的红色，这样可制止啄肛，待过几天啄癖消失后，再恢复正常饲养管理。在饲料中添加羽毛粉、蛋氨酸、啄肛灵、硫酸亚铁、核黄素和生石膏等。其中以生石膏效果较好，按 2%～3% 加入饲料喂半月左右即可。

为防止啄肛，可将饲料中食盐含量提高到 2%，连喂 2 天，并保证足够的饮水。切不可将食盐加入饮水，因为鸡的饮水量比采食量大，易引起中毒，而且越饮越渴，越渴越饮。

近年来研制出一种鸡鼻环，适用于成鸡，发生恶食癖时，给鸡戴上，便可防止啄肛。

5. 维生素缺乏症

（1）维生素 A 缺乏症　本病是由于日粮中维生素 A 供应不足或消化吸收障碍，引起的以黏膜、皮肤上皮角化变质，生长停滞，眼干燥症和夜盲症为主要特征的营养代谢性疾病。1 周龄的鸡发病，则与母鸡缺乏维生素 A 有关；成年鸡通常在 2~5 个月内出现症状。

雏鸡主要表现精神委顿，衰弱，运动失调，羽毛松乱，生长缓慢，消瘦。喙和小腿部皮肤的黄色消退。流泪，眼睑内有干酪样物质积聚，常将上下眼睑粘在一起，角膜混浊不透明，严重的角膜软化或穿孔，失明，口黏膜有白色小结节或覆盖一层白色的豆腐渣样的薄膜，剥离后黏膜完整并无出血溃疡现象。有些病鸡受到外界刺激即可引起阵发性的神经症状。成年鸡发病呈慢性经过，主要表现为食欲不佳，羽毛松乱，消瘦，冠白、有皱褶，趾爪蜷缩，两肢无力，步态不稳，尾部支地。繁殖性能降低。鸡群的呼吸道和消化道黏膜抵抗力降低，易感染传染病等多种疾病，使死亡率增高（图 7-135）。

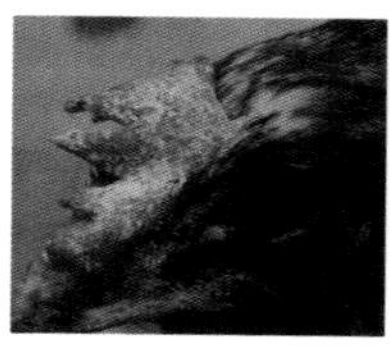
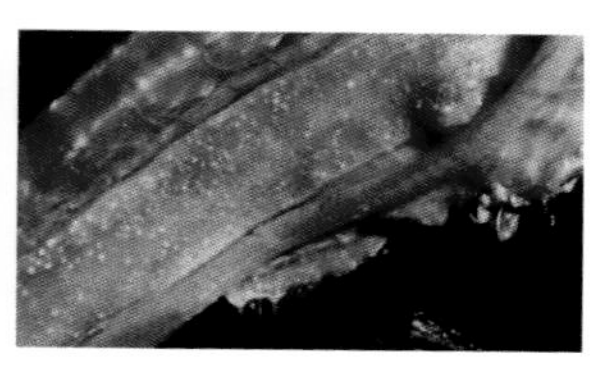

图 7-135　幼禽羽毛粗乱，消瘦，眼睑肿胀，病鸡流泪，眼内有泡沫样分泌物（左）；成年鸡鸡冠皮肤坏死（中）；病鸡食道黏膜出现小脓疱或小结节，稍突出于表面（右）

应消除病因，如停喂贮存过久或霉变饲料。对发病鸡应向饲料中补充维生素 A，使每千克日粮中维生素 A 含量达 10000 国际单位。在短期内给予大剂量的维生素 A，对急性病例疗效迅速而安全，但慢性病例不可能完全康复。维生素 A 在体内有蓄积作用，不能长时间过量使用，以防发生中毒。为了预防维生素 A 缺乏症的发生，养鸡场应时刻注意根据鸡的生长与产蛋不同阶段的营养需要，给以足够的维生素 A。

（2）维生素 D 缺乏症　维生素 D 是家禽正常骨骼和蛋壳形

成中所必需的物质。缺乏时造成家禽的钙、磷吸收和代谢障碍，发生以骨骼、喙和蛋壳形成受阻（佝偻病、软骨病）为特征的维生素 D 缺乏症。

雏鸡维生素 D 缺乏通常在 2～3 周龄时出现明显的临床症状，除生长发育迟缓、羽毛生长不良外，主要呈现以骨骼钙化不良为主的佝偻病。表现为骨骼变形，胸廓狭窄，肋骨与肋软骨相接处形成球状肿胀，脊柱变形，胸骨呈“S”状弯曲。胫骨及跖骨常呈弧状弯曲，喙软，有“橡皮喙”之称。产蛋期母鸡往往在维生素 D 缺乏后 2～3 个月才开始出现临床症状，产薄壳蛋和软壳蛋，产蛋率明显下降，种蛋孵化率降低（图 7-136）。有的母鸡可出现暂时性的行走困难，严重的表现为“企鹅”状姿势，鸡喙、爪和胸骨变软，胸骨嵴常弯曲（图 7-137）。肋骨与脊椎骨接合部向内凹陷，呈现肋骨内向弧形的特征。

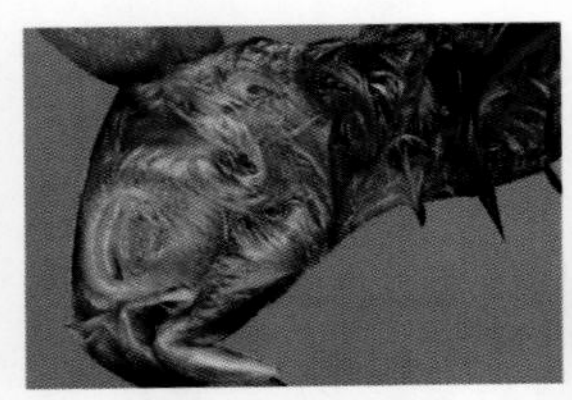

图 7-136　病鸡软喙（左）；病雏鸡食欲不振，嗜异，生长停滞，严重时患佝偻病，跗关节肿大，腿无力，拐腿，不能站立，侧卧或伏卧（中）；产蛋母鸡产薄壳蛋或软壳蛋，产蛋率、孵化率明显下降，胚胎多于 10～16 胚龄死亡（右）

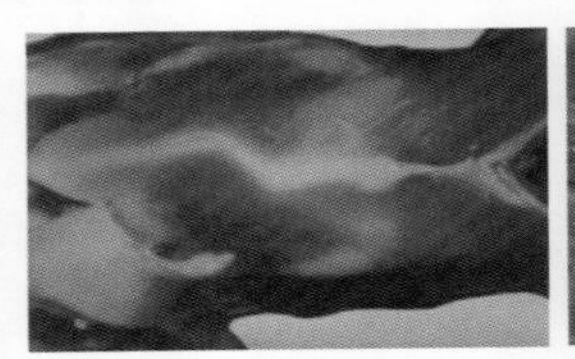

图 7-137　雏鸡的胸骨弯曲（左）；病鸡的肋骨锥端呈球形膨大（右）

舍内饲养，缺乏阳光照射，饲料中要保证充足的维生素 D 和钙、磷的供应。根据需要在饲料中添加维生素 AD_3 粉进行预防，病鸡喂服 1～2 滴鱼肝油或维生素 D_3 1500 国际单位。

（3）维生素 E 缺乏症　维生素 E 缺乏能引起小鸡脑软化症、

渗出性素质和肌肉萎缩症；公鸡睾丸退化，性欲不强，精液品质下降；母鸡种蛋受精率降低，死胚蛋增多。

雏鸡的维生素 E 缺乏最早的可发生于 7 日龄，晚的可至 8 周龄，一般情况下多发生于 5 周龄前后。临床表现共济运动失调，头向后或向下挛缩，肌肉痉挛或抽搐，常跌倒在地挣扎。病鸡腹下水肿（水肿部位呈污蓝绿色，若穿刺水肿处可流出稍黏的蓝绿色液体）迫使两腿向外叉开。病鸡还表现明显的肌营养不良，尤以胸肌为明显，肌肉发生退行性变性和坏死，肌纤维呈灰白色条纹状。剖检可见脑部广泛性出血、水肿。大脑水肿，呈退行性变性（图 7-138）；小脑有大量小点状出血、水肿且软化明显。耐过鸡常留下终身不愈的后遗症，头颈扭曲，容易跌倒，尤其在受惊吓时表现明显突出。

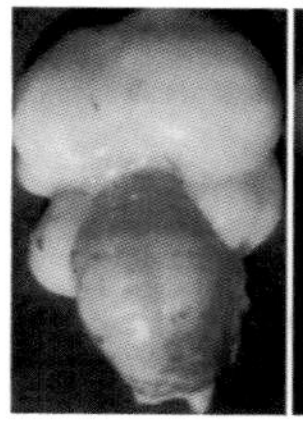
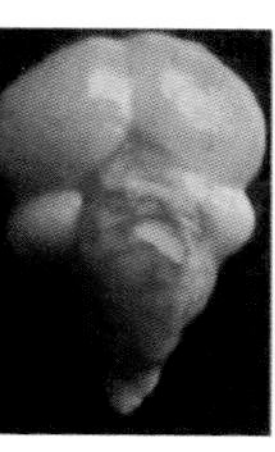

图 7-138　雏鸡头向后，两腿向外交叉（左）；病鸡脑部水肿、出血（中）；雏鸡脐带愈合不良（右）

成年鸡长时期饲喂低水平的维生素 E 饲料，并不出现明显的临床症状。种母鸡表现产蛋率下降，种蛋受精率下降，种蛋孵化率显著降低，胚胎在第 7 天前后死亡率较高。打开种蛋可见中胚层肿胀，胎盘有瘀血和出血，胚的眼睛晶状体混浊，角膜有透明斑。种公鸡则表现睾丸肿大或萎缩，精子生成障碍，精液品质不良，精子密度及活力下降，运动异常，性欲较差或无性欲。

生产中，维生素 E 缺乏症与硒缺乏往往同时发生，脑软化、渗出性素质和肌营养不良常交织在一起，可以在用维生素 E 的同时也用硒制剂进行防治，对雏鸡出血性素质和肌营养不良治疗。每千克饲料中加维生素 E 2000 国际单位（或 0.5% 植物油），连用 14 天，或每只雏鸡单独一次口服维生素 E 300 国际单位，都有防治作用，若同时在每千克饲料内加入亚硒酸钠 0.2 毫克、蛋氨酸 2～3 克，连用 2 周，疗效良好。此类病若不及时治疗，则可造成急性死亡。

（4）B 族维生素缺乏症

① 维生素 B_1（硫胺素）缺乏症。主要能引起鸡碳水化合物代谢障碍及神经系统病变。幼雏多在 2～3 周龄时发生，病雏消瘦，羽毛松乱、无光泽，行走无力，麻痹或痉挛，头向背后弯曲，呈“观星”状（图 7-139），瘫痪。成年鸡在缺乏 3 周后出现症状，食欲减退、羽毛松乱、无光泽，腿软无力或步态不稳。冠呈蓝紫色，以后出现神经症状和麻痹，剖检可见胃肠道发炎，十二指肠溃疡，皮下水肿。防治应给病鸡补充富含维生素 B_1 的饲料，如谷物、糠麸、豆类、酵母、青绿饲料等，或多维添加剂。严重病鸡注射盐酸硫胺 5 毫克。

图 7-139　维生素 B_1 缺乏症病鸡呈“观星”姿势

② 维生素 B_2（核黄素）缺乏症。病雏趾爪向内蜷缩，瘫痪，飞节着地，两翅展开帮助维持平衡（图 7-140）。成鸡产蛋率、孵化率降低，蛋白稀薄。剖检见胃肠黏膜萎缩，肠壁变薄，肠内有大量泡沫样内容物。严重病例坐骨神经和臂神经明显增粗。给予富含维生素 B_2 的饲料，如酵母、谷类、青绿饲料等，或雏鸡日粮中每 1000 千克饲料添加核黄素 2～3 克，可以预防维生素 B_2 缺乏症的发生。病鸡给予维生素 B_2 片剂或多种维生素添加剂，发现孵化率下降时，种鸡加喂核黄素饲料。

③ 泛酸（维生素 B_3）缺乏症。一般日粮中不易缺乏，但在饲料加工时经热、酸和碱等处理很容易破坏，长期饲喂玉米，可以引起泛酸缺乏症。本病多发生于 3 周龄以内幼鸡，病雏羽毛粗

糙，生长迟缓，口角、眼睑及肛门形成小结痂，眼被黏性渗出物粘着，头、趾皮肤发炎，脱皮，行走困难（图 7-141）。成鸡产蛋率、孵化率降低，鸡胚后期死亡。口内有脓样物，腺胃有灰白色渗出物。饲喂青绿饲料、酵母、肝粉、脱脂乳或维生素添加剂均有防治作用。维生素 B_{12} 与泛酸关系密切，当维生素 B_{12} 不足时，幼鸡对泛酸需要量就增加，故要注意补充维生素 B_{12}。每千克饲料加入泛酸钙 20～30 毫克，连用 2 周，治疗效果显著。

图 7-140　维生素 B_2 缺乏症病鸡

图 7-141　泛酸缺乏症病鸡

④ 吡哆醇（维生素 B_6）缺乏症。可引起雏鸡食欲减退，生长不良，贫血及特征性神经症状。病鸡痉挛，双脚颤动，严重时极度兴奋，盲目乱跑，翻倒在地，双翅扑动，两腿乱蹬，头部剧烈摆动，甚至休克死亡。有些还有脱毛、皮炎、毛囊出血等症状。成鸡则表现减食，体重下降，产蛋减少，孵化率降低。一般每千克饲料中含有 4 毫克维生素 B_6 即可满足需要，而正常饲料中 B_6 含量都要高出需要量一倍以上，故一般很少发生。

⑤ 叶酸（维生素 B_{11}）缺乏症。病雏鸡生长缓慢、贫血，患鸡头颈麻痹，喙触地，羽毛褪色，发生脱腱症，并对蛔虫抵抗力降低。增加对胆碱的需求量，使正常含量的胆碱不够用而出现骨短粗症。成鸡表现产蛋率、孵化率降低。对病鸡可多喂些青绿饲料，有条件时喂些酵母粉、肝粉、鲜肝更好。必要时每千克饲料加入 50 毫克维生素 B_{11} 进行治疗，或肌内注射叶酸制剂 50～100 微克 / 只。

⑥ 维生素 B_{12} 缺乏症。维生素 B_{12} 又称氢钴胺素。缺乏时幼雏生长缓慢，贫血，衰竭死亡。成鸡产蛋量减少，孵化率显著降低，胚胎多在 17 日龄时死亡。死胎表现腿肌萎缩和胫骨短粗症。

只要多喂些动物性饲料、酵母等，可预防维生素 B_{12} 缺乏。种鸡群每吨饲料中加 30 毫克维生素 B_{12} 可保证高孵化率。病鸡每只肌注维生素 B_{12} 2 微克，疗效较好。

⑦ 烟酸（维生素 PP）缺乏症。多见于幼鸡。病雏生长缓慢，采食减少，羽毛粗乱，皮肤发炎，冠上带有出血性结痂，腿部皮肤呈鳞片状（图 7-142）。口腔、舌面呈鲜红色。关节肿大，脚呈弓形。成鸡产蛋率和种蛋孵化率降低。平时喂给全价饲料，每千克饲料加入 30 毫克烟酸，即可满足正常需要。发病鸡立即给予烟酸或糠麸、花生饼或优质鱼粉能很快见效。

⑧ 生物素缺乏症。生物素广泛存在于各种饲料，一般不会缺乏，特殊情况可能会发生。缺乏生物素时，雏鸡表现生长迟缓，食欲不振，羽毛干燥、质地变脆、易折，精神沉郁，上喙尖端向下弯曲呈"鹦鹉嘴"状。骨短粗，腿、嘴和眼周围皮肤发炎（图 7-143）；成年鸡种蛋孵化率降低，胚胎发生先天性骨短症。管状骨，如胫骨、跖骨、肱骨、桡骨和尺骨等变短而粗。剖检肝、肾肿大呈青白色，肝脂肪增多，肌胃和小肠内有黑色内容物。成鸡种蛋孵化率降低。病鸡可多喂些青饲料和鱼粉，喂酵母粉更好。必要时每千克饲料加入 0.1 毫克生物素进行治疗。

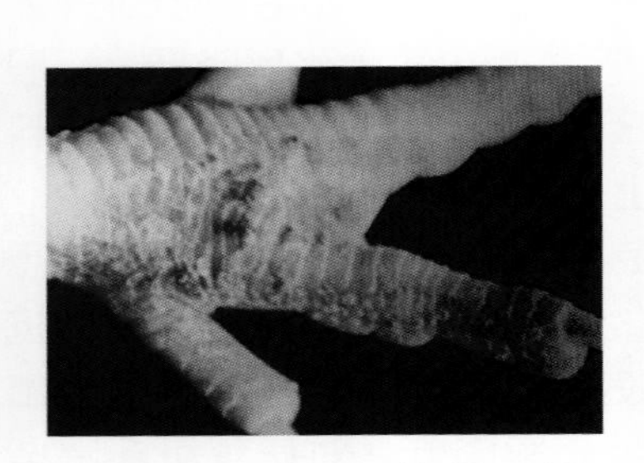

图 7-142　脚趾皮肤粗糙、皲裂

图 7-143　生物素缺乏症病鸡

⑨ 胆碱缺乏症。鸡对胆碱的需要量比其他维生素大得多。每千克饲料应含胆碱：14 周龄以前 1.3 克，15～20 周龄 0.8 克，产蛋期 0.5 克。雏鸡缺乏时，不仅生长缓慢，还易患软骨短粗病及腱滑脱，与缺锰相似。成鸡产蛋减少，肝脂肪沉积，特别是笼养鸡若同时缺乏蛋氨酸（喂玉米过多），则易发生脂肪肝。为防

止胆碱缺乏，可在每千克饲料中加入 1 克氯化胆碱，对生长和产蛋均有显著效果。

6. 矿物元素缺乏症

（1）钙和磷的缺乏症　钙和磷在代谢中，特别是在骨骼的形成中是不可缺少的。日粮中钙磷缺乏或比例失调引起骨营养不良。钙和磷的利用决定于维生素 D 的供应，当维生素 D 缺乏时，骨骼中钙和磷的沉着减少。生长鸡表现为佝偻病、喙与爪变形弯曲，肋骨末端呈结节状并弯曲（图 7-144）。关节常肿大，常发生跛行，间或有腹泻。成年鸡主要发生于高产鸡群或产蛋高峰期鸡群。初期主要表现蛋壳变薄，软皮蛋增多，种蛋破损率升高，种蛋合格率、产蛋率和种蛋孵化率显著降低。后期发病鸡的胸骨变形，胸骨嵴常呈“S”状弯曲（图 7-144）。肋骨的两端膨大，翅骨和腿骨轻折可断。

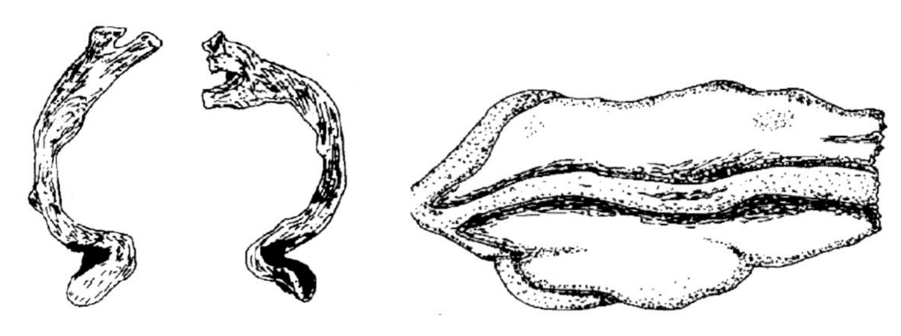

图 7-144　肋骨变形，末端呈结节状并弯曲（左）；胸骨变形，呈“S”状弯曲（右）

保持日粮中钙和磷的供给量，调整好比例。日粮中，骨粉、石灰石、贝壳粉中都含有丰富的钙，但石灰石中钙只有 1/3 能被吸收利用，贝壳中的钙可以吸收 2/3。在生产中常用过磷酸钙与石灰石等钙质饲料混合，可提高钙的利用率。对舍内笼养鸡，适当添加维生素 D 可以促进钙、磷消化吸收，提高血液中钙、磷饱和程度，避免钙和磷的缺乏。

（2）氯和钠缺乏症　钠缺乏，不仅使生长发育迟滞，而且引起骨质变软，角膜角质化，生殖机能下降。产蛋鸡产蛋量减少，鸡蛋变小，体重减轻和异食癖。氯含量不足时，生长极度不良，死亡率增加，血液浓缩，脱水。病鸡出现神经症状，受惊则突然倒地，两脚向后，不能站立（图 7-145）。数分钟即恢复正常，再受惊再次发作。每千克饲料中添加食盐 0.35%～0.37% 即可满足氯和钠的需要。

（3）锰缺乏症　幼鸡的特征是膝关节异常肿大，病鸡腿部弯曲或扭转，不能站立（图 7-146）；产蛋鸡蛋的孵化率显著下降，胚胎在出壳前死亡；胚胎表现腿短而粗，翅膀变短，头呈球形，鹦鹉嘴，腹膨大。饲料中加入一定量的米糠，可防止锰缺乏症。病鸡群可在每千克饲料中加硫酸锰 0.1～0.2 克或 0.005% 高锰酸钾溶液饮水，连喂 2 天，停 2～3 天后再喂。

图 7-145　两腿后伸，不能站立

图 7-146　病鸡右腿翘起向外反转

（4）硒缺乏症　病鸡主要表现为头、颈部皮下水肿，精神不振，不愿走动，有的卧地不起，鼻腔分泌物增多，下痢。剖检见皮下水肿，有黄色胶冻样物浸润，腿部、腹部、髓关节处皮下水肿，肌肉出血，并有大米粒状黄色坏死灶。肝棕黄、质脆，肾肿大，心包积水，心肌变性。小肠出血，有卡他性炎症。治疗宜在饲料中补充亚硒酸钠 0.03%。

（5）锌缺乏症　锌在日粮中 15～20 毫克 / 千克即可。缺锌雏鸡表现衰弱，不能站立，食欲消失，羽毛发育不良等症状。如受惊吓，则表现呼吸困难，死亡雏鸡剖检无特征性变化。2 个月以内的幼鸡缺锌仅表现生长发育迟缓以及骨和羽毛的变化。胫骨短粗，关节面膨大，飞节扁平、膨大，常蹲伏。羽毛色素缺乏，颜色较淡，屈曲不平，生长不良。产蛋鸡缺锌时，蛋壳薄，死胚多，胚胎躯体和四肢畸形，出雏率低，弱雏多，死亡率高。

（6）碘缺乏症　缺碘病鸡表现甲状腺肿大，代谢机能降低，生长发育受阻，嗜睡，生殖力减退或丧失。有些地区土壤中缺碘，因此饲料中含碘量也低，在这些地区的鸡需喂服碘化盐。

五、其他病

1. 肉鸡猝死综合征

猝死综合征肉鸡多发，以肌肉丰满、外观健康的肉鸡突然死亡为特征。多数学者认为是一种代谢病。影响因素涉及营养、环境、遗传、酸碱平衡、个体发育等。离子载体抗球虫剂及球虫抑制剂等也可成为其诱因。

（1）临床症状　发病前鸡群无任何明显征兆，患病鸡突然死亡，特征是失去平衡，翅膀剧烈扇动，肌肉痉挛，发出狂叫或尖叫，继而死亡。从丧失平衡到死亡，时间很短。死鸡多表现背部朝地躺着，两脚朝天，颈部伸直，少数鸡死时呈腹卧姿势，大多数死于喂饲时间。公鸡的发生率高于母鸡（约为母鸡的 3 倍），有两个发病高峰，以 3 周龄前后和 8 周龄前后多发。一年四季均可发生。

（2）病理变化　死鸡可见鸡冠、肉髯和泄殖腔内充血，肌肉组织苍白，嗉囊、肌胃和肠道充盈。肺弥漫性充血，呈暗红色并肿大，右肺比左肺明显，也有部分鸡肺呈略带黑色的轻度变化。死于早期的鸡有明显的右心房扩张，以后死的鸡心脏均大于正常鸡的几倍。心包液增多，偶尔见纤维素凝固；肝轻度肿大、质脆，颜色苍白；腹肌湿润、苍白，肾浅灰色或苍白色。十二指肠显著膨胀，内容物之白似奶油状，为卡他性肠炎。产蛋期猝死病鸡腺胃糜烂、溃疡，腺胃壁变薄，乳头流出黄褐色液体（图 7-147）。

（3）防治

① 预防措施。前期适当限制饲料中营养水平。喂高营养配合饲料增重快，但容易发生猝死，可以喂粉状料或限制饲养等减少营养摄取量。饲料中添加生物素预防。资料表明，在饲料中添加

生物素是降低死亡率的有效方法。每千克饲料中添加 300 微克以上生物素，可以减少肉仔鸡死亡率。

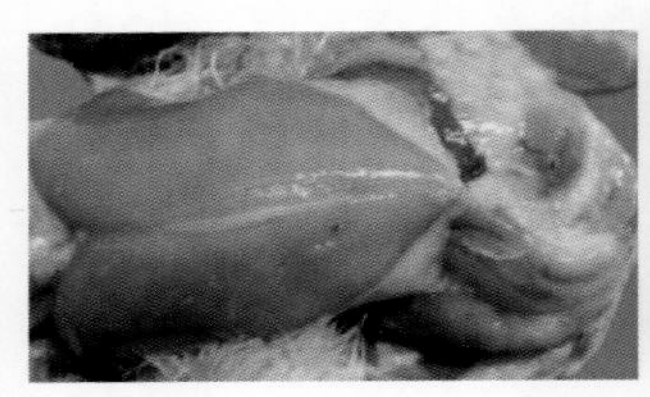
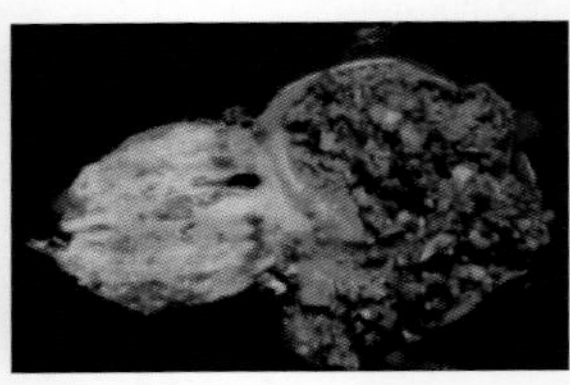

图 7-147　病死肉鸡胸肌丰满、苍白（左）；蛋鸡腺胃病变（右）

② 治疗措施。发病后用碳酸氢钾治疗。每只鸡 0.62 克碳酸氢钾饮水，或碳酸氢钾 0.36% 拌料，其死亡率显著降低。

2. 肉鸡腹水综合征

肉鸡腹水综合征是危害快速生长幼龄肉鸡的以浆液性液体过多地聚积在腹腔，右心扩张肥大，肺部淤血、水肿和肝脏病变为特征的非传染性疾病。任何使机体缺氧，引起需氧量增加的因素均可引起肺动脉高压，进而引发腹水综合征。另外，引起心、肝、肺等实质性器官损害的一些因子也可诱发肉鸡腹水综合征。多发生于快速生长期的肉鸡，尤其是快大型品种；一般发病日龄在 3 周左右，死亡高峰在 5～7 周龄。

（1）临床症状　病鸡喜躺卧，精神沉郁；行动缓慢，步态似企鹅状；羽毛粗乱、无光泽，两翅下垂；食欲下降，体重减轻；呼吸困难，伸颈张口呼吸，皮肤黏膜发绀，头冠青紫；腹部膨大、下垂，皮肤发亮、变薄，手触之有波动感（图 7-148）；腹腔穿刺有淡黄色液体流出，有时混有少量血液；穿刺后部分鸡症状减轻，但少部分可因为虚脱而加快死亡。

（2）病理变化　全身明显淤血。最典型的剖检变化是腹腔积有大量的清亮、稻草色或淡红色液体，液体中可混纤维素块或絮状物，腹水量 200～500 毫升，量多少可能与病的程度和日龄有关。积液中除纤维素外，有少量细胞成分，主要是淋巴细胞、红细胞和巨噬细胞。

肺呈弥漫性充血、水肿，副支气管充血，平滑肌肥大，毛细支气管萎缩。心脏肿大，右心扩张、柔软，心壁变薄，心肌弛缓，心包积液，病鸡心脏比正常鸡大，病鸡与正常鸡心脏重量可能相近，心与体重比例与正常鸡比较可增加 40%。肝充血、肿大，紫红或微紫红，表面覆有灰白或淡黄色胶冻样物。有的病例可见肝脏萎缩、变硬，表面凹凸不平或肝包膜形成水疱、囊肿。胆囊充满胆汁。肾充血、肿大，有尿酸盐沉着。肠充血。胸肌和骨骼肌充血。脾脏通常较小（图 7-149）。

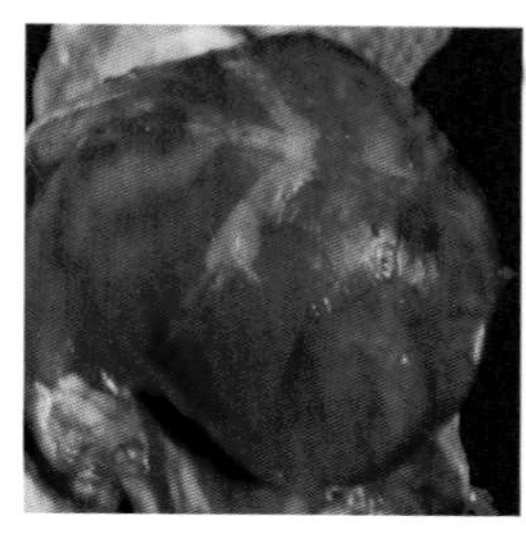
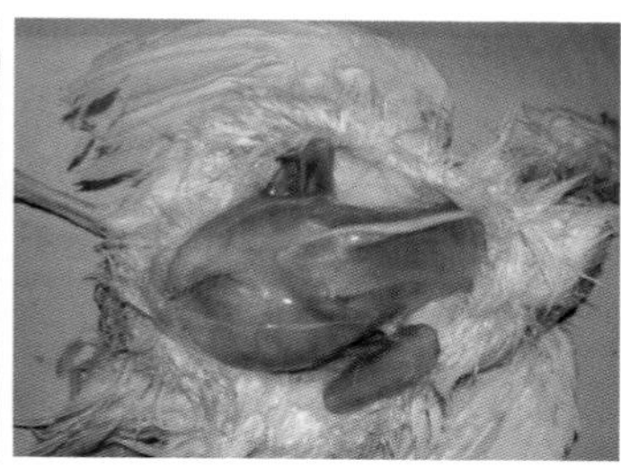

图 7-148　病鸡腹部膨大、下垂，内充满透明液体

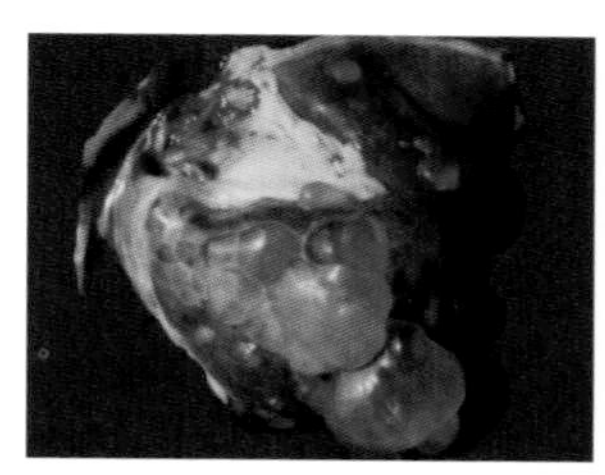
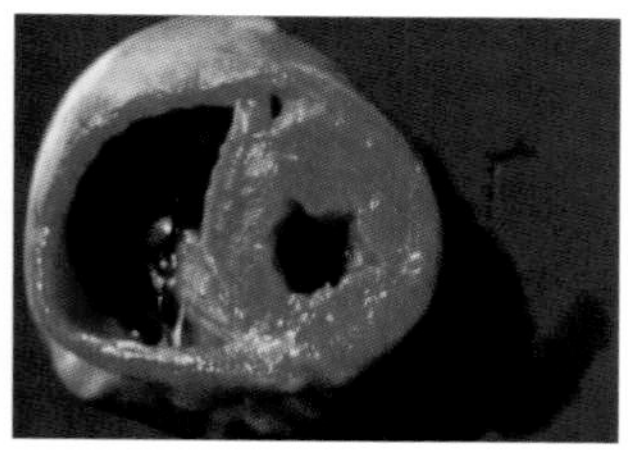

图 7-149　病鸡肝包膜形成水疱、囊肿（左）；心脏病变（右）

（3）防制

① 选育优良品种。选种时，在考虑快速生长的同时，还应该改善肉鸡心、肺、肝等内脏器官的功能，坚持淘汰有腹水倾向的种鸡，选出最适合的肉鸡品种。

② 改善环境。改造鸡舍，设计出最合适的禽舍，改善饲养环境。鸡舍建造时要设计天窗、排气孔等，要妥善解决保温与通风换气的矛盾，维持最适的鸡舍温度，定时加强通风，减少有害气体和尘埃的蓄积，保持鸡舍内空气新鲜；控制饲养密度，合理光照；谢绝参观，减少不必要的应激；同时，应保持鸡舍内的清洁

卫生，每天及时清除粪便，做好消毒工作；防止饮水器漏水使垫料潮湿而产生氨气。

③ 科学配制日粮。适当降低能量（前期 11.50 兆焦 / 千克，后期 11.92 兆焦 / 千克）和蛋白质水平。脂肪添加 < 2%，饲料中含盐 < 0.5%，防止磷、硒和维生素 E 的缺乏，每吨饲料添加 500 克维生素 C 抗应激，适当添加 $NaHCO_3$ 代替 NaCl 作为钠源，日粮中添加 125 毫克 / 千克脲酶抑制剂减少氨的产生。

④ 合理限饲。根据肉鸡的生长特点，在 1～20 日龄用粉料代替颗粒料，20 日龄以后用颗粒料，既不太影响增重，又能减少发生腹水综合征的概率。

⑤ 间歇光照。夜间采用间歇光照，有利于鸡只充分利用和消化饲料，提高饲料利用率，缓解心肺负担，减少腹水综合征的发病率。

⑥ 药物预防。15～35 日龄在饲料加入 0.25% 去腹散或 11～38 日龄在饮水中加入 0.15% 运饮灵，有良好的预防作用，或在饲料中添加如山梨醇、脲酶抑制剂、阿司匹林、氯化胆碱和除臭灵等，可以减少腹水综合征的发生及死亡。同时，为防止支原体病、大肠杆菌病、葡萄球菌病、传染性支气管炎等诱发腹水综合征，可在饲料中添加适当的药物进行预防。

⑦ 发病后的措施。一旦发病，可适当采取治疗。治疗时，挑出病鸡，以无菌操作用针管抽出腹腔积液，然后腹腔注入 1% 速尿注射液 0.3 毫升，隔离饲养。针对有葡萄球菌和大肠杆菌引发的腹水综合征，可采用氟哌酸、氯霉素、硫酸新霉素、卡那霉素等抗菌性药物治疗其原发病症。同时，全群鸡在饮水中加 0.05% 维生素 C 或饲料中加利尿剂。中兽医学认为腹水综合征为虚症，按辨证施治理论，主要以健脾利水、理气补虚为主进行治疗，如中药茯苓、泽泻等对其有效。

3. 中暑

中暑是日射病和热射病的总称。鸡在烈日下暴晒，使头部血管扩张而引起脑及脑膜急性充血，导致中枢神经系统机能障碍称为日射病。鸡在闷热环境中因机体散热困难而造成体内过热，引起中枢神经系统、循环系统和呼吸系统机能障碍称为热射病，又称热衰竭。规模化生产中，由于高温高湿环境中长时间闷热、拥挤、通风不良且得不到足够饮水，或装在密闭、拥挤的车辆内长途运输时，鸡体散热困难，产热不能及时散失，较多发生热射病。

（1）临床症状　本病常突然发生，急性经过。日射病患鸡表现体温升高，烦躁不安，然后精神迟钝，足胫麻痹，体躯、颈部肌肉痉挛，常在几分钟内死亡。环境温度过高发生的热射病，张口快速喘气，可以观察到上下快速移动的咽喉以及打开羽毛，让皮肤最大限度地触地（图 7-150）。热射病患鸡除可见体温升高外，还表现呼吸困难、加快，张口喘气，翅膀张开下垂，很快眩晕，步态不稳或不能站立，大量饮水，虚脱，易引起惊厥而死亡。

图 7-150　遭受热应激的鸡（左）；热应激对鸡的影响（右）

（2）病理变化　剖检可见脑膜充血、出血，大脑充血、水肿及出血，有的病例腺胃穿孔。可见尸僵缓慢，血液呈紫黑色，凝固不良，全身淤血，心外膜、脑部出血（图 7-151）。

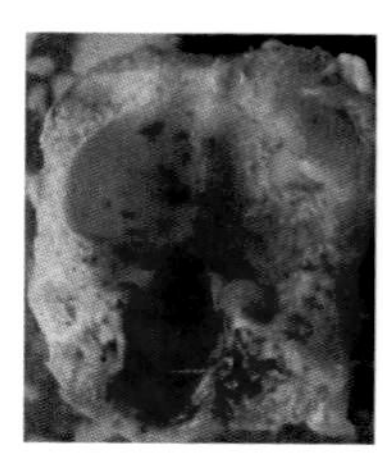

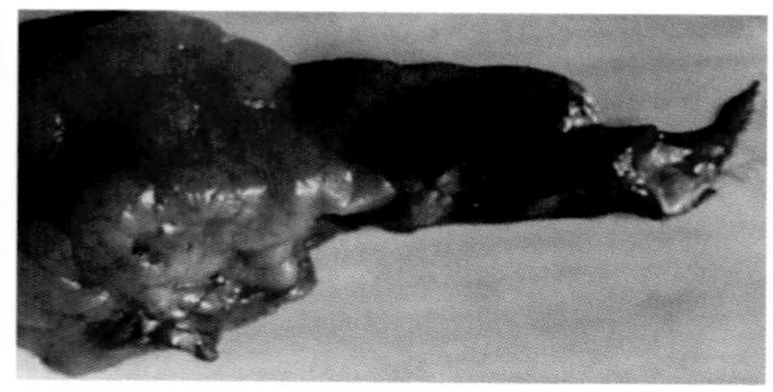

图 7-151　大脑、小脑脑膜有大小不等的出血斑（左）；腺胃穿孔（右）

（3）防制

① 预防措施。夏季应在鸡舍及运动场上搭置凉棚，供鸡只活动或栖息，避免鸡特别是雏鸡长时间受到烈日暴晒，高温潮湿时更应注意。舍内饲养特别是笼养，加强夏季防暑降温工作，避免舍内温度过高。做好遮阳、通风工作，必要时进行强制通风，安装湿帘通风系统；降低饲养密度；保证供足饮水等。

② 发病后的措施。发生日射病时迅速将鸡只转移到无日光处，但禁止冷浴；热射病时将鸡只很快放在阴凉的环境中，以利于降温散热，同时给予清凉饮水，也可将鸡只放入凉水中稍作冷浴。

第八章 鸡场的经营管理

鸡场的经营管理就是通过对鸡场的人、财、物等生产要素和资源进行合理的配置、组织、使用，以最少的消耗获得尽可能多的产品产出和最大的经济效益。

第一节 经营管理概述

一、经营管理的对象和职能

1. 经营管理的对象

经营管理的对象如图 8-1。

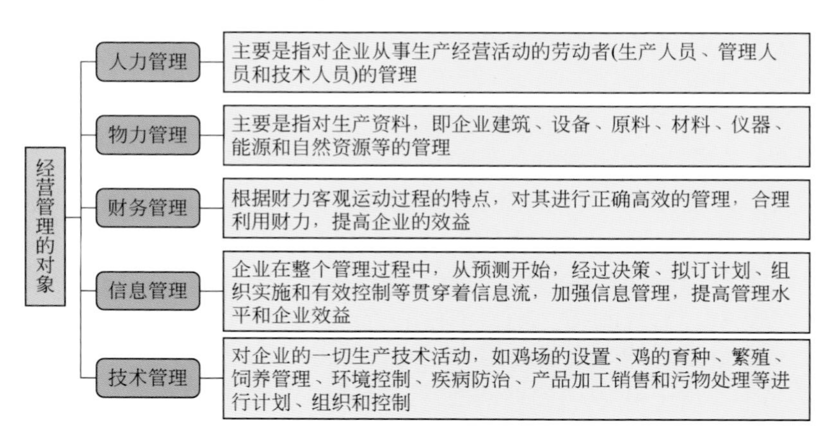

图 8-1 经营管理的对象

2. 经营管理的职能

经营管理的职能如图 8-2。

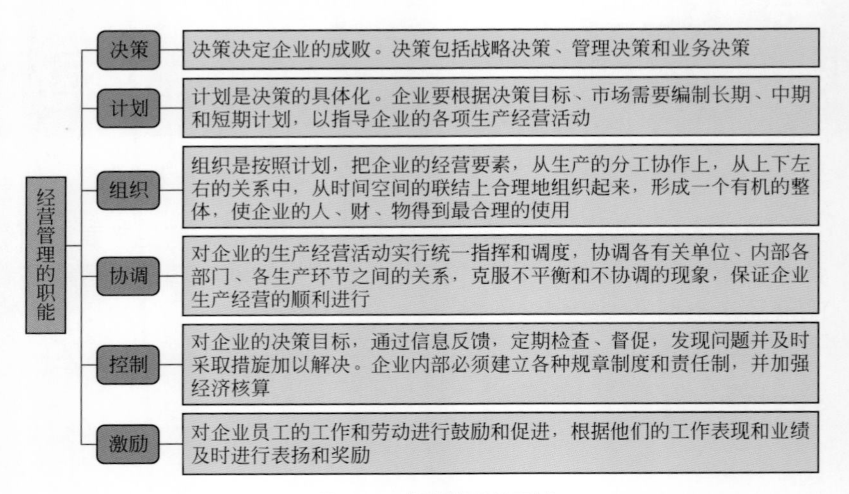

图 8-2　经营管理的职能

二、经营与管理的关系

经营与管理是两个不同的概念。经营是指在国家法律、条例所允许的范围内，面对市场的需要，根据企业内外部的环境和条件，合理地确定企业的生产方向和经营总目标；合理组织企业的供、产、销活动，以求用最少的人、财、物消耗，取得最多的物质产出和最大的经济效益，即利润。管理是指根据企业经营的总目标，对企业生产总过程的经济活动进行计划、组织、指挥、调节、控制、监督和协调等工作。

经营和管理是统一体，统一在企业整个生产经营活动中，是相互联系、相互制约、相互依存的统一体的两个组成部分。但两者又是有区别的。经营的重点是经济效益，而管理的重点是讲求效率；经营主要解决企业的生产方向和企业目标等根本性问题，偏重于宏观决策，而管理主要是在经营目标已定的前提下，如何组织和以怎样的效率实现的问题，偏重于微观调控。

鸡场的经营管理是指实现一定的经营目标，按照鸡只的生物学规律和经济规律，运用经济、法律、行政及现代科学技术和管理手段，对鸡场的生产、销售、劳动报酬、经济核算等活动进行计划、组织和调控的科学，它属于管理科学的范畴，其核心是充分、有效地利用鸡场的人力、物力和财力，以达到高产和高效的目的。

第二节 市场调查和预测

一、市场调查方法

市场调查方法很多，养鸡企业要根据自己的实际情况，选择简便易行的方法（表 8-1）。

表 8-1 市场调查方法

按调查方法分类	询问法	根据已经拟订的调查事项，通过面谈、书面或电话等，向被调查者提出询问、征求意见的办法来搜集市场资料（信息）的方法
	观察法	在被调查者不知道的情况下，由调查人员从旁观察记录被调查者的行为和反映，以取得调查资料的方法
	表格调查法	采用一定的调查表格或问卷形式来搜集资料的方法
	样品征询法	通过试销、展销、选样订货、看样定货，一方面推销商品，另一方面征询意见的方法
按调查范围分类	全面调查法	进行全方位的调查，搜集的资料全面、详细、精确，但费事、费力，成本较高
	重点调查法	通过一些重点单位（或消费者）调查，得到基本关乎全局情况的资料
	典型市场调查法	通过对具有代表性的市场进行调查，以达到全面了解某一方面问题的目的。由于调查对象少，可以集中人力、物力和时间进行深入细致的了解
	间接市场调查法	利用其他有关部门提供的调查积累的资料，来推测市场需求变化等
	抽样调查法	是从需要了解的整体中，抽出其中的一个组成部分进行调查，从而推断出整体情况。但抽取的样品要有代表性

二、市场预测方法

市场预测方法见表 8-2。

表 8-2　市场预测方法

方法	定义	分类
定性预测方法	依靠预测者的逻辑推理和主观判断，对事物的未来发展趋势所做的定性推测。这种方法适合于多因素综合性分析，但预测的结果不够确切、具体，且易受预测者个人分析能力和主观认识的影响	个人判断法
		集体讨论法
		德尔菲法（专家调查法）
		历史推类法
		定性相关分析法
定量预测方法	运用数学方法对事物进行数量分析，得出预测结果。这种方法的结果确切、具体，但只能用于能够定量的因素分析，而且必须有完整、准确的数据资料	因素推算法
		时间序列预测法（包括算术平均预测法、加权平均预测法和时间序列的一元直线回归分析法）
		一元直线回归分析预测法

【提示】定性预测与定量预测各有优缺点。只有将它们相互结合起来，才能使预测结果更加符合客观实际。

第三节　经营决策

经营决策就是鸡场为了确定远期和近期的经营目标和实现这些目标有关的一些重大问题做出最优选择的决断过程。鸡场经营决策的内容很多，如生产经营方向、经营目标、远景规划、规章制度制定、生产活动安排等，鸡场饲养管理人员每时每刻都在决策。决策的正确与否，直接影响到经营效果。有时一次重大的决策失误就可能导致鸡场的亏损，甚至倒闭。正确的决策是建立在科学预测的基础上的，通过收集大量有关的经济信息，进行科学预测后，才能进行决策。正确的决策必须遵循一定的决策程序，采用科学的方法。

一、决策的程序

见图 8-3。

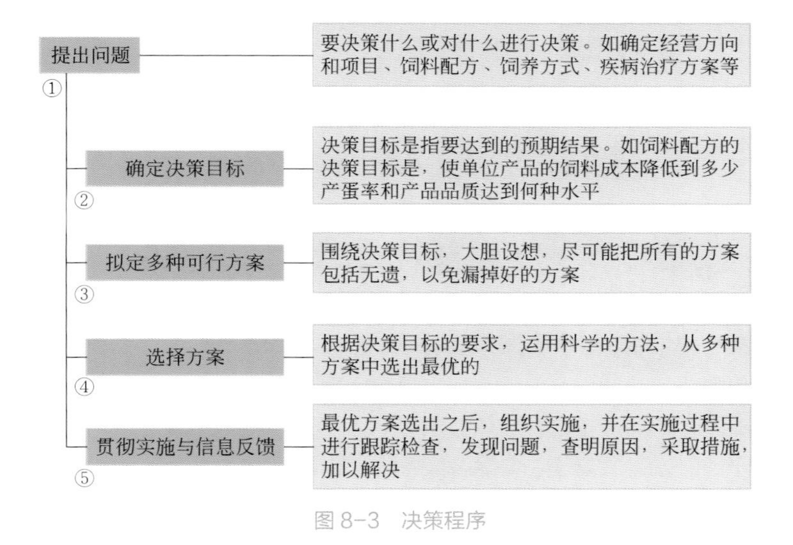

图 8-3　决策程序

二、常用的决策方法

常用的决策方法如图 8-4。

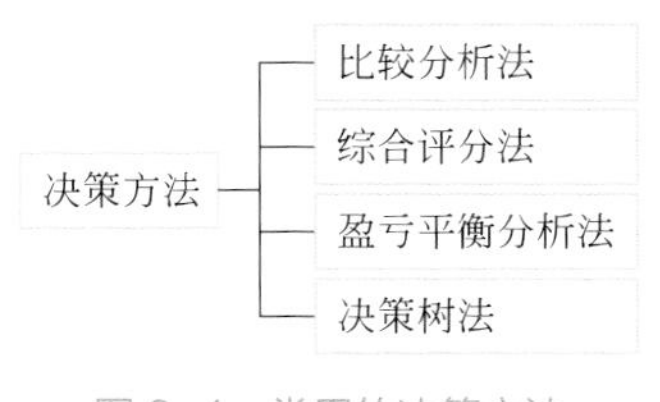

图 8-4　常用的决策方法

第四节　计划管理

计划是决策的具体化，计划管理是经营管理的重要职能。计划管理就是根据鸡场确定的目标，制订各种计划，用以组织协调全部的生产经营活动，达到预期的目的和效果。生产经营计划是鸡场计划体系中的一个核心计划，鸡场应制订详尽的生产经营计划。

一、鸡场的生产周期

鸡场要制订计划，必须了解鸡场的生产周期（图 8-5）。

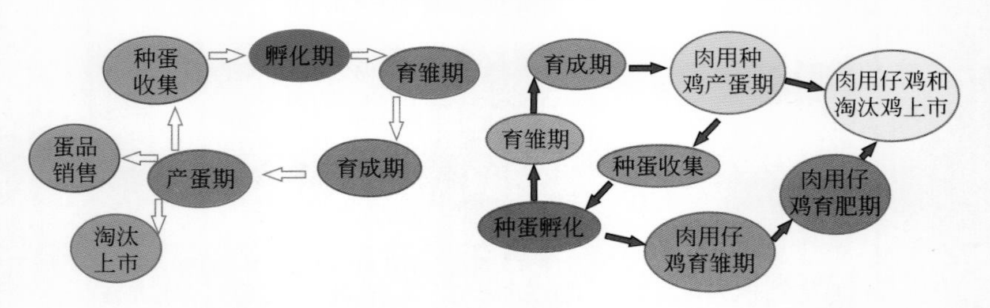

图 8-5　蛋鸡场的生产周期（左）；肉鸡场的生产周期（右）

二、鸡场的计划制订

1. 鸡群周转计划制订

鸡群周转计划是制订其他各项计划的基础，只有制订好周转计划，才能制订饲料计划、产品计划和引种计划。制订鸡群周转计划，应综合考虑鸡舍、设备、人力、成活率、鸡群的淘汰和转群移舍时间、数量等，保证各鸡群的增减和周转能够完成规定的生产任务，又最大限度地降低各种劳动消耗（图 8-6）。

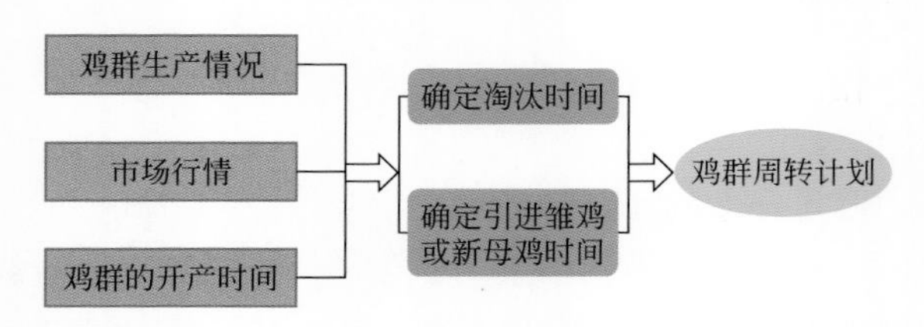

图 8-6　鸡群周转计划

2. 鸡场生产计划制订

鸡场生产计划制订如图 8-7。

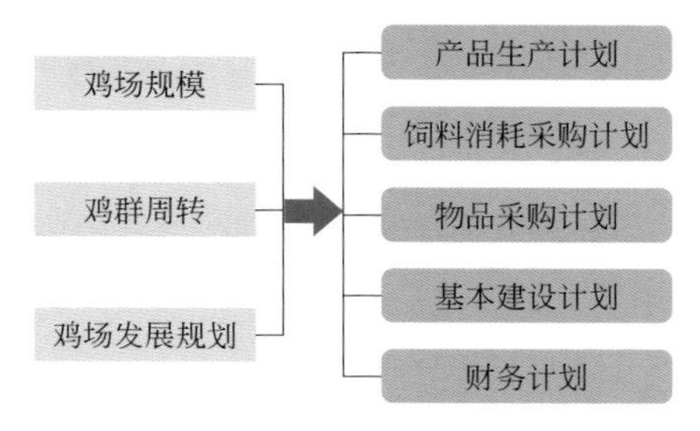

图 8-7 鸡场生产计划制订

三、经济合同

经济合同是指法人、其他经济组织、个体工商户、农村承包经营户相互之间，为实现一定经济目的，而签订的明确相互间权利和义务的协议。

1. 经济合同的种类

鸡场的经济合同主要有销售合同（如订货合同、采购合同、代销合同等）、供应合同、承包合同、信贷合同以及运输合同、技术服务合同和租赁合同等。

2. 经济合同的内容

（1）标的　标的是指经济合同双方当事人权利和义务所共同指向的对象，如畜产品，购销合同的标的物就是畜产品。

（2）数量和质量　指经济合同标的物的数量（包括计量单位、计量方法）和质量，是标的的具体化，任何经济合同都必须明确规定数量和质量的具体要求。

（3）价款或酬金　价款和酬金是取得经济合同标的的一方以货币形式向对方支付的代价，它是经济合同最基本遵循条款之一。

（4）履行期限、地点和方式　履行期限是指经济合同当事人履行义务的时间界限；履行地点是当事人依照合同规定完成自己合同义务的场所，一般要根据合同标的的性质由当事人约定；履行方式是当事人完成合同义务的具体方法，如分期交付，交货方式可以是提货、代办托运和需方自提。

（5）违约责任　违约责任是指当事人一方或双方因主观因素、不能履行或不能完全履行经济合同所必须承担的一种经济责任，如违约金、赔偿金等。

3. 鸡场的购销合同范本

禽产品购销合同范本
甲方（购买方）：________________________。 乙方（销售方）：________________________。 为保证购销双方利益，经甲乙双方充分协商，特订立本合同，以便双方共同遵守。 1. 产品的名称和品种______________________；数量____________________（必须明确规定产品的计量单位和计量方法）。 2. 产品的等级和质量：____________________（产品的等级和质量，国家有关部门有明确规定的，按规定标准确定产品的等级和质量；国家有关部门无明文规定的，由双方当事人协商确定）；产品的检疫办法：____________________（国家或地方主管部门有卫生检疫规定的，按国家或地方主管部门规定进行检疫；国家或地方主管部门无检疫规定的，由双方当事人协商检疫办法）。 3. 产品的价格（单价）__________；总货款__________；货款结算办法______________。 4. 交货期限、地点和方式__________________。 5. 甲方的违约责任 （1）甲方未按合同收购或在合同期中退货的，应按未收或退货部分货款总值的____%（5%～25%的幅度），向乙方偿付违约金。 （2）甲方如需提前收购，商得乙方同意变更合同的，甲方应给乙方提前收购货款总值的____%的补偿；甲方因特殊原因必须逾期收购的，除按逾期收购部分货款总值计算向乙方偿付违约金外，还应承担供方在此期间所支付的保管费或饲养费，并承担因此而造成的其他实际损失。 （3）对通过银行结算而未按期付款的，应按中国人民银行有关延期付款的规定，向乙方偿付延期付款的违约金。 （4）乙方按合同规定交货，甲方无正当理由拒收的，除按拒收部分货款总值的____%（5%～25%的幅度）向乙方偿付违约金外，还应承担乙方因此而造成的实际损失和费用。

6. 乙方的违约责任

（1）乙方逾期交货或交货少于合同规定的，如需方仍然需要的，乙方应如数补交，并应向甲方偿付逾期不交或少交部分货款总值的______%（由甲乙方商定）的违约金；如甲方不需要的，乙方应按逾期或应交部分货款总值的______%（1%～20%的幅度）付违约金。

（2）乙方交货时间比合同规定提前，经有关部门证明理由正当的，甲方可考虑同意接收，并按合同规定付款；乙方无正当理由提前交货的，甲方有权拒收。

（3）乙方交售的产品规格、卫生质量标准与合同规定不符时，甲方可以拒收。乙方如经有关部门证明确有正当理由，甲方仍然需要乙方交货的，乙方可以迟延交货，不按违约处理。

7. 不可抗力

合同执行期内，如发生自然灾害或其他不可抗力的原因，致使当事人一方不能履行、不能完全履行或不能适当履行合同的，应向对方当事人通报理由，经有关主管部门证实后，不负违约责任，并允许变更或解除合同。

8. 解决合同纠纷的方式

执行本合同发生争议，由当事人双方协商解决。协商不成，双方同意由______仲裁委员会仲裁（当事人双方不在本合同中约定仲裁机构，事后又没有达成书面仲裁协议的，可向人民法院起诉）。

9. 其他________________________。

当事人一方要求变更或解除合同，应提前通知对方，并采用书面形式由当事人双方达成协议。接到要求变更或解除合同通知的一方，应在七天之内做出答复（当事人另有约定的，从约定），逾期不答复的，视为默认。

违约金、赔偿金应在有关部门确定责任后十天内（当事人有约定的，从约定）偿付，否则按逾期付款处理，任何一方不得自行用扣付货款来充抵。

本合同如有未尽事宜，须经甲乙双方共同协商，做出补充规定，补充规定与本合同具有同等效力。

本合同正本一式三份，甲乙双方各执一份，主管部门保存一份。

甲方：____________（公章）；　　代表人：______（盖章）

乙方：____________（公章）；　　代表人：______（盖章）

______年______月______日订

第五节　鸡场的经济核算

一、记录管理

记录管理就是将鸡场生产经营活动中的人、财、物等消耗情况及有关事情记录在案，并进行规范、计算和分析。记录可以反映鸡场生产经营活动的状况，是经济核算的基础，是提高蛋鸡场管理水平和效益的保证，所以，鸡场必须加强记录管理。

1. 鸡场记录的原则

鸡场记录的原则如图 8-8。

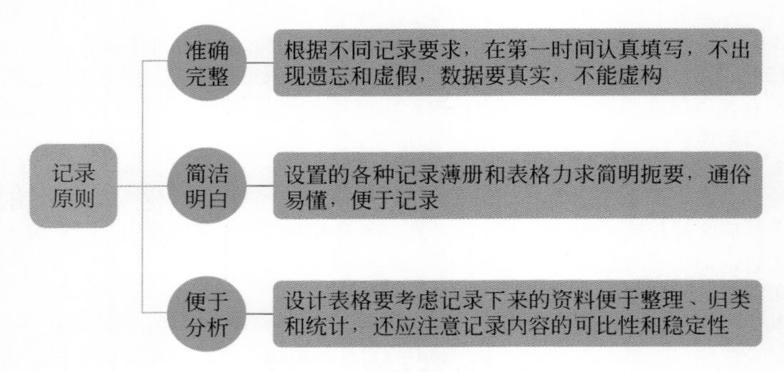

图 8-8　鸡场记录的原则

2. 鸡场的记录表格

鸡场的记录表格如表 8-3 ~表 8-11。

表 8-3　产蛋和饲料消耗记录

品种＿＿＿＿＿＿　　鸡舍栋号＿＿＿＿＿＿　　填表人＿＿＿＿＿＿

日期	日龄	数量/只	死亡淘汰数/只	饲料消耗/千克		产蛋量				饲养管理情况	其他情况
				总耗量	只耗量	数量/枚	重量/千克	破蛋率/%	只日产蛋量/克		

表 8-4　疫苗购、领记录　　　　填表人：

购入日期	疫苗名称	规格	生产厂家	批准文号	生产批号	来源（经销点）	购入数量	发出数量	结存数量

表 8-5　饲料添加剂、预混料、饲料购、领记录　　　　填表人：

购入日期	名称	规格	生产厂家	批准文号或登记证号	生产批号或生产日期	来源（生产厂家或经销点）	购入数量	发出数量	结存数量

表 8-6　疫苗免疫记录　　　　填表人：

免疫日期	疫苗名称	生产厂家	免疫动物批次日龄	栋号	免疫数 / 只	免疫次数	存栏数 / 只	免疫方法	免疫剂量 /（毫升 / 只）	责任兽医

表 8-7　消毒记录　　　　填表人：

消毒日期	消毒药名称	生产厂家	消毒场所	配制浓度	消毒方式	操作者

表 8-8　鸡场入库的药品、疫苗、药械记录

日期	品名	规格	数量	单价	金额	生产厂家	生产日期	生产批号	经手人	备注

表 8-9　鸡场出库的药品、疫苗、药械记录

日期	车间	品名	规格	数量	单价	金额	经手人	备注

表 8-10　购买饲料原料记录

日期	品种	货主	级别	单价	数量	金额	化验结果	化验员	经手人	备注

表 8-11　收支记录

收入		支出		备注
项目	金额 / 元	项目	金额 / 元	
合计		合计		

二、鸡场的资产管理

1. 流动资产管理

流动资产是指可以在一年内或者超过一年的一个营业周期内

变现或者运用的资产。流动资产周转状况影响到产品的成本，只有加快流动资产周转，提高流动资产利用率，才能降低产品成本（图 8-9）。

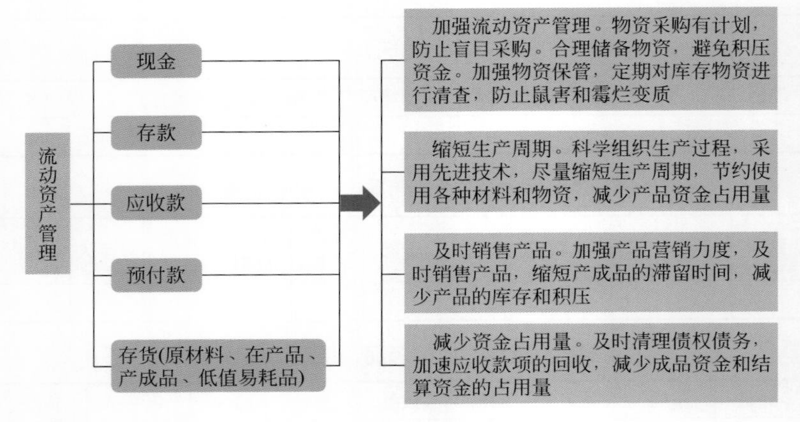

图 8-9　流动资产管理

2. 固定资产管理

固定资产是指使用年限在 1 年以上，单位价值在规定的标准以上，并且在使用中长期保持其实物形态的各项资产。鸡场的固定资产主要包括建筑物、道路、产蛋鸡以及其他与生产经营有关的设备、器具、工具等。

（1）固定资产的折旧　固定资产的长期使用中，在物质上要受到磨损，在价值上要发生损耗。固定资产在使用过程中，由于损耗而发生的价值转移，称为折旧，由于固定资产损耗而转移到产品中去的那部分价值叫折旧费或折旧额，用于固定资产的更新改造。

鸡场提取固定资产折旧，一般采用平均年限法和工作量法。

① 平均年限法。它是根据固定资产的使用年限，平均计算各个时期的折旧额，因此也称直线法。其计算公式：

$$\text{固定资产年折旧额}=\frac{[\text{固定资产原值}-(\text{预计残值}-\text{清理费用})]}{\text{固定资产预计使用年限}}$$

$$固定资产年折旧率=\frac{固定资产年折旧额}{固定资产原值}\times100\%$$

$$=\frac{（1-净残值率）}{折旧年限}\times100\%$$

② 工作量法。它是按照使用某项固定资产所提供的工作量，计算出单位工作量平均应计提折旧额后，再按各期使用固定资产所实际完成的工作量，计算应计提的折旧额。这种折旧计算方法，适用于一些机械等专用设备。其计算公式为：

$$单位工作量（单位里程或每工作小时）折旧额=\frac{固定资料原值-预计净残值}{总工作量（总行使里程或总工作小时）}$$

（2）提高固定资产利用效果的途径　一是根据轻重缓急，合理购置和建设固定资产，把资金使用在经济效果最大而且在生产上迫切需要的项目上；二是购置和建造固定资产要量力而行，做到与单位的生产规模和财力相适应；三是各类固定资产务求配套完备，注意加强设备的通用性和适用性，使固定资产能充分发挥效用；四是建立严格的使用、保养和管理制度，对不需要的固定资产应及时采取措施，以免浪费，注意提高机器设备的时间利用强度和生产能力的利用程度。

三、鸡场的成本核算

产品的生产过程，同时也是生产的耗费过程。企业要生产产品，就是发生各种生产耗费。生产过程的耗费包括劳动对象（如饲料）的耗费、劳动手段（如生产工具）的耗费以及劳动力的耗费等。企业为生产一定数量和种类的产品而发生的直接材料费（包括直接用于产品生产的原材料、燃料动力费等）、直接人工费用（直接参加产品生产的工人工资以及福利费）和间接制造费用的总和构成产品成本。

1. 成本核算的作用

产品成本是一项综合性很强的经济指标，它反映了企业的技

术实力和整个经营状况。鸡场通过成本和费用核算，可发现成本升降原因，降低成本费用耗费，提高盈利能力。

2. 做好成本核算的基础工作

成本核算的基础工作如图 8-10。

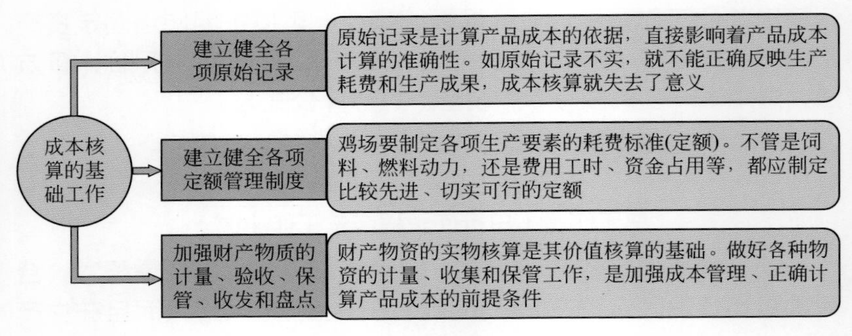

图 8-10 成本核算的基础工作

3. 鸡场成本的构成

不同性质鸡场的成本构成略有不同，见表 8-12。

表 8-12 不同性质鸡场的成本构成

种鸡场	蛋鸡场	肉用鸡场
饲料费	饲料费	饲料费
育成母鸡和育成公鸡培育费	育成新母鸡培育费	雏用仔鸡费
劳务费	劳务费	劳务费
疾病防治费	疾病防治费	疾病防治费
固定资产维修折旧费	固定资产维修折旧费	固定资产维修折旧费
燃料动力费	燃料动力费	燃料动力费
杂费	杂费	杂费
利息	利息	利息
税金	税金	税金

【注意】鸡场免税，税金是零；饲料费、雏鸡或育成鸡培育费、

人工费、固定资产维修折旧费是成本项目构成的主要部分，应当重点控制。

4. 成本计算方法

（1）分群核算　分群核算的对象是每种禽的不同类别，如蛋鸡群、育雏群、育成群、肉鸡群等，按鸡群的不同类别分别设置生产成本明细账户，分别归集生产费用和计算成本。鸡场的主产品是鲜蛋、种蛋、毛鸡，副产品是粪便和淘汰鸡。鸡场的饲养费用包括育成鸡的价值、饲料费用、折旧费、人工费等。

① 鲜蛋成本。每千克鲜蛋成本（元 / 千克）=[蛋鸡生产费用 - 蛋鸡残值 - 非鸡蛋收入（包括粪便、死淘鸡等收入）] / 入舍母鸡总产蛋量。

② 种蛋成本。每枚种蛋成本（元 / 枚）= [种鸡生产费用 - 种鸡残值 - 非种蛋收入（包括鸡粪、商品蛋、淘汰鸡等收入）] / 入舍种母鸡出售种蛋数。

③ 雏鸡成本。每只雏鸡成本（元 / 只）=（全部的孵化费用 - 副产品价值）/ 成活一昼夜的雏禽只数。

④ 鸡肉成本。每千克鸡肉成本（元 / 千克）=（基本鸡群的饲养费用 - 副产品价值）/ 禽肉总重量。

⑤ 育雏鸡成本。每只育雏鸡成本（元 / 只）=（育雏期的饲养费用 - 副产品价值）/ 育雏期末存活的雏鸡数。

⑥ 育成鸡成本。每只育成鸡成本（元 / 只）=（育雏育成期的饲养费用 - 粪便、死淘鸡收入）/ 育成期末存活的鸡数。

（2）混群核算　混群核算的对象是每类畜禽，如牛、羊、猪、鸡等，按畜禽种类设置生产成本明细账户归集生产费用和计算成本。资料不全的小规模鸡场常用。

① 种蛋成本。每个种蛋成本（元 / 枚）= [期初存栏种鸡价值 + 购入种鸡价值 + 本期种鸡饲养费用 - 期末种鸡存栏价值 - 出售淘汰种鸡价值 - 非种蛋收入（商品蛋、鸡粪等收入）] / 本期收集种蛋数。

② 鸡蛋成本。每千克鸡蛋成本（元 / 千克）= [期初存栏蛋

鸡价值+购入蛋鸡价值+本期蛋鸡饲养费用-期末蛋鸡存栏价值-淘汰出售蛋鸡价值-鸡粪收入]/本期产蛋总重量。

③ 鸡肉成本。每千克鸡肉成本(元/千克)=[期初存栏鸡价值+购入鸡价值+本期鸡饲养费用—期末鸡存栏价值-淘汰出售鸡价值-鸡粪收入]/本期产肉总重量。

四、鸡场的赢利核算

赢利核算是对鸡场的赢利进行观察、记录、计量、计算、分析和比较等工作的总称，所以赢利也称税前利润。赢利是企业在一定时期内货币表现的最终经营成果，是考核企业生产经营好坏的一个重要经济指标。

1. 赢利的核算公式

赢利=销售产品价值-销售成本=利润+税金

2. 衡量赢利效果的经济指标

(1)销售收入利润率 表明产品销售利润在产品销售收入中所占的比重。销售收入利润率越高，经营效果越好。

销售收入利润率=产品销售利润/产品销售收入 ×100%

(2)销售成本利润率 它是反映生产消耗的经济指标，在禽产品价格、税金不变的情况下，产品成本愈低，销售利润愈多，其愈高。

销售成本利润率=产品销售利润/产品销售成本 ×100%

(3)产值利润率 它说明实现百元产值可获得多少利润，用以分析生产增长和利润增长的比例关系。

产值利润率=利润总额/总产值 ×100%

(4)资金利润率 把利润和占用资金联系起来，反映资金占用效果，具有较大的综合性。

资金利润率=利润总额/流动资金和固定资金的平均占用额 ×100%

第六节　组织管理

一、精简高效的生产组织

生产组织与鸡场规模大小有密切关系，规模越大，生产组织就越重要。规模化鸡场一般设置有行政、生产技术、供销财务和生产班组等组织部门，部门设置和人员安排尽量精简，提高直接从事养鸡生产的人员比例，最大限度地降低生产成本（图 8-11）。

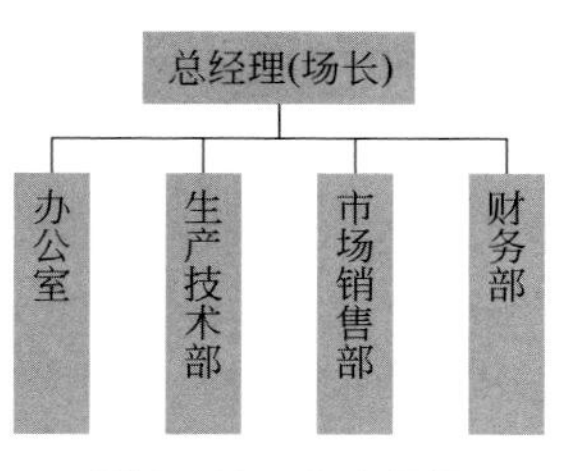

图 8-11　生产组织

二、合理的人员安排

养鸡是一项脏、苦而又专业性强的工作，所以必须根据工作性质来合理安排人员，知人善用，充分调动饲养管理人员的劳动积极性，不断提高专业技术水平。

三、岗位责任制的健全

岗位责任制规定了鸡场每一个人员的工作任务、工作目标和标准。完成者奖励，完不成者被罚，不仅可以保证鸡场各项工作顺利完成，而且能够充分调动劳动者的积极性，使生产完成得更好，生产的产品更多，各种消耗更少。

四、规章制度的制订完善

有了完善的规章制度，可以做到有章可循，规范鸡场员工行为，保证各项工作有序进行。

五、技术操作规程的制订

鸡场的技术规程，即日常工作的技术规范，从技术层面上制订鸡不同生产阶段的各项饲养管理技术规程、兽医卫生和防疫制度等。

第七节　提高鸡场经营效果的措施

提高效益需要从市场竞争、挖掘内部潜力、降低生产成本等方面着手。

一、生产适销对路的产品

在市场调查和预测的基础上，进行正确的、科学的决策提高劳动生产率，根据市场需求的变化生产符合市场需求的质优量多的产品。

二、提高资金的利用效率

加强采购计划的制订，合理储备饲料和其他生产物资，防止长期积压。及时清理回收债务，减少流动资金占用量。合理购置和建设固定资产，把资金用在生产最需要且能产生最大经济效果的项目上，减少非生产性固定资产开支。加强固定资产的维修、保养，延长使用年限，设法使固定资产配套完备，充分发挥固定资产的作用，降低固定资产折旧和维修费用。各类鸡舍合理配套，并制订周详的周转计划，充分利用鸡舍，避免鸡舍闲置或长期空舍。如能租借鸡场将会大大降低折旧费。

三、提高劳动生产率

人工费用可占生产成本 10% 左右，应加强控制。购置必要的设备减轻劳动强度，提高工作效率。如使用乳头饮水器或勺式饮水器等自动饮水设备代替水槽、自动控光装置代替人工操作、用小车送料收蛋代替手提肩挑等，可极大提高劳动效率。制定合理劳动指标和计酬考核办法，多劳多得，优劳优酬。如育雏育成舍制定鸡成活率、平均体重、胫骨长度、均匀度、饲料消耗、药费支出等指标，产蛋鸡舍制定存活率、产蛋量、蛋重、饲料转化率、药费支出等考核指标。指标要切合实际，努力工作者可超产，得到奖励，不努力工作者则完不成指标，应受罚，鼓励先进，鞭策落后。

四、提高产品产量

根据成本理论可知，如生产费用不变，产量与成本呈反比例变化，提高鸡群生产性能，增加禽产品产量，是降低产品成本的有效途径。

① 选择优良品种。种鸡场应引进生产性能优良、适销对路的品种。商品场应选购生产性能高、无特定病原的配套杂交品种。

② 培育优质育成鸡。做好育雏育成期饲养管理工作，培育出体型良好，均匀一致，适时开产的优质新母鸡。

③ 创造适宜的环境条件，保证充足全面的营养，减少应激发生，充分发挥鸡群生产性能。

④ 做好隔离、卫生、消毒和免疫接种工作，避免疾病发生，降低死淘率，保证产蛋量。

⑤ 制订好鸡场周转计划，保证生产正常进行，一年四季均衡生产。

⑥ 合理应用添加剂

饲料中添加沸石、松针叶、酶制剂、益生素、中草药等添加剂能改善鸡消化功能，促进饲料养分充分吸收利用，增加抵抗力，提高生产性能。

五、降低饲料费用

养鸡成本中，饲料费用要占到 70% 以上，有的专业场（户）

可占到 90%，因此它是降低成本的关键。

1. 选择质优价廉的饲料

购买全价饲料和各种饲料原料的要货比三家，选择质量好、价格低的饲料。自配饲料一般可降低日粮成本，饲料原料特别是蛋白质饲料廉价时，可购买预混料自配全价料，蛋白质饲料价高的，购买浓缩料自配全价料成本低。充分利用当地自产或价格低的原料，严把质量关，控制原料价格，并选择好可靠有效的饲料添加剂，以实现同等营养条件下的饲料价格最低。玉米是鸡场主要能量饲料，可占饲粮比例 60% 以上，直接影响饲料的价格。在玉米价格较低时，可储存一些以备价格高时使用。

2. 减少饲料消耗

利用科学饲养技术，如据不同饲养阶段进行分段饲养，育成期和产蛋后期适当限制饲养，不同季节和出现应激时调整饲养等技术，在保证正常生长和生产的前提下，尽量减少饲料消耗。饲槽结构合理、放置高度适宜，不同饲养阶段选用不同的饲喂用具，避免鸡采食过程中抓、刨、弹、甩等浪费饲料。一次投料不宜过多，饲喂人员投料要准、稳，减少饲料撒落。断喙要标准，第一次断喙不良的鸡可在 12 周左右补断。鸡舍保持适宜温度，一般应为 15 ~ 28℃，舍内温度过低，鸡采食量增多。制订周密的饲料计划，按照计划采购各种饲料并妥善保存，减少饲料积压，防止霉变和污染。定期驱虫灭鼠，及时淘汰低产鸡、停产鸡、瘦弱鸡，节省饲料。

附录一
鸡的几种生理常数

见附表 1-1。

附表 1-1　鸡的几种生理常数

体温 /℃	心跳 /（次 / 分）	呼吸 /（次 / 分）	血液中血红蛋白 /（克 /100 毫升）	血液中红细胞数 /（百万个 / 立方毫米）
40.5 ～ 42	150 ～ 200	22 ～ 25	公鸡 11.76	公鸡 3.23
			母鸡 9.11	母鸡 2.72

附录二

允许使用的饲料添加剂品种名录

见附表 2-1。

附表 2-1　允许使用的饲料添加剂品种名录

类别	名称
饲料级氨基酸（7种）	L- 赖氨酸盐酸盐；LL- 蛋氨酸；DL- 羟基蛋氨酸；DL- 羟基蛋氨酸钙；N- 羟甲基蛋氨酸；L- 色氨酸；L- 苏氨酸
饲料级维生素（26种）	β- 胡萝卜素；维生素 A；维生素 A 乙酸酯；维生素 A 棕榈酸酯；维生素 D_3；维生素 E；维生素 E 乙酸酯；维生素 K_3（亚硫酸氢钠甲萘醌）；二甲基嘧啶醇亚硫酸甲萘醌；维生素 B_1（盐酸硫胺）；维生素 B_1（硝酸硫胺）；维生素 B_2（核黄素）；维生素 B_6；烟酸；烟酰胺；D- 泛酸钙；DL- 泛酸钙；叶酸；维生素 B_{12}（氰钴胺）；维生素 C（L- 抗坏血酸）；L- 抗坏血酸钙；L- 抗坏血酸 -2- 磷酸酯；D- 生物素；氯化胆碱；L- 肉碱盐酸盐；肌醇
饲料级矿物质、微量元素（43种）	硫酸钠；氯化钠；磷酸二氢钠；磷酸氢二钠；磷酸二氢钾；磷酸氢二钾；碳酸钙；氯化钙；磷酸氢钙；磷酸二氢钙；磷酸三钙；乳酸钙；七水硫酸镁；一水硫酸镁；氧化镁；氯化镁；七水硫酸亚铁；一水硫酸亚铁；三水乳酸亚铁；六水柠檬酸亚铁；富马酸亚铁；甘氨酸铁；蛋氨酸铁；五水硫酸铜；一水硫酸铜；蛋氨酸铜；七水硫酸锌；一水硫酸锌；无水硫酸锌；氧化锌；蛋氨酸锌；一水硫酸锰；氯化锰；碘化钾；碘酸钾；碘酸钙；六水氯化钴；一水氯化钴；亚硒酸钠；酵母铜；酵母铁；酵母锰；酵母硒
饲料级酶制剂（12类）	蛋白酶（黑曲霉，枯草芽孢杆菌）；淀粉酶（地衣芽孢杆菌，黑曲霉）；支链淀粉酶（嗜酸乳杆菌）；果胶酶（黑曲霉）；脂肪酶；纤维素酶（reesei 木霉）；麦芽糖酶（枯草芽孢杆菌）；木聚糖酶（insolens 腐质霉）；β- 聚葡糖酶（枯草芽孢杆菌，黑曲霉）；甘露聚糖酶（缓慢芽孢杆菌）；植酸酶（黑曲霉，米曲霉）；葡萄糖氧化酶（青霉）

续表

类别	名称
饲料级微生物添加剂（12 种）	干酪乳杆菌；植物乳杆菌；粪链球菌；屎链球菌；乳酸片球菌；枯草芽孢杆菌；纳豆芽孢杆菌；嗜酸乳杆菌；乳链球菌；啤酒酵母菌；产朊假丝酵母；沼泽红假单胞菌
饲料级非蛋白氮（9 种）	尿素；硫酸铵；液氨；磷酸氢二铵；磷酸二氢铵；缩二脲；异丁叉二脲；磷酸脲；羟甲基脲
抗氧剂（4 种）	乙氧基喹啉；二丁基羟基甲苯（BHT）；丁基羟基茴香醚（BHA）；没食子酸丙酯
防腐剂、电解质平衡剂（25 种）	甲酸；甲酸钙；甲酸铵；乙酸；双乙酸钠；丙酸；丙酸钙；丙酸钠；丙酸铵；丁酸；乳酸；苯甲酸；苯甲酸钠；山梨酸；山梨酸钠；山梨酸钾；富马酸；柠檬酸；酒石酸；苹果酸；磷酸；氢氧化钠；碳酸氢钠；氯化钾；氢氧化铵
着色剂（6 种）	β-阿朴-8′-胡萝卜素醛；辣椒红；β-阿朴-8′-胡萝卜素酸乙酯；虾青素；β,β-胡萝卜素-4,4-二酮（斑蝥黄）；叶黄素（万寿菊花提取物）
调味剂、香料［6 种（类）］	糖精钠；谷氨酸钠；5′-肌苷酸二钠；5′-鸟苷酸二钠；血根碱；食品用香料均可作饲料添加剂
黏结剂、抗结块剂和稳定剂［13 种（类）］	α-淀粉；海藻酸钠；羧甲基纤维素钠；丙二醇；二氧化硅；硅酸钙；三氧化二铝；蔗糖脂肪酸酯；山梨醇酐脂肪酸酯；甘油脂肪酸酯；硬脂酸钙；聚氧乙烯 20 山梨醇酐单油酸酯；聚丙烯酸树脂Ⅱ
其他（10 种）	糖萜素；甘露低聚糖；肠膜蛋白素；果寡糖；乙酰氧肟酸；天然类固醇萨洒皂角苷（YUCCA）；大蒜素；甜菜碱；聚乙烯聚吡咯烷酮（PVPP）；葡萄糖山梨醇

附录三

无公害食品蛋鸡饲养允许使用的兽药（规范性附录）

见附表 3-1 ~附表 3-3。

附表 3-1　幼雏 / 中雏期、育成期治疗用药（必须在兽医指导下使用）

类别	药品名称	剂型	用法与用量（以有效成分计）	休药期 / 天	用途	注意事项
抗寄生虫药	盐酸氨丙啉（amprolium hydrochloride）	可溶性粉	混饮：48 克 / 升水，连用 5 ～ 10 天	1	预防球虫病	饲料中维生素 B_1 含量在 10 毫克 / 千克以上时明显拮抗
	盐酸氨丙啉 + 磺胺喹噁啉钠（amprolium hydrochloride and sulfaquinoxaline sodium）	可溶性粉	混饮：0.5 克 / 升水 治疗：连用 3 天，停 2 天，再用 2 ～ 3 天	7	球虫病	
	越霉素 A（destomycin A）	预混剂	混饲：0.5 ～ 10 克 / 1000 千克饲料，连用 8 周	3	蛔虫病	
	二硝托胺（dinitolmide）	预混剂	混饲：125 克 /1000 千克饲料	3	球虫病	
	芬苯哒唑（fenbendazole）	粉剂	口服：10 ～ 50 毫克 / 千克体重		线虫和绦虫病	
	氟苯咪唑（flubendazole）	预混剂	混饲：8 克 /1000 千克饲料，连用 4 ～ 7 天	14	驱除胃肠道线虫及绦虫	

续表

类别	药品名称	剂型	用法与用量（以有效成分计）	休药期/天	用途	注意事项
抗寄生虫药	潮霉素B（hygromycin B）	预混剂	混饲：8克/1000千克～12克/1000千克饲料，连用8周	3	蛔虫病	
	甲基盐霉素+尼卡巴嗪（narasin and nicarbazin）	预混剂	混饲：（24.8+24.8）克/1000千克～（44.8+44.8）克/1000千克饲料	5	球虫病	禁与泰妙菌素、竹桃霉素并用；高温季节慎用
	盐酸氯苯胍（robenidine hydrochloride）	片剂	口服：10～15毫克/千克体重	5	球虫病	影响肉类品质
		预混剂	混饲：3～6克/1000千克饲料			
	磺胺喹噁啉+二甲氧苄啶（sulfapuinoxaline and diaveridine）	预混剂	混饲：（100+20）克/1000千克饲料	10	球虫病	
	磺胺喹噁啉钠（sulfapuinoxaline sodium）	可溶性粉	混饮：300～500毫克/升水，连续饮用不超过5天	10	球虫病	
	妥曲珠利（toltrazuril）	溶液	混饮：7毫克/千克体重，连用2天	21	球虫病	
抗菌药	硫酸安普霉素（apramycin sulfate）	可溶性粉	混饮：0.25～0.5克/升水，连用5天	7	大肠杆菌、沙门氏菌及部分支原体感染	
	亚甲基水杨酸杆菌肽（bacitracin methylene dicalicylate）	可溶性粉	混饮：50～100毫克/升水，连用5～7天（治疗）	0	治疗慢性呼吸道病；提高产蛋量，提高产蛋期饲料效率	每日新配
	甲磺酸达氟沙星（danoflxacin mesylate）	溶液	混饮：20～50毫克/升，一日一次，连用3天	1	细菌和支原体感染	
	盐酸二氟沙星（difolxacin hydrochloride）	粉剂溶液	内服：5～10毫克/千克体重，一日2次，连用3～5天	1	细菌和支原体感染	

续表

类别	药品名称	剂型	用法与用量（以有效成分计）	休药期/天	用途	注意事项
抗菌药	恩诺沙星（enrofloxacin）	可溶性粉溶液	混饮：25～75毫克/升水，连用3～5天	2	细菌性疾病和支原体感染	避免与四环素、氯霉素、大环内酯类抗生素合用；避免与含铁、镁、铝药物或高价配合饲料同服
	硫氰酸红霉素（erythromycin thiocyanate）	可溶性粉	混饮：125毫克/升水，连用3～5天	3	革兰氏阳性菌及支原体感染	
	氟苯尼考（florfenicol）	粉剂	内服：20～30毫克/千克体重，连用3～5天	30	敏感细菌所致细菌性疾病	
	氟甲喹（flumequine）	可溶性粉	内服：3～6毫克/千克体重，首次量加倍，2次/日，连用3～4天		革兰氏阴性菌引起的急性胃肠道及呼吸道感染	
	吉他霉素（kitasamycin）	预混剂	混饲：100～300克/1000千克饲料，连用5～7天（防治疾病）	7	革兰氏阳性菌及支原体感染，促生长	
	酒石酸吉他霉素（kitasamycin tartrate）	可溶性粉	混饮：250～500毫克/升水，连用3～5天	7	革兰氏阴性菌及支原体等感染	
	硫酸新霉素（neomycin sulfate）	可溶性粉	混饮：250～500毫克/升水，连用3～5天	5	革兰氏阴性菌所致胃肠道感染	
		预混剂	混饲：77～154克/1000千克饲料，连用3～5天			
	牛至油（oregano oil）	预混剂	混饲：22.5克/1000千克饲料，连用7天（治疗）	0	大肠杆菌、沙门氏菌所致下痢	

续表

类别	药品名称	剂型	用法与用量（以有效成分计）	休药期/天	用途	注意事项
抗菌药	盐酸土霉素（oxytetracycline hydrochloride）	可溶性粉	混饮：53～211毫克/升，用药7～14天	5	鸡霍乱、自痢、肠炎、球虫、鸡伤寒	
	盐酸沙拉沙星（sarafloxacin hydrochloride）	可溶性粉溶液	混饮：（25～50）毫克/千克体重，连用3～5天		细菌及支原体感染	
	磺胺喹噁啉钠+甲氧苄啶（sulfapuinoxaline sodium and trimethoprim）	预混剂	混饲：（25～30）毫克/千克体重，连用10天	1	大肠杆菌、沙门氏菌感染	
		混悬液	混饮：（80+16）毫克/升～（160+32）毫克/升水，连用5～7天			
	复方磺胺嘧啶（compound sulfadiazine）	预混剂	混饲：0.17～0.2克/千克体重，连用10天	1	革兰氏阳性菌及阴性菌感染	
	磺胺喹噁啉呐+甲氧苄啶（sulfapuinoxaline sodium and trimethoprim）	预混剂	混饲：（25～30）毫克/千克体重，连用10天	1	大肠杆菌、沙门氏菌感染	
		混悬液	混饮：（80+16）毫克/升～（160+32）毫克/升水，连用5～7天			
	延胡索酸泰妙菌素（tiamulin fumarate）	可溶性粉	混饮：125～250毫克/升水，连用3天	7	慢性呼吸道病	禁与莫能菌素、盐霉素等聚醚类抗生素混合使用
	酒石酸泰乐菌素（tylosin tartrate）	可溶性粉	混饮：500毫克/升，连用3～5天	1	革兰氏阳性菌及支原体感染	

附表 3-2 幼雏 / 中雏期、育成期预防用药

<table>
<tr><th>类别</th><th>药品名称</th><th>剂型</th><th>用法与用量（以有效成分计）</th><th>休药期 / 天</th><th>用途</th><th>注意事项</th></tr>
<tr><td rowspan="13">抗寄生虫药</td><td>盐酸氨丙啉＋乙氧酰胺苯甲酯（amprolium hydro-chloride and ethopabate）</td><td>预混剂</td><td>混饲：（125+8）克 /1000 千克饲料</td><td>3</td><td>球虫病</td><td></td></tr>
<tr><td>盐酸氨丙啉＋磺胺喹噁啉钠（amprolium hydrochloride and sulfaquinoxaline sodium）</td><td>可溶性粉</td><td>混饮：0.5 克 / 升水，连用 2 ～ 4 天</td><td>7</td><td>球虫病</td><td></td></tr>
<tr><td>盐酸氨丙啉＋乙氧酰胺苯甲酯＋磺胺喹噁啉（amprolium hydrochloride, ethopabate and sulfaquinoxaline）</td><td>预混剂</td><td>混饲：（100+5+60）克 /1000 千克饲料</td><td>7</td><td>球虫病</td><td></td></tr>
<tr><td>氯羟吡淀（clopidol）</td><td>预混剂</td><td>混饲：125 克 /1000 千克饲料</td><td>5</td><td>球虫病</td><td></td></tr>
<tr><td rowspan="2">地克珠利（diclazuril）</td><td>预混剂</td><td>混饲：1 克 /1000 千克饲料</td><td rowspan="2"></td><td rowspan="2">球虫病</td><td rowspan="2"></td></tr>
<tr><td>溶液</td><td>混饮：0.5 ～ 1 毫克 / 升水</td></tr>
<tr><td>二硝托胺（dinitolmide）</td><td>预混剂</td><td>混饲：125 克 /1000 千克饲料</td><td>3</td><td>球虫病</td><td></td></tr>
<tr><td>氢溴酸常山酮（halofuginone）</td><td>预混剂</td><td>混饲：3 克 /1000 千克 饲料</td><td>5</td><td>球虫病</td><td></td></tr>
<tr><td>拉沙洛西钠（lasalocid sodium）</td><td>预混剂</td><td>混饲：75 ～ 125 克 /1000 千克饲料</td><td>5</td><td>球虫病</td><td></td></tr>
<tr><td>马杜霉素铵（maduramicin ammonium）</td><td>预混剂</td><td>混饲：5 ～ 125 克 /1000 千克饲料</td><td>5</td><td>球虫病</td><td></td></tr>
<tr><td>莫能菌素钠（monensin sodium）</td><td>预混剂</td><td>混饲：90 ～ 110 克 /1000 千克饲料</td><td>5</td><td>球虫病</td><td rowspan="3">禁与泰妙菌素、竹桃霉素并用</td></tr>
<tr><td>盐霉素钠（salinomycin sodium）</td><td>预混剂</td><td>混饲：50 ～ 70 克 /1000 千克饲料</td><td>5</td><td>球虫病及促生长</td></tr>
<tr><td>甲基盐霉素（narasin）</td><td>预混剂</td><td>混饲：6 ～ 8 克 /1000 千克饲料</td><td>5</td><td>球虫病</td></tr>
</table>

续表

类别	药品名称	剂型	用法与用量（以有效成分计）	休药期/天	用途	注意事项
抗寄生虫药	甲基盐霉素+尼卡巴嗪（narasin and niccarbazin）	预混剂	混饲：（24.8+24.8）克/1000千克～（44.8+44.8）克/1000千克饲料	5	球虫病	禁与泰妙菌素、竹桃霉素并用
	尼卡巴嗪（nicarbazin）	预混剂	混饲：20～25克/1000千克饲料	4	球虫病	
	尼卡巴嗪+乙氧酰胺苯甲酯（nicarbazin and ethopabate）	预混剂	混饲：(125+8)克/1000千克饲料	9	球虫病	种鸡禁用
	赛杜霉素钠（semduramicin sodium）	预混剂	混饲：25克/1000千克饲料	5	球虫病	
	磺胺氯吡嗪钠（sulfaclozine sodium）	可溶性粉	混饮：0.3克/升水 混饲：0.6克/1000千克饲料，连用5～10天	1	球虫病、鸡霍乱及伤寒	不得作饲料添加剂长期使用；凭兽医处方购买
	磺胺喹噁啉+二甲氧苄啶（sulfapuinoxaline and diaveridine）	预混剂	混饲：（100+20）克/1000千克饲料	10	球虫病	凭兽医处方购买
抗菌药	亚甲基水杨酸杆菌肽（bacitracin methylene dicalicylate）	可溶性粉	混饮：25毫克/升水（预防量）	0	治疗慢性呼吸道病；提高产蛋量和饲料效率	每日新配
	杆菌肽锌（bacitracin zinc）	预混剂	混饲：4～40克/1000千克饲料	7	促进畜禽生长	16周龄以下用
	杆菌肽锌+硫酸粘杆菌素（bacitracin zinc and sulfate）	预混剂	混饲：2～20克/1000千克饲料	7	革兰氏阳性菌和阴性菌感染	
	金霉素（饲料级）（chlortetracycline）（feed grade）	预混剂	混饲：20～50克/1000千克饲料（10周龄以内）	7	促生长	
	硫酸黏杆菌素（colistin sulfate）	可溶性粉	混饮：20～60毫克/升水	7	革兰氏阴性杆菌引起的肠道疾病；促生长	避免连续用药一周以上

续表

类别	药品名称	剂型	用法与用量（以有效成分计）	休药期/天	用途	注意事项
抗菌药	硫酸黏杆菌素（colistin sulfate）	预混剂	混饲：2～20克/1000千克饲料	7	革兰氏阴性杆菌引起的肠道疾病；促生长	避免连续用药一周以上
	恩拉霉素（enramycin）	预混剂	混饲：1～10克/1000千克饲料	7	促生长	
	黄霉素（flavomycin）	预混剂	混饲：5克/1000千克饲料	0	促生长	
	吉他霉素（kitasamycin）	预混剂	混饲：5～11克/1000千克饲料	7	革兰氏阳性菌、支原体感染；促生长	
	那西肽（nosiheptide）	预混剂	混饲：2.5克/1000千克饲料	3	促生长	
	牛至油（oregano oil）	预混剂	混饲： 促生长：1.25～12.5克/1000千克饲料； 预防：11.25克/1000千克饲料	0	大肠杆菌、沙门氏菌所致下痢	
	土霉素钙（oxytetracycline calcium）	粉剂	混饲：10～50克/1000千克饲料（10周龄以内）	5	促生长	添加于低钙饲料（含钙量0.18%～0.55%）时，连续用药不超过5天
	酒石酸泰乐菌素（tylosin tartrate）	可溶性粉	混饮：500毫克/升，连用3～5天	1	革兰氏阳性菌及支原体感染	
	维吉尼亚霉素（virginiamycin）	预混剂	混饲：5～20克/1000千克饲料	1	革兰氏阳性菌及支原体感染	

附表 3-3 产蛋期用药（必须在兽医指导下使用）

药品名称	剂型	用法与用量（以有效成分计）	弃蛋期 / 天	用途
氟苯咪唑（flubendazole）	预混剂	混饲：30 克 /1000 千克饲料，连用 4 ～ 7 天	7	驱除胃肠道线虫及绦虫
土霉素（oxytetracycline）	可溶性粉	混饮：60 ～ 250 毫克 / 升水	1	抗革兰氏阳性菌和阴性菌
杆菌肽锌（bacitracin zinc）	预混剂	混饲：15 ～ 100 克 /1000 千克饲料	0	促进畜禽生长
牛至油（oregano oil）	预混剂	混饲：22.5 克 / 1000 千克饲料，连用 7 天治疗	0	大肠杆菌、沙门氏菌所致下痢
复方磺胺氯达嗪钠（磺胺氯达嗪钠 + 甲氧苄啶）(compound sulfachlorpyridazine sodium）	粉剂	内服：20 毫克 / 千克体重，连用 3 ～ 6 天	6	大肠杆菌和巴氏杆菌感染
妥曲珠利（toltrazuril）	溶液	混饮：7 毫克 / 千克体重，连用 2 天	14	球虫病
维吉尼亚霉素（virginiamycin）	预混剂	混饲：20 克 /1000 千克饲料	0	抑菌，促生长

附录四

无公害食品肉鸡饲养允许使用的药物（规范性附录）

见附表 4-1、附表 4-2。

附表 4-1　无公害食品肉鸡饲养中允许使用的药物饲料添加剂

类别	药品名称	用量（以有效成分计）	休药期 / 天
抗菌药	阿美拉霉素（avilamycin）	5 ～ 10 克 /1000 千克	0
	杆菌肽锌（bacitracin zinc）	以杆菌肽计 4 ～ 40 克 /1000 千克，16 周龄以下使用	0
	杆菌肽锌 + 硫酸黏杆菌素（bacitracin zinc and colistin sulfate）	2 ～ 20 克 /1000 千克 +0.4 ～ 4 克 /1000 千克	7
	盐酸金霉素（chlortetracycline hydrochloride）	20 ～ 50 克 /1000 千克	7
	硫酸粘杆菌素（colistin sulfate）	2 ～ 50 克 /1000 千克	7
	恩拉霉素（enramycin）	1 ～ 5 克 /1000 千克	7
	黄霉素（flavomycin）	5 克 /1000 千克	0
	吉他霉素（kitasamycin）	促生长，5 ～ 10 克 /1000 千克	7
	那西肽（nosiheptide）	2.5 克 /1000 千克	3
	牛至油（oregano oil）	促生长，1.25 ～ 12.5 克 /1000 千克 预防，11.25 克 /1000 千克	0
	土霉素钙（oxytetracline calcium）	混饲 10 ～ 50 克 /1000 千克，10 周龄以下使用	5
	维吉尼亚霉素（virginiamycin）	5 ～ 20 克 /1000 千克	1

续表

类别	药品名称	用量（以有效成分计）	休药期/天
抗球虫药	盐酸氨丙啉＋乙氧酰胺苯甲酯（amprolium hy-drochloride and ethopabate）	（125+8）克/1000千克	3
	盐酸氨丙啉＋乙氧酰胺苯甲酯＋磺胺喹噁啉（amprolium hydrochloride and ethopabate and sul-fapuinoxaline）	（100+5+60）克/1000千克	7
	氯羟吡啶（clopidol）	125克/1000千克	5
	复方氯羟吡啶粉（氯羟吡啶＋苄氧喹甲酯）	（102+8.4）克/1000千克	7
	地克珠利（diclazuril）	1克/1000千克	
	二硝托胺（dinitolmide）	125克/1000千克	3
	氢溴酸常山酮（halofuginone hydrobromide）	3克/1000千克	5
	拉沙洛西钠（lasalocid sodium）	75～125克/1000千克	3
	马杜霉素铵（maduramicin ammonium）	5克/1000千克	5
	莫能菌素（monensin）	90～110克/1000千克	5
	甲基盐霉素（narasin）	60～80克/1000千克	5
	甲基盐霉素＋尼卡巴嗪（narasin and nicarbazin）	30～50克/1000千克+30～50克/1000千克	5
	尼卡巴嗪（nicarbazin）	20～25克/1000千克	4
	尼卡巴嗪＋乙氧酰胺苯甲酯（nicarbazin+ethopabate）	（125+8）克/1000千克	9
	盐酸氯苯胍（robenidine hydrochloride）	30～60克/1000千克	5
	盐霉素钠（salinomycin sodium）	60克/1000千克	5
	赛杜霉素钠（semduramicin sodium）	25克/1000千克	5

附表4-2 无公害食品肉鸡饲养中允许使用的治疗药

类别	药品名称	剂型	用法与用量（以有效成分计）	休药期/天
抗菌药	硫酸安普霉素（apramycin sulfate）	可溶性粉	混饮，0.25～0.5克/升，连饮5天	7
	亚甲基水杨酸杆菌肽（bacitracin methylene）	可溶性粉	混饮，预防25毫克/升；治疗，50～100毫克/升，连用5～7天	1
	硫酸黏杆菌素（colistin sulfate）	可溶性粉	混饮，20～60毫克/升	7
	甲磺酸达氟沙星（danofloxacin mesylate）	溶液	混饮，20～50毫克/升，1次/天，连用3天	
	盐酸二氟沙星（difloxacin）	粉剂、溶液	内服、混饮，5～10毫克/千克体重，2次/天，连用3～5天	1
	恩诺沙星（enrofloxacin）	溶液	混饮，25～75毫克/升，2次/天，连用3～5天	2
	氟苯尼考（florfenicol）	粉剂	内服，20～30毫克/千克体重，2次/天，连用3～5天	30天暂定
	氟甲喹（flumequine）	可溶性粉	内服，3～6毫克/千克体重，2次/天，连用3～4天，首次量加倍	
	吉他霉素（kitasamycin）	预混剂	100～300克/1000千克体重，连用5～7天，不得超过7天	7
	酒石酸吉他霉素（kitasamycin tartrate）	可溶性粉	混饮，250～500毫克/升，连用3～5天	7
	牛至油（oregano oil）	预混剂	22.5克/1000千克，连用7天	
	金荞麦散（pulvis fagopyri cymosi）	粉剂	治疗：混饲2克/千克 预防：混饲1克/千克	0
	盐酸沙拉沙星（sarafloxacin hydrochloride）	溶液	20～50毫克/升，连用3～5天	
	复方磺胺氯哒嗪钠（磺胺氯哒嗪钠+甲氧苄啶）(compound sulfachlor pyridazine sodium)	粉剂	内服，20毫克/（千克体重·天）+4毫克/（千克体重·天），连用3～6天	1
	延胡索酸泰妙菌素（tiamulin fumarate）	可溶性粉	混饮，125～250毫克/升，连用3天	
	磷酸泰乐菌素（tylosin）	预混料	混饲，26～53克/1000千克	5
	酒石酸泰乐菌素（tylosin tartrate）	可溶性粉	混饮，500毫克/升，连用3～5天	1